Molekülstruktur

Adolf Zschunke

Molekülstruktur

Form – Dynamik – Funktionalität

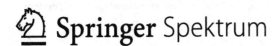

Adolf Zschunke
Leipzig, Deutschland

ISBN 978-3-642-39603-8

Die Deutsche Nationalbibliothek verzeichnet diese Publikation in der Deutschen Nationalbibliografie; detaillierte bibliografische Daten sind im Internet über http://dnb.d-nb.de abrufbar.

Springer Spektrum
© Springer-Verlag Berlin Heidelberg 1993, unveränderter Nachdruck 2013

Lektorat: Gisela Sauer
Zeichnungen: Satz+Grafik-Studio Stephan Meyer, Dresden

Gedruckt auf säurefreiem und chlorfrei gebleichtem Papier

Springer Spektrum ist eine Marke von Springer DE. Springer DE ist Teil der Fachverlagsgruppe Springer Science+Business Media.
www.springer-spektrum.de

Vorwort

Die molekulare Betrachtungsweise entspricht so gut unserem bildlichen Vorstellungsvermögen, daß sie heute zu den vergnüglichsten Angelegenheiten der Wissenschaft gehört. Dazu haben die wunderschönen Molekülmodelle, etwa das von der Doppelhelix der DNA, beigetragen. Inzwischen kann man selbst Makromoleküle unter Einbeziehung der Wechselwirkung und der Bewegung auf dem Bildschirm eines Computers abbilden.

Nicht allein die Form der Moleküle vermag zu faszinieren, vielmehr die Dynamik, aus der man schließlich die Funktionalität ganzer Molekülverbände erkennen kann. Insbesondere die molekularen Grundlagen der Lebens- und Krankheitsprozesse versprechen noch viele wichtige Entdeckungen. Auch der Weltraum enthält riesige Wolken voller exotischer Moleküle. Das Entstehen und Vergehen von Sternen ist an molekulare Prozesse gekoppelt, die uns heute noch unbekannt sind. So ist längst nicht mehr allein der Chemiker mit der Beschreibung und Untersuchung von Molekülstrukturen befaßt.

In dem vorliegenden Buch wird eine Klassifizierung und Systematisierung aller Aspekte der Molekülstruktur vorgelegt, wie sie bisher in dieser Vollständigkeit noch nicht existiert. Dazu werden qualitative Schlußfolgerungen aus der Quantenmechanik ebenso benutzt wie gruppentheoretische oder graphentheoretische Modelle.

Drei Begriffe stehen für die Aspekte der Molekülstruktur, unter denen die gesamte molekulare Betrachtungsweise zusammengefaßt wird: *Geometrie*, dynamisches Verhalten, also *Beweglichkeit*, und *Wechselwirkung*, die schließlich die *Funktionalität* ausmacht. Ausgehend von der chemischen Formel lassen sich die zugrundeliegenden Moleküle unter verschiedenen Gesichtspunkten beschreiben und in ein logisches System einordnen. Dem Leser soll eine möglichst einfache Systematik in die Hand gegeben werden, die es ihm erlaubt, das molekulare Geschehen zu begreifen und daraus Experimente zu planen und Voraussagen zu treffen.

Entstanden ist das Buch aus einer Vorlesung über physikalische Methoden zur Erforschung der Molekülstruktur. Die Vielfalt und die unterschiedlichen Aussagemöglichkeiten dieser Methoden erfodern es aber, daß man vor ihrer Anwendung ein Konzept für die zu untersuchenden Moleküleigenschaften aufstellt. Die Aspekte der Molekülstruktur, die es möglich machen, ein solches Konzept zu erarbeiten, sind in diesem Buch stets an physikalische Untersuchungsmethoden gekoppelt; zu jeder Beschreibungsweise gehört auch eine Untersuchungsweise.

Inhalt

1. Konzept der Molekülstruktur

1.1 Der Begriff Molekül

Mit einem einzigen Satz kann der Begriff Molekül nicht umfassend genug definiert werden. Eine brauchbare Vorstellung über das Molekül erhält man, wenn man Definitionen unter verschiedenen logischen Gesichtspunkten anwendet, die jedoch alle gleichberechtigt sind:

– analytische Definition,
– synthetische Definition,
– Definition des Existenzbereichs.

Analytische Definition

Das Molekül stellt eine Stufe in der gedanklichen Zergliederung einer reinen chemischen Verbindung dar. Danach ist das Molekül das kleinste Teilchen einer chemischen Verbindung, das noch die Elementzusammensetzung und chemischen Eigenschaften der Verbindung hat. Eine weitere Zerteilung führt dann zu den Atomen (siehe Abb. 1.1).

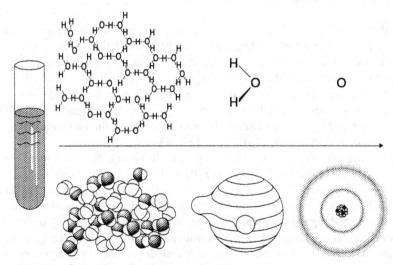

Abb. 1.1 Gedankliche Zergliederung einer Wasserprobe.

Synthetische Definition

Das Molekül ist eine Ansammlung von Atomen, die durch Bindungen verknüpft sind. Anzahl und Richtung der Bindungen sind charakteristische Atomeigenschaften. Das einfachste Modell des Chemikers ist die Valenzstrichformel. Geht man davon aus, daß jedes Atom durch eine bestimmte Anzahl von Bindungsmöglichkeiten (Valenzen) charakterisiert ist, so läßt sich nach dem Baukastenprinzip die ganze Vielfalt der stofflichen Welt darstellen und klassifizieren.

Das dreidimensionale mechanische Äquivalent zur Valenzstrichformel ist das Kugel-Stab-Modell, in dem die Kugel das Atom, der Stab die charakteristischen Bindungswinkel berücksichtigt. Auf dem Papier oder auf dem Bildschirm kann allerdings immer nur die Projektion gezeigt werden (siehe Abb. 1.2).

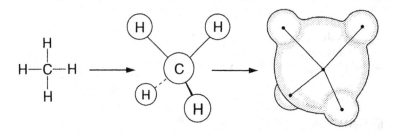

Konstitutionsformel   Stereoformel   Elektronendichtediagramm

Abb. 1.2 Formeldarstellung des Methanmoleküls.

Definition des Existenzbereichs

Es gibt drei verschiedene Arten der chemischen Bindung: die kovalente Bindung, die Ionenbindung und die Metallbindung. Die kovalenten Bindungen eines Atoms sind auf bestimmte Raumrichtungen beschränkt. Im Molekül werden die kovalenten Bindungen abgesättigt und führen dazu, daß das Molekül eine abgrenzbare Einheit darstellt.

Sowohl die von positiven oder negativen Ionen ausgehenden Ionenbindungen als auch die von positiv geladenen Metallrümpfen im Elektronenbett ausgehenden Metallbindungen wirken ungerichtet nach allen Seiten. Eine Abgrenzung bestimmter Atomansammlungen, die man als Moleküle bezeichnet, ist in diesem Fall nicht denkbar.

Zwischen den drei Bindungsarten gibt es jedoch Übergänge. Reine kovalente Bindungen führen stets zu definierten Molekülen (z. B. H_2, CH_4). Es gibt aber polare Verbindungen, in denen in großer Variationsbreite Ionenbindung und kovalente Bindung beteiligt sind (z. B. HCl). Ebenso gibt es bestimmte Cluster-Verbindungen, in denen Metallbindung und kovalente Bindung vorkommen. Zieht man außerdem in Betracht, daß auch zwischen rein kovalent aufgebauten Molekülen zwischenmolekulare Wechselwirkungen auftreten, so erkennt man, daß das Auftreten isolierter Moleküle nur im gasförmigen Zustand zu erwarten ist.

Im flüssigen Zustand und noch mehr im Festzustand bilden sich größere Aggregate, und der Molekülbegriff wird um so unschärfer, je weniger die kovalente Bindung beteiligt ist. In Ionenkristallen (z. B. NaCl) oder Metallen stellt der ganze Kristall ein Riesenmolekül dar. Bei stöchiometrisch zusammengesetzten Festkörpern kann formal die kleinste elektrisch neutrale Formeleinheit als Molekül bezeichnet werden. Ein solches Molekül hat jedoch keinen physikalischen Sinn (siehe Abb. 1.3).

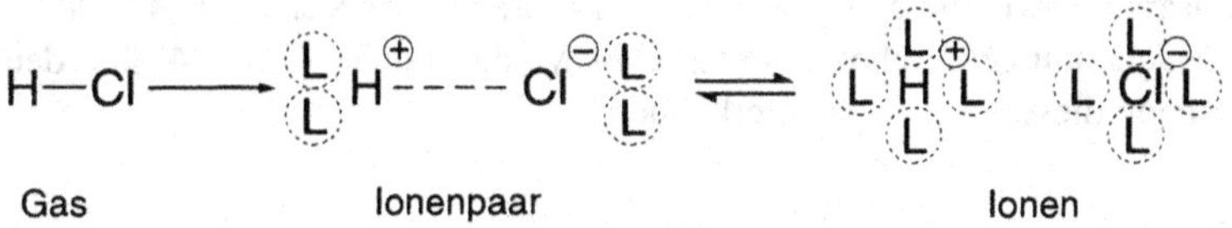

Gas   Ionenpaar   Ionen

Abb. 1.3 Übergang vom Molekül zu getrennten Ionen (L = Lösungsmittelmolekül).

Für die Existenz eines Moleküls ist entscheidend, daß die intramolekularen Wechselwirkungen (die die Atome zusammenhalten) wesentlich stärker sind als die intermolekularen Wechselwirkungen (die zur Aggregation oder Dissoziation der Moleküle führen). In Abbildung 1.3 ist der Übergang eines HCl-Moleküls vom Gaszustand zu den getrennten Ionen im polaren Lösungsmittel dargestellt. Im flüssigen Zustand stehen die getrennten Ionen mit solvatisierten HCl-Molekülen im Gleichgewicht. Allerdings treten bei den solvatisierten Molekülen je nach Polarität des Lösungsmittels sogenannte Ionenpaare auf.

1.2 Aspekte der Molekülstruktur

Die Molekülstruktur kann unter drei wesentlichen Aspekten beschrieben werden: Geometrie, Beweglichkeit und Wechselwirkung. Eine solche Beschreibungsweise ergibt sich insbesondere aus der Sicht der physikalischen Untersuchungsmethoden und ist unabhängig von der Güte eines Modells, mit dem man z. B. die chemische Bindung beschreibt.

Andere Beschreibungsweisen, etwa unter dem Gesichtspunkt der Elektronenkonfiguration, sind ebenfalls üblich.

Der Begriff Molekülstruktur ist im 19. Jahrhundert entstanden und bezog sich zunächst nur auf die Topologie der Atome im Molekül. Für die ebene Darstellung der Molekültopologie durch Atomsymbole und Valenzstriche wurde lange Zeit die Bezeichnung Strukturformel verwendet. Erst in letzter Zeit wurde dafür der Begriff Konstitutionsformel eingeführt (siehe Abb. 1.2). Auch der Begriff Molekülstruktur hat eine Wandlung erfahren. Nachdem er zuerst nur die Topologie bezeichnete, wurde und wird er auch heute noch vielfach auf die räumliche Anordnung der Atomrümpfe und Valenzelektronen im Molekül angewandt. Die zunehmende Anwendung physikalischer Meßmethoden zeigt jedoch, daß die räumliche Anordnung der Atome in ein und demselben Molekül je nach Zeitmaßstab der Methode durchaus verschieden sein kann. Der Begriff Molekülstruktur umfaßt deshalb ein System bestimmter miteinander verknüpfter und sich gegenseitig bedingender Eigenschaften, die hier Aspekte genannt werden. Damit soll gleichzeitig eine bestimmte Methode, d. h. die Art der Betrachtungsweise und die Art der Hilfsmittel ausgedrückt werden:

– Unter Molekülgeometrie versteht man danach die räumliche Anordnung der Atomkerne und Elektronen im Molekül.

– Unter Beweglichkeit versteht man die zeitlichen Veränderungen der Koordinaten der Atomkerne

– Unter Wechselwirkung versteht man die anziehenden und abstoßenden Kräfte zwischen den Atomen im Molekül und zwischen den Molekülen untereinander.

Die gemeinsame Anwendung dieser drei Aspekte erlaubt das Verständnis vieler molekular bedingter Erscheinungen. Schon ein einfaches Modell (siehe Abb. 1.4) läßt den inneren Zusammenhang dieser drei Aspekte erkennen.

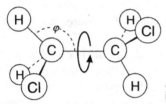

Abb. 1.4 Sägebockdarstellung von 1,2-Dichlorethan in der syn-clinal-Konformation.

Die Geometrie ergibt sich aus den Wechselwirkungen der Elektronen mit den Atomkernen und den Wechselwirkungen zwischen den Elektronen untereinander als ein Zustand minimaler Energie.

Es zeigt sich, daß für das 1,3-Dichlorethan-Molekül mehrere geometrische Atomanordnungen gleicher minimaler Energie existieren. Die Geometrie des 1,3-Dichlorethan läßt sich durch Rotation um die C — C-Bindung so verändern, daß stets wieder stabile (d. h. energietiefe) Anordnungen der Atome entstehen. Bei Raumtemperatur wird die für die Rotation notwendige Energie von der thermischen Bewegung der Moleküle aufgebracht. Im Molekül findet eine innere Rotation statt. Der Widerstand, der dieser Rotation entgegengesetzt wird (Rotationsbarriere), wird wiederum von den Wechselwirkungen zwischen den Atomen und Atomgruppen (u. a. C — Cl-Dipol) bestimmt. Daneben gibt es die verschiedenen einfachen Valenzschwingungen, die durch Bindungslängen-, Bindungswinkel- und Torsionswinkeländerungen um die stabile Lage stattfinden. Die intramolekularen Bewegungen (Relativbewegung der Atome gegenüber anderen Atomen des Moleküls) sind im flüssigen und gasförmigen Zustand stets von intermolekularen Bewegungen (Relativbewegung der Moleküle gegenüber anderen Molekülen) überlagert, die ebenfalls von der Geometrie der Moleküle (z. B. über das Trägheitsmoment) abhängen.

Zur Beschreibung der Kovalenz wird in diesem Buch ein einfaches qualitatives MO-Modell verwendet, das in Kapitel 4 dargestellt ist. Das Buch gliedert sich in die vier Kapitel:

– Konzept der Molekülstruktur,
– Molekülgeometrie,
– intramolekulare Beweglichkeit,
– Wechselwirkungen.

Die einzelnen Aspekte werden beschrieben, einer Klassifizierung unterworfen und durch Untersuchungsmethoden ergänzt.

2. Molekülgeometrie

2.1 Atomkoordinaten

Die räumliche Anordnung der Atomkerne im Molekül, die man als Molekülgeometrie bezeichnet, wird durch die Koordinaten in einem molekülinternen Koordinatensystem beschrieben (siehe Abb. 2.1). Die räumliche Anordnung der Elektronen beschreibt man gewöhnlich (in der Born-Oppenheimer-Näherung) unabhängig davon in einem fixiert gedachten Kerngerüst. Für die Beschreibung der Geometrie des Kerngerüsts (Molekülgeometrie) benutzt man ein kartesisches oder ein molekülspezifisches Koordinatensystem (siehe Abb. 2.1).

---

kartesische Koordinaten im Molekül A—B

1. Geometric Center of the Nuclei (GCN)-Koordinaten

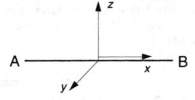

2. Center of Mass of the Nuclei (CMC)-Koordinaten

(B leichter als A)

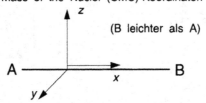

3. Nuclear Centered (NC)-Koordinaten

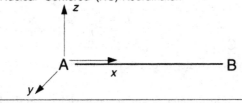

Abb. 2.1   Molekülinterne Koordinatensysteme.

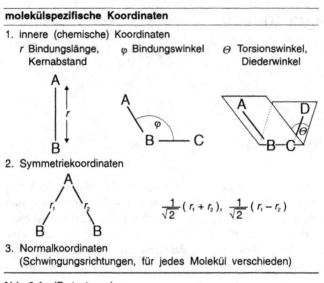

molekülspezifische Koordinaten

1. innere (chemische) Koordinaten
   r Bindungslänge, φ Bindungswinkel Θ Torsionswinkel,
   Kernabstand   Diederwinkel

2. Symmetriekoordinaten

$$\frac{1}{\sqrt{2}}(r_1 + r_2), \quad \frac{1}{\sqrt{2}}(r_1 - r_2)$$

3. Normalkoordinaten
   (Schwingungsrichtungen, für jedes Molekül verschieden)

Abb. 2.1 (Fortsetzung).

Während die kartesischen Koordinaten im Prinzip auch die Lage der Elektronen beschreiben könnten (allerdings bevorzugt man hierfür Kugelkoordinaten), liefern die molekülspezifischen Koordinaten nur die relativen Lagen der Atomkerne. Die Umrechnung der $3N$ kartesischen Koordinaten eines N-atomigen Moleküls in die $3N$-6 inneren Koordinaten ist stets willkürfrei möglich (siehe Abb. 2.2).

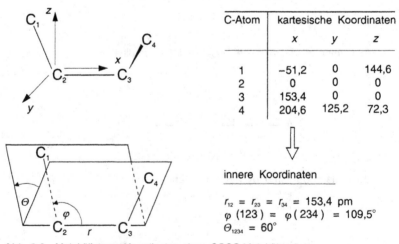

C-Atom	kartesische Koordinaten		
	x	y	z
1	−51,2	0	144,6
2	0	0	0
3	153,4	0	0
4	204,6	125,2	72,3

innere Koordinaten

$r_{12} = r_{23} = r_{34} = 153,4$ pm
$\varphi(123) = \varphi(234) = 109,5°$
$\Theta_{1234} = 60°$

Abb. 2.2 Molekülinterne Koordinaten eines CCCC-Molekülgerüsts.

Zum Verständnis der inneren Koordinaten ist es notwendig, sich ein einfaches gedankliches Bild vom Molekül zu machen, das die Positionen von Atomkernen und Elektronenhülle berücksichtigt: Das Molekül ist eine stabile geometrische Anordnung von Atomkernen, eingebettet in ein dynamisches Elektronensystem. Die inneren Elektronen (*core*) der Atome sind dicht um den Kern angeordnet; die Valenzelektronen dagegen befinden sich auch zwischen den Atomkernen. Die räumlichen Bezirke zwischen den Atomkernen, in denen eine erhöhte Elektronendichte anzutreffen ist, werden als Bindungen bezeichnet.

2.1.1 Bindungslängen

Die Bindungslängen (Kernabstände) r sind in Abhängigkeit davon, ob es sich um Einfach-, Doppel- oder Dreifachbindungen handelt, zwischen gleichen Atomen relativ konstant und damit charakteristisch (siehe Tabelle 2.1).

Tabelle 2.1 Charakteristische Bindungslängen r.

Bindung	r (in pm)	Bindung	r (in pm)	Bindung	r (in pm)
H — H	74	N — N	146	F — Cl	163
H — C	109	N — O	136	B — B	159
H — N	100	N — F	136	B — Si	190
H — O	96	N — B	142	B — P	180
H — F	92	N — Si	157	B — S	161
H — B	121	N — P	149	B — Cl	172
H — Si	148	N — S	130	Si — Si	230
H — P	142	N — Cl	175	Si — P	220
H — S	134	O — O	148	Si — S	215
H — Cl	127	O — F	142	Si — Cl	203
H — As	152	O — B	136	P — P	221
C — C	153	O — Si	164	P — S	186
C — N	147	O — P	162	P — Cl	203
C — O	143	O — S	144	S — S	204
C — F	133	O — Cl	170	S — Cl	199
C — B	156	F — F	142	Cl — Cl	199
C — Si	186	F — B	129	Cl — As	216
C — P	187	F — Si	156	Cl — Sb	235
C — S	181	F — P	154	Cl — Bi	248
C — Cl	172	F — S	158		
C = C	134	N = N	125	O = P	145
C = N	129	N = O	114	O = S	130
C = O	122	N = P	130	P = P	189
C = P	170	N = S	120	P = S	170
C = S	171	O = O	127	S = S	190
C ≡ C	120	C ≡ N	117	N ≡ N	110

Man kann sich die Bindungslängen auch mit Hilfe einer Tabelle der Kovalenzradien (siehe Tabelle 2.2) selbst zusammensetzen. Abweichungen von der Additivität werden durch die Elektronegativitätsdifferenz berücksichtigt [2.1]:

$$r_{AB} = r_A + c \left(\chi_A - \chi_B \right) \tag{2.1}$$

(r_{AB} Bindungslänge;

r_A Kovalenzradius von Atom A;

χ_A Elektronegativität von A nach PAULING [2.2];

$c = 6$ bis 8).

Tabelle 2.2 Kovalenzradien (pm) einiger Atome in verschiedenen Bindungstypen [2.3].

Element	Einfachbindung	Doppelbindung	Dreifachbindung
H	30		
Be	89		
B	80		
C	77	67	60
N	74	62	55
O	74	62	
F	72		
Al	125		
Si	117	107	100
P	110	100	93
S	104	94	87
Cl	99	89	
Ga	125		
Ge	122	112	
As	121	111	
Se	117	107	
Br	114	104	

Die Bindungslänge charakterisiert den Gleichgewichtsabstand zweier Atomkerne im elektronischen Grundzustand und im Schwingungsgrundzustand des Moleküls (s. Abb. 2.3).

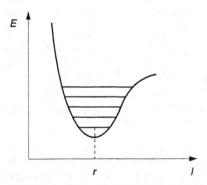

Abb. 2.3 Abhängigkeit des Kernabstands *l* von der Energie (*r* Gleichgewichtsabstand).

2.1.2 Bindungswinkel

Die Bindungswinkel, die zwischen linearen Verbindungslinien der Atomkerne gebildet werden, können auch von den tatsächlichen Bindungsrichtungen (Richtung höchster Elektronendichte) abweichen. Ein Beispiel dafür sind die sogenannten Bananenbindungen im Cyclopropan (siehe Abb. 2.4).

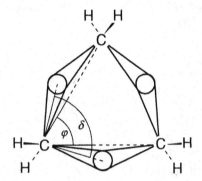

Abb. 2.4 Bindungswinkel φ und Valenzwinkel δ in Cyclopropan.

In Molekülen ohne Ringspannung stimmen Bindungswinkel und Valenzwinkel gewöhnlich überein. Allerdings sind·auch die Valenzwinkel relativ leicht deformierbar, so daß sie größeren Schwankungen unterliegen. Daraus folgt die Variationsbreite der Bindungswinkel (siehe Tabelle 2.3). Die Variation der Valenzwinkel durch die Hybridisierung wird in Abschnitt 2.2.2 behandelt.

Tabelle 2.3 Bindungswinkel einiger Verbindungen.

Molekül	Bindungen	Winkel (in °)	Molekül	Bindungen	Winkel (in °)
CH_3	$H-C-H$	109,5	CO_2	$O-C-O$	180
CH_3-CH_3		109,75	CCl_4	$Cl-C-Cl$	109,5
CH_3F		110,6	CH_3COCH_3	$C-C-C$	116,22
$CH_2=CH_2$		115,5	C_2H_5Cl	$Cl-C-C$	110,5
CH_2O		116,5	CH_3COCH_3	$C-C-O$	121,9
NH_3	$H-N-H$	106,7	$(CH_3)_3N$	$C-N-C$	108,7
H_2O	$H-O-H$	104,5	CH_3OCH_3	$C-O-C$	111,8
H_2O_2	$H-O-O$	94,8	$(CH_3)_3As$	$C-As-C$	96
H_2S	$H-S-H$	93,3	$POCl_3$	$Cl-P-Cl$	103,5
PH_3	$H-P-H$	93,5	SO_2	$O-S-O$	119,5
AsH_3	$H-As-H$	91,83	SO_3	$O-S-O$	120
CH_3OH	$H-O-C$	108,4	ClO_2	$O-Cl-O$	118,5
CH_3SH	$H-S-C$	96,5	$AsCl_3$	$Cl-As-Cl$	98,4
			$(CH_3)_3P$	$C-P-C$	98,6

2.1.3 Torsionswinkel

Die Torsionswinkel unterliegen den größten Variationen. Beispielsweise rotieren in H_2O_2 die beiden OH-Gruppen bei Zimmertemperatur gegeneinander mit einer Frequenz von 10^4 Hz. Eine Molekülgeometrie, die durch alle inneren Koordinaten definiert ist, läßt sich demzufolge nur in einer Momentaufnahme des Moleküls bestimmen.

Wenn man eine bestimmte Atomreihenfolge definiert, so kann das Vorzeichen des Torsionswinkels nach der in Abbildung 2.5 dargestellten Weise bestimmt werden [2.3].

Mittels des Torsionswinkels wird sehr oft die Geometrie eines Bewegungszustands (Konformation) charakterisiert (siehe Kapitel 3).

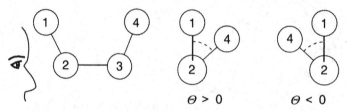

Abb. 2.5   Vorzeichendefinition des Torsionswinkels Θ.

2.1.4 Elektronenradien

Die Elektronen sind aufgrund ihrer kleinen Masse viel beweglicher und bewegen sich viel schneller als die Atomkerne. Die dem Elektronensystem innewohnende Dynamik kann deshalb getrennt von der Kernbewegung behandelt werden. Dies wird in der Quantenchemie durch die Born-Oppenheimer-Näherung berücksichtigt. Die Elektronenhülle kann als Konturdiagramm unterschiedlicher Dichte dargestellt werden (siehe Abb. 2.6). Die Elektronendichte nimmt exponentiell ab, so daß man das Ende des Moleküls willkürlich

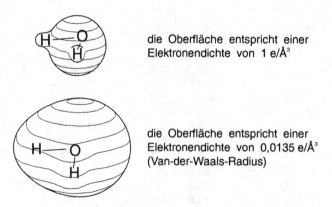

die Oberfläche entspricht einer Elektronendichte von 1 e/Å³

die Oberfläche entspricht einer Elektronendichte von 0,0135 e/Å³ (Van-der-Waals-Radius)

Abb. 2.6   Form des Wassermoleküls unter Berücksichtigung der Elektronendichte.

definieren muß (z. B. mit dem Ort, wo die Elektronendichte auf 10% eines Elektrons abgesunken ist).

Eine mögliche Begrenzung des Moleküls ist durch die intermolekulare Van-der-Waals-Wechselwirkung (siehe Abschn. 4.4) gegeben. Der sogenannte Van-der-Waals-Radius gibt näherungsweise den halben Abstand an, den zwei Moleküle beim Minimum der Wechselwirkungsenergie einnehmen.

In Kapitel 2 wird unter Molekülgeometrie deshalb die räumliche Anordnung der Atomkerne verstanden, während die durch die Elektronenhülle bedingte Molekülform erst bei den Wechselwirkungen (Kapitel 4) zur Sprache kommt.

2.2 Geometrie und Koordinationszahl

Aus der Anzahl der Valenzelektronen läßt sich die Zahl der kovalenten Bindungen, die von einem Atom ausgehen, ableiten [2.4;2.5]. Diese Zahl soll im folgenden als Koordinationszahl bezeichnet werden. Die Kenntnis der Koordinationszahlen der Atome erlaubt es, alle möglichen Konstitutionsformeln zu formulieren. Die Kenntnis der Konstitutionsformel, d. h. die Kenntnis der Topologie des Moleküls, ist wiederum Voraussetzung für die Bestimmung der Molekülgeometrie. Die Geometrie derjenigen Moleküle, die aus einem Zentralatom mit einem beliebigen Satz von Liganden gebildet werden, läßt sich mit einfachen theoretischen Modellen vorhersagen.

2.2.1 Valence-Shell-Electron-Pair-Repulsion-(VSEPR-)Modell

Das einfachste Modell zur Vorhersage der Molekülgeometrie ist das VSEPR-Modell [2.6]. Entscheidend für Anzahl und Richtung der kovalenten Bindungen, die von einem Atom ausgehen, ist die Anzahl der Elektronen in der äußeren Schale des Atoms (Valenzelektronen). Die Valenzelektronen werden zu Valenzelektronenpaaren mit antiparallelem Spin zusammengefaßt. Diese Paare sind entweder Bindungselektronenpaare oder freie Elektronenpaare. Das Grundprinzip des Modells besagt, daß sich die Valenzelektronenpaare so verhalten, als ob sie einander abstoßen würden [2.5 – 2.7].

Beispielsweise gibt es in Methan vier Valenzelektronen am Kohlenstoff, die sich mit je einem Elektron des Wasserstoffs zu vier Valenzelektronenpaaren gruppieren. Ordnet man diese Paare so an, daß sie voneinander maximale Abstände, d. h. minimale Abstoßung haben, so ergibt sich eine tetraedrische Geometrie.

Folgende weitere Regeln kommen hinzu [2.8; 2.9]:

– Der Raumbedarf eines Valenzelektronenpaares sinkt mit steigender Elektronegativität des Liganden und ist für das freie Elektronenpaar am größten.
– Die Anordnung von vier Valenzelektronenpaaren pro Atom ist bevorzugt (außer Wasserstoff). Für Atome ab der dritten Periode sind mehr als vier Valenzelektronenpaare möglich (Oktettaufweitung).
– Mehrfachbindungen zählen bezüglich der Abstoßung als ein Valenzelektronenpaar.

Mittels dieser Regeln kann man die Koordinationszahlen der Zentralatome und die Geometrie einer Vielzahl von einfachen Molekülen bestimmen (siehe Tabelle 2.4 und Abbildung 2.7). Das VSEPR-Modell erlaubt keine quantitativen Aussagen über die Stärke der Abstoßung und die genauen Werte der Bindungswinkel.

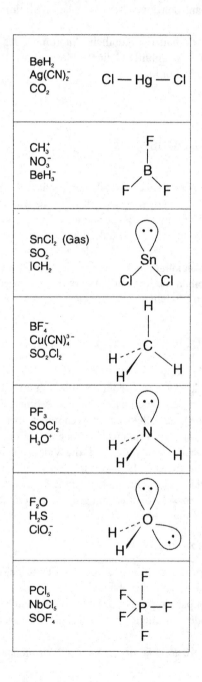

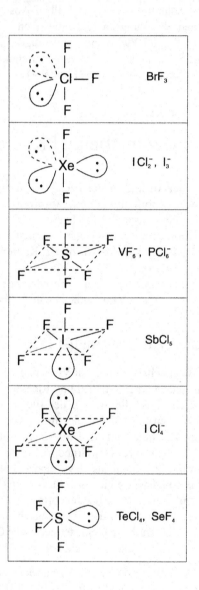

Abb. 2.7 Beispiele für die Molekülgeometrie entsprechend Tabelle 2.4.

Tabelle 2.4 Koordinatenzahlen und Geometrie der Moleküle vom Typ AX_n (A Zentralatom, X einwertiger Ligand, n Koordinationszahl des Zentralatoms).

Valenzelektronenpaare	davon Bindungspaare	Koordinationszahl des Zentralatoms	Molekülgeometrie	Beispiele
2	2	2	linear	$MgCl_2$, $Ag(CN)_2^-$, CO_2
3	3	3	planar dreieckig	BF_3, NO_3^-
	2	2	V-Form	$SnCl_2$(Dampf), SO_2
4	4	4	Tetraeder	CH_4, BF_4^-, $Cu(CN)_4^{3-}$, SO_2Cl_2
	3	4	trigonal pyramidal	NH_3, PF_3, $SOCl_2$
	2	2	V-Form	H_2O, F_2O, H_2S, ClO_2^-
5	5	5	trigonal bipyramidal	PCl_5, $TaCl_5$, $NbCl_5$, SOF_4
	4	4	⋰⊦⋱	SF_4, $TeCl_4$, SeF_4, SeF_2O_2
	3	3	T-Form	ClF_3
	2	2	linear	ICl_2^-, I_3^-, XeF_2
6	6	6	Oktaeder	VF_6^-, PCl_6^-, SF_6, IOF_5
	5	5	quadratische Pyramide	IF_5, $SbCl_5^{2-}$
	4	4	quadratisch	ICl_4^-, XeF_4

2.2.2 Hybridisierung

Das Modell der Hybridisierung kann ebenfalls zur Vorhersage der Molekülgeometrie bei bekannter Koordinationszahl benutzt werden. Die Elektronenkonfiguration eines Atoms wird nach dem Aufbauprinzip durch Besetzung von Orbitalen (Ein-Elektronen-Wellenfunktionen) beschrieben. Im Grundzustand des Atoms besetzen die Elektronen die s-, p-, d- oder f-Orbitale der jeweiligen Schale. Im Molekül befinden sich jedoch die Atome im Valenzzustand. Der Valenzzustand wird durch Hybridorbitale beschrieben, die durch Kombination von s-, p-, d- und f-Orbitalen gebildet werden. Das Prinzip dieses auf PAULING [2.2] zurückgehenden Modells besteht darin, daß die für die Hybridisierung theoretisch aufzuwendende Promotionsenergie durch die höhere Bindungsenergie überkompensiert wird, die aus einer besseren Überlappung der nun optimal ausgerichteten Hybridorbitale resultiert. In Analogie zur Valenzstrichformel können die Bindungen (Valenzstriche) durch lokalisierte Zwei-Zentren-Molekülorbitale (LMOs) beschrieben werden. Jedes LMO wird aus einem Hybridorbital des Zentralatoms und einem Liganden-orbital gebildet.

Beispielsweise kann die tetraedrische Ligandenanordnung der H-Atome im Methan mit einer sp^3-Hybridisierung (Mischung eines s-Orbitals mit drei p-Orbitalen) der Valenzorbitale des Kohlenstoffs erklärt werden (siehe Abb. 2.8).

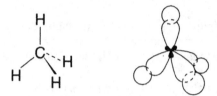

Abb. 2.8 sp^3-Hybridisierung des Kohlenstoffs in Methan.

Die Überlagerung eines s-Orbitals mit einem p-Orbital führt zu einem sp-Hybridorbital, das in Bindungsrichtung länger als ein p-Orbital ist und deshalb besser mit dem Liganden-orbital überlappen kann (vgl. Abb. 2.9).

Abb. 2.9   Verbesserte Überlappung durch sp-Hybridisierung.

Bei der sp^3-Hybridisierung ist die Orbitalverlängerung infolge des kleineren s-Anteils pro p-Orbital natürlich etwas geringer. Außerdem vergrößern sich durch die Hybridisierung die Valenzwinkel (gegenüber 90° zwischen reinen p-Orbitalen) und vermindern dadurch die sogenannte PAULI-Abstoßung [2.10] zwischen den Bindungen (siehe Abb. 2.10).

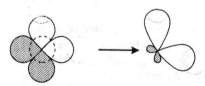

Abb. 2.10   Vergrößerte Bindungswinkel durch sp^2-Hybridisierung.

Im Beispiel des Methans führt die sp^3-Hybridisierung aus den Atomorbitalen s, p_x, p_y und p_z zu einem Valenzwinkel von 109,47°. Die Valenzwinkel stimmen nicht in allen Fällen mit den Bindungswinkeln überein (siehe Abschn. 2.2.2), insbesondere dann nicht, wenn Ringspannung oder abstoßende Wechselwirkungen zwischen den Liganden auftreten.

Für die maximale Hybridisierung (Kombination aller Valenzelektronen) ergeben sich die in Abbildung 2.11 dargestellten Molekülgeometrien.

Valenz-elektronen-paare	Koordinations-zahl des Zentralatoms	Hybridi-sierung	Molekülgeometrie	Beispiel
2	2	sp	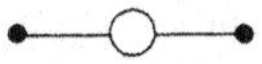 linear	$HgCl_2$, $BeCl_2$
3	3	sp^2	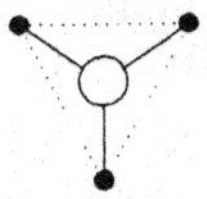 trigonal planar	BCl_3
4	4	sp^3	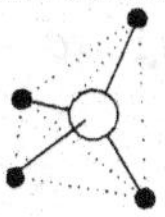 tetraedrisch	CCl_4
5	5	sp^3d	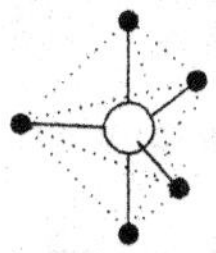 trigonal bipyramidal 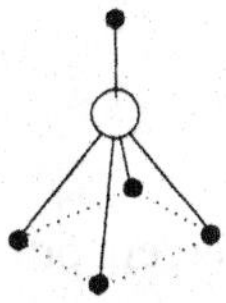 tetragonal pyramidal	PF_5
6	6	sp^3d^2	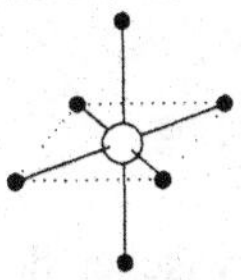 oktaedrisch	SF_6
7	7	sp^3d^3	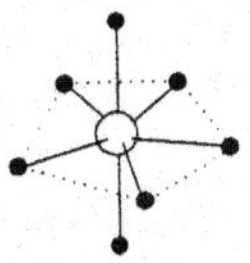 pentagonal bipyramidal	IF_7

Abb.2.11 Hybridisierung des Zentralatoms A der Moleküle vom Typ AX_n ($n = 2$ bis 7).

s,p-Hybridisierung

Zur Beschreibung der Bindungen an Atomen der zweiten Periode mittels Hybridisierung verwendet man nur die s- und p-Orbitale. Die Hybridatomorbitale (h-AOs) bilden lokalisierte σ-Bindungen. Daneben können noch π-Bindungen aus p-Orbitalen, die nicht an der Hybridisierung teilnehmen, gebildet werden. Anstelle der Bildung einer σ-Bindung mit dem Liganden, kann ein h-AO auch durch ein freies Elektronenpaar besetzt werden. Es lassen sich drei Typen von s,p-Hybridorbitalen unterscheiden [2.11]:

	aus	Valenzwinkel
digonale (sp)-h-AOs	s, p_x	180°
trigonale (sp²)-h-AOs	s, p_x, p_y	120°
tetraedrische (sp³)-h-AOs	s, p_x, p_y, p_z	109,47°

Die Mischung eines s-AOs mit einem p-AO erfolgt durch lineare Kombination, wobei die Koeffizienten (hier durch einen einzigen sogenannten Hybridisierungsparameter λ_i ausgedrückt) die Normierungsbedingung $\Sigma c^2 = 1$ erfüllen müssen. Hieraus folgt:

$$h_i = \frac{1}{\sqrt{1+\lambda_i^2}}\,(s + \lambda_i\,p) \tag{2.2}$$

(λ_i Hybridisierungsparameter; h_i Hybrid-AO $=$ h-AO).

Der s-Anteil ($= \alpha^2$) in einem h-AO errechnet sich nach

$$\alpha^2 = \frac{1}{1 + \lambda_i^2} \tag{2.3}$$

Die Hybridorbitale sollten außerdem orthogonal sein. Aus der Orthogonalitätsbedingung [2.11] folgt:

$$\cos\varphi_{ij} = -\frac{1}{\lambda_i\,\lambda_j} \tag{2.4}$$

φ_{ij} Valenzwinkel zwischen den h-AOs i und j (entspricht im spannungsfreien Molekül dem Bindungswinkel).

sp³-Hybridisierung

Bei der sp³-Hybridisierung führt die Mischung eines s-AOs mit drei p-AOs zu vier Hybridorbitalen h_1, h_2, h_3, h_4 mit den Hybridisierungsparametern λ_1, λ_2, λ_3 und λ_4. Für vier gleiche Liganden sind alle vier Hybridorbitale und alle vier Hybridisierungsparameter gleich.

Aus dem s-Anteil von 25 % an jedem der vier Hybridorbitale (d. h. $\alpha^2 = 0{,}25$), der sich aus der Normierungsbedingung ergibt, läßt sich nach Gleichung (2.5) der Tetraederwinkel $\varphi_{ij} = 109{,}47°$ berechnen.

$$\cos \varphi_{ij} = -\frac{1}{\lambda_i^2} = -\frac{\alpha^2}{1 - \alpha^2} \qquad (2.5)$$

sp²-Hybridisierung

Aus einem s-AO und zwei p-AOs werden drei sp²-h-AOs konstruiert. Für drei Liganden ähnlicher Elektronegativität am C-Atom kann man näherungsweise gleiche Hybridorbitale verwenden ($h_1 = h_2 = h_3$). Der s-Anteil beträgt 33 %, und man kann daraus einen Valenzwinkel von 120° ausrechnen. Das restliche p_z-AO kann für eine π-Bindung verwendet werden (siehe Abbildung 2.12).

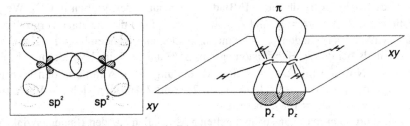

Abb. 2.12   σ- und π-Bindungen in Ethen.

Analog dazu erhält man bei der sp-Hybridisierung einen s-Anteil von 50 % und einen Valenzwinkel von 180°. Die nicht mit in die Hybridisierung einbezogenen AOs p_y und p_z können für zwei senkrecht zueinander stehende π-Bindungen verwendet werden.

sp³-Hybridisierung mit ungleichen Liganden

Wenn vier unterschiedliche Liganden an ein Zentralatom gebunden sind, dann sind auch die vier Hybridorbitale unterschiedlich, und aus den unterschiedlichen Hybridisierungsparametern folgen ungleiche Bindungswinkel. Die sp³-Hybridisierung führt in diesem Fall zu einem verzerrten Tetraeder (siehe Abb. 2.13).

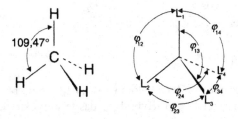

Abb. 2.13 Valenzwinkel in Methan und Bezeichnung der Valenzwinkel am Tetraeder.

Wegen der Orthogonalität genügen drei Winkel zur vollständigen Beschreibung.
Je höher die Elektronegativität eines Liganden ist, um so höher ist der p-Anteil des für diese Bindung verwendeten Hybridorbitals am Zentralatom (Bentsche Regel [2.12]).

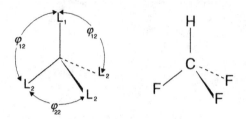

Abb. 2.14 Valenzwinkel in CHF_3.

In CHF_3 (siehe Abbildung 2.14) ist der p-Anteil des h-AOs des Zentralatoms Z für die Bindung mit L_2, höher als der der h-AOs für die Bindung mit den Liganden L_1. Die höhere Elektronegativität der Fluorliganden gegenüber des H-Liganden bedingt nach der Bentschen Regel eine Erhöhung des p-Anteils und damit eine Absenkung des s-Anteils im h-AO des Kohlenstoffs für die C-F-Bindung gegenüber den Werten in CH_4. Wegen der Relationen $a_1 > a_2 = a_3 = a_4$ und $\lambda_1 > \lambda_2 = \lambda_3 = \lambda_4$ führt dies zu einer Vergrößerung der Valenzwinkel des Liganden L_1 ($= H$) mit allen anderen Liganden L_2 ($= F$). Die Erhöhung des s-Anteils bei der sp-Hybridisierung von 25 % auf 28 % im Hybridorbital h_1 bedingt wegen der Normierung $\sum a^2 = 1$ eine Absenkung des s-Anteils in den Hybridorbitalen h_2 auf 24 %. Aus den Gleichungen 2.3 und 2.4 lassen sich die Valenzwinkel $\varphi_{12} = 110,5°$ und $\varphi_{22} = 108,4°$ berechnen.

Umgekehrt kann man von spannungsfreien Molekülen aus den Bindungswinkeln (Valenzwinkeln) den s-Anteil der Hybridisierung am Zentralatom berechnen.

Der s-Anteil kann zur Charakterisierung der Bindungspolarität oder auch zur Interpretation der NMR-Kopplungskonstanten verwendet werden. Im gezeigten Spezialfall $ZL_1(L_2)_3$ gilt zwischen den Valenzwinkeln die folgende Relation [2.11]:

$$2 \cos\varphi_{22} = 3 \cos^2\varphi_{12} - 1 \tag{2.6}$$

Die Veränderung eines Bindungswinkels führt jedoch stets zur Änderung aller anderen Bindungswinkel, unabhängig von der Gleichheit oder Verschiedenheit der Liganden L_1, L_2, L_3 und L_4. Aus der Orthogonalität kann folgende nützliche Relation abgeleitet werden, die es erlaubt, den Hybridisierungsparameter λ und damit den s-Anteil eines Hybridorbitals des Zentralatoms für eine bestimmte Bindung (hier mit L_1) zu bestimmen:

$$\lambda_1^2 = -\frac{\cos\varphi_{34}}{\cos\varphi_{13}\ \cos\varphi_{14}} = -\frac{\cos\varphi_{23}}{\cos\varphi_{12}\ \cos\varphi_{13}} = -\frac{\cos\varphi_{24}}{\cos\varphi_{12}\ \cos\varphi_{14}} \tag{2.7}$$

Grenzen des Hybridisierungsmodells

In Molekülen mit freien Elektronenpaaren am Zentralatom (z. B. NH_3) würde bei reiner sp^3-Hybridisierung ebenfalls ein energiereiches sp^3-Hybrid für das freie Elektronenpaar zur Verfügung stehen, ohne daß sich der Energieaufwand auszahlt, da keine vierte Bindung geknüpft wird.

Ohne Hybridisierung hätte andererseits das freie Elektronenpaar reinen s-Charakter, und für die Liganden könnten reine p-AOs genutzt werden. Im letzteren Fall würde ein Bindungswinkel von 90° resultieren. Der experimentelle Bindungswinkel von 96° für das Ammoniakmolekül legt jedoch eine Beschreibung durch Hybridisierung nahe.

Dies kann man sich so erklären, daß durch die Hybridisierung das freie Elektronenpaar von den Bindungselektronenpaaren weiter weggerückt wird und daß dadurch die Pauli-Abstoßung [2.10] verringert wird (siehe Abb. 2.15).

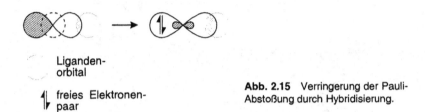

Liganden-
orbital

↿⇂ freies Elektronen-
paar

Abb. 2.15 Verringerung der Pauli-Abstoßung durch Hybridisierung.

Wegen der unterschiedlichen Größe von s- und p-Orbitalen ab der dritten Periode des Periodensystems der Elemente bringt die Hybridisierung nur noch eine geringe Verbesserung der Überlappung. Außerdem kann die Forderung der Orthogonalität der Hybridfunktionen bei diesen Elementen nicht aufrechterhalten werden [2.13]. Beispielsweise findet man für PH_3 einen Bindungswinkel von 90°. Da die 3p-Orbitale einen wesentlich größeren Radius als die 3s-Orbitale haben und auch die Pauli-Abstoßung aufgrund der größeren Bindungslängen wesentlich geringer ist, ist der p-Anteil im Hybridorbital für das freie Elektronenpaar hier noch geringer als im NH_3. Das läßt jedoch noch nicht auf einen reinen s-Charakter schließen; eine Populationsanalyse [2.10] zeigt, daß das freie Elektronenpaar durchaus auch p- und d-Charakter hat.

2.2.3 Qualitatives MO-Modell

Zur Vorhersage der Molekülgeometrie ist auch ein qualitatives Molekular-Orbital-(MO-)-Modell geeignet, wie es von MULLIKEN, WALSH, GIMARC und BAIRD [2.14 – 2.17] entwickelt wurde. Dazu werden die Molekülorbitale (MOs) aus den Atomorbitalen (AOs) des Zentralatoms A mit je einem AO des Liganden X kombiniert. Man benutzt als AOs die s-, p- und d-Orbitale der Valenzschale. Es sind nur solche MOs zugelassen, die entweder symmetrisch oder antisymmetrisch (nur Vorzeichenwechsel) bezüglich der Symmetrieoperationen des Moleküls sind. Man muß also probeweise eine Geometrie einsetzen.

Ein weiteres Prinzip besteht darin, daß gleichphasige Orbitalüberlappung die MO-Energie senkt, gegenphasige Orbitalüberlappung die MO-Energie anhebt. Ausgehend von einer idealisierten, möglichst symmetrischen Geometrie schätzt man die Änderung der MO-Energie ab, die bei Störung dieser Geometrie auftritt. Das Verfahren läßt sich z. B. erfolgreich zur Geometriebestimmung der Moleküle AX_n ($n = 2$ bis 7) anwenden [2.16; 2.17].

2.2.3.1 AX$_2$-Moleküle

In einem Beispiel (siehe Abb. 2.16) ist ein qualitatives MO-Schema dargestellt, das es erlaubt, die Geometrie der AX$_2$-Moleküle (Zentralatom mit der Koordinationszahl 2 und zwei einbindige Liganden) abzuschätzen.

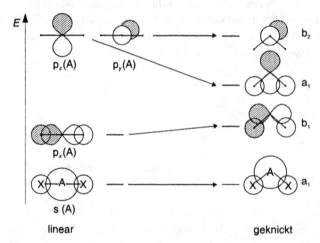

Abb. 2.16   AX$_2$-Moleküle – qualitatives MO-Schema.

Im linearen Molekül ist neben dem s-Orbital nur noch ein p$_x$-Orbital des Zentralatoms A an der Bindung beteiligt. Die restlichen beiden p-Orbitale (p$_y$ und p$_z$) von A bilden nichtbindende MOs. In Abbildung 2.16 sind die Energieniveaus, die durch gegenphasige Überlappung der AOs entstehen, weggelassen.

Im geknickten Molekül ist dagegen auch ein zweites p-Orbital (p$_z$) mit an der Bindung beteiligt. Das geknickte Molekül AX$_2$ hat C$_{2v}$-Symmetrie (siehe Abschn. 2.6), und jedem AO von A und jeder Kombination der Liganden-AOs kann entsprechend der Charakterta-

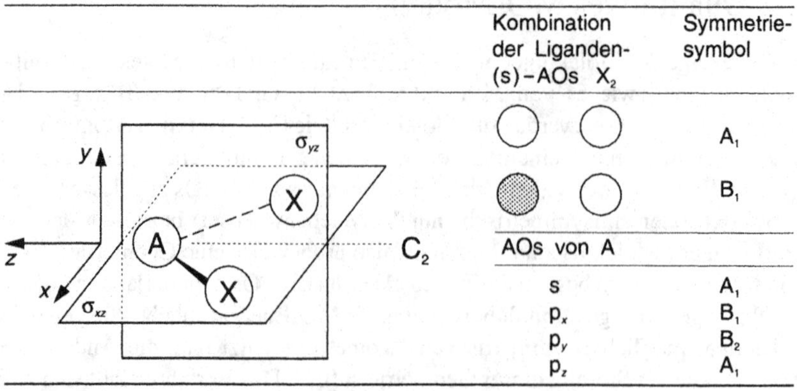

	Kombination der Liganden-(s)-AOs X$_2$	Symmetrie-symbol
	◯ ◯	A$_1$
	● ◯	B$_1$
AOs von A		
	s	A$_1$
	p$_x$	B$_1$
	p$_y$	B$_2$
	p$_z$	A$_1$

Abb.2.17   Symmetrieelemente von AX$_2$ (geknickt) und Symmetriesymbole der AOs.

fel der C_{2v}-Punktgruppe ein Symmetriesymbol (Mulliken-Symbol) zugeordnet werden (siehe Abb. 2.17).

Nur die Atomorbitale (AOs) mit dem gleichen Symmetriesymbol werden zu Molekülorbitalen (MOs) kombiniert. Die Symmetrie der MOs wird im Unterschied zu der der AOs durch kleine Buchstaben symbolisiert.

Aus der Zahl der Valenzelektronen vom Atom A und der Zahl der Valenzelektronen des Liganden X (bei Einfachbindungen ist jeder Ligand gewöhnlich mit einem Elektron beteiligt) kann nun die Molekülgeometrie mit der geringsten Energie (Summe der Orbitalenergien der besetzten MOs) näherungsweise in folgender Weise bestimmt werden: Die Energieniveaus (siehe Abb. 2.16) werden, von unten beginnend, paarweise mit den zur Verfügung stehenden Valenzelektronen aufgefüllt. Die Energie der dabei benutzen MOs wird summiert. Je nach Elektronenzahl und Geometrie (linear oder geknickt) erhält man eine andere Energiesumme. Der tiefste Energiewert entspricht dann in diesem Modell der bevorzugten Molekülgeometrie. Die in Abbildung 2.16 gegebene Abstufung der MO-Energien geht von der relativen Lage der AO-Energien aus (s tiefer als p) und berücksichtigt, daß bei der Kombination jede gleichphasige Überlappung die Energie um so stärker senkt, je besser die Überlappung ist.

Moleküle mit insgesamt drei oder vier Valenzelektronen (BeH$_2$, BeF$_2$ usw.) sind deshalb linear, weil im linearen Molekül die beiden energietiefsten MOs (die hier nur besetzt sind) tiefer liegen als im geknickten Molekül. Sobald aber das nächsthöhere MO besetzt werden muß (Moleküle mit fünf und sechs Valenzelektronen, z. B. CH$_2$, CF$_2$, SiH$_2$, BH$_2$-Radikal), ist die Gesamtenergie für die lineare Geometrie höher. Diese Moleküle sind geknickt.

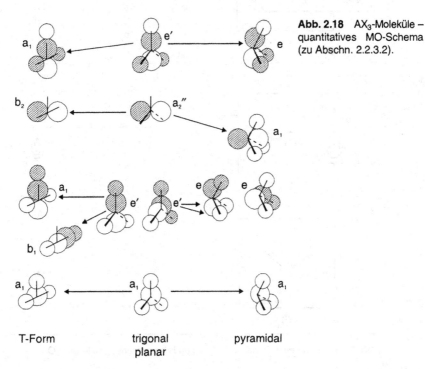

Abb. 2.18 AX$_3$-Moleküle – quantitatives MO-Schema (zu Abschn. 2.2.3.2).

T-Form   trigonal   pyramidal
                  planar

Moleküle mit noch größerer Zahl an Valenzelektronen (H_2O, H_2S, NH_2^*-Radikal, F_2O) sind ebenfalls geknickt, weil die Energiesenkung der a_1-MOs die Energieerhöhung der b_1-MOs überkompensiert.

2.2.3.2 AX₃-Moleküle

Für die AX_3-Moleküle können drei verschiedene geometrische Formen (siehe Abb. 2.18) in Betracht gezogen werden.

Die Symmetriesymbole ergeben sich aus der in Abbildung 2.19 dargestellten Zuordnung der AOs zu den entsprechenden irreduziblen Darstellungen der Punktgruppen C_{2v},

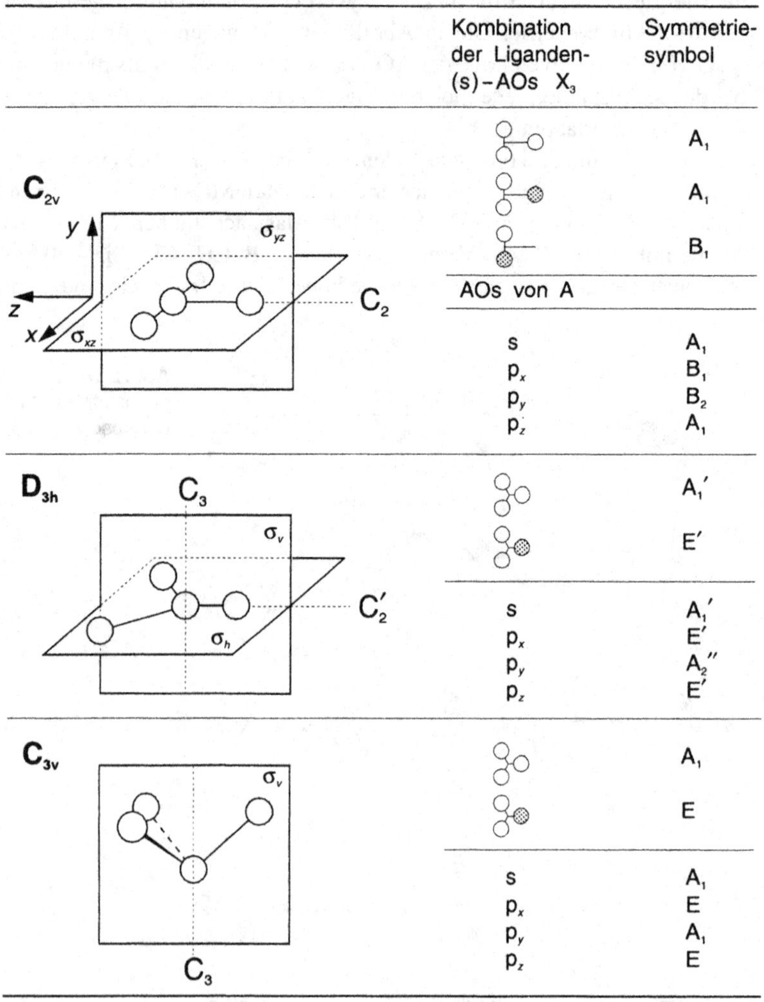

Abb. 2.19   Symmetrieelemente von AX_3 und Symmetriesymbole der AOs.

D_{3h} und C_{3v}. AX$_3$-Moleküle mit acht Valenzelektronen (NH$_3$, PH$_3$, H$_3$O$^+$, CH$_3^-$, NF$_3$) sind pyramidal, solche mit sechs Valenzelektronen (BeH$_3^-$, BH$_3$, CH$_3^+$, BF$_3$) sind trigonal-planar, und Moleküle mit mehr als acht Valenzelektronen haben eine T-Form (ClF$_3$, BrF$_3$).

In analoger Weise lassen sich auch von Molekülen des Typs AX$_4$, AX$_5$, AX$_6$ usw. die Geometrien in Abhängigkeit von der Zahl der Valenzelektronen bestimmten [2.16].

2.3 Geometrie vielatomiger Moleküle

Mit schrittweiser Erhöhung der Anzahl der Verknüpfungen in einem vorgegebenen Satz von Atomen höherer Koordinationszahl kommt man zu folgenden Typen der Molekültopologie (siehe Abb. 2.20):

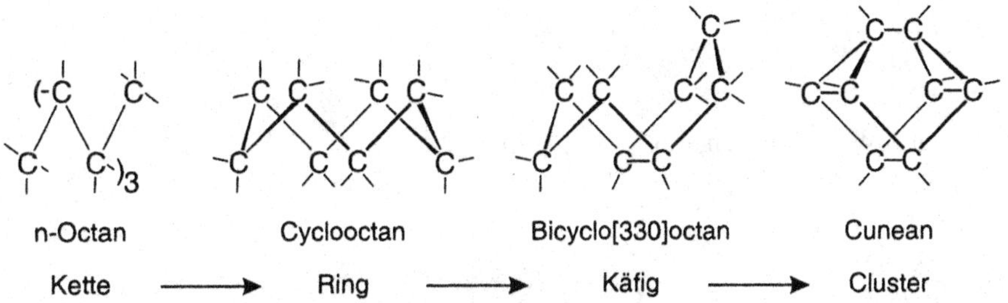

n-Octan	Cyclooctan	Bicyclo[330]octan	Cunean
Kette ⟶	Ring ⟶	Käfig ⟶	Cluster

Abb. 2.20 Erhöhung der Zahl von CC-Verknüpfungen.

Im Cluster ist jedes Atom mit mindestens drei anderen mehrbindigen Atomen verknüpft und hat die dichteste Packung der Atome im Molekül. Während Ketten, Ringe und in eingeschränktem Maße auch Käfige infolge der intramolekularen Beweglichkeit in mehreren stabilen geometrischen Formen vorkommen können, besitzen Cluster eine fixierte Geometrie (einfache Molekülschwingungen sind natürlich möglich).

Die Geometrie der Cluster läßt sich in vielen Fällen aus der Anzahl der Atome und der Anzahl der Valenzelektronen durch einfache Regeln ableiten. Darüber hinaus folgen aus der Cluster-Geometrie auch mögliche Käfigtopologien.

2.3.1 Elektronenmangelmoleküle

In den sogenannten Elektronenmangelverbindungen (z. B. Borane, Carborane) wird die Geometrie der Cluster von der abstoßenden Wechselwirkung der Atomrümpfe (Atomkern und innere Elektronenschalen) bestimmt.

Die Valenzelektronen werden als delokalisiert betrachtet (siehe MO-Modell) oder paarweise zu Zwei- und Dreizentrenbindungen zusammengefaßt [2.18].

Bei den Carboranen, höheren Boranen und Borananionen unterscheidet man drei Geometrietypen [2.06] (siehe Abb. 2.22):

closo-Strukturen $(n+1)$ Bindungselektronenpaare
nido-Struktur $(n+2)$ Bindungselektronenpaare
arancho-Struktur $(n+3)$ Bindungselektronenpaare

In den closo-Strukturen sind die Atomrümpfe am dichtesten gepackt. Es treten je nach der Anzahl n der Skelettatome folgende Polyeder auf: Tetraeder ($n = 4$), trigonale Bipyramide ($n = 5$), Oktaeder ($n = 6$), pentagonale Pyramide ($n = 7$), Dodekaeder ($n = 8$), trigonales Prisma mit drei zusätzlichen Atomen über drei Rechteckflächen ($n = 9$), archimedisches Prisma mit zwei zusätzlichen quadratischen Flächen ($n = 10$), Oktaeder ($n = 11$) und Ikosaeder ($n = 12$). Diese Polyeder sind alle von Dreiecksflächen begrenzt (s. Abb. 2.21).

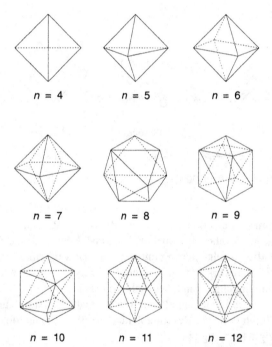

$n = 4$ $n = 5$ $n = 6$

$n = 7$ $n = 8$ $n = 9$

$n = 10$ $n = 11$ $n = 12$

Abb. 2.21   Polyeder der closo-Struktur.

Mit zunehmender Anzahl von Bindungselektronenpaaren treten geöffnete Strukturen auf. Die Cluster gehen in Käfige über. Bei den Carboranen, Boranen und Boranionen werden diese als nido- und arancho-Strukturen bezeichnet (siehe Abb. 2.22).

Closo-Strukturen treten jedoch mitunter auch dann auf, wenn für n Skelettatome nur n Bindungselektronenpaare (B_8Cl_8, (η^5-C_5H_5)$_4CoB_4H_4$) oder wenn $n + 2$ Bindungselektronenpaare (Bi_3^{5+}) vorhanden sind; dies kann mit der Symmetrie und Besetzungszahl der Molekülorbitale erklärt werden [2.19].

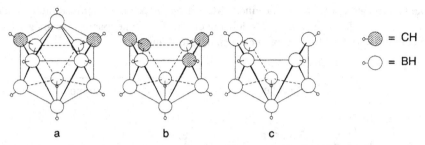

Abb. 2.22 Übergang von der closo-Struktur (a) zur nido-Struktur (b) und der arancho-Struktur (c).

2.3.2 Elektronenreiche Moleküle

Für Atome mit vier und mehr Valenzelektronen ist für die Beschreibung der Cluster-Geometrie das Modell lokalisierter Bindungen und freier Elektronenpaare gut geeignet [2.20; 2.21]. In den auftretenden Polyedern wird eine Ecke durch die Elemente $:M\overset{\textstyle<}{}$ oder $L—M\overset{\textstyle<}{}$ gebildet, während die Kante eine Zweielektronen-Dreizentren-Bindung darstellt. Für jedes überzählige Elektronenpaar wird eine Kante gebrochen, und der Cluster geht schrittweise in einen Käfig und weiter in einen Ring über (siehe Abb. 2.23).

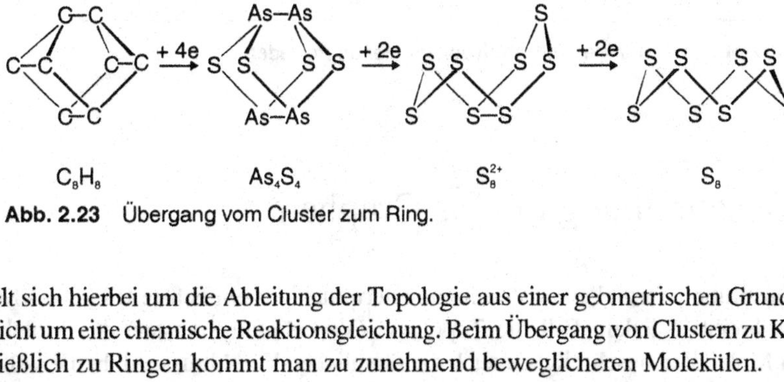

$$C_8H_8 \xrightarrow{+4e} As_4S_4 \xrightarrow{+2e} S_8^{2+} \xrightarrow{+2e} S_8$$

Abb. 2.23 Übergang vom Cluster zum Ring.

Es handelt sich hierbei um die Ableitung der Topologie aus einer geometrischen Grundstruktur und nicht um eine chemische Reaktionsgleichung. Beim Übergang von Clustern zu Käfigen und schließlich zu Ringen kommt man zu zunehmend beweglicheren Molekülen.

Auf die Bewegungszustände der Moleküle und deren Geometrie wird in Kapitel 3 eingegangen.

Neben den in Abbildung 2.21 dargestellten, von dreigliedrigen Ringen begrenzten Polyedern sind bei den elektronenreichen Molekülen auch solche Polyeder als Grundtypen für Cluster zugelassen, die durch vier-, fünf- und sechsgliedrige Ringe begrenzt sind (siehe Abb. 2.24).

Mit der Anzahl der Skelettatome wächst die Zahl der möglichen Polyeder (für $n = 8$ gibt es fünf, für $n = 10$ schon 20 Polyeder). Die Polyeder in Abbildung 2.24 werden durch die Zahl der enthaltenen Ringgrößen symbolisiert. Beispielsweise enthält Cunean zwei dreigliedrige Ringe, zwei viergliedrige Ringe sowie zwei fünfgliedrige Ringe und hat somit das Symbol 324252 [2.20]. Für Cluster aus Atomen mit vier und mehr Valenzelektronen kann die Geometrie auch mit einem Modell der Elektronenpaarabstoßung beschrieben werden [2.21]. Nach diesem Modell bilden die Elektronenpaare eine möglichst dichte Packung, und die Atomrümpfe besetzen die Hohlräume.

Polyeder		Typ	Vorkommen
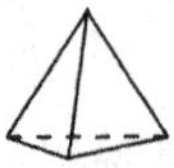	Tetraeder	3_4	P_4, As_4
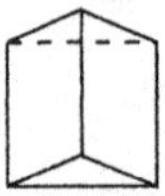	trigonales Prisma	$3_2 4_3$	Prisman (C_6H_6) Te_6^{4+}
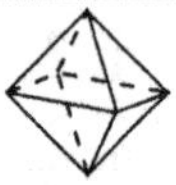	Octaeder	3_8	$Mo_6Cl_8^{4+}$ $Rh_6(CO)_{16}$
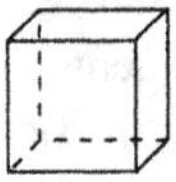	Würfel	4_6	Cuban (C_8H_8) $[Tl(OR)]_4$
	Cunean	$3_2 4_2 5_2$	Cunean (C_8H_8)

Abb. 2.24   Einige in Clustern vorkommende Polyeder.

2.4 Beschreibung mittels Graphen

Die Konstitutionsformel einer Verbindung vermittelt das einfachste Bild eines Moleküls. Sie beschreibt in jedem Fall die Topologie (Verknüpfungsmuster) des Moleküls. Bei ebenen Molekülen beschreibt sie auch die räumlichen Verhältnisse, d. h. die vollständige Geometrie des Moleküls.

In der Konstitutionsformel sind die Atomsymbole durch Bindungsstriche verknüpft. Man kann sie deshalb auch als Bindungsgraphen bezeichnen.

Ein Graph besteht aus miteinander verbundenen Punkten (Spitzen; *vertices*) und Linien (Kanten; *edges*). Länge und Winkel der Linien sind bei dieser Betrachtung unwichtig, ebenso die relative räumliche Orientierung. Aufgrund dieser Abstraktion erlaubt die Beschreibung mittels Graphen ein Klassifizieren von Konstitutionsformeln [2.22; 2.23].

Im einfachsten Fall werden die Atome als Punkte und die Bindungen als Linien dargestellt (siehe Abb. 2.25).

Mathematisch lassen sich die Graphen als topologische Matrizen darstellen (siehe Abb. 2.26).

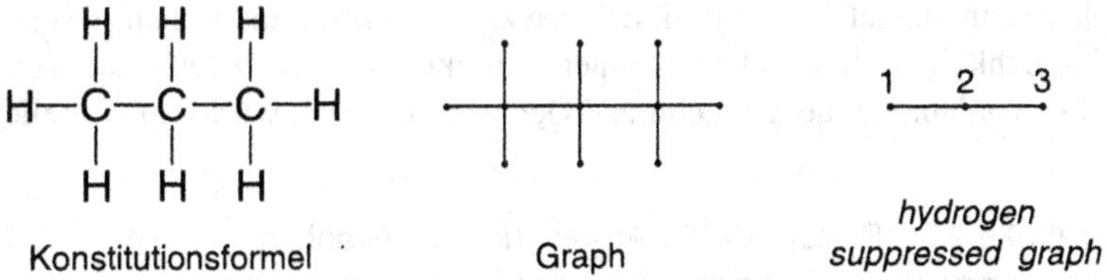

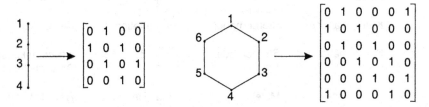

Konstitutionsformel   Graph   *hydrogen suppressed graph*

Abb. 2.25   Bindungsgraphen von Propan.

$$
\begin{array}{c} 1 \\ 2 \\ 3 \\ 4 \end{array} \longrightarrow
\begin{bmatrix}
0 & 1 & 0 & 0 \\
1 & 0 & 1 & 0 \\
0 & 1 & 0 & 1 \\
0 & 0 & 1 & 0
\end{bmatrix}
\qquad \longrightarrow
\begin{bmatrix}
0 & 1 & 0 & 0 & 0 & 1 \\
1 & 0 & 1 & 0 & 0 & 0 \\
0 & 1 & 0 & 1 & 0 & 0 \\
0 & 0 & 1 & 0 & 1 & 0 \\
0 & 0 & 0 & 1 & 0 & 1 \\
1 & 0 & 0 & 0 & 1 & 0
\end{bmatrix}
$$

Abb. 2.26   Topologische Matrizen (*adjacency matrices*) zweier Graphen.

Mittels dieser Behandlung wurde eine ganze Reihe von Moleküleigenschaften und makroskopischen Eigenschaften abgeleitet (MO-Energien, Bindungsordnung, Siedepunkte, kritische Temperatur usw.) [2.24].

Graphen kann man auch konstruieren, indem man nicht die Atome als Punkte wählt, sondern größere, immer wiederkehrende Molekülteile. Beispielsweise lassen sich die kondensierten bezoiden Aromaten in cata- und peri-kondensierte Moleküle einteilen (siehe Abb. 2.27).

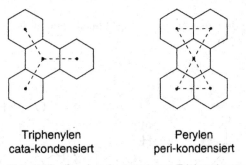

Triphenylen   Perylen
cata-kondensiert   peri-kondensiert

Abb. 2.27   Graphendarstellung von Triphenylen und Perylen.

Der Graph von cata-kondensierten benzoiden Aromaten stellt einen Baumgraphen dar, der von peri-kondensierten jedoch nicht (Graphen werden dann Bäume genannt, wenn sie nicht cyclisch sind und wenn die Anzahl der Punkte die der Linien um 1 übersteigt). Auch aus dieser Beschreibung lassen sich Moleküleigenschaften ableiten [2.25].

Die Graphenmethode hat den Vorteil, das Prinzip einer mathematischen Abstraktion mit der Anschaulichkeit bildlicher Darstellungen zu verknüpfen. Es ist deshalb ein geschätztes Verfahren geworden, von dem zunehmend Gebrauch gemacht wird (vgl. Tabelle 2.5).

Tabelle 2.5 Beispiel für die Anwendung von Graphen.

Graph	Punkt	Linie	Beschreibung
Konstitutions-	Atom	Bindung	Molekül
Konfigurations-	Stereomodell	Permutation	Stereoisomerie
Konformations-	Stereomodell	Prozeß	intramolekulare Beweglichkeit
Reaktions-	Molekül	Reaktion	Reaktionszweck
Synthon-	Synthon	Reaktion	Syntheseplan
kinetischer und Gleichgewichts-	Verbindung	Reaktionsweg	gekoppelte Reaktion

2.5 Abbildung der Molekülgeometrie

2.5.1 Zeichnerische Darstellung

Die zweidimensionale Darstellung dreidimensionaler Molekülmodelle muß durch Hilfsmittel ergänzt werden (siehe Abb. 2.28).

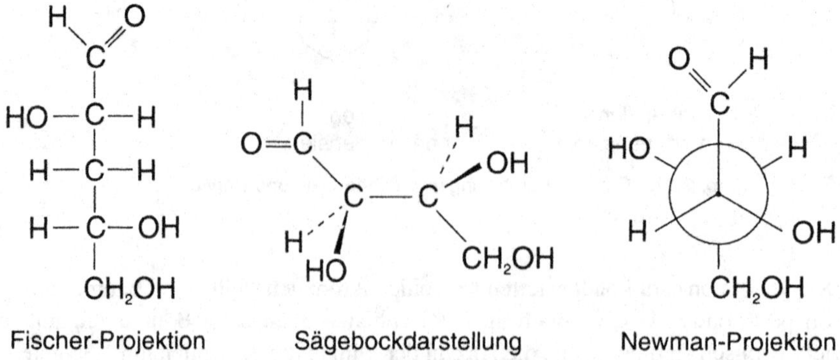

Fischer-Projektion   Sägebockdarstellung   Newman-Projektion

Abb. 2.28 Darstellung der Molekülgeometrie von D-Threose auf dem Papier.

2.5.2 Mechanische Modelle

Der Modellcharakter der Beschreibung der räumlichen Atomanordnung im Molekül und im Molekülverband wird am augenfälligsten durch die Benutzung mechanischer Modelle ausgedrückt.

Die verschiedenen mechanischen Modelle spiegeln neben der Geometrie auch bis zu einem gewissen Grad die anderen Aspekte der Molekülstruktur (Beweglichkeit, Wechselwirkungen) wider.

Die von van't Hoff gebastelten Tetraedermodelle des Kohlenstoffs waren die ersten mechanischen Modelle, die die geometrischen Eigenschaften der Moleküle, die zur optischen und geometrischen Isomerie organischer Verbindungen führen, sichtbar machten (siehe Abb. 2.29).

Dabei entsprechen diese Modelle hinsichtlich Raumfüllung, Bindungslängen usw. durchaus nicht unseren heutigen Vorstellungen von der Molekülgeometrie.

Abb. 2.29 van't-Hoffsche Tetraedermodelle, Museum Boerhaave/Leiden (Niederlande).

Kugel-Stab-Modelle

Mechanische Modelle, in denen das Atom durch eine Kugel (meist ohne Variation der Größe) und die Bindung durch einen Stab repräsentiert wird, spiegeln zwar die Bindungsabstände (die Stablänge ist maßstabsgetreu) sowie die Bindungswinkel des Moleküls richtig wider, nicht jedoch die Raumfüllung infolge der Elektronenhüllen. Dafür lassen sich mit diesen Modellen intramolekulare Bewegungsprozesse und die damit verbundenen Änderungen der Bindungs- und Torsionswinkel sehr gut sichtbar machen. Auch zur Bestimmung der Atomkoordinaten im Molekül sind sie geeignet (siehe Abb. 2.30).

Die Kugel-Stab-Modelle sind entweder aus Metall (Dreiding-Modelle) oder aus Kunststoff in verschiedenen Maßstäben zu erhalten.

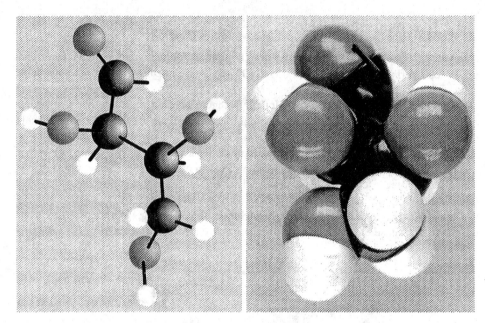

Abb. 2.30   Kugel-Stabmodell und Kalottenmodell von D-Threose.

Kalottenmodelle

Das Kalottenmodell eines Moleküls, eingeführt von Stuart 1934, verbessert 1950 von Briegleb, wird gleichfalls aus Atommodellen zusammengesetzt, die Kugelsegmenten ähneln. Dabei wird neben den Bindungswinkeln und den maßstabsgerechten Bindungsabständen auch die Elektronenhülle mit in die Gestalt einbezogen (die Radien entsprechen den Van-der-Waals-Radien).

Neben Aussagen zur Stereoisomerie liefern diese Modelle auch ein gutes Bild der Raumfüllung und der sterischen Wechselwirkungen einzelner Gruppen.

Orbitallappenmodelle

Während die Kalottenmodelle die durch die Gesamtelektronendichte bedingte Raumfüllung zum Ausdruck bringen, ist es für manche Fragestellungen nützlich, die Form, Größe und das Vorzeichen (Phase) der höchsten Atom- bzw. Molekülorbitale darzustellen. Insbesondere die sogenannte Orbitalsymmetrie bei chemischen Reaktionen (siehe Woodward-Hoffmann-Regeln) kann anhand solcher Orbitallappenmodelle veranschaulicht werden. In diesen Modellen werden an ein Skelett (Kugel-Stab-Modell) kugel- oder keulenförmige Orbitallappen angefügt (siehe Abb. 2.31).

Die Molekülorbitale werden in erster Linie aus Atomorbitalen zusammengesetzt, indem delokalisierte π-Bindungen durch plastische Verbindungsstücke simuliert werden. Dabei sind die Oribtallappen bewußt klein gewählt, um die Modelle nicht durch zu große Überlappungen in der Beweglichkeit einzuschränken. Neben den zu Demonstrationszwecken dienenden Volz- oder Gallenkamp-Modellen gibt es auch kleinere Bausätze für die üblichen Kugel-Stab-Modelle [2.27].

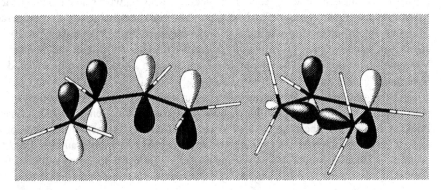

Abb. 2.31   Orbitallappenmodell.

2.5.3 Computergraphik

Die genannten Molekülmodelle können alle auch auf dem Computerbildschirm abgebildet werden (siehe Abb. 2.30). Der Nachteil der zweidimensionalen Darstellung läßt sich leicht durch die auf dem Schirm möglichen Drehbewegungen der Modelle ausgleichen. Der Vorteil der Computergraphik besteht in der raschen Verfügbarkeit der Koordinaten und der Kombinationsfähigkeit mit Programmen zur Berechnung der Molekülenergie und der spektroskopischen Eigenschaften [2.28].

2.6 Molekülsymmetrie

2.6.1 Stereomodelle

Der Begriff Stereomodell ist eine gedankliche Konstruktion, die anstelle des Begriffs Molekül zur Beschreibung der Molekülsymmetrie und der Stereoisomerie verwendet wird. Das Stereomodell beschreibt die geometrische Anordnung der Atomkerne im Molekül. Unberücksichtigt bleibt dabei, ob zwischen den Atomen Einfach-, partielle Mehrfach- oder Mehrfachbindungen bestehen. Weiterhin wird das Stereomodell zunächst als starr angenommen und entspricht dann einem bestimmten Bewegungszustand (Momentaufnahme) des Moleküls. Stereomodelle können leicht durch mechanische Modelle veranschaulicht werden, an ihnen können am einfachsten Symmetrieoperationen durchgeführt werden.

2.6.2 Symmetrieelemente – Symmetrieoperationen

Die Symmetrie hängt vom Maßstab ab, mit dem man ein Mikrosystem betrachtet. Unter dem Konzept der Mikrosymmetrie versteht man eine schrittweise gedankliche Verkleinerung des Materievolumens, das man den Symmetrieoperationen unterzieht. Ein Flüssigkeitsvolumen, in dem sich viele Moleküle bewegen, wird selbst bei einer Momentaufnahme kaum eine Symmetrie aufweisen. Paßt in das betrachtete Volumen gerade ein Molekül hinein, dann sind wir auf der Stufe der noch zu betrachtenden Stereomodelle angelangt. Eine weitere Verkleinerung auf ein einzelnes Atom läßt die Symmetrie der Valenzorbitale erkennen. Die inneren besetzten Schalen sind kugelsymmetrisch, d. h., die Symmetrie nimmt zu.

Ein Stereomodell ist dann symmetrisch, wenn man seine Teile (Atome oder Atomgruppen) durch geometrische Operationen bezüglich einer Ebene, einer Geraden oder eines Punktes ineinander überführen kann, ohne daß sich das Aussehen des Stereomodells ändert. Solche geometrischen Operationen nennt man Symmetrieoperationen. Die Atomanordnung in einem Stereomodell ist vor und nach der Symmetrieoperation ununterscheidbar.

Tabelle 2.6 Symmetrieelemente und Symmetrieoperationen zur Punktgruppenbestimmung.

Symmetrieelement	Symmetrieoperation
Drehachse C_n	Drehung der Stereomodelle um diese Achse mit einem Winkel von $2\pi/n$ bzw. $360/n$ Grad führt zu einer äquivalenten (nicht von der Ausgangsanordnung unterscheidbaren) räumlichen Anordnung (n Zähligkeit der Achse).
Symmetrieebene σ	Spiegelung aller Atome an dieser durch das Stereomodell gehenden Ebene führt zu einer äquivalenten Anordnung, σ ist ein Spezialfall (für $n = 1$) der später angeführten Drehspiegelachse S_n.
Inversionszentrum i	Punktspiegelung (Inversion) aller Atome des Stereomodells führt zu äquivalenter Anordnung der Atome. Zu jedem Vektor vom Symmetriezentrum i zu einem Atom gibt es einen Vektor, der in der entgegengesetzten Richtung zu einem gleichartigen Atom führt.
Drehspiegelachse S_n	Diese Symmetrieoperation besteht aus einer Drehung um $360/n$ um eine Achse mit anschließender Spiegelung an einer zur Achse senkrechten Ebene. Sonderfälle sind: $S_1 = \sigma$ und $S_2 = i$.

Die Symmetrieoperationen werden bezüglich der sogenannten Symmetrieelemente ausgeführt. Ein Symmetrieelement ist der geometrische Ort (Achse, Ebene, Punkt), in Bezug auf den eine oder mehrere Symmetrieoperationen ausgeführt werden.

Zur Beschreibung der Molekülsymmetrie sind die in Tabelle 2.6 genannten Symmetrieoperationen völlig ausreichend. Das mathematische Modell bildet die Gruppentheorie, die hier nicht behandelt werden kann. Der vollständige Satz aller an einem gegebenen Stereomodell ausführbaren Symmetrieoperationen bildet eine mathematische Gruppe (siehe Abb. 2.32).

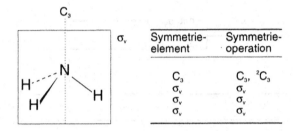

Symmetrie-element	Symmetrie-operation
C_3	C_3, $^2C_3$
σ_v	σ_v
σ_v	σ_v
σ_v	σ_v

Abb. 2.32 Symmetrieelemente und Symmetrieoperationen an NH_3.

2.6.3 Bestimmung der Punktgruppe

Die Gesamtheit der Symmetrieoperationen eines Stereomodells wird durch die Punktgruppe charakterisiert. Die Bezeichnung kommt daher, daß bei den betrachteten Symmetrieoperationen mindestens ein Punkt im Raum fest bleibt (Schnittpunkt der Symmetrieelemente im Zentrum des Stereomodells). Im Gegensatz dazu werden bei der Raumgruppe auch Symmetrieoperationen berücksichtigt, die keinen Punkt invariant lassen.

Die Punktgruppen werden hier mit Schoenflies-Symbolen bezeichnet. Zur Bestimmung der Punktgruppe eines Stereomodells müssen zunächst die Symmetrieelemente erkannt werden. Dann sollte man die im nachfolgenden Schema (siehe Abb. 2.34) angegebenen Bestimmungsschritte nacheinander vollziehen.

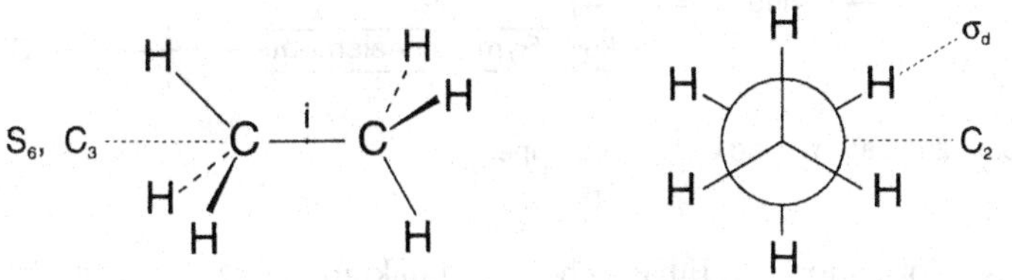

Abb. 2.33 Symmetrieelemente von Ethan in der gestaffelten Konformation.

Am Beispiel von Ethan in der gestaffelten Konformation werden in Abbildung 2.33 die Symmetrieelemente gezeigt. Wenn sie erkannt sind (mechanische Modelle sind hier hilfreich), wird entsprechend Abbildung 2.34 der Ast verfolgt, der der erkannten Achse höchster Zähigkeit folgt. Für das Stereomodell der gestaffelten Konformation von Ethan ergeben sich die in Tabelle 2.7 angegebenen Schritte.

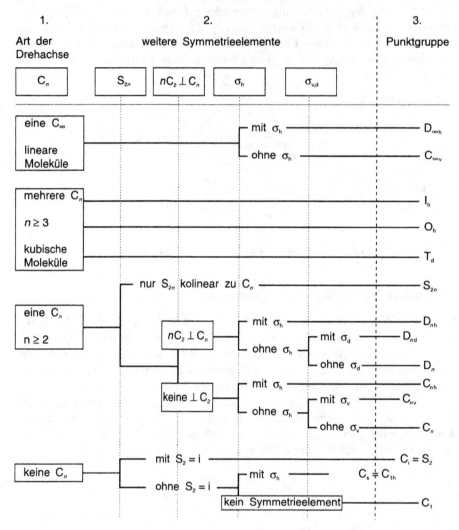

Abb. 2.34   Schema zur Bestimmung der Punktgruppe.

Die gestaffelte Konformation von Ethan gehört der Punktgruppe D_{3d} an. Die Symmetrie-ebenen σ werden hinsichtlich ihrer Lage zu den Drehachsen noch einmal besonders charakterisiert:

σ_h Symmetrieebene senkrecht zur Drehachse mit der größten Zähligkeit n (Haupt drehachse);

σ_v Symmetrieebene, in der die Hauptdrehachse liegt;

σ_d Symmetrieebene, in der die Hauptdrehachse liegt und die gewissen Winkel halbiert (siehe Abb. 2.35).

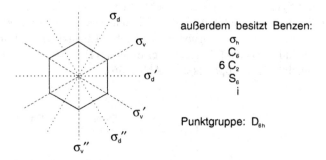

außerdem besitzt Benzen:

σ_h
C_6
$6\ C_2$
S_6
i

Punktgruppe: D_{6h}

Abb. 2.35 Symmetrieebenen des Benzens.

Tabelle 2.7 Schrittweise Bestimmung der Punktgruppe von Ethan (s. Abb. 2.34).

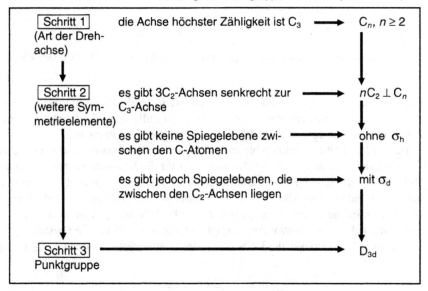

Schritt 1 (Art der Drehachse)	die Achse höchster Zähligkeit ist C_3 ⟶	C_n, $n \geq 2$
Schritt 2 (weitere Symmetrieelemente)	es gibt $3C_2$-Achsen senkrecht zur C_3-Achse ⟶	$nC_2 \perp C_n$
	es gibt keine Spiegelebene zwischen den C-Atomen ⟶	ohne σ_h
	es gibt jedoch Spiegelebenen, die zwischen den C_2-Achsen liegen ⟶	mit σ_d
Schritt 3 Punktgruppe	⟶	D_{3d}

2.6.4 Charakterdarstellung

Eine Reihe von Moleküleigenschaften, die sich aus Einzelkomponenten der Molekülbestandteile zusammensetzen, hängen von der Symmetrie eines Moleküls ab. Beispielsweise setzen sich die Molekülschwingungen aus den Einzelbewegungen der Atomkerne zusammen, oder die π-Elektronenverteilung läßt sich aus den wechselwirkenden einzelnen Atomorbitalen p_z zusammensetzen. Derartige zusammengesetzte Moleküleigenschaften kann man im Hinblick auf die Symmetrie charakterisieren und klassifizieren.

Je nachdem, ob die betreffenden Einzelkomponenten (Bewegungskoordinaten der Atome, Valenzschwingungen, Gruppendipole, Atomorbitale) bei einer Symmetrieoperation Lage und Richtung beibehalten oder ändern, werden sie durch eine bestimmte Zahl (Charakter) gekennzeichnet. Zu jeder Symmetrieoperation (einschließlich der Identität) werden diese Zahlen für alle Einzelkomponenten addiert. Für alle Symmetrieoperationen zusammen ergibt sich damit eine Zahlenreihe, die sogenannte reduzible Charakterdarstellung der zusammengesetzten Moleküleigenschaft. Beispielsweise sind im H_2O-Molekül zwei OH-Valenzschwingungen miteinander gekoppelt (siehe Abb. 2.36).

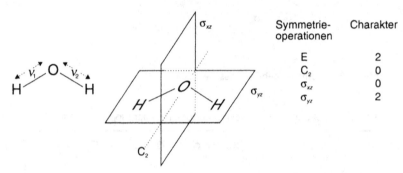

Abb. 2.36   Valenzschwingungen und Symmetrieoperationen im H_2O-Molekül.

Der Charakter einer Valenzschwingung ist 1, wenn sie durch die Symmetrieoperation in der Lage nicht verändert wird. Der Charakter ist null, wenn die Lage sich ändert. Die Schwingungsrichtung bleibt bei dieser Vereinbarung außer Betracht.

Bei der Identitätsoperation E bleibt die Lage beider OH-Valenzschwingungen erhalten. Der Charakter der gekoppelten Schwingung ist für die Identitätsoperation E somit 2. Bei Rotation um die C_2-Achse wird die Lage beider Valenzschwingungen ausgetauscht und dadurch verändert (siehe Abb. 2.36). Der Charakter ist null. Analoges gilt für die Spiegelung an σ_{xz}. Bei der Spiegelung an σ_{yz} hingegen bleiben beide Schwingungen in der Lage erhalten.

Für die gekoppelte Schwingung ergibt sich somit die reduzible Darstellung: 2 0 0 2 (Folge von Charakteren in der Reihenfolge der Symmetrieoperationen E, C_2, σ_{xz}, σ_{yz}).

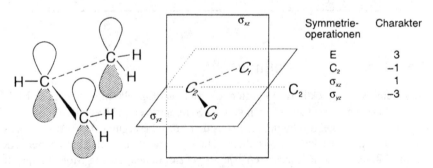

Abb. 2.37 p_z-Orbitale und Symmetrieoperationen im Allylradikal.

Ein anderes Beispiel ist das Allylradikal: Im π-Allylsystem stehen drei p_z-Orbitale miteinander in Wechselwirkung (siehe Abb. 2.37).

Der Charakter für ein p_z-Orbital ist 1, wenn es durch die Symmetrieoperation in Lage und Richtung (Phase) nicht verändert wird. Ändert sich die Lage, dann ist der Charakter, unabhängig von der Richtung, immer null. Der Charakter für die Richtungsänderung wird als Cosinus des Änderungswinkels definiert. Für eine 180°-Drehung oder für eine Spiegelung ist der Charakter -1. Bei der Identitätsoperation E bleiben alle drei p_z-Orbitale in Lage und Richtung unverändert. Der entsprechende Charakter des π-Systems ist 3. Die Operation C_2 ändert die Lage der p_z-Orbitale an den äußeren C-Atomen (die Charaktere sind 0) und dreht das p_z-Orbital am mittleren C-Atom um 180° (Charakter -1). Die Spiegelung an der Ebene σ_{xz} ändert die Lage der p_z-Orbitale der äußeren C-Atome, läßt aber das p_z-Orbital am mittleren C-Atom in Lage und Richtung unverändert (Charakter $+1$). Schließlich ändert die Spiegelung an σ_{yz} nur die Richtungen aller drei p_z-Orbitale um 180° (Charakter -3).

Für das π-Elektronensystem des Allylradikals ergibt sich die reduzible Darstellung von $3 -1 +1 -3$ (Folge von Charakteren in der Reihenfolge der Symmetrieoperationen E, C_2, σ_{xz}, σ_{yz}).

2.6.5 Benutzung der Charaktertafeln

Die Gruppeneigenschaften einer Punktgruppe werden in der sogenannten Charaktertafel zusammengefaßt (siehe Tabelle 2.8). In der linken Spalte stehen die Mulliken-Symbole für die Komponenten i der irreduzierten Darstellung. In der rechts folgenden Matrix stehen die zu jeder Komponente und zu jeder Symmetrieoperation gehörenden Charaktere. Es folgen die Spalten der Vektoren und Tensoren.

Tabelle 2.8 Charaktertafel der Punktgruppe C_{2v}.

C_{2v}	E	C_2	σ_{xz}	σ_{yz}	Vektoren	Tensoren
A_1	1	1	1	1	T_z	x^2, y^2, z^2
A_2	1	1	-1	-1	R_z	xy
B_1	1	-1	1	-1	T_x, R_y	xz
B_2	1	-1	-1	1	T_y, R_x	yz

Durch Anwendung der Gleichung (2.8) kann man die reduzible Darstellung (siehe Abschn. 2.6.4) in die irreduzible Darstellung umrechnen [2.29]:

$$a_i = \frac{1}{h} \sum \chi(R)\, \chi_i(R) \tag{2.8}$$

(a_i Faktor, mit der die Komponente i der irreduziblen Darstellung in die Charakterdarstellung der zusammengesetzten Moleküleigenschaft eingeht;

h Ordnung der Gruppe (Anzahl der Symmetrieoperationen);

$\chi(R)$ Charakter der reduziblen Darstellung für die Symmetrieoperation R;

$\chi_i(R)$ Charakter der irreduziblen Darstellung Γ_i für die gleiche Symmetrieoperation R).

In Gleichung (2.8) werden die den einzelnen Symmetrieoperationen R zugeordneten Charaktere der reduziblen Darstellung mit denen der irreduziblen Darstellung paareweise multipliziert, und die Summe wird durch die Anzahl der Symmetrieoperationen dividiert.

Für die gekoppelten Valenzschwingungen des Wassers ergeben sich folgende Werte:

$$a_{A_1} = 1/4 \left[2(1) + 0(1) + 0(1) + 2(1) \right] = 1$$
$$a_{A_2} = 1/4 \left[2(1) + 0(1) + 0(-1) + 2(-1) \right] = 0$$
$$a_{B_1} = 1/4 \left[2(1) + 0(-1) + 0(1) + 2(-1) \right] = 0$$
$$a_{B_2} = 1/4 \left[2(1) + 0(-1) + 0(-1) + 2(1) \right] = 1$$

Die beiden OH-Valenzschwingungen des Wassers koppeln zu zwei Molekülschwingungen, eine bei niedriger Frequenz und eine bei höherer Frequenz. Man kann diese beiden Schwingungen jeweils einer Komponente der irreduziblen Darstellung zuordnen (A_1 und B_2).

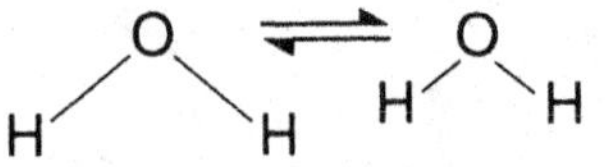

$\nu_s = 1{,}091 \cdot 10^{14}$ Hz

$\bar{\nu}_s = 3637$ cm^{-1}

Abb. 2.38   Symmetrische H_2O-Valenzschwingung (A_1).

Bei der A_1-Schwingung bleiben in jeder Schwingungsphase alle vier Symmetrieoperationen anwendbar (siehe Abb. 2.38). Diese Schwingung wird symmetrische Schwingung genannt.

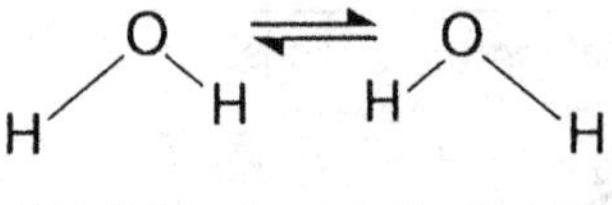

$\nu_{as} = 1{,}127 \cdot 10^{14}$ Hz

$\bar{\nu}_{as} = 3756$ cm^{-1}

Abb. 2.39   Asymmetrische H_2O-Valenzschwingung (B_2).

Bei der B_2-Schwingung bleiben nur die Symmetrieoperationen E und σ_{yz} in jeder Schwingungsphase erhalten. Diese Schwingung heißt asymmetrische Schwingung (s. Abb. 2.39). Im zweiten Beispiel werden die drei p_z-Orbitale des π-Allylradikals zu drei Molekülorbiten (MOs) ψ_1, ψ_2 und ψ_3 kombiniert. Jedes dieser MOs kann man einer bestimmten Komponente der irreduziblen Darstellung zuordnen. Aus Gleichung (2.8) bestimmt man, welche und wie viele Komponenten zur Verfügung stehen:

$$a_{A_1} = 1/4 \left[3(1) + (-1)(1) + 1(1) + (-3)(1) \right] = 0$$
$$a_{A_2} = 1/4 \left[3(1) + (-1)(1) + 1(-1) + (-3)(-1) \right] = 1$$
$$a_{B_1} = 1/4 \left[3(1) + (-1)(-1) + 1(1) + (-3)(-1) \right] = 2$$
$$a_{B_2} = 1/4 \left[3(1) + (-1)(-1) + 1(-1) + (-3)(1) \right] = 0$$

Eine einfache bildliche Darstellung der MOs ist in Abbildung 2.40 gegeben. Das qualitative MO-Verfahren wird in Abschnitt 4.3.3 behandelt.

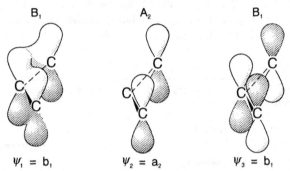

Abb. 2.40   Symmetriesymbole für die Molekülorbitale des Allylradikals.

2.7 Stereoisomerie

2.7.1 Isomerenklassen

Isomere sind Verbindungen, die die gleiche Summenformel besitzen, sich jedoch in ihren chemischen und physikalischen Eigenschaften unterscheiden. In der molekularen Betrachtungsweise kann die Isomerie leicht verstanden und klassifiziert werden. Die Topologie (Verknüpfungsschema der Atome) wird durch die Konstitutionsformel abgebildet. Isomere, die sich in der Konstitutionsformel unterscheiden, nennt man Konstitutionsisomere. Es ist aber auch möglich, daß sich bei gleicher Topologie die Moleküle in der räumlichen Anordnung der Atome unterscheiden. Auch hieraus resultieren unterschiedliche makroskopische Stoffeigenschaften. Isomere, die die gleiche Konstitutionsformel haben, sich jedoch dadurch unterscheiden, daß ihre Moleküle eine verschiedene räumliche Atomanordnung besitzen, bezeichnet man als Stereoisomere oder kurz als Stereomere.

Zur Beschreibung der Stereoisomerie ist es ebenfalls zweckmäßig, anstelle des Begriffs Molekül den Begriff Stereomodell zu verwenden, um den geometrischen Aspekt gedanklich separiert vom Bewegungsaspekt beschreiben zu können (siehe Abschn. 2.6.1). Dabei ist es belanglos, ob es sich bei dem betrachteten Stereomodell um eine stabile starre Anordnung der Atome handelt oder um die Momentaufnahme der Atomanordnung in einem beweglichen Molekül. Im Fall eines beweglichen Moleküls benutzt man vorzugsweise solche Atomanordnungen, die eine besondere Stabilität besitzen (sogenannte Konformere).

Das Auftreten der Stereoisomerie an Stereomodellen muß nicht zwangsläufig bedeuten, daß, übertragen auf den makroskopischen Bereich, isolierbare Verbindungen auftreten. Stereoisomere Moleküle können durch die intramolekulare oder intermolekulare Beweglichkeit ineinander übergehen. Da jedoch die Isolierbarkeit in Zusammenhang mit der

Molekülbeweglichkeit von der gewählten Temperatur abhängt, ist es zweckmäßig, die Stereoisomerie prinzipiell an Stereomodellen zu klären und danach die Isolierbarkeit anhand der Beweglichkeit zu untersuchen.

Zur Klassifizierung der Stereomodelle entsprechend ihrer Geometrie (einschließlich der Topologie) eignet sich das von EGGE [2.30] angegebene hierarchische Schema der Isomere einschließlich der Relationen zwischen den Isomeren (siehe Abb. 2.41).

	Kennzeichen der Grenzen	Identitätsrelation	Differenzrelation
Isomere	————————	isomer	
			konstitutionsisomer
Stereomere	– – – – – – – –	stereomer	
			diastereomer
Chiramere	· · · · · · · · · ·	chiramer	
			enantiomer
Identität		identisch	

Beispiel: Isomere von $C_3H_4Cl_2$

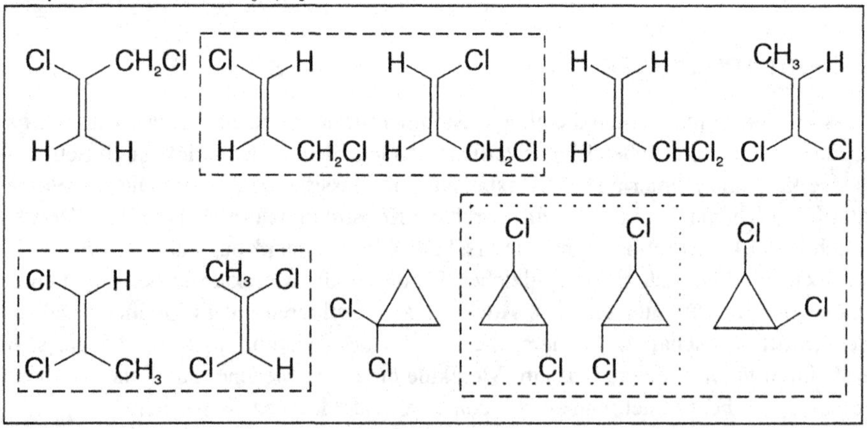

Abb. 2.41 Hierarchie der Isomerie: Relationen und Beispiele [2.30].

Die Differenzrelationen beziehen sich immer auf den Vergleich zweier beliebiger Isomere aus einer Isomerenklasse. Wenn beispielsweise zwei Stereomodelle zur gleichen Chiramerenklasse gehören, jedoch nicht identisch sind, sondern sich wie Bild und Spiegelbild verhalten, so werden sie als Enantiomere bezeichnet. Gehören zwei Stereomodelle einer Isomerenklasse zu verschiedenen Chiramerenklassen (siehe Abb. 2.41) oder zu keiner Chiramerenklasse, besitzen aber sonst die gleiche Topologie (sind also Stereomere), dann handelt es sich um zwei Diastereomere. Schließlich nennt man zwei zu verschiedenen oder keiner Stereomerenklasse gehörende Stereomodelle Konstitutionsisomere.

Die unterschiedlichen Atomanordnungen im Stereomodell, die zur Isomerie führen, treten auch dann auf, wenn sich die Atome lediglich in ihrer Masse unterscheiden. Allgemein bezeichnet man diese Isomere als Isotopomere. Auch hier treten die Unterklassen Stereomere und Chiramere auf (siehe Abb. 2.42).

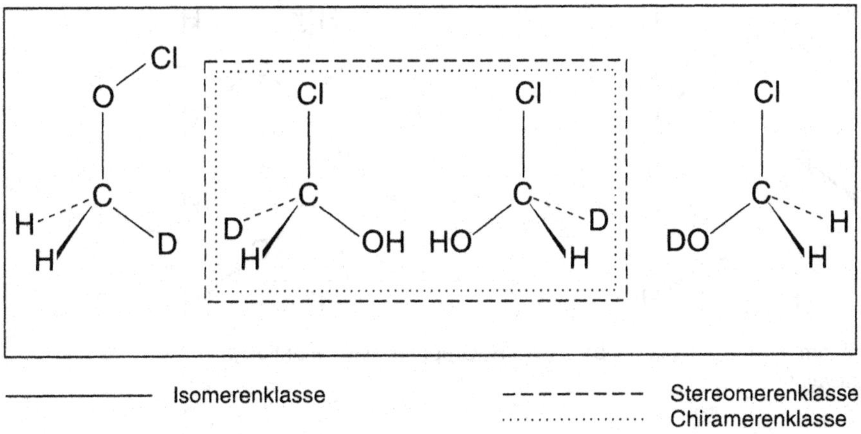

Isomerenklasse

Stereomerenklasse
Chiramerenklasse

Abb. 2.42 Isotopomere von CH_2DCl.

2.7.2 Topien

Die Differenzrelationen lassen sich auch auf einzelne Atome oder Atomgruppen übertragen, die in ein und demselben Stereomodell mehrfach vorkommen. Dazu muß allerdings die Geometrie des Stereomodells bekannt sein. Die folgende Unterteilung ist möglich:

– *Äquivalente Gruppen* sind Atome oder Atomgruppen, die durch die Symmetrieoperationen C_n (Drehung) des Stereomodells ineinander überführbar sind.
– *Enantiotope Gruppen* sind Atome oder Atomgruppen, die durch die Symmetrieoperation S_n (Drehspiegelung) des Stereomodells ineinander überführbar sind.
– Diastereotope Gruppen sind Atome oder Atomgruppen, die durch keinerlei Symmetrieoperation des Stereomodells ineinander überführbar sind.

Im Dimethylphosphonoiumion (siehe Abb. 2.43) sind die beiden Methylgruppen äquivalent, denn sie lassen sich durch Rotation um eine C_2-Achse ineinander überführen. Die beiden H-Atome am Phosphor sind aus dem gleichen Grund ebenfalls äquivalent. Im Dimethylphosphin sind die beiden Methylgruppen enantiotop, denn sie lassen sich durch die Symmetrieoperation $S_1 = \sigma$ ineinander überführen.

Im Diisopropylphosphoniumion sind die beiden Isopropylgruppen und die H-Atome am Phosphor äquivalent. Die Methylgruppen einer Isopropylgruppe sind jedoch enantiotop.

Schließlich sind im Diisopropylphosphin die beiden Isopropylgruppen enantiotop, die beiden Methylgruppen einer Isopropylgruppe lassen sich jedoch durch keinerlei Symmetrieoperation ineinander überführen. Sie sind diastereotop.

Eine wichtige Konsequenz dieser Einteilung ist beispielsweise, daß diastereotope Gruppen stets unterschiedliche NMR-Signale geben. Enantiotope Gruppen geben nur dann unterschiedliche NMR-Signale, wenn die betreffende Substanz in optisch aktivem Medium aufgenommen wird.

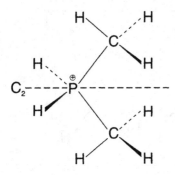

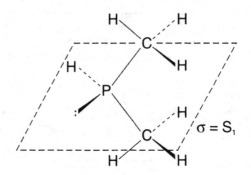

H-Atome am P und CH$_3$-Gruppen sind äquivalent

CH$_3$-Gruppen sind enantiotop

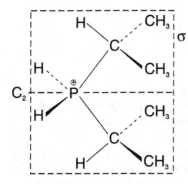

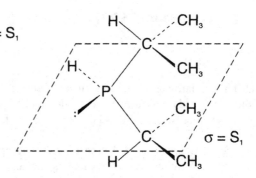

H-Atome am P und iso-Propyl-gruppen sind äquivalent, CH$_3$-Gruppen sind enantiotop

iso-Propylgruppen sind enantiotop, CH$_3$-Gruppen sind diastereotop

Abb. 2.43   Topien an Phosphoniumionen und Phosphinen.

2.7.3 Konfiguration

Der Begriff Konfiguration dient der genauen Klassifizierung und Zuordnung der Stereoisomere. Konfiguration ist die räumliche Anordnung der Liganden (Atome oder Atomgruppen) an einer stereogenen Einheit.

Unter einer stereogenen Einheit versteht man wiederum einen bestimmten räumlichen Bezirk eines Stereomodells, in dem man ein achirales Gerüst definieren kann, an dem durch Ligandenpermutation die verschiedenen Stereoisomere gebildet werden können (siehe Abb. 2.44).

Mittels der Konfiguration kann man die Stereoisomere kennzeichnen. Je nach Art der stereogenen Einheit gibt es verschiedene Arten der Konfiguration (siehe Tabelle 2.9).

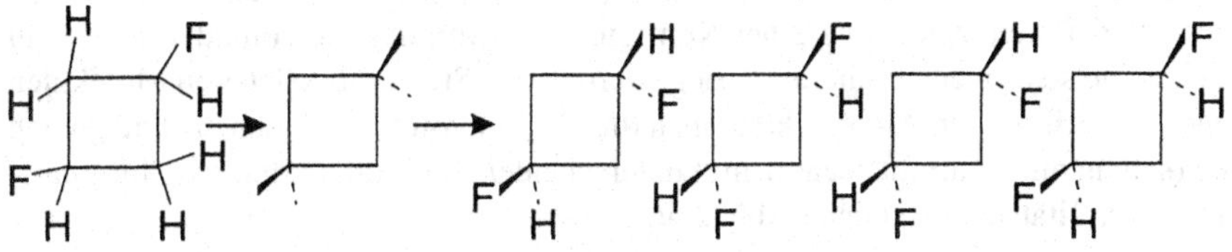

stereogene   trans-Konfiguration   cis-Konfiguration
Einheit

Abb. 2.44   Stereogene Einheit und Stereoisomere an 1.3-Difluorcyclobutan.

Tabelle 2.9   Stereogene Einheiten.

stereogene Einheit	Konfiguration	Symbol
Chiralitätselement	absolute Konfiguration	S,R oder P,M
Doppelbindung	Z,E-Konfiguration	Z,E
Ring	cis,trans-Konfiguration	c,t
pseudochirales Element	s,r-Konfiguration	s,r

Ein Stereomodell kann mehrere stereogene Einheiten enthalten, die Konfiguration an jeder stereogenen Einheit wird dann durch eine geeignete Symbolik gekennzeichnet (siehe Abschn. 2.7.5).

2.7.4 Chiralität

Ein Stereomodell besitzt Chiralität (Händigkeit), wenn es mit seinem Spiegelbild nicht identisch ist. Bild und Spiegelbild sind somit unterschiedliche Identitäten und werden zu einer Klasse (der Chiramerenklasse) zusammengefaßt. Chiralität tritt dann auf, wenn das Stereomodell weder Drehspiegelachsen noch Spiegelebene oder Inversionszentrum ent-

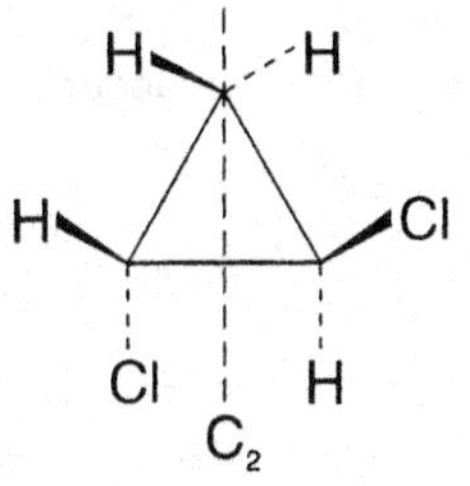

Abb. 2.45 Sägebockanaloge Darstellung von 1(R),2(R)-Dichlorcyclopropan.

hält. Trotz des Fehlens dieser Symmetrieelemente muß ein chirales Stereomodell nicht asymmetrisch sein, d. h., es kann Symmetrieachsen besitzen (siehe Abb. 2.45). Man bezeichnet chirale Moleküle deshalb auch als disymmetrisch.

Die Chiralität dient zur Klasseneinteilung und bezieht sich somit auf das gesamte Stereomodell. Zur Kennzeichnung einer Konfiguration kann das Stereomodell jedoch in mehrere einzelne stereogene Einheiten zerlegt werden. An Stereomodellen von Molekülen mit höchstens vierbindigen Atomen kann man drei Typen von tetraedrischen stereogenen Einheiten (sogenannte Chiralitätselemente) unterscheiden: Chiralitätszentren, Chiralitätsachsen und Chiralitätsebenen (siehe Abb. 2.46).

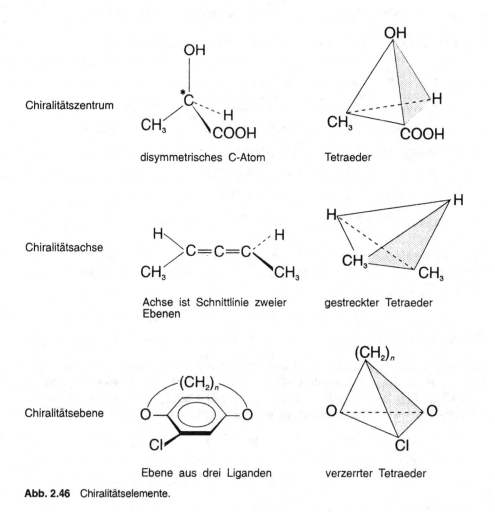

Abb. 2.46 Chiralitätselemente.

2.7.5 Anwendung des CIP-Systems

Zur Kennzeichnung der Stereoisomere eignet sich ein von CAHN, INGOLD und PRELOG (CIP) [2.31; 2.32] vorgeschlagenes Verfahren, das die in Tabelle 2.9 genannte Konfigurationssymbolik verwendet. Dazu müssen zunächst die Liganden an einer stereogenen Einheit in eine Rangfolge gebracht werden. Die Rangfolge wird durch folgende hierarchische Sequenzregeln festgelegt [2.33]:

– Das nähere Ende einer Achse bzw. die nähere Seite einer Ebene hat vor dem ferneren Ende bzw. der ferneren Seite den Vorrang.
– Die höhere Ordnungszahl von Atomen hat vor der niedrigeren den Vorrang.
– Die höhere Massenzahl von Atomen hat vor der niedrigeren den Vorrang.
– Z hat vor E den Vorrang.
– R,R oder S,S hat vor R,S oder S,R den Vorrang, sowie r vor s.
– R hat vor S den Vorrang.

Wenn die Rangfolge der Liganden nicht schon an den ersten, mit der stereogenen Einheit unmittelbar verbundenen Atomen zu erkennen ist, so muß man schrittweise zu den nächstfolgenden Atomen übergehen, bis eine eindeutige Rangfolge aller vier Liganden der stereogenen Einheit feststeht. Dieses schrittweise Entfernen vom Kern der stereogenen Einheit ist insbesondere bei cyclischen Molekülen mit dem Hilfsmittel eines ,,Baumgraphen" [2.33] zu bewältigen.

Chiralitätsregel

Man betrachtet das Stereomodell aus einer solchen Blickrichtung, daß der rangniedrigste Ligand am entferntesten liegt, und verfolgt nun die Sequenzroute, beginnend mit dem ranghöchsten Liganden. Nimmt der Rang der Liganden im Uhrzeigersinn ab, so wird das Chiralitätselement mit dem Descriptor R (vom lateinischen rectus für ,,rechts") symbolisiert. Sinkt der Rang im entgegengesetzten Drehsinn, so gilt das Symbol S (vom lateinischen sinister für ,,links") (siehe Abb. 2.47). Bei der Pseudoasymmetrie gelten die Symbole s und r (siehe Abb. 2.50).

Stellt das chirale Zentrum ein trivalentes Atom mit pyramidaler Ligandenanordnung dar (z. B. N, P, As), wird dem freien Elektronenpaar der niedrigste Rang zugeordnet. Das

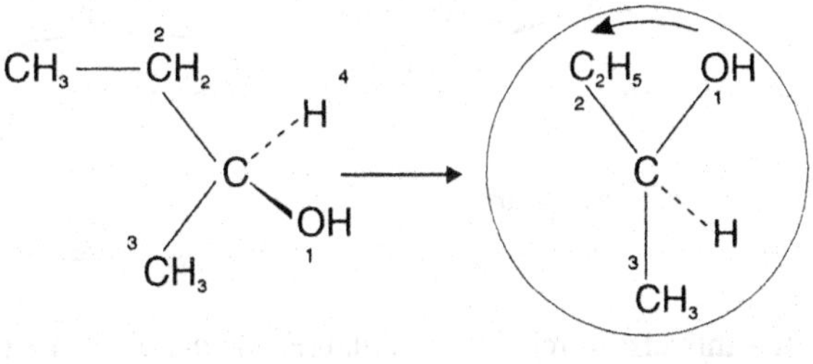

S-1-Methyl-propanol

Abb. 2.47 Anwendung des CIP-Systems auf ein Chiralitätszentrum.

CIP-System ist jedoch auch auf Stereomodelle mit höherer Koordinationszahl als vier anwendbar [2.34].

Helicitätsregel

Je nachdem, ob eine identifizierte Helix links- oder rechtsschraubig ist, wird sie mit dem Symbol M (minus) oder mit dem Symbol P (plus) bezeichnet. Die vier unterschiedlichen Liganden an einem Chiralitätselement lassen sich auch als eine helikale Anordnung betrachten (siehe Abb. 2.48).

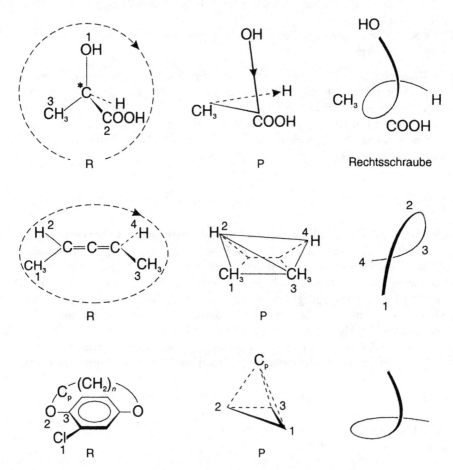

Abb. 2.48 Bestimmung der Chiralität und Helizität an Stereomodellen.

Chiramere kann man folglich wahlweise durch die Chiralität (R/S) oder die Helizität (P/M) kennzeichnen. Für die Überführung gilt stets P = R und M = S.

2.7.6 Kennzeichnung der Stereoisomere

Wenn in einem Stereomodell Chiralitätselemente enthalten sind, so wird die Kennzeichnung der Identität gewöhnlich durch die Angabe der absoluten Konfiguration an den einzelnen Chiralitätselementen vorgenommen. Das Vorhandensein von Chiralitätselementen bedeutet aber nicht, daß alle Stereomodell in Chiramerenklassen einteilbar sind. Beispielsweise ist eine sogenannte meso-Form (siehe Abb. 2.49) achiral, obwohl sie Chiralitätselemente enthält. Andererseits muß mindestens ein Chiralitätselement vorhanden sein, wenn Chiramere auftreten sollen.

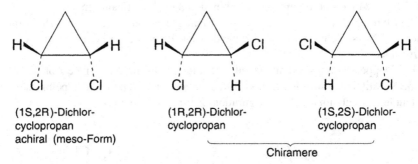

(1S,2R)-Dichlor-cyclopropan achiral (meso-Form)

(1R,2R)-Dichlor-cyclopropan

(1S,2S)-Dichlor-cyclopropan

Chiramere

Abb. 2.49   Kennzeichnung der Stereoisomere von 1,3-Dichlorcyclopropan durch die absolute Konfiguration.

Die beiden verschiedenen Stereomodelle einer Chiramerenklasse lassen sich durch den kompletten Austausch aller Chiralitätssymbole kennzeichnen. Sie werden Enantiomere genannt.

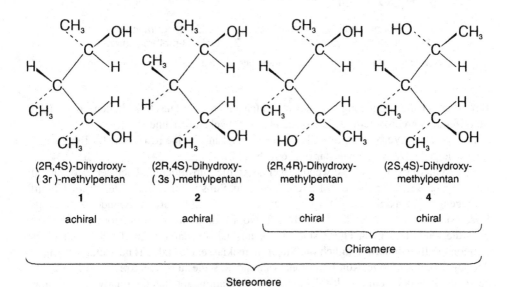

(2R,4S)-Dihydroxy-(3r)-methylpentan

1

achiral

(2R,4S)-Dihydroxy-(3s)-methylpentan

2

achiral

(2R,4R)-Dihydroxy-methylpentan

3

chiral

(2S,4S)-Dihydroxy-methylpentan

4

chiral

Chiramere

Stereomere

Abb. 2.50   Stereoisomerie an einem pseudochiralen Element.

Zwei beliebige Identitäten einer Stereomerenklasse, die nicht einer Chiramerenklasse angehören, sind dagegen Diastereomere.

Zur Kennzeichnung aller Stereoisomere ist die R/S-Nomenklatur mitunter nicht ausreichend, z. B. wenn ein pseudochirales Element als stereogene Einheit auftritt. Hier werden die Symbole r und s verwendet (siehe Abb. 2.50). Wendet man die letzte Sequenzregel (siehe Abschn. 2.75) auf das pseudochirale Element (C-3) an, so findet man vom 2,4-Dihydroxy-3-methylpentan die vier Stereoisomere **1**, **2**, **3** und **4**.

Ein pseudochirales Element tritt auf, wenn zwei sonst gleiche Liganden (z. B. -CH(OH)Me) ihrerseits Chiralitätselemente sind. Wendet man die Differenzrelationen auf jeweils zwei Stereoisomere im obigen Beispiel an, dann sind die Kombinationen **12**, **13**, **14**, **23** und **24** Diastereomere, die Kombination **34** jedoch Enantiomere.

An Stereomodellen, die keine chiralen Elemente enthalten, kann die R/S-Nomenklatur oder P/M-Nomenklatur nicht benutzt werden. Die Rangfolge des CIP-Systems wird jedoch verwendet.

Für Doppelbindungssysteme benutzt man die Z/E-Symbolik (siehe Abb. 2.51). Wenn beide Substituenten mit den höchsten Rängen auf einer Seite der Doppelbindung stehen, so handelt es sich um die Z-Konfiguration (Z für „zusammen").

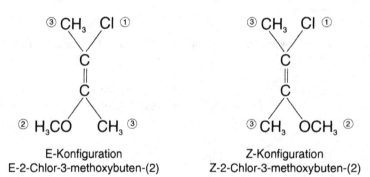

E-Konfiguration
E-2-Chlor-3-methoxybuten-(2)

Z-Konfiguration
Z-2-Chlor-3-methoxybuten-(2)

Abb. 2.51   Kennzeichnung der Stereomerie an einem pseudochiralen Element.

Befinden sich die höchstrangigen Substitutenten auf entgegengesetzten Seiten, so wird das betreffende Stereoisomer mit E (E für „entgegen") gekennzeichnet.

An cyclischen Verbindungen stellt die stereogene Einheit eine Ringebene (s. Tabelle 2.9) oder eine gedachte Ringebene dar (siehe Abb. 2.52).

Das Symbol c (cis) wird verwendet, wenn sich die Substituenten höchster Priorität auf einer Seite der Ringebene befinden. Sind die Substituenten höchster Priorität auf entgegengesetzten Seiten der Ringebene, wird das Symbol t (trans) verwendet. Allerdings lassen sich die c/t-Nomenklatur und die Z/E-Nomenklatur auch auf Stereomodell anwenden, die außerdem noch chiral sind. Sie kennzeichnen dann nicht die Identität eines Stereomodells, sondern lediglich die Stereomerenklasse. c/t und Z/E bezeichnen deshalb die sogenannte relative Konfiguration, während R/S die absolute Konfiguration kennzeichnen. Aus der Kenntnis der absoluten Konfiguration läßt sich die relative Konfiguration ableiten, jedoch nicht umgekehrt.

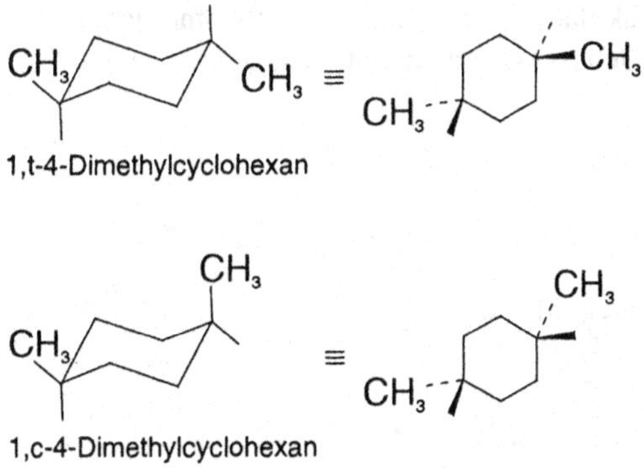

1,t-4-Dimethylcyclohexan

1,c-4-Dimethylcyclohexan

Abb. 2.52 Kennzeichnung der Stereoisomere von 1,4-Dimethyl-cyclohexan

Beispielsweise existiert das chirale 1,t-2,t-4-Trichlor-Cyclohexan (siehe Abb. 2.53) in zwei zueinander enantiomeren Stereoisomeren.

Zur Unterscheidung von Enantiomeren benötigt man die absolute Konfiguration, zur Unterscheidung von Diastereomeren genügt die relative Konfiguration.

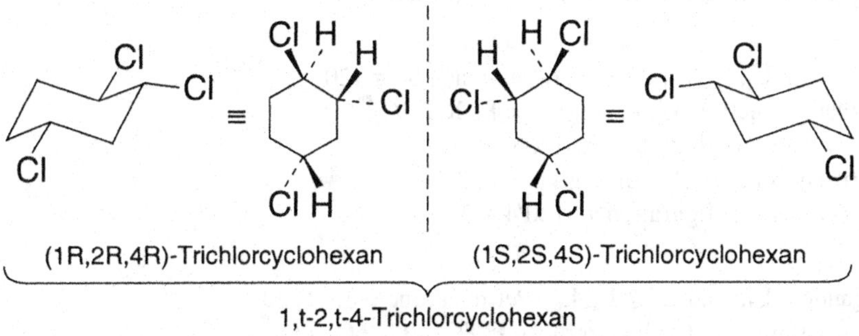

(1R,2R,4R)-Trichlorcyclohexan   (1S,2S,4S)-Trichlorcyclohexan

1,t-2,t-4-Trichlorcyclohexan

Abb. 2.53 Kennzeichnung der absoluten Konfiguration der Chiramere von 1,t-2,t-4-Tri-chlorcyclohexan

2.7.7 Anzahl der Stereoisomere

Die Anzahl der möglichen Stereoisomere einer gegebenen Konstitutionsformel hängt von Art und Anzahl der stereogenen Einheiten ab. Betrachtet man als stereogene Einheit ein mehrfach koordiniertes Atom, so kann man davon eine abstrakte Gerüstsymmetrie definieren, indem man alle Ligandenplätze des Atoms als äquivalente Punkte betrachtet. Für jede Koordinationszahl sind bestimmte Punktgruppen der Gerüstsymmetrie typisch. Beispielsweise ist für die Koordinationszahl (KZ) drei die folgende Gerüstsymmetrie typisch:

planares Dreieck D_{3h}
trigonale Pyramide C_{3v}

Die Anzahl der unterschiedlichen Konfigurationen und damit die Anzahl möglicher Stereoisomere bei einem Satz n verschiedener Liganden berechnet man als Quotient aus der

Anzahl der Permutationen $n!$ (n Fakultät) und der Anzahl der Symmetrieoperationen erster Art (Untergruppe, bestehend aus den Symmetrieoperationen E und C_n).

Beispiele

KZ = 3
Liganden: L_1, L_2, L_3 Permutationen: $3! = 6$
Gerüstsymmetrie D_{3h}: Untergruppe E, $2C_3 = 3$
Anzahl der Konfigurationen: $6/3 = 2$
Gerüstsymmetrie C_{3v}: Untergruppe E, $2C_z$, $3C_z' = 6$
Anzahl der Konfigurationen: $6/6 = 1$

KZ = 4
Liganden: L_1, L_2, L_3, L_4 Permutationen: $4! = 24$
Gerüstsymmetrie T_d: Untergruppe E, $3C_2$, $4C_3$, $4C_3 2$
Anzahl der Konfigurationen: $24/12 = 2$ (Enantiomere)
Gerüstsymmetrie D_{4h}: Untergruppe E, $2C_4$, C_2, $2C_2'$, $2C_2''$
Anzahl der Konfigurationen: $24/8 = 3$ (Diastereomere)

KZ = 5
Liganden: L_1, L_2, L_3, L_4, L_5 Permutationen $5! = 120$:
Gerüstsymmetrie D_{3h}: Untergruppe E, $2C_3$, $3C_2''$
Anzahl der Konfigurationen: $120/6 = 20$
Gerüstsymmetrie C_{4v}: Untergruppe E, $2C_4$, C_2
Anzahl der Konfigurationen: $120/4 = 30$

KZ = 6
Liganden: $L_1, L_2, L_3, L_4, L_5, L_6$ Permutationen: $6! = 720$
Gerüstsymmetrie O_h: Untergruppe E, $8C_3$, $3C_2$, $6C_4$, $6C_2''$
Anzahl der Konfigurationen: $720/24 = 30$.

Die hier berechnete Anzahl der unterschiedlichen Konfigurationen erniedrigt sich, wenn einige Liganden gleich sind, sie erhöht sich, wenn eine Verzerrung des Gerüsts auftritt.

In einem Stereomodell mit planarem stereogenen Zentrum gibt es natürlich keine Chiralität, d. h., bei der Gerüstsymmetrie D_{4h} sind drei zueinander diastereomere Stereo-isomere möglich. In allen anderen dargestellten Fällen treten halb so viele Enantiomeren-paare wie Konfigurationen auf.

2.8 Untersuchungsmethoden der Molekülgeometrie

Zur Bestimmung der Molekülgeometrie werden vor allem physikalische Methoden benutzt. Alle diese Methoden werden im Zusammenhang mit der externen Wechselwirkung der Moleküle (Abschn. 4.8) behandelt. An dieser Stelle wird nur ein Schema angegeben, nach dem in verschiedenen aufeinanderfolgenden Schritten die Molekülgeometrie charakterisiert werden kann. Je nach den Vorkenntnissen, die man über ein betreffendes Molekül bereits hat, kann man sich an verschiedener Stelle in den Ablauf des Schemas einschalten:

Schritt 1: Bestimmung der Summenformel

– quantitative Bestimmung der Elemente,
– Molekulargewichtsbestimmungsmethoden,
– Massenspektrometrie.

Die beiden ersten Methoden werden hier nicht behandelt (s. elementare Chemielehrbücher).

Schritt 2: Bestimmung der Konstitutionsformel (setzt Schritt 1 voraus)

– IR/RAMAN-Spektren: charakteristische Gruppen,
– UV/Vis-Spektren: chromophore Gruppen,
– Massenspektren: charakteristische Fragmente,
– NMR-Spektren: charakteristische Gruppen und deren relativ Lage im Molekül (Spinsysteme),
– EPR-Spektren: paramagnetische Zentren.

Durch Kombination der einzelnen Methoden und deren Aussagen läßt sich im allgemeinen die Konstitutionsformel ermitteln [2.35; 2.36].

Schritt 3: Bestimmung der Geometrie (setzt Schritt 2 voraus)

Methode	Anforderung	Aussage
Röntgenbeugung	Einkristalle	Atomkoordinaten, absolute Konfiguration
Elektronenbeugung	einfache Moleküle (Gasphase)	innere Koordinaten
Neutronenbeugung	Neutronenstrahl (Kernreaktor)	Kernkoordinaten
Mikrowellenspektroskopie	einfache Moleküle (Gasphase)	Trägheitsmomenttensor und daraus Kernkoordinaten
chirooptische Methoden (CD, ORD)	Enantiomere, Absorption im UV/Vis-Spektrum	absolute Konfiguration (mit Einschränkungen)
NMR-Spektroskopie	kristallinflüssige Lösungen	innere Koordinaten

3. Intramolekulare Beweglichkeit

3.1 Charakterisierung der intramolekularen Beweglichkeit

3.1.1 Raster und Hierarchie der Beschreibung

Die Bewegung eines Körpers wird nicht allein durch seine Ortsveränderung charakterisiert. Insgesamt gehören dazu folgende Bestimmungsgrößen:

– Koordinatenänderung (geometrische Charakterisierung),
– Antriebskräfte (mechanistische Charakterisierung),
– Geschwindigkeit (relativ zu einem Zeitmaßstab),
– Auswirkung (Strukturänderung, Eigenschaften, Information).

Für die molekulare Beweglichkeit ergibt sich daraus eine Reihe unterschiedlicher Beschreibungsweisen, die im nachfolgenden Schema zusammengefaßt sind:

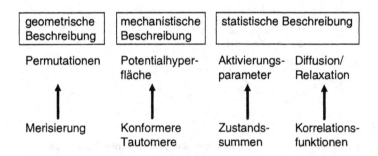

In der nachfolgenden Beschreibung wird ein mittleres Abstraktionsniveau angestrebt, das die Brücke zwischen Molekülphysik einerseits und Chemie, Biologie sowie Medizin andererseits schlagen soll. Die hier benutzte Beschreibungsweise beschränkt sich nicht allein auf die Bestimmung der Merkmale, sondern umfaßt auch Klassifizierungen und bis zu einem gewissen Grad auch Gesetzmäßigkeiten.

Wichtig für das Verständnis der molekularen Bewegungsprozesse ist jedoch die additive Benutzung der hier genannten Beschreibungsweisen, d. h. die Anwendung des Rasters. Einschränkungen ergeben sich insbesondere bei der quantitativen Beschreibung der Bewegungsvorgänge (siehe Abschn. 3.6).

Innerhalb einer Beschreibungsweise ist der hierarchische Weg, vom Einfachen zum Komplizierten, von der qualitativen zur quantitativen Behandlung, zu empfehlen.

Allgemein sind die Stationen im aufsteigenden Weg innerhalb einer Beschreibungsweise durch folgende Sequenz gegeben [3.1]:

Modell → Versuch → Modelländerung → Theorie → Experiment → quantitative Theorie → Vorhersage makroskopischer Erscheinungen.

Das vorliegende Kapitel soll hauptsächlich als Wegweiser dienen, indem es die intramolekulare Beweglichkeit unter den genannten Gesichtspunkten mittels einfacher Modelle beschreibt.

3.1.2 Koordinatenänderung

Jede Bewegung eines Körpers ist in bezug auf einen anderen vorhandenen Körper erkennbar. Die Bewegung der Moleküle bezieht man entweder auf ein ruhendes Koordinatensystem (Laborkoordinatensystem) oder auf ein molekülinternes Koordinatensystem. Letzteres ist allerdings nur für die intramolekulare Beweglichkeit zu benutzen.

In einem dreidimensionalen rechtwinkligen ruhenden Koordinatensystem stehen jedem Atom des Moleküls drei Bewegungskoordinaten (x, y, z) zur Verfügung. Ein aus N Atomen aufgebautes Molekül hat demzufolge $3N$ Bewegungsfreiheitsgrade bezüglich dieses ruhenden Koordinatensystems (siehe Abb. 3.1).

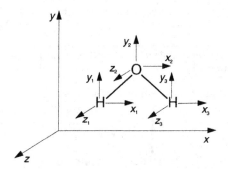

Abb. 3.1 H_2O-Molekül in einem ruhenden kartesischen Koordinatensystem.

Beschränkt man sich in der Betrachtung auf die intramolekulare Beweglichkeit (d. h., Rotation und Translation des Moleküls als Ganzes bleiben außer Betracht), dann bleiben für lineare Moleküle $3N$-5, für nichtlineare Moleküle $3N$-6 interne Bewegungsfreiheitsgrade. Wenn es für die Atompositionen im Molekül nur eine einzige stabile Gleichgewichtslage (Kräftegleichgewicht, nicht etwa thermodynamisches Gleichgewicht) gibt, so bezeichnet man das Molekül als starr [3.2]. Das bedeutet, daß die intramolekularen Bewegungsfreiheitsgrade allein in die unterschiedlichen Valenz- und Deformationsschwingungen um die stabile Gleichgewichtslage eingehen. Die Schwingungsamplituden liegen zwischen 4 und 20 pm (*small amplitude motions* [3.3]). Nichtstarre Moleküle lassen dagegen größere intramolekulare Koordinatenänderungen (*large amplitude motions*) zwischen unterschiedlichen Gleichgewichtslagen [3.4] der Atompositionen zu.

Intramolekulare Bewegungsprozesse sind im allgemeinen periodisch, d. h., sie führen zu gleichen Ausgangslagen zurück. Das Molekül behält dabei seine Identität.

Zur Beschreibung intramolekularer Bewegungsprozesse benutzt man häufig molekülinterne Bewegungskoordinaten, die sogenannten inneren Koordinaten (siehe Abschn. 2.1). Der Koordinatensprung wird für jede innere Koordinate willkürlich festgelegt. Die inneren Koordinaten können als Basissatz für eine Normalkoordinatenanalyse (zur Beschreibung der Grundschwingungen) eines Moleküls dienen. Die Anzahl der Normalkoordinaten ist gleich der Anzahl der intramolekularen Bewegungsfreiheitsgrade [3.5].

Die hier genannten Koordinaten beziehen sich nicht auf die Positionen der Atome allgemein, sondern auf die Positionen der Atomkerne. Innerhalb der Kernkonfiguration eines Moleküls ist eine gewisse Dynamik zugelassen, ohne daß dabei die Identität eines Moleküls verlorengeht. Im häufigsten Fall wird bei der Bewegung der Kerne die wesentlich leichtere Elektronenhülle einfach mitgenommen. Das trifft insbesondere auf die konformative Beweglichkeit zu.

3.1.3 Antriebskräfte – Prinzip der Aktivierung

Die hier betrachteten Bewegungsprozesse sind alle thermisch angeregt, d. h., die Bewegungen kommen durch Stöße zwischen den Molekülen zustande. Allerdings können auch durch die Wechselwirkung mit einem elektromagnetischen Feld molekulare Bewegungsprozesses ausgelöst werden (z. B. Schwingungsanregung, Spin-Gitter-Relaxation). Ein Bewegungsprozeß läßt sich u. a. durch die aufgenommene oder abgegebene Energie charakterisieren.

Die intramolekulare Bewegung besteht in einer Relativbewegung der Atomkerne. Es muß ein gewisser Energiebetrag aufgewandt werden, um das Molekül von einem Gleichgewichtszustand (A) in einen anderen (B) zu bewegen. Das Molekül durchläuft einen Übergangszustand (Ü), dessen Energie allerdings aufgrund der kurzen Lebensdauer dieses Zustands (Unschärferelation) nicht genau definiert werden kann. Durch die Zufuhr thermischer Energie kann diese Energiebarriere überwunden werden (siehe Abb. 3.2).

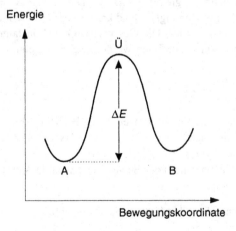

Abb. 3.2 Überganszustand der intramolekularen Bewegung.

Die Relativbewegung der Atomkerne bei der intramolekularen Bewegung kann man sich als einen Weg auf einer sogenannten Potentialhyperfläche vorstellen. Dabei sollte der Weg von einem Minimum zum anderen nicht gerade über die Maxima führen, sondern in den Tälern über einen Paß. Der energetische Verlauf der konformativen Prozesse läßt sich vorteilhaft in diesem Bild beschreiben (siehe Abschn. 3.3).

3.1.4 Geschwindigkeit

Die Translations- und Rotationsbewegungen des Moleküls (ohne die intramolekularen Bewegungen) sind hinsichtlich der Impulse, der Drehimpulse und der Bewegungsrichtungen infolge der Stöße ständigen Schwankungen unterworfen, die man nur statistisch, z. B. durch Zeitkorrelationsfunktionen (siehe Abschn. 3.4) beschreiben kann. Auch die intramolekularen Bewegungsprozesse unterliegen ständigen Schwankungen und sind statistisch auf die Moleküle verteilt. Oft finden sie jedoch zwischen stabilen Bewegungszuständen statt, zwischen denen eine Barriere überwunden werden muß. Es handelt sich dabei nicht um gleichförmige Bewegungen, sondern um schnelle Sprünge zwischen den verschiedenen Bewegungszuständen.

Zwei grundlegende Modelle zur Beschreibung der Geschwindigkeit molekularer Bewegungsprozesse sollen hier behandelt werden [3.6]:

– Modell der Rotationsdiffusion (siehe Abschn. 3.4.4),
– Modell des Austauschs zwischen wenigen Bewegungszuständen im thermischen Gleichgewicht (siehe Abschn. 3.3.3).

Das Modell der Rotationsdiffusion wird angewandt, wenn die Potentialbarriere kleiner als die mittlere thermische Energie kT ist. Die dabei auftretenden sukzessiven stochastischen Sprünge kleiner Amplitude lassen sich durch eine Korrelationszeit $\tau_c = (6D)^{-1}$ beschreiben. D ist der Rotationsdiffusionskoeffizient und τ_c entspricht ungefähr der Zeit, die für eine Rotation um 1 Radiant erforderlich ist.

Das Modell des Austausches zwischen wenigen Bewegungszuständen wird hingegen dann angewandt, wenn die Potentialbarriere größer als kT ist. Der reziproke Wert der mittleren Lebensdauer in einem solchen Bewegungszustand kann einer Geschwindigkeitskonstante k erster Ordnung gleichgesetzt werden. Die Geschwindigkeitskonstante k muß für jeden Übergang (siehe Abb. 3.3) gesondert definiert werden (siehe Gleichung 3.1).

$$k_1 = 1/\tau_A; \quad k_2 = 1/\tau_B; \quad \tau_B/\tau_A = \gamma_B/\gamma_A = k_1/k_2 = K \tag{3.1}$$

$(k_1$ Geschwindigkeitskonstante für den Prozeß A $\longrightarrow$ B (siehe Abb. 3.3);

k_2 Geschwindigkeitskonstante für den Prozeß B $\longrightarrow$ A (siehe Abb. 3.3);

τ_A, τ_B Lebensdauern der Bewegungszustände A und B;

γ_A, γ_B Molenbrüche (Besetzungszahlen) der Bewegungszustände A und B;

K Gleichgewichtskonstante).

Eine mittlere Lebensdauer τ (Mitteilung über alle Moleküle der Probe in beiden Zuständen) beider Zustände wird folgendermaßen definiert:

$$\tau = \tau_A \gamma_B; \qquad 1/\tau = 1/\tau_A + 1/\tau_B \tag{3.2}$$

Wegen $\gamma_A + \gamma_B = 1$ wird daraus:

$$\tau = \frac{\tau_A \tau_B}{\tau_A + \tau_B}; \qquad \gamma_A = \frac{\tau_A}{\tau_A + \tau_B}; \qquad \gamma_B = \frac{\tau_B}{\tau_A + \tau_B}; \tag{3.3}$$

Bei gleicher Besetzung gilt:

$$k = 1/\tau_A = 1/\tau_B = 1/2 \ \tau \tag{3.4}$$

Die mittlere Lebensdauer der Zustände liegt in einem bestimmten, für die intramolekularen Bewegungsprozesse charakteristischen Bereich von $\tau = 10^{-10}$ bis 10^2 s.

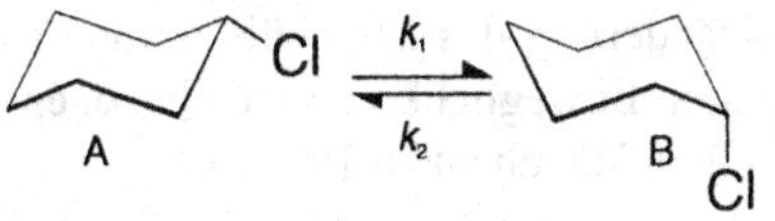

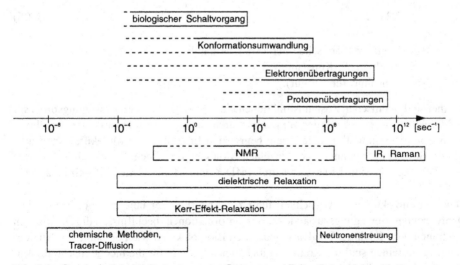

Abb.3.3 Konformativer Prozeß / Chlorcyclohexan mit äquatorialem (A) und mit axialem Chlor (B).

Ob eine Bewegung überhaupt festgestellt wird, hängt vom Zeitmaßstab der Betrachtung bzw. der Messung ab. Der Bewegungsprozeß der biologischen Evolution ist beispielsweise in der Beobachtungszeit eines einzigen Menschenlebens kaum erkennbar. Für uns ist dieser Prozeß langsam. Andererseits ist das menschliche Auge nicht in der Lage, die

Abb. 3.4 Geschwindigkeitskonstanten erster Ordnung und Zeitmaßstab einiger Methoden.

Unterbrechung zwischen zwei Bildpunkten auf dem Fernsehbildschirm (20 ms) zu erkennen. Die untere Grenze des Zeitmaßstabs ist die Zeitauflösung. Jede physikalische Methode hat eine bestimmte Zeitskala (siehe Abschn. 3.6). Entsprechend dieser Zeitskala ist die
intramolekulare Bewegung entweder schnell (z. B. Messung der Dielektrizitätskonstanten
von Konformerengleichgewichten) oder langsam (Elektronenbeugung an Konformerengleichgewichten). Aus der Temperaturabhängigkeit der k-Werte kann die Barriere der
intramolekularen Bewegung (siehe Abschn. 3.3) bestimmt werden (siehe Abb. 3.4).

3.1.5 Auswirkung der Molekülbewegung

Da hier ausdrücklich die Struktur der Moleküle beschrieben wird, sollen auch nur diejenigen Bewegungsprozesse behandelt werden, bei denen die Identität des Moleküls erhalten
bleibt. Chemische Reaktionen, die im weiteren Sinn auch als Bewegungsprozesse verstanden werden können, bei denen sich aber die Atomzusammensetzung ändert, werden von
der Betrachtung ausgeschlossen. Bei Umlagerungsprozessen muß aber insofern ein Kom-
promiß geschlossen werden, als es so schnelle Umlagerungsreaktionen gibt, daß man sie
als besonderes Charakteristikum einer einzigen Molekülart betrachten kann. Die schnelle
Bindungsfluktuation, die auch zur Topologieänderung des Moleküls führen kann, wird
deshalb bei der Behandlung der intramolekularen Beweglichkeit mit einbezogen. Langsame Umlagerungsreaktionen ($k < 10^{-2}$ s^{-1}) bleiben jedoch außer Betracht.

Eine Vielzahl statischer makroskopischer Eigenschaften der Materie sind auf molekulare Bewegungsprozesse zurückzuführen. Schon 1734 erklärte BERNOULLI den Druck
eines Gases mit den elastischen Stößen der Moleküle gegen die Gefäßwandung. Wenig
später erkannte man, daß die Temperatur der mittleren kinetischen Energie der Moleküle
entspricht.

Für Moleküle, die nur Translationen ausführen, gilt:

$$E = 3/2 \ k'T \tag{3.05}$$

    (E mittlere kinetische Energie der Moleküle;
    k' Boltzmann-Konstante;
    T absolute Temperatur).

Alle thermodynamischen Zustandsfunktionen eines Systems sind auf Bewegungsprozesse
der Moleküle (einschließlich der intramolekularen Bewegungsprozesse) zurückzuführen.
Durch Computersimulationen an einem begrenzten Ensemble von Molekülen kann man
aus den Bewegungszuständen der einzelnen Moleküle die Eigenschaften eines Systems
berechnen. Hierfür sind Moleküldynamik-(MD-)- und Monte-Carlo-(MC-)Simulationen
[3.5] üblich.

Die intramolekulare Beweglichkeit führt zur Änderung der inneren Koordinaten. Die
entsprechenden Bewegungszustände (z. B. Konformationen) beeinflussen die chemischen
Reaktionen der Moleküle. Bei den sogenannten Biomolekülen wie Polypeptiden, Nucleo-
tiden und Proteinen sind die Konformationen entscheidend für die biochemische Reaktivität. Dabei haben die Konformationen auch die Funktion der Informationsübertragung.

3.2 Geometrische Beschreibung

Die geometrische Beschreibung befaßt sich allein mit der Geometrieänderung des Moleküls bei einem Bewegungsprozeß und läßt die Wechselwirkungen weitgehend außer Betracht. Man kann diese Beschreibungsweise auch als Molekülkinematik bezeichnen, und sie läßt sich am besten mittels mechanischer Modelle oder der Computergraphik sichtbar machen. Für die Klassifizierung wird das Sprungmodell verwendet, bei dem nur Anfangs- und Endzustand in Betracht gezogen werden müssen. Die Rechtfertigung dieses Modells geht aus der später folgenden Untersuchung des Energieverlaufes hervor. Danach kann die Aufenthaltsdauer in den Bewegungszuständen zwischen zwei Gleichgewichtslagen gegenüber der Lebensdauer in den Gleichgewichtslagen in einer Vielzahl von Fällen vernachlässigt werden.

3.2.1 Merisierungen

Eine einfache Nomenklatur für intramolekulare Prozesse [3.7] fußt auf der in Kapitel 2 getroffenen Klassifizierung der Isomere [3.8]:

Isomerenklasse	Merisierungen
Isomere	Isomerisierungen
Stereomere	Stereomerisierungen
Chiramere	Enantiomerisierungen
Identität	Topomerisierungen

Anstelle des Begriffs „Molekül in einem Bewegungszustand definierter Geometrie" bedienen wir uns wieder des Begriffs Stereomodell [3.8]. Bleibt man innerhalb der Stereo-

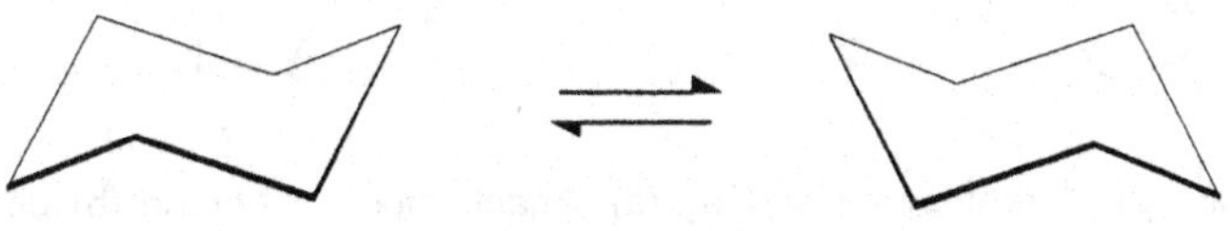

Abb. 3.5 Diastereomerisierung (a), Enantiomerisierung (b) und Topomerisierung (c).

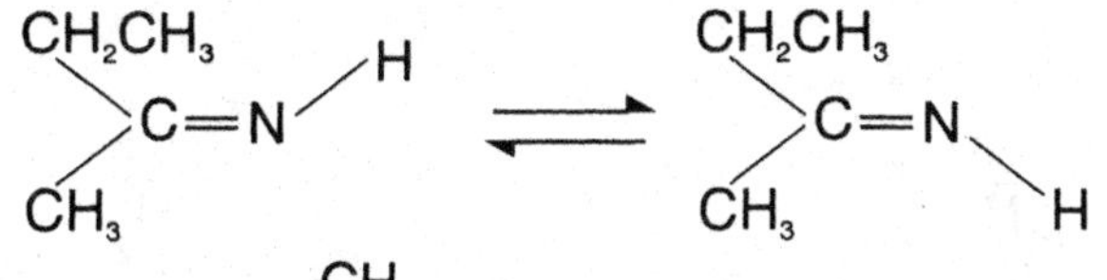

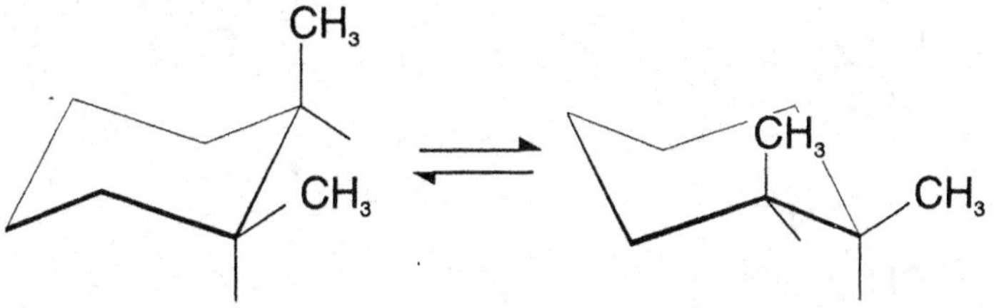

merenklasse, so heißen die Bewegungsvorgänge Stereomerisierungen. Betrachtet man einen Prozeß zwischen nur zwei Bewegungsformen, so kann man entsprechend den Differenzrelationen weiter spezifizieren (siehe Abb. 3.5):

Diastereomerisierung: Bewegungsprozeß, der ein Stereomodell in ein
                            dazu diastereomeres überführt.

Enantiomerisierung: Bewegungsprozeß, der ein Stereomodell in
                            sein Spiegelbild überführt.

Topomerisierung: Bewegungsprozeß, der ein Stereomodell in ein
                            identisches überführt.

Obwohl durch die Topomerisierung identische Stereomodelle entstehen, können doch dabei einzelne Atome oder Atomgruppen ihre durch die Topie [3.9] gekennzeichnete Position wechseln. Die Topomerisierungen können nochmals nach dem Positionswechsel einzelner Atome oder Atomgruppen klassifiziert werden (siehe Abb. 3.6):

Diastereotopomerisierung: Die Gruppe wandert in eine dazu diastereotope
                            Position.

Enantiotopomerisierung: Die Gruppe wandert in eine dazu enantiotope
                            Position.

Homotopomerisierung: Die Gruppe wandert in eine dazu äquivalente
                            Position.

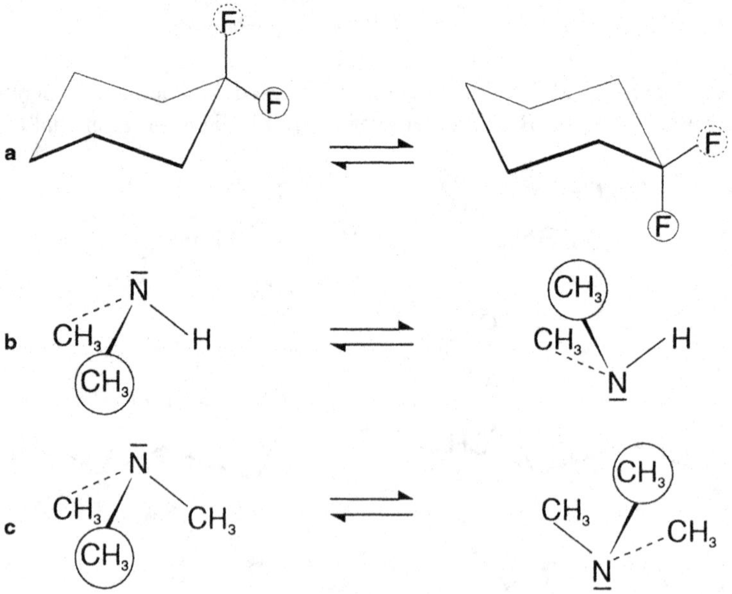

Abb. 3.6 Diastereotopomerisierung (a), Enantiotopomerisierung (b) und Homotopomerisierung (c).

3.2.2 Permutationen

Die Merisierung bezieht sich stets nur auf einen Bewegungsprozeß zwischen zwei Stereoisomeren. Treten zu einer bestimmten Molekültopologie mehr als zwei Stereoisomere auf, so gibt es auch verschiedene Merisierungen.

Beispielsweise treten für ein pentakoordiniertes Zentralatom mit fünf verschiedenen Liganden in trigonal-bipyramidaler Anordnung 20 Stereoisomere auf. Da jedes der 20 Stereoisomere in jedes beliebige andere übergehen kann, gibt es 400 mögliche Stereomerisierungen, von denen etliche Topomerisierungen, Enantiomerisierungen und Diastereomerisierungen sind. Will man diese Prozesse entsprechend der unterschiedlichen Geometrie der Bewegungszustände weiter klassifizieren, dann ist eine Beschreibung durch Permutationen zweckmäßig.

Dazu kennzeichnet man die Stereomodelle als sogenannt Permutationsisomere, die das gleiche Molekülgerüst (z. B. trigonale Bipyramide) und den gleichen Ligandensatz (z. B. fünf unterschiedliche Liganden) aufweisen, sich aber voneinander durch unterschiedliche Ligandenverteilung auf die Gerüstplätze unterscheiden (z. B. Abb. 3.7).

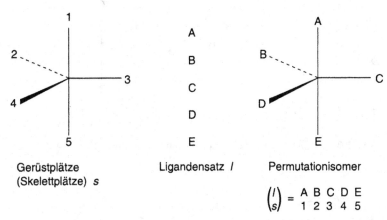

Abb. 3.7 Gerüstplätze und Ligandensatz eines Permutationsisomers an einem trigonal-bipyramidalen Gerüst.

Die Liganden werden unabhängig von den Gerüstplätzen numeriert und zu einer (n 2)-Matrix zusammengefügt. Diese Matrix kennzeichnet ein bestimmtes Permutationsisomer. Der Übergang von einem Permutationsisomer in ein anderes kann durch die Angabe der zu vertauschenden Ligandenpositionen dargestellt werden (siehe Abb. 3.8).

Man muß allerdings beachten, daß die Anzahl der möglichen Permutationen (n!) größer als die Anzahl der möglichen Stereomerisierungen ist. Beispielsweise entspricht die Permutation $p_i = (1)(234)(5)$ einer einfachen Rotation des Moleküls und keiner Stereomerisierung (siehe Abb. 3.9).

Die Auswahl kann durch eine mathematische Behandlung erfolgen [3.10]. Die Beschreibung intramolekularer Prozesse durch Permutationen führt zu weiteren Klassifizierungsmöglichkeiten [3.11], von denen hier die fünf Typen von Stereomerisierungen, die sogenannten *modes of rearrangements* [3.12], an trigonal-bipyramidalen Stereomodellen kurz dargestellt werden (siehe Abb. 3.10).

Die *modes* beschreiben nur den Ligandenwechsel, ohne etwas über den Mechanismus auszusagen. Die bisher für die konformative Beweglichkeit postulierten Mechanismen Berry-Prozeß und Turnstile-Rotation gehören beide zum *mode* M_1 (siehe Abb. 3.51).

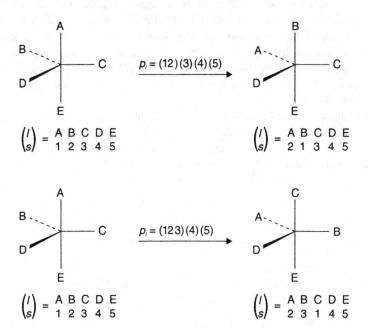

Abb. 3.8   Beispiele für Permutationen am trigonal-bipyramidalen Gerüst.

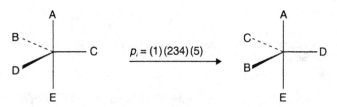

Abb. 3.9   Permutation, die einer Rotation des Moleküls entspricht.

mode	Permutation

M_1

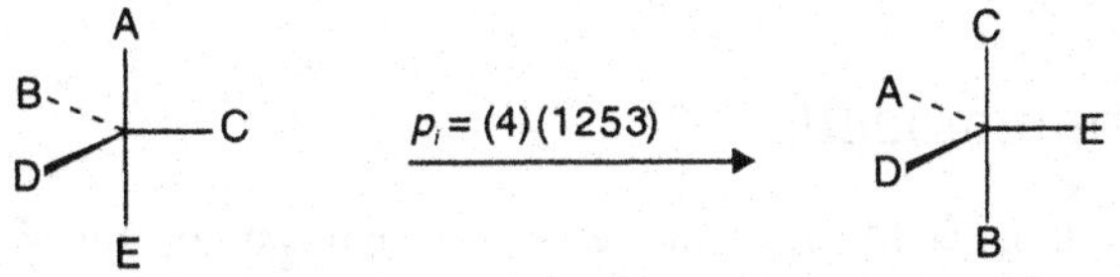

$p_i = (4)(1253)$

$$\binom{l}{s} = \begin{matrix} A & B & C & D & E \\ 1 & 2 & 3 & 4 & 5 \end{matrix}$$

$$\binom{l}{s} = \begin{matrix} A & B & C & D & E \\ 2 & 5 & 1 & 4 & 3 \end{matrix}$$

zu M_1 gehören noch: $p_i = (2)(1\ 2\ 5\ 3)$; $p_i = (3)(1\ 4\ 5\ 2)$

M_2

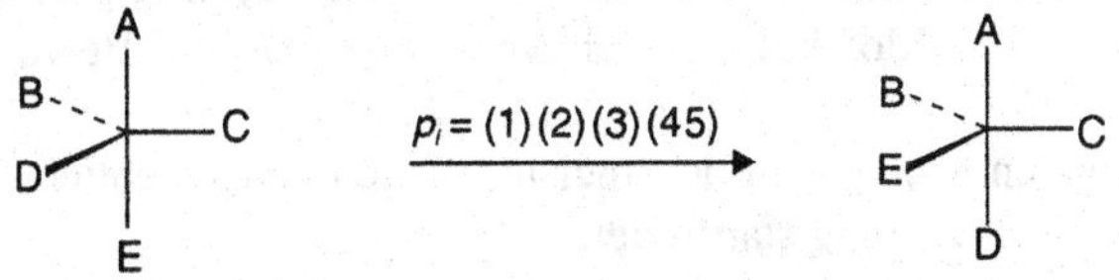

$p_i = (1)(2)(3)(45)$

zu M_2 gehören noch: $p_i = (1)(2)(4)(35)$ $\quad$ $p_i = (1)(3)(4)(25)$
$\qquad\qquad\qquad\qquad p_i = (12)(3)(4)(5)$ $\quad$ $p_i = (13)(2)(4)(5)$
$\qquad\qquad\qquad\qquad p_i = (14)(2)(3)(5)$

M_3

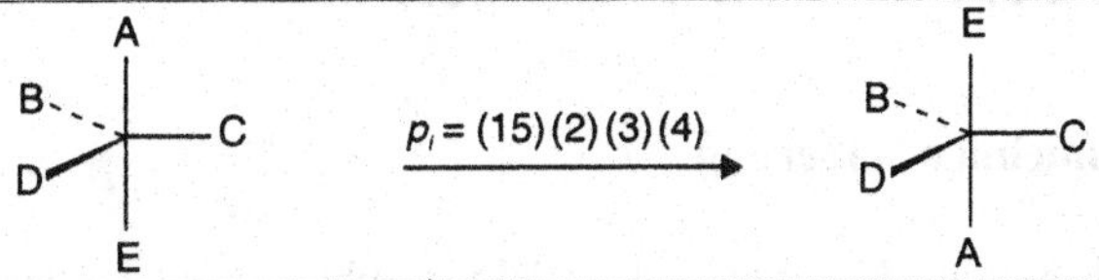

$p_i = (15)(2)(3)(4)$

M_4

$p_i = (1)(2)(345)$

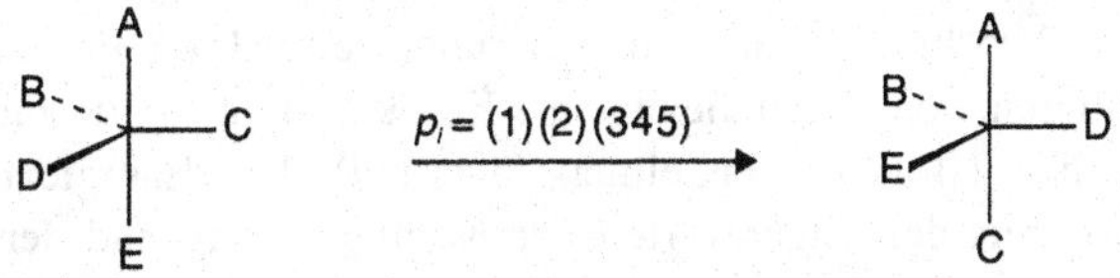

zu M_4 gehören noch: $p_i = (1)(3)(245)$ $\quad$ $p_i = (1)(4)(253)$
$\qquad\qquad\qquad\qquad p_i = (123)(4)(5)$ $\quad$ $p_i = (142)(3)(5)$
$\qquad\qquad\qquad\qquad p_i = (134)(2)(5)$

M_5

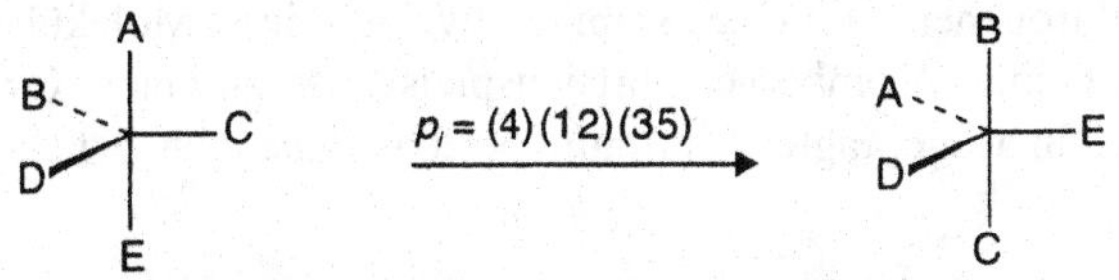

$p_i = (4)(12)(35)$

zu M_5 gehören noch: $p_i = (2)(13)(45)$ $\quad$ $p_i = (3)(12)(45)$

Abb. 3.10 *modes of rearrangements* und zugehörige Permutationen.

3.3 Beschreibung der Mechanismen

3.3.1 Sprungmodell

Die Beschreibung des Mechanismus eines Bewegungsvorgangs befaßt sich mit der physikalischen Charakterisierung des Weges, mit den Antriebskräften, mit den Änderungen der Wechselwirkungen und mit den Geschwindigkeiten. Im allgemeinen ist die Molekülbewegung nicht gleichförmig. In bestimmten Bewegungszuständen ist die Aufenthaltsdauer bedeutend länger als in allen anderen. Das Molekül springt gewissermaßen, angestoßen von einem anderen Molekül, von einem relativ stabilen Bewegungszustand in einen anderen.

Die Messungen erfassen in den meisten Fällen hauptsächlich die Grenzformen, zwischen denen die Bewegung stattfindet.

3.3.2 Konzept der Potentialhyperfläche

Born-Oppenheimer-Näherung

Die Wellenfunktion, die sowohl die Elektronenbewegung als auch die Kernbewegung eines Moleküls beschreibt, kann man näherungsweise als ein Produkt zweier Wellenfunktionen formulieren, von denen die eine die Kernkoordinaten, die andere die Elektronenkoordinaten enthält (Born-Oppenheimer-Näherung). Die Energiezustände des Moleküls können additiv aus den Eigenwerten der Kernbewegung und der Elektronenbewegung zusammengesetzt werden.

Mit quantenchemischen Verfahren [3.13] kann man die Elektronenenergie eines Moleküls für jeden beliebigen Satz von Kernkoordinaten (Kernkonfiguration) getrennt berechnen. Die Elektronenenergie eines stabilen zweiatomigen Moleküls in Abhängigkeit vom Abstand der beiden Atomkerne führt beispielsweise zu einer Kurvenschar, von der die tiefste Kurve ein ausgeprägtes Minimum besitzt (siehe Abb. 3.11).

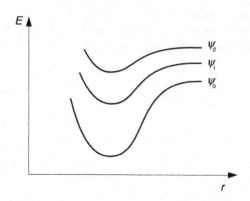

Abb. 3.11 Elektronenenergie der Zustände Ψ_0, Ψ_1, Ψ_2 eines zweiatomigen Moleküls in Abhängigkeit vom Kernabstand.

Die Kurven Ψ_0, Ψ_1, Ψ_2 entsprechen dem Energieverlauf der unterschiedlichen Elektronenzustände. Eine solche Kurve wird auch Potentialkurve genannt, da sie die Abhängigkeit der potentiellen Energie des Moleküls vom Kernabstand beschreibt. Die zugrundeliegende Funktion $V(r)$ geht als Operator in den Hamilton-Operator zur Beschreibung der Schwingungsniveaus ein [3.14]:

$$-\left(\frac{\nabla^2}{2\mu}\right)\Psi' + V(r)\,\Psi' = E\,\Psi' \tag{3.06}$$

$(\nabla^2$ Laplace-Operator;
μ reduzierte Masse;
Ψ' Wellenfunktion zur Beschreibung der Kernbewegung (Eigenfunktion);
$V(r)$ Potentialfunktion (aus der Elektronenbewegung berechnet);
E diskrete Energiewerte der Schwingungszustände (Eigenwerte)).

Abbildung 3.12 zeigt die Potentialkurve für das tiefste Elektronenniveau und die Valenzschwingungsniveaus eines zweiatomigen Moleküls. Die Länge der Schwingungsniveaus E_1, E_2, usw. entspricht der maximalen Schwingungsauslenkung.

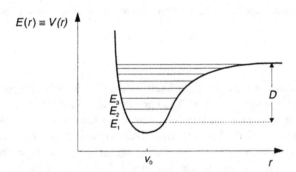

Abb. 3.12 Potentialkurve eines zweiatomigen Moleküls des Elektronenzustandes Ψ_0 mit Valenzschwingungsniveaus E_1, E_2, E_3, ... (v_0 Gleichgewichtsabstand; D Dissoziationsenergie).

Mit der Anzahl der Atome im Molekül wächst die Zahl der inneren Koordinaten, die gleichzeitig Bewegungskoordinaten sein können.

Berechnet man die Energie in analoger Weise als Funktion von zwei Bewegungskoordinaten, so ergibt sich eine Schar von Potentialflächen (siehe Abb. 3.13). Für mehr als zwei Bewegungskoordinaten resultieren sogenannte Potentialhyperflächen, die nicht mehr graphisch dargestellt werden können.

Es gibt einige Fälle, in denen sich die Potentialhyperflächen sehr nahe kommen (wenn beispielsweise bei bestimmten Torsionswinkeln die Energie des Elektronengrundzustands hoch, die des Elektronenanregungszustands hingegen tief ist). Das führt zur Deformation der Potentialhyperfläche [3.15]. Die Born-Oppenheimer-Näherung ist dann nicht mehr gültig. Die damit verknüpften Bewegungsprozesse werden hier nicht behandelt.

Für Moleküle aus N Atomen kann eine $(3N\text{-}6)$-dimensionale Potentialhyperfläche für jeden Elektronenzustand aufgestellt werden.

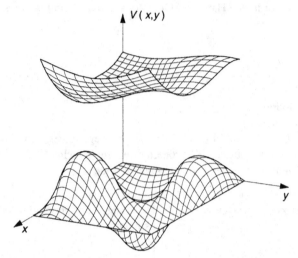

Abb. 3.13   Elektronenenergie der Zustände eines Moleküls in Abhängigkeit von zwei Koordinaten.

Schwingungszustände

Ausgangspunkt für die intramolekulare Beweglichkeit ist die Molekülschwingung. Zur Darstellung der Valenzschwingung (siehe Abb. 3.12) genügt eine einzige Bewegungskoordinate (r). Die Potentialkurve für eine Valenzschwingung eines mehratomigen Moleküls kann man sich stets als Schnitt durch die Potentialhyperfläche vorstellen. Bei Zimmertemperatur befinden sich die meisten Moleküle im Schwingungsgrundzustand der Energie $E = 1/2\, h \cdot \nu_0$. Durch Zufuhr thermischer Energie (Molekülstöße) kann man die Moleküle in höhere Schwingungsniveaus überführen, und bei genügend hoher Stoßenergie ($>D$) tritt Bindungsbruch ein. Ein intramolekularer Prozeß kann in einem solchen Fall nur dann ausgelöst werden, wenn gleichzeitig an einer anderen Stelle im Molekül eine neue Bindung entsteht oder wenn das Molekül anderweitig zusammengehalten wird.

Auch die Deformationsschwingung kann näherungsweise durch den Potentialverlauf bei Variation einer einzigen inneren Koordinate beschrieben werden. Gewöhnlich wird eine sogenannte Normalschwingung als Variation einer Normalkoordinate dargestellt, die als Linearkombination aus inneren Koordinaten gebildet werden kann [3.16]. Die Beschreibung einer Schwingung mit einer einzigen inneren Koordinate bedeutet das Null-Setzen aller anderen Koeffizienten, mit denen andere Koordinatenvariationen in die Linearkombination eingehen.

Die innere Koordinate der Deformationsschwingung ist entweder der Bindungswinkel φ oder der Torsionswinkel Θ (Torsionsschwingung) (vgl. Abb. 3.14).

Die erhöhte Energiezufuhr führt bei der Deformationsschwingung nicht zum Bindungsbruch. Die größer werdende Schwingungsamplitude (siehe Abb. 3.15) führt dazu, daß die

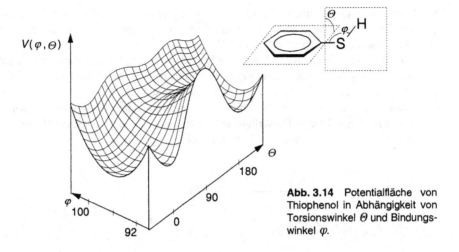

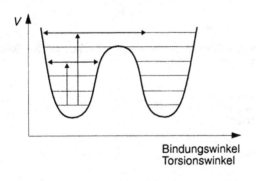

Abb. 3.14 Potentialfläche von Thiophenol in Abhängigkeit von Torsionswinkel Θ und Bindungswinkel φ.

Atomkerne schließlich in einen Koordinatenbereich gelangen, in dem die potentielle Energie wieder abnimmt. Das Molekül führt dann eine Bewegung aus, die über die normale Schwingung hinausgeht und die *large amplitude motion* genannt wird. Wenn das Molekül seine Schwingungsenergie durch Stöße wieder abgibt, hat die Bewegungskoordinate einen anderen Wert erreicht.

Im allgemeinen besitzen Moleküle aus mehr als zwei Atomen stets einen Satz von mehreren Minima (Täler) auf der Potentialhyperfläche. Die in Abbildung 3.15 gewählte Darstellung der Minima kann man sich ebenfalls als Schnitt durch die Potentialhyperfläche vorstellen.

Abb. 3.15 Potentialdoppelminimum mit Schwingungsniveaus einer Deformationsschwingung.

Konformationen – Konformere

Unter der Voraussetzung, daß die Potentialhyperfläche für einen konstanten Satz von Atomen und für denselben Bindungsgraphen (Erhalt aller Bindungen) berechnet wurde, werden die Minima (Täler, Mulden) Konformere genannt.

Unter Konformationen versteht man dagegen alle Bewegungszustände, auch die zwischen den Minima. Konformationen sind demzufolge Bewegungszustände des Moleküls, die eine bestimmte Geometrie und eine bestimmte Energie besitzen. Man definiert deshalb

Konformationen als räumliche Anordnungen des Molekülgerüsts, die durch Relativbewegungen der Atome (ausgenommen normale Molekülschwingungen) zustandekommen, ohne daß Bindungen geöffnet werden [3.17].

Konformere sind dagegen nur diejenigen Konformationen, die die tiefste Energie haben. Der Bewegungsprozeß von einem Konformer zum anderen wird konformativer Prozeß genannt. Wenn die Barriere zwischen zwei Minima sehr hoch ist (>120 kJ/mol), dann existieren bei Zimmertemperatur trennbare Spezies, sogenannte Konformationsisomere.

Eine weitere graphische Darstellungsweise der Energie der Konformationen ist die Höhenliniendarstellung (*contour plot*) (siehe Abb. 3.16).

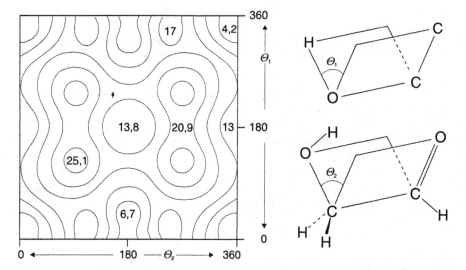

Abb. 3.16 Höhenliniendarstellung (*contour plot*) der potentiellen Energie (kJ/mol) von Glykolaldehyd in Abhängigkeit von zwei Torsionswinkeln.

3.3.3 Aktivierungsparameter

Übergangszustand

Jedes Molekül ist bestrebt, die energietiefste Lage, d. h. die Koordinaten eines der Täler auf der Potentialhyperfläche einzunehmen (Kräftegleichgewicht). Jedoch nicht alle Moleküle besetzen die gleichen Tallagen. In einem Ensemble stellt sich ein Besetzungsgleichgewicht ein, das vom Energieunterschied der einzelnen Tallagen abhängt. Die Beschreibung ist durch eine Boltzmann-Verteilung möglich.

Der molekulare Bewegungsprozeß vollzieht sich zwischen zwei Tälern (Konformeren) über den niedrigsten Paß. Die Paßhöhe über dem Tal bestimmt die Aktivierungsenergie für den Prozeß. Diese Paßhöhe (Barrierenhöhe), die bei einem intramolekularen Prozeß überwunden werden muß, kann man aus dem Potentialverlauf und der Lage der Schwingungsniveaus bestimmen (siehe Abb. 3.17).

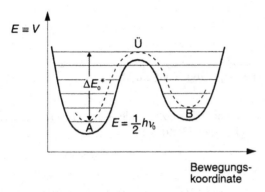

Abb. 3.17 Barriere ΔE_0^* an einem Potentialdoppelminimum.

Nach der Theorie des aktivierten Komplexes [3.18] kann man aus der Aktivierungsenergie ΔE_0^* die Geschwindigkeitskonstante k für den intramolekularen Prozeß A $\rightarrow$B berechnen:

$$k_{A-B} = \frac{k'T}{h} \, \varkappa \, \frac{Q_{\ddot{U}}}{Q_A} \exp\left(-\frac{\Delta E_0^*}{RT} \right) \tag{3.7}$$

(k	Geschwindigkeitskonstante;
T	absolute Temperatur;
h	Plancksches Wirkungsquantum;
$\varkappa$	Transmissionskoeffizient;
$Q_A, Q_{\ddot{U}}$	Zustandssummen für Grund- und Übergangszustand;
ΔE_0^*	Barrierenhöhe (Energie bezogen auf ein Mol);
R	Gaskonstante).

In diesem einfachen Bild entspricht der Übergangszustand Ü somit dem Schwingungsniveau unmittelbar über dem Paß. Da die Geschwindigkeitskonstante k eine makroskopische Größe ist, die sich auf die Bewegung einer Vielzahl von Molekülen bezieht, gehen die Zustandssummen mit in die Berechnung ein. Diese beschreiben die Verteilung der thermischen Energie (Rotations-, Schwingungs- und Translationsenergie) auf die beiden Zustände des Moleküls. Für den Übergangszustand können die Zustandssummen allerdings nur abgeschätzt werden.

Statistische Größen

Als Maß für die Barriere bzw. für die Aktivierung bei der intramolekularen Beweglichkeit benutzt man anstelle von ΔE_0^* die „statistischen" Größen E_a, ΔG^*, ΔH^*, und ΔS^*. „Statistisch" sind diese aus einer quasithermodynamischen Behandlung resultierenden Größen nur im Sinne der molekularen Betrachtungsweise. Diese Größen können unmittelbar aus der Geschwindigkeitskonstante mit der Arrhenius-Gleichung berechnet werden:

$$k = A \, \exp\left(- \frac{E_a}{RT}\right)$$

(3.8)

$(k, R, T$ siehe Gleichung 3.7;
E_a Aktivierungsenergie, bezogen auf ein Mol;
A Faktor).

Für den Fall, daß Ü nur in B übergeht und daß die Zustände A und Ü außer der Differenz ΔE_0^* sonst gleiche thermische Energie haben [3.19], gilt:

$$E_a = \Delta E_0^* + RT$$

(3.9)

Eyring-Gleichung:

$$k = \frac{k'T}{h} \varkappa \, \exp\left(- \frac{\Delta G^*}{RT}\right)$$

(3.10)

$(k, k', T, h$ siehe Gleichung 3.7;
ΔG^* freie Aktivierungsenthalpie, bezogen auf ein Mol).

Der Transmissionskoeffizient $\varkappa$ gibt hierbei die Wahrscheinlichkeit an, mit der der Übergangszustand Ü in den Bewegungszustand B übergeht. Während ΔG^* für jede beliebige Temperatur nach Gleichung 3.10 berechnet werden kann, erhält man ΔH^*, ΔS^* und E_a aus der Temperaturabhängigkeit der Geschwindigkeitskonstante.

$$\Delta G^* = \Delta H^* - T \, \Delta S^*$$

(3.11)

Gleichgewichts- und Geschwindigkeitskonstante

Benutzt man als Maß für die Gleichgewichtskonzentrationen der Konformere (Analoges gilt für Valenztautomere und Verschiebungsisomere) die Molenbrüche γ (Besetzungszahlen), dann lassen sich nach Gleichung 3.12 die Gleichgewichtskonstanten und nach Gleichung 3.14 die Differenzen der freien Enthalpie ΔG° zwischen den einzelnen Konformeren bestimmen (Abb. 3.18).

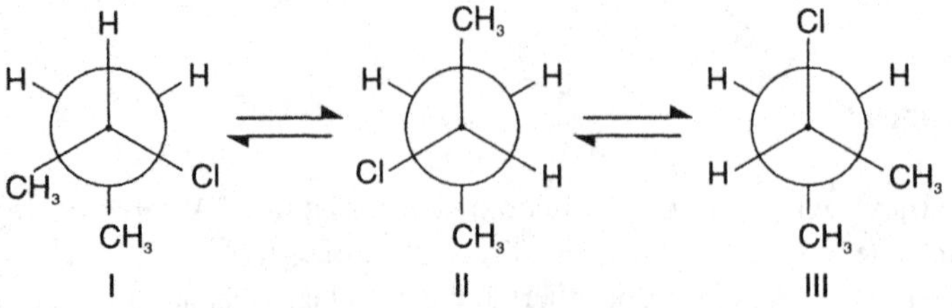

Abb. 3.18   Konformerengleichgewicht von 2-Chlorbutan.

Die Gleichungen 3.12 bis 3.14 beziehen sich auf die Bezifferung in Abbildung 3.18.

$$K_{I/II} = \frac{\gamma_{II}}{\gamma_I}; \qquad K_{II/III} = \frac{\gamma_{III}}{\gamma_{II}}; \qquad K_{III/I} = \frac{\gamma_I}{\gamma_{III}}; \tag{3.12}$$

$$\gamma_I + \gamma_{II} + \gamma_{III} = 1 \tag{3.13}$$

$$\Delta G^{\circ}_{I/II} = - RT \ln K_{I/II} \tag{3.14}$$

($K_{I/II}$	Gleichgewichtskonstante zwischen Konformer I und Konformer II;
$\Delta G^{\circ}_{I/II}$	Differenz der freien Enthalpie der Konformere I und II;
R	Gaskonstante;
T	absolute Temperatur;
γ_I	Molenbruch des Konformers I).

Experimentell werden die Molenbrüche entweder direkt bestimmt (wenn die Zeitskala der Methode die Identifizierung einzelner Konformere zuläßt), oder es werden gewichtete Mittelwerte zur Bestimmung genutzt (Gewichtung durch die Molenbrüche).

Die Geschwindigkeitskonstante erster Ordnung k, deren Bestimmung in Abschnitt 3.6 behandelt wird, dient in analoger Weise zur Berechnung der Werte ΔG^*, ΔH^* und ΔS^*. Somit kann das dynamische Konformerengleichgewicht durch eine der Potentialkurve analogen Kurve der freien Enthalpie beschrieben werden (siehe Abb. 3.19). Wenn sich zwei Konformere in ihrer freien Enthalpie unterscheiden (d. h. $\Delta G^{\circ} \neq 0$), charakterisiert die freie Aktivierungsenthalpie ΔG^* den jeweiligen Prozeß nur in einer Richtung. Es gilt:

$$K_{I/II} = \frac{k_{I \to II}}{k_{II \to I}} \tag{3.15}$$

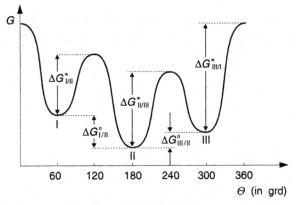

Abb. 3.19 Änderung der freien Enthalpie bei Rotation (konformativer Prozeß) um die zentrale C—C-Bindung in 2-Chlorbutan.

3.3.4 Tunneleffekt

Wenn sowohl die Barrierenhöhe ΔE_0^* als auch die Koordinatenänderung beim Übergang von A nach B (siehe Abb. 3.17) relativ klein sind, ist die Geschwindigkeitskonstante oft viel größer, als nach Gleichung 3.7 zu erwarten wäre, bzw. man muß einen sehr hohen Transmissionskoeffizienten $\varkappa$ annehmen. Diese Erscheinung wird mit einem sogenannten Tunneleffekt [3.20] erklärt. Es gilt:

$$k = \frac{1}{\tau} = \nu_0 \exp\left(-K' \delta_x \sqrt{E_x}\right) \tag{3.16}$$

(k Geschwindigkeitskonstante;
τ Tunnelzeit;
ν_0 Grundschwingungsfrequenz (im isolierten Fall);
$K' = 95, 141$ (Konstante);
δ_x Koordinatenänderung in atomaren Einheiten;
E_x in Abb. 3.20 eingezeichnete Energiedifferenz in atomaren Einheiten).

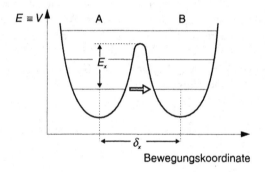

Abb. 3.20 Tunneleffekt an einer Potentialbarriere.

Der Tunneleffekt beruht auf der Wechselwirkung der Schwingungswellenfunktionen an der durch den Potentialwall gegebenen Grenze und führt zu einer Aufspaltung der Schwingungsniveaus (siehe Abb. 3.21) [3.21].

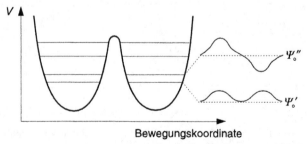

Abb. 3.21 Aufspaltung der Schwingungsniveaus bei schmaler Barriere und Darstellung der sich überlappenden Schwingungswellenfunktionen.

Bei einem unsymmetrischen Doppelminimum ist das Tunneln nur möglich, wenn E_x kleiner als das Minimum ist, das nach der Heisenbergschen Unschärferelation für die Lebensdauer des Übergangszustands erwartet wird.

3.3.5 Intramolekularität

Molekulare Spezies und Zustände

Intramolekulare Prozesse treten in Neutralmolekülen, Molekülionen, Molekülradikalen und Radikalionen jeweils im elektronischen Grundzustand wie in den elektronischen Anregungszuständen auf. Es zählen jedoch nur Prozesse innerhalb einer Spezies bzw. innerhalb eines Zustands dazu (Beschreibung in der Born-Oppenheimer-Näherung).

Grenzfälle sind Bewegungsprozesse in Assoziaten von Molekülen, die im Einzelmolekül nicht auftreten, bei denen aber das Assoziat zusammenbleibt. Weitere Grenzfälle der intramolekularen Beweglichkeit (Grenze zur chemischen Reaktion) sind Elektronenübertragungsprozesse. Diese können nicht mehr im Rahmen der Born-Oppenheimer-Näherung beschrieben werden, da das Elektron nur in einem elektronischen Anregungszustand übertragen wird. Sie bleiben hier außer Betracht (Beispiel in Abb. 3.22).

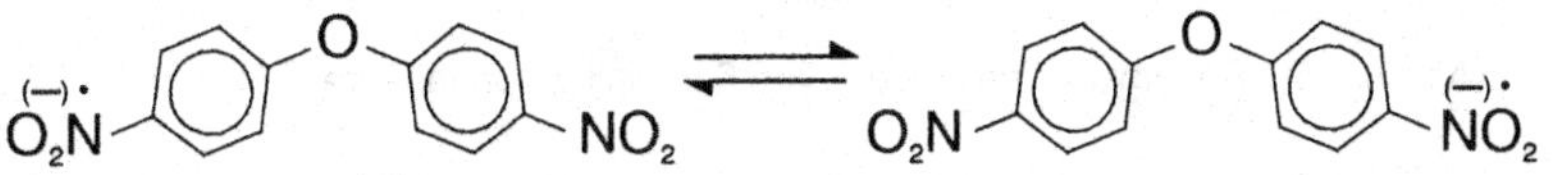

Abb. 3.22   Elektronentransfer im Anionenradikal von Di-p-nitrophenylether ($k = 3 \cdot 10^6 \mathrm{s}^{-1}$).

Topologie

Intramolekulare Prozesse laufen in Molekülen ab, die aus einem unveränderlichen Satz von Atomen zusammengesetzt sind. Es wird dabei nichts abgespalten, und es kommt nichts hinzu (Isomerisierung). Die Atome sind durch konvalente Bindungen miteinander verbunden, nicht durch ionische oder Metallbindung. Bei allen konformativen Prozessen wird die Topologie, dargestellt durch einen Bindungsgraphen, nicht geändert, mit anderen Worten, die Konstitution des Moleküls bleibt erhalten. Unter den Bindungsfluktuationen können allerdings Prozesse vorkommen, bei denen sich die Topologie (Konstitution) ändert. Trotzdem werden diese zu den intramolekularen Prozessen gezählt, wenn sie so schnell verlaufen, daß bei Zimmertemperatur keine einzelnen Konstitutionsisomere isoliert werden können.

Beeinflußbarkeit

Intramolekulare Prozesse folgen in guter Näherung einem Geschwindigkeitsgesetz erster Ordnung in bezug auf die Bewegungszustände. Sie werden mit einer entsprechenden Geschwindigkeitskonstante k (in s^{-1}) beschrieben. Katalysatoren und Lösungsmittel haben einen geringen Einfluß auf die Geschwindigkeit. Der Übergang zu Prozessen höherer Reaktionsordnung ist jedoch fließend. Grenzfälle sind insbesondere jene Bewegungsprozesse, bei denen Ionenpaare entstehen können oder koordinative Bindungen geöffnet und geschlossen werden. In allen diesen Fällen ist auch mit einem größeren Lösungsmitteleinfluß zu rechnen.

Barrierenhöhe

Intramolekulare Prozesse sind thermisch anregbar, verlaufen schnell und reversibel. Als obere Grenze für die Barrierenhöhe kann ca. 80 bis 100 kJ/mol angegeben werden. Bei höheren Barrieren besitzen die Bewegungszustände bei Zimmertemperatur eine eigene Individualität und können als Isomere (Konformationsisomere oder Valenzisomere) isoliert werden (siehe Abb. 3.23).

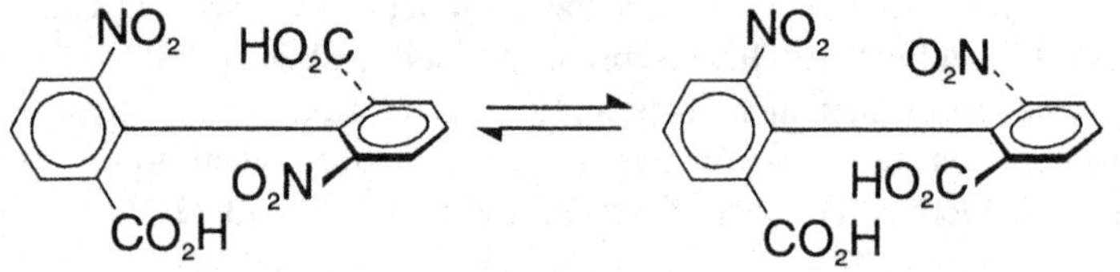

$E_a > 150$ kJ/mol

Abb. 3.23   Racemisierungsprozeß von 6,6-Dinitrodiphensäure.

Ist die Barriere niedriger als $k'T$ (mittlere thermische Energie der Moleküle), dann kann meist nicht mehr zwischen Molekülschwingungen und intramolekularen Bewegungsprozessen unterschieden werden (siehe Abb. 3.24). Für die Beschreibung derartiger Bewegungsprozesse werden oft Zeitkorrelationsfunktionen gewählt.

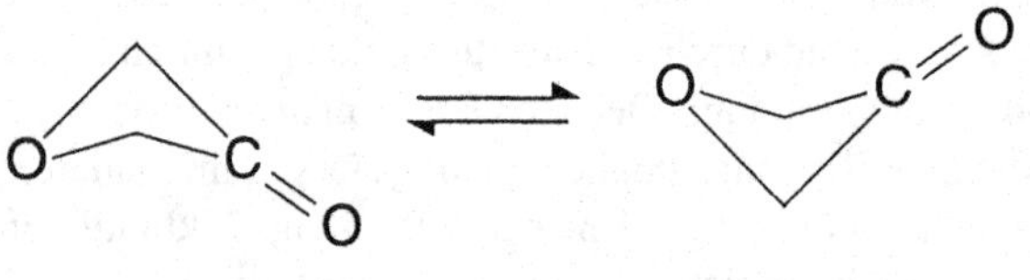

$E_a < 2,5$ kJ/mol

Abb. 3.24   Ringinversion von Oxetanon.

Die Forderung nach Reversibilität bedeutet, daß sich die Bewegungszustände nicht zu stark unterscheiden, d. h., daß der oben genannte mittlere Barrierenbereich für jede Bewegungsrichtung gilt.

Die hier genannten Kriterien für die Intramolekularität des Bewegungsprozesses sind auch auf der niedrigsten Modellebene zur Beschreibung der chemischen Bindung anwendbar.

3.3.6 Klassifizierungsprinzipien

3.3.6.1 Erhalt oder Wechsel der Elektronenstruktur

Bei der intramolekularen Beweglichkeit geht stets eine Kernkonfiguration (Satz von inneren Koordinaten der Atomkerne) in eine andere oder mehrere andere Kernkonfigurationen des gleichen Moleküls über.

Die erste Klassifizierungsmöglichkeit ergibt sich nun daraus, daß dabei entweder die Elektronenstruktur erhalten bleibt oder daß sie sich ändert.

Konformativer Prozeß. In diesem Fall folgt die Elektronenhülle nahezu unverändert der Kernbewegung. Es werden keine Bindungen geöffnet und geschlossen und keine Koordinationszahlen geändert. Der Prozeß heißt konformativer Prozeß, und die Bewegungszustände heißen *Konformationen*.

Bindungsfluktuation. Hierbei findet gleichzeitig mit der Änderung der Kernkonfiguration eine Umorientierung der Elektronen statt, ohne daß dabei elektronische Anregungszustände erreicht werden. Die entsprechende Potentialhyperfläche verbindet alle elektronischen Grundzustände. Der Weg auf dieser Potentialhyperfläche ist nur bei Erhalt der Orbitalsymmetrie möglich [3.22]. Von allen möglichen Prozessen dieser Art werden hier nur die reversiblen und schnellen behandelt und als Bindungsfluktuationen bezeichnet. Die Bewegungszustände heißen *Valenzisomere* oder Valenztautomere [3.23] und *Verschiebungsisomere*.

3.3.6.2 Auslösende Schwingungsmoden

Eine weitere Klassifizierungsmöglichkeit ergibt sich aus der Betrachtung der Schwingungsform (Schwingungs-mode), die den intramolekularen Prozeß auslöst.

Rotation. Handelt es sich um eine Deformationsschwingung, bei der hauptsächlich der Torsionswinkel variiert, so resultiert daraus eine Rotationsbewegung (siehe Abb. 3.25). Selbstverständlich treten bei der Rotation auch geringfügige Variationen der Abstände und

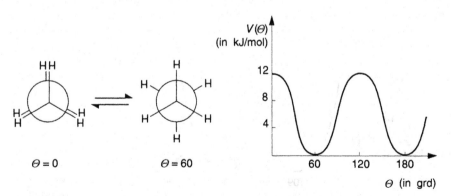

Abb. 3.25   Rotation in Ethan (Torsionswinkelabhängigkeit der potentiellen Energie.

der Bindungswinkel auf. Am Energieverlauf bei der Bindungswinkelvariation (siehe Abb. 3.26) ist der geringe Energieaufwand für kleine Bindungswinkelvariation zu erkennen.

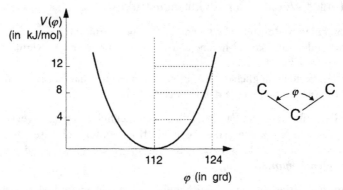

Abb. 3.26   Abhängigkeit der potentiellen Energie vom Bindungswinkel C—C—C.

Die Potentialkurve $V(\Theta)$ der Rotation ist eine periodische Funktion des Torsionswinkels Θ. Sie kann durch eine Fourier-Reihe beschrieben werden. Bei der Wahl eines symmetrischen Ursprungs kommt man zu folgenden Summen:

$$V(\Theta) = \sum_{n=1}^{\infty} \frac{V_n}{2}(1 + \cos n\Theta) \quad \text{Ursprung = Maximum} \tag{3.17}$$

$$V(\Theta) = \sum_{n=1}^{\infty} \frac{V_n}{2}(1 - \cos n\Theta) \quad \text{Ursprung = Minimum} \tag{3.18}$$

Inversion. Sie tritt auf, wenn die auslösende Deformationsschwingung hauptsächlich in einer Variation von Bindungswinkeln besteht und diese eine bestimmte Schwingungsamplitude überschreiten.

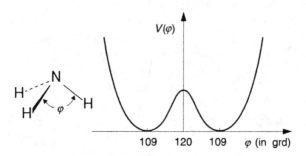

Abb 3.27   Ammoniakinversion (Bindungswinkelabhängigkeit der potentiellen Energie).

Sobald die drei gleichen Bindungswinkel (Abb. 3.27) im Ammoniakmolekül 120° erreicht haben, ist das Molekül eben, und die Winkel werden wieder kleiner.

Das Doppelpotential, das den Verlauf der potentiellen Energie beschreibt, ist keine periodische Funktion:

$$V(x) = \sum_{n=1}^{\infty} a_n x^n \tag{3.19}$$

(x ein dem Bindungswinkel proportionales Abstandsmaß;
a_n Koeffizienten mit unterschiedlichen Vorzeichen).

Bindungsfluktuation. Valenzschwingungen können bekanntlich zum Bindungsbruch führen und spielen demzufolge bei allen Bindungsfluktuationen eine Rolle. Allerdings sind bei den unterschiedlichen Bindungsfluktuationen auch Deformationsschwingungen im gleichen Maße beteiligt (siehe Abb. 3.28).

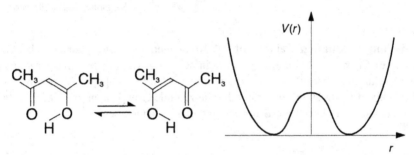

Abb. 2.28 Bindungsfluktuation in Acetylaceton (potentielle Energie in Abhängigkeit vom O—H-Abstand).

Beim Wechsel des H-Atoms ändert sich der Abstand vom Sauerstoff, aber auch der Bindungswinkel. Bindungsfluktuationen lassen sich allerdings besser nach den Wechselwirkungsänderungen klassifizieren.

3.3.6.3 Änderung der Wechselwirkungen

Eine dritte Klassifizierungsmöglichkeit besteht darin, daß sich intramolekulare Prozesse hinsichtlich der Änderungen der Wechselwirkungen beträchtlich unterscheiden können. Der Potentialverlauf wird bekanntlich vom Kräftegleichgewicht bindender und nichtbindender Wechselwirkungen bestimmt. Für das Zustandekommen der Potentialhyperflächen der konformativen Beweglichkeit kann man rein phänomenologisch drei Wechselwirkungen verantwortlich machen:

– Torsionsspannung (Pitzer-Spannung),
– Winkelspannung (Baeyer-Spannung),
– sterische Wechselwirkung.

Konformationen lassen sich damit auf der niedrigsten Modellebene gut beschreiben. Bei der Bindungsfluktuation werden formal Bindungen gelöst und wieder geschlossen. Der Übergangszustand ist jedoch insofern bindend, daß das Molekül erhalten bleibt. Nach einem einfachen qualitativen MO-Modell, wonach die Bindungen durch die Überlappung von Orbitalen dargestellt werden, kann man fünf Arten von Bindungsfluktuationen unterscheiden:

π-Bindungsfluktuation. Hierbei werden allein π-Bindungen gelöst und geschlossen (siehe Abb. 3.29). Im Übergangszustand wird eine Überlappung des zentralen p_z-Orbitals mit zwei Zentren angenommen. Das σ-Gerüst bleibt erhalten, es ändern sich jedoch geringfügig die Kernabstände.

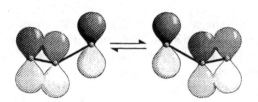

Abb. 3.29   π-Bindungsfluktuation (vereinfachtes Orbitalschema).

σ-Bindungsfluktuation. Dabei werden σ-Bindungen formal gelöst und geschlossen (Sigmatropie). Sie sind in Abbildung 3.30 vereinfacht dargestellt. Damit im Übergangszustand das Molekül nicht zerfällt, müssen die fluktuierenden Bindungen entweder in einen Ring oder in einen Käfig eingebaut sein, oder die zentrale Gruppe kann die Koordinationszahl erhöhen und damit kurzzeitig Brückeneigenschaften annehmen.

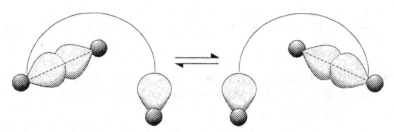

Abb. 3.30   σ-Bindungsfluktuation (vereinfachtes Orbitalschema).

σ–π-Bindungsfluktuation, bei denen Bindungen, die durch Wechselwirkungen von lokalisierten Orbitalen mit delokalisierten Orbitalen zustande kommen, ihre Partner wechseln, sind in Abbildung 3.31 schematisch dargestellt. Der Übergangszustand wird durch ein cyclisches Gerüst bzw. durch Koordinatenerhöhung der zentralen Gruppe bindend erhalten.

π–σ-Wechsel an Übergangsmetallkomplexen. Hierbei handelt es sich um Bindungsfluktuationen, bei denen Bindungen, die durch Wechselwirkungen von lokalisierten Übergangsmetallorbitalen mit delokalisierten Ligandenorbitalen zustande kommen, mit Bindungen im Wechsel stehen, die durch Wechselwirkungen von lokalisierten Übergangsmetallorbitalen mit lokalisierten Ligandenorbitalen entstehen (siehe Abb. 3.32).

Übergangsmetallverschiebung an π-Systemen. Diese Bindungsfluktuationen, bei denen sich Wechselwirkungen von lokalisierten Orbitalen mit delokalisierten Orbitalen entlang eines delokalisierten Elektronensystems verschieben (Haptotropie), sind in Abbildung 3.33 skizziert.

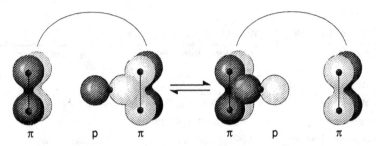

Abb. 3.31 σ–π-Bindungsfluktuation (vereinfachtes Orbitalschema).

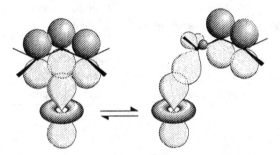

Abb. 3.32 π–σ-Wechsel an Übergangsmetallkomplexen (vereinfachtes Orbitalschema).

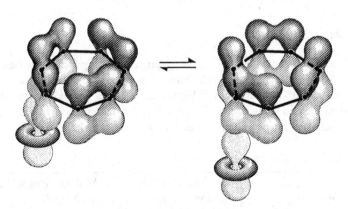

Abb. 3.33 Übergangsmetallverschiebung an π-Systemen (vereinfachtes Orbitalschema).

3.3.6.4 Schema der Klassen intramolekularer Prozesse

Nach den drei Klassifizierungsprinzipien Elektronenkonfigurationswechsel, Schwingungs-moden und Wechselwirkungsänderungen lassen sich die intramolekularen Bewegungsprozesse in folgende Klassen einteilen:

Tabelle 3.1   Klassen intramolekularer Prozesse

Prozesse	weitere Unterteilung nach:	stabile Bewegungs-zustände
konformative Prozesse		Konformere
Rotationen	Zähligkeit des Potentials	Rotamere
Inversionen	Koordinationszahl	Flexomere
kollektive Rotation und Inversion am Ring	Ringgliedzahl	Ringkonformere
Bindungsfluktuationen		
π-Bindungsfluktuation	Ringgliedzahl	Valenztautomere
σ-Bindungsfluktuation	Bindungsverschiebung	Valenz-bzw. Verschiebungsisomere
$\sigma-\pi$-Bindungsfluktuation		Valenztautomere
$\pi-\sigma$-Wechsel		Valenztautomere
$\pi-\pi$-Verschiebung	Ringe/Ketten	Verschiebungsisomere

3.4 Statistische Beschreibung

3.4.1 Charakterisierung

Die bisherige Beschreibungsweise der Bewegungsprozesse bezog sich im wesentlichen auf das einzelne Molekül. Viele physikalische Methoden, die zur Bestimmung der Struktur dienen, beruhen jedoch auf der Messung von Eigenschaften eines Ensembles von Molekülen. Die statistische Beschreibungsweise vermittelt eine Beziehung zwischen den makroskopischen Eigenschaften eines Systems einerseits und den molekularen Eigenschaften andererseits

thermodynamische und Transporteigen-schaften eines Systems	statistische Größen, Zustandssummen, Korrelationsfunktion	Moleküleigenschaften am Modell

Bei der Interpretation physikalischer Meßwerte geht man oft den Weg, die makroskopischen Eigenschaften aus statistischen Größen zu berechnen und mit den experimentellen

Werten zu vergleichen. Die Berechnung der thermodynamischen Zustandsgrößen zur Charakterisierung des Gleichgewichts (ΔG°, ΔH°, ΔS°) und die quasithermodynamischen Größen (ΔG^{*}, ΔH^{*}, ΔS^{*}) zur Charakterisierung der Geschwindigkeit führt man auf die Analyse der Besetzungszahlen der Energieniveaus der Moleküle zurück. Diese Analyse führt zu den sogenannten Zustandssummen.

Die Eigenschaften eines Systems, die durch thermodynamische Zustandsgrößen bestimmt sind, ändern sich nicht, wenn sich das Besetzungsverhältnis der Energieniveaus nicht ändert (Gleichgewicht). Trotzdem können die einzelnen Moleküle dabei einer ständigen Aufnahme und Abgabe der Energie (z. B. durch Stöße) unterliegen. Es findet ein ständiger chaotischer Austausch von Energie statt.

Diese Fluktuationen sind nur in einem molekularen Zeitmaßstab zu erkennen, der durch die mittlere Lebensdauer der Bewegungszustände bestimmt wird. Als Charakterisierungsmöglichkeit hierfür sollen Zeitkorrelationsfunktionen dienen.

Die durch Stöße übertragene Energie verteilt sich auf die intramolekularen Bewegungsprozesse und auf die Bewegungsprozesse des Gesamtmoleküls. Die statistische Behandlung der Molekülbewegung muß deshalb stets intra- und intermolekulare Prozesse und Wechselwirkungen zusammen berücksichtigen. Die nachfolgende statistische Beschreibung beschränkt sich auf

– Zustandssummen und
– Zeitkorrelationsfunktionen.

3.4.2 Zustandssummen

Jedes Molekül einer Probe (in einem bestimmten Aggregatzustand) besitzt eine genau definierte gequantelte Energie. Die gesamte Energie der Probe ist die Summe aller einzelnen Molekülenergien. Die Verteilung der Energie eines Gases (als zunächst einfachster Fall) läßt sich in der quasiklassischen Näherung durch die Maxwell-Boltzmann-Gleichung (3.20) beschreiben:

$$\frac{N_i}{N} = \frac{g_i \exp\left(-\frac{E_i}{k'T}\right)}{\sum_i g_i \exp\left(-\frac{E_i}{k'T}\right)} \tag{3.20}$$

(E_i Energie des Niveaus i;
N_i Zahl der Moleküle mit E_i;
N Gesamtzahl der Moleküle;
g_i Wahrscheinlichkeit für die Besetzung eines Niveaus i;
k' Boltzmann-Konstante;
T absolute Temperatur).

Die Maxwell-Boltzmann-Verteilung ist ein Grenzfall zweier Quantenstatistiken, der Fermi-Dirac-Statistik für Fermionen (Teilchen mit halbzahligem Spin) und der Bose-

Einstein-Statistik für Bosonen (Teilchen mit ganzzahligem Spin). Sie gilt für den Fall, daß viel mehr Energiezustände als Teilchen vorhanden sind. Voraussetzung ist, daß die Teilchen unterscheidbar und unabhängig sind. Die Maxwell-Boltzmann-Verteilung ist in guter Näherung für alle molekularen Systeme verwendbar.

Durch Bildung des arithmetischen Mittelwertes läßt sich die mittlere Energie eines Moleküls bestimmen:

$$\bar{E} = \frac{\sum_i E_i g_i \exp - \left(\dfrac{E_i}{k'T} \right)}{\sum_i g_i \exp - \left(\dfrac{E_i}{k'T} \right)} \tag{3.21}$$

($\bar{E}$ mittlere Energie des Moleküls;
E_i, g_i siehe Gleichung 3.20).

Für die Zustandssumme Q gilt:

$$Q = \sum_i g_i \exp - \left(\frac{E_i}{k'T} \right) \tag{3.22}$$

Die Zustandssumme Q besteht aus dem Produkt der Zustandssummen der Translation $Q(t)$, der Rotation $Q(r)$, der Schwingung $Q(v)$ und der Elektronenanregung $Q(e)$. Jede Zustandssumme $Q(j)$ ($j = t, r, v, e$) ist ein Maß für die Wahrscheinlichkeit der jeweiligen Bewegungsform.

$$Q = Q(t) Q(r) Q(v) Q(e) \tag{3.23}$$

Mit Hilfe der Zustandssummen lassen sich thermodynamische und quasithermodynamische Eigenschaften numerisch berechnen [3.24]. Aus Gleichung 3.21 folgt:

$$E = k'T^2 \frac{d}{dT} \ln \sum_i g_i \exp - \left(\frac{E_i}{k'T} \right) = k'T^2 \frac{d}{dT} lnQ \tag{3.24}$$

Die Zustandssummen werden aus den Lösungen der Schrödinger-Gleichung für das Molekül berechnet. Näherungsweise lassen sich für jede Bewegungsform die Eigenwerte unabhängig bestimmen (keine Kopplung). Die Summation entsprechend Gleichung 3.22 muß für jeden Bewegungsfreiheitsgrad durchgeführt werden. Im Fall der Translation führt das zu:

$$Q(t) = \sum_{n_x = 1}^{\infty} \exp - \left(\frac{E_{n,x}}{k'T} \right) \sum_{n_y = 1}^{\infty} \exp - \left(\frac{E_{n,y}}{k'T} \right) \sum_{n_z = 1}^{\infty} \exp - \left(\frac{E_{n,z}}{k'T} \right) \tag{3.25}$$

Da die Energieniveaus der Translation sehr dicht beieinander liegen, kann man die Summen näherungsweise durch Integrale ersetzen. Durch Einsetzen der Eigenwerte in die Integrale erhält man:

$$Q(t) = \frac{V}{h^3} (2\pi \cdot m \cdot k' \cdot T)^{3/2} \qquad (3.26)$$

(V Molvolumen;
h Plancksches Wirkungsquantum;
k' Boltzmann-Konstante;
T absolute Temperatur).

Die mittlere Energie eines Moleküls läßt sich nach Gleichung 3.24 für jede Bewegungsform einzeln ausrechnen.

$$E(t) = k' T^2 \frac{\mathrm{d}}{\mathrm{d}T} \ln Q(t) = \frac{3}{2} k' T \qquad (3.27)$$

Für jeden Freiheitsgrad der Translation beträgt die mittlere Energie folglich $(1/2)k'T$.

Die Rotationszustandssumme $Q(t)$ für nichtlineare Moleküle (keine Entartung der Niveaus) und für dicht benachbarte Energiezustände (Integralnäherung wie bei $Q(t)$) ist:

$$Q(r) = \frac{2 I k' T}{\hbar^2} \qquad (3.28)$$

(I Trägheitsmoment des Moleküls).

Für die mittlere Energie der Rotation nichtlinearer Moleküle gilt:

$$E(r) = \frac{3}{2} k' T \qquad (3.29)$$

Für jeden Freiheitsgrad der Rotation beträgt die mittlere Energie $(1/2)k'T$.

Zur Berechnung der Schwingungszustandssummen $Q(\nu)$ wird die Gleichung 3.30 benutzt:

$$Q(\nu) = \frac{e^{-\frac{x}{2}}}{1 - e^x} \; ; \quad x = \frac{h \cdot \nu_0}{k' T} \qquad (3.30)$$

(ν_0 Grundschwingungsfrequenz).

Für die mittlere Schwingungsenergie (kinetische und potentielle Energie) eines Schwingungsfreiheitsgrades gilt:

$$E(\nu) = \frac{x k' T}{e^x - 1} + E_0 = \frac{x k' T}{e^x - 1} + \frac{k' T}{2} \qquad (3.31)$$

(E_0 Schwingungsgrundzustandsenergie (Nullpunktsenergie)).

Die Zustandssumme für die Elektronenanregung ist für jedes Molekül verschieden. Im allgemeinen sind die Elektronenanregungszustände im thermischen Gleichgewicht nicht besetzt, so daß man nur die Zustandssumme für den elektronischen Grundzustand zur Berechnung der thermodynamischen Zustandsgrößen verwenden kann.

Mit Hilfe der Zustandssummen kann man die meßbaren thermodynamischen Größen, wie innere Energie U, Entropie S und Enthalpie H (jeweils bezogen auf ein Mol), berechnen:

$$U = RT^2 \left(\frac{\mathrm{d} \ln Q}{\mathrm{d}T} \right)_v \tag{3.32}$$

$$S = R \left[\ln Q + T \left(\frac{\mathrm{d} \ln Q}{\mathrm{d}T} \right)_v \right] \tag{3.33}$$

$$H = RT \left[\left(\frac{\mathrm{d} \ln Q}{\mathrm{d} \ln V} \right)_T + \left(\frac{\mathrm{d} \ln Q}{\mathrm{d}T} \right)_v \right] \tag{3.34}$$

(Index v konstantes Volumen;
Index T konstante Temperatur).

Da die Zustandssummen logarithmisch in diese Gleichungen eingehen, sind die einzelnen Beiträge der Bewegungsformen additiv:

$$U = \frac{3}{2}RT + \frac{3}{2}RT + \sum_{k}^{3N-6} \frac{x_k RT}{e^x k - 1} + E_0 \tag{3.35}$$

$$S = S(\mathrm{t}) + S(\mathrm{r}) + \sum_{k}^{3N-6} S(\nu_k) \tag{3.36}$$

$$S(\mathrm{t}) = \frac{5}{2}R + R \ln \frac{V(2\pi m\, k'\mathrm{T})^{\frac{1}{2}}}{N_m\, \hbar^3} \tag{3.37}$$

$$S(\mathrm{r}) = \frac{3}{2}R + R \ln \frac{I\, k'\, T}{\hbar^2} \tag{3.38}$$

$$S(\nu_k) = \frac{xR}{e^x - 1} + R \ln \frac{1}{1 - e^{-x}} \tag{3.39}$$

(ν_k k-te Grundschwingung;
N Zahl der Atome im Molekül;
N_m Avogadro-Zahl).

3.4.3 Berechnung eines Gleichgewichts

Das thermodynamische Gleichgewicht zwischen den stabilsten Bewegungszuständen (Konformeren, Valenzisomeren, Verschiebungsisomeren) kann durch die Differenz der freien Enthalpie ΔG_{ij}° zwischen den Zuständen i und j (nach Gleichung 3.13) beschrieben werden. Die Werte ΔH_{ij}° und ΔS_{ij}° berechnet man aus den Werten H_i°, H_j°, S_i° und S_j° für die einzelnen stabilen Bewegungszustände und diese wieder aus den entsprechenden Zustandssummen (siehe Gleichungen 3.33 und 3.34).

Bei der Berechnung von S_i° (bzw. S_j°) müssen jedoch zwei zusätzliche Beiträge addiert werden [3.25]: die Mischungsentropie $S(M)$ und der Symmetriebeitrag zur Entropie $S(s)$.

Eine Mischungsentropie tritt immer dann auf, wenn sich unterschiedliche Teilchen mischen.

$$S(M) = -R \sum_{i}^{n} \gamma_i \ln \gamma_i \qquad (3.40)$$

$(S(M)$ Mischungsentropie;
R Gaskonstante;
γ_i Molenbruch der Spezies i;
n Zahl unterschiedlicher Spezies).

Da sich gewöhnlich im dynamischen Gleichgewicht von Bewegungszuständen die Anzahl der Moleküle nicht ändert, wirkt sich $S(M)$ auf alle Bewegungszustände gleich aus. Wenn allerdings achirale Bewegungszustände in chirale übergehen, dann tritt in den chiralen Bewegungszuständen infolge der Enantiomerenmischung ein zusätzlicher Entropieeffekt auf. Chirale Bewegungszustände besitzen deshalb als racemische Gemische eine höhere Entropie S_i als die gleiche Zahl achiraler Bewegungszustände (s. Abb. 3.34).

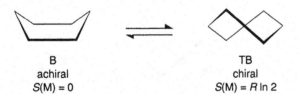

B   TB
achiral   chiral
$S(M) = 0$ $S(M) = R \ln 2$

Abb 3.34 Konformationsgleichgewicht von Wannenform B und Twist-Wannenform TB des Cyclohexans und Mischungsentropie $S(M)$.

Wären die Enthalpien für Wanne (B) und Twist-Wanne (TB) exakt gleich, so wären schon aufgrund der Mischungsentropie im Gleichgewicht $(K_{ij} = 2)$ doppelt so viele TB-Konformationen wie B-Konformationen vorhanden. Während die Chiralität die Entropie erhöht, reduziert die Symmetrie eines Bewegungszustands i die Entropie S_i in dem Maße, in dem Symmetrieoperationen der Rotation an i möglich sind. Es wird eine sogenannte Symmetriezahl σ definiert, die aus der Summe der verschiedenen Drehoperationen gebildet wird, wobei die Operation, die zur Ausgangsposition führt, insgesamt nur einmal gezählt wird

(s. Abb. 3.35). (Die Operationen C_3^3 und C_2^2 bedeuten, daß die Ausgangsposition wieder erreicht ist.)

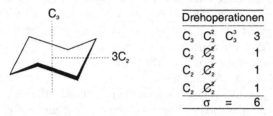

Drehoperationen			
C_3	C_3^2	C_3^3	3
C_2	C_2^z		1
C_2	C_2^z		1
C_2	C_2^z		1
		$\sigma =$	6

Abb. 3.35 Drehoperation und Symmetriezahl σ der Sesselform des Cyclohexans.

Der Symmetriebeitrag zur Entropie ist:

$$S(\text{s}) = -R \ln \sigma \tag{3.41}$$

An der TB-Konformation des Cyclohexans gibt es drei zweizählige Symmetrieachsen:

C_2	C_2^2	2
C_2	C_2^z	1
C_2	C_2^z	1
	$\sigma =$	4

Für das Konformerengleichgewicht C $\rightleftharpoons$ TB würde sich bei $\Delta H^{\circ}_{ij} = 0$ eine Gleichgewichtskonstante $K = 3$ ergeben, d. h. ein Überwiegen der TB-Konformation. Die TB-Konformation hat jedoch eine wesentlich höhere Enthalpie als die C-Konformation (siehe Abb. 3.36).

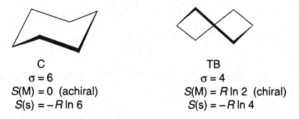

C
$\sigma = 6$
$S(\text{M}) = 0$ (achiral)
$S(\text{s}) = -R \ln 6$

TB
$\sigma = 4$
$S(\text{M}) = R \ln 2$ (chiral)
$S(\text{s}) = -R \ln 4$

Abb. 3.36 Entropiebeiträge zur Sesselform C und Twist-Wannenform TB des Cyclohexans.

Indem man sich ein thermodynamisches Gleichgewicht zwischen Grund- und Übergangs-zustand vorstellt, kann man die Aktivierungsparameter ΔH^* und ΔS^* in analoger Weise bestimmen wie ΔH° und ΔS°. Genauere Berechnungen scheitern allerdings an der ungenügenden Kenntnis der Werte für den Übergangszustand.

3.4.4 Zeitkorrelationsfunktionen

Die Zeitkorrelationsfunktion $K(t)$ beschreibt das zeitliche Verhalten einer dynamischen Variablen A eines Systems, dessen makroskopische Eigenschaften unabhängig von der Zeit sind. Die Variable A kann ein variables Dipolmoment μ, ein Drehimpuls p, eine Lineargeschwindigkeit v oder eine Winkelgeschwindigkeit ω (zur Beschreibung der Umorientierung wird die Zeitabhängigkeit der Kugelfunktionen benutzt) in einem Molekül sein, das einem Ensemble angehört. Die über das Ensemble gemittelte Größe $K(t)$ ist definiert als:

$$K(t) = \iint A(p, q, \tau) A(p, q, t + \tau) f(p, q) \, \mathrm{d}p \, \mathrm{d}q \qquad (3.42)$$

$f(p,q) \, \mathrm{d}p \, \mathrm{d}q$ ist die Wahrscheinlichkeit einer jeden Impuls(p)-Koordinaten(q)-Kombination im Bereich $p + \mathrm{d}p$ und $q + \mathrm{d}q$. In abgekürzter Schreibweise gilt:

$$K(t) = \langle A(t)\, A(\tau + t) \rangle \qquad (3.43)$$

Im stationären System ist $K(t)$ unabhängig von der willkürlichen Zeit τ, jedoch abhängig vom Intervall t.

$$K(0) = \langle A^2(\tau) \rangle = \text{Mittelwert der Größe } A \qquad (3.44)$$

Anstelle der Mittelung über ein Ensemble kann $K(t)$ auch als zeitgemittelte Größe definiert werden:

$$K'(t) = \lim_{\tau \to \infty} \left(\frac{1}{T} \right) \int_0^\tau A(\tau)\, A(\tau + t) \, \mathrm{d}\tau \qquad (3.45)$$

Nach der Ergodenhypothese sind in einem stationären System $K(t) = K'(t)$. Für viele Fälle wird näherungsweise eine exponentielle Korrelationsfunktion verwendet:

$$K(t) = K(0) \exp - (t/\tau_c) \qquad (3.46)$$

(τ_c Korrelationszeit eines Prozesses).

$$\tau_c = \int_0^\infty \frac{K(t)}{K(0)} \, \mathrm{d}t \qquad (3.47)$$

$K(t)$ wird als Zeitautokorrelationsfunktion bezeichnet, wenn die dynamische Variable einem Molekül angehört. Zeitkreuzkorrelationsfunktionen enthalten die dynamische Variable unterschiedlicher Moleküle.

Eine Reihe physikalischer Messungen (Neutronenstreuung, quasielastische Lichtstreuung, Kerr-Effekt-Relaxation, Fluoreszenzdepolarisation, Raman-, UV-, IR-Spektroskopie, depolarisierte Rayleigh-Streuung, NMR-Relaxation, mechanische Relaxation, Tracer-Diffusion) liefern zeitabhängige Meßparameter, die sich zur Beschreibung der translatorischen Bewegung und der Umorientierungsprozesse der Moleküle nutzen lassen, wenn zur Interpretation Zeitkorrelationsfunktionen verwendet werden. In Tabelle 3.2 wird ein Überblick über gemessene Parameter und einige dynamische Variable gegeben [3.26]. Diese Zeitkorrelationsfunktionen beschreiben in den meisten Fällen die Translation und Umorientierung des Gesamtmoleküls. Die Separation intramolekularer Bewegungsprozesse von der Gesamtbewegung gelingt immer dann relativ gut, wenn diese Prozesse in unterschiedlichen Zeitbereichen ablaufen (z. B. bei der Rotation einzelner Molekülteile im Festkörper).

NMR-Relaxationszeitmessungen (siehe Abschn. 3.6) führen nicht zu Korrelationsfunktionen, sondern nur zu den Zeitintegralen, d. h. zu den Korrelationszeiten τ.

Tabelle 3.2   Parameter für Zeitkorrelationsfunktionen [3.27].

$A(t)$ dynamische Variable	Molekül- bewegung	Meßparameter	Zeitmaßstab (in s)	Methode
Molekül- position $r(t)$	Translation	Diffusions- koeffizient	$10^{0}...10^{7}$	Tracerdiffusion
		Dielektrizitäts- konstante	$10^{-11}...10^{4}$	dielektrische Relaxation
elektrisches Dipolmoment $\mu_e(t)$	Umorientierung	zeitabhängige Fluoreszenz	$10^{-9}...10^{-6}$	Fluoreszenz- depolarisation
		Kerrkonstante	$10^{-11}...4\cdot10^{-11}$ $10^{-7}...10^{4}$	Kerr-Relaxation
		Rotations- verbreiterung	$10^{-14}...10^{-10}$ $10^{-14}...10^{-13}$	IR-Spektroskopie Raman-Spektros- kopie
magnetisches Dipolmoment $\mu_m(t)$	Umorientierung	Relaxationszeiten $T_1, T_2, T_{1\varphi}$	$10^{-3}...10^{-12}$	NMR-Relaxations- zeitmessung
Molekülposition	Translation + Umorientierung	Beugungsmuster	$10^{-12}...10^{-8}$	Neutronen- streuung

Die Charakterisierung der Methylgruppenrotation mittels der Korrelationszeiten bzw. der Rotationsdiffusionskoeffizienten wird in Abschnitt 3.6 beschrieben.

3.4.5 Computersimulationen

Bei Molekülen mit vielen inneren Freiheitsgraden kann es auf der Potentialhyperfläche eine große Anzahl von Minima geben, so daß selbst die stabilsten Konformationen (Konformeren) erst nach Kenntnis aller Minima identifiziert werden können. Die Bestimmung des Konformationsgleichgewichts und der Geschwindigkeitskonstanten ist mitunter mit einer punktweisen Berechnung der Potentialhyperfläche verbunden. Die potentielle Energie berechnet man nach quantenmechanischen Verfahren. Der Aufwand für diese Art der Konformationsanalyse wächst exponentiell mit der Zahl der Atome, so daß diese nur für kleinere Moleküle möglich ist. Für größere Moleküle ist es ratsam, zur Vorhersage der Gleichgewichtsdaten und Geschwindigkeitskonstanten statistische Verfahren zu verwenden und die molekularen Bewegungen zu modellieren [3.5]. Die dafür verwendeten Verfahren – Moleküldynamik-(MD-)Simulationen und Monte-Carlo-(MC-)Simulationen – sind für die Berechnung von Daten der molekularen Beweglichkeit ebenso geeignet wie zur Berechnung von Transporteigenschaften und thermodynamischen Eigenschaften von Stoffsystemen.

Moleküldynamiksimulation

Hierbei werden die dynamischen Eigenschaften eines Ensembles von Molekülen in folgender Weise modelliert: Von einer Ausgangsgeometrie ändert sich das Molekül so, daß es seine günstigste Konformation in einer Folge von reversiblen Geometrieänderungen findet. Die zeitliche Veränderung der Koordinaten x_i wird durch die Newtonschen Bewegungsgleichungen beschrieben:

$$\frac{d^2 \overline{x}}{dt^2} = \frac{F_i}{m_i}; \qquad F_i = -grad\,(V) \tag{3.48}$$

$(x_i$ Koordinatenänderung der Atome;
t Zeit;
F_i Kraftfeld;
m_i Masse;
V potentielle Energie).

Die zeitliche Entwicklung des Systems ist gegeben durch:

$$\overline{x}(t + dt) = 2\overline{x}(t) - \overline{x}(t - dt) + \frac{d^2 \overline{x}(t)}{dt^2}(dt)^2 + \Theta(dt)^4 \tag{3.49}$$

Die Gleichungen werden durch numerische Integration für eine möglichst große Zahl endlicher Zeitintervalle ($dt = \Delta t$) gelöst.

Um die Molekülschwingungen zu erfassen, ist $dt = 10^{-14}$ bis 10^{-15} s. Mit den sogenannten Supercomputern bewältigt man heute insgesamt 10^6 Zeitintervalle, d. h., man erfaßt nur Lebensdauern von Bewegungszuständen, die kleiner als 10^{-9} s sind.

Zeitkorrelationsfunktionen, die Bewegungszustände in diesem Zeitbereich beschreiben, können mit diesem Verfahren berechnet werden [3.27]. Die bevorzugten Bewegungszustände können aus räumlichen Korrelationsfunktionen abgeleitet werden:

$$\Delta G^\circ = - k' T \ln g(x) \tag{3.50}$$

($g(x)$ räumliche Korrelationsfunktion;
x Bewegungskoordinate zwischen stabilen Zuständen).

Monte-Carlo-Simulationen

Die Ensemblemittelwerte eines fluktuierenden Systems können durch statistische Variation des Modells nach der Monte-Carlo-Methode berechnet werden. Die Koordinatenkombination einer Ausgangskonformation wird über Zufallszahlen variiert. Ist die Energie der neuen Konformation niedriger als die der alten, dann dient diese als Ausgangskonformation.

Ist die Energie dagegen höher, so wird der Boltzmann-Faktor f berechnet und mit einer weiteren Zufallszahl verglichen.

$$f = \exp - \frac{1}{k'T} \big[E(neu) - E(alt) \big] \tag{3.51}$$

(f Boltzmann-Faktor;
E Energie;
k' Boltzmann-Konstante;
T absolute Temperatur).

Wenn diese Zufallszahl (bei entsprechender Normierung) kleiner als f ist, so wird die neue Konformation doch noch akzeptiert. Der Boltzmann-Faktor ist somit eine Maßzahl für die Übergangswahrscheinlichkeit zwischen den Konformationen. Die Energie wird jeweils aus bekannten Potentialfunktionen berechnet. Mit dem MC-Verfahren werden die thermodynamischen Zustandsgrößen von Konformationsgleichgewichten in unterschiedlichen Medien berechnet [3.28 – 3.30].

3.5 Klassen der intramolekularen Beweglichkeit

3.5.1 Konformative Beweglichkeit

3.5.1.1 Rotationen

Rotationen werden durch Torsionsschwingungen ausgelöst, wenn auf der Potentialhyperfläche mehrere Minima vorhanden sind, die durch Änderung eines Torsionswinkels ineinander übergehen können. Die Schnittkurve, die die Paßstraße beschreibt, entspricht einer periodischen Funktion (siehe Gleichungen 3.17 und 3.18). Die Minima auf der Potentialhyperfläche heißen Rotamere.

Die Fourier-Koeffizienten V_n zur Beschreibung des Potentialverlaufs entlang der Torsionswinkeländerung können nicht direkt gemessen werden. Sie müssen durch Simulation der experimentellen E_a- oder ΔH^*-Werte bzw. der Linienaufspaltung berechnet werden. Als Rotationsbarrieren werden nachfolgend sowohl die V_n-Werte als auch die meßbaren E_a-, ΔH^*- und ΔG^*-Werte bezeichnet.

Näherungsweise sind alle diese Werte vergleichbar (Heisenbergsche Unschärferelation) und zur Abschätzung der Lebensdauern der Bewegungszustände nützlich.

Rotation um ein zweizähliges Potential

In Abbildung 3.37 ist das Potential symmetrisch bzw. näherungsweise symmetrisch, und die Fourier-Reihe kann näherungsweise durch ein einziges Glied beschrieben werden . In den organischen Verbindungen ist jeweils die ebene Form durch Delokalisierung des π-Elektronensystems (unter Einbeziehung des freien Elektronenpaares) stabilisiert. Bei den Übergangsmetall-Ethylen-Komplexen ist die stabilste Konformation von der jeweiligen Elektronenkonfiguration am Übergangsmetallrest abhängig (siehe Abb. 3.38) [3.34].

Wenn zwei unterschiedliche Barrieren zwischen den äquivalenten Minima existieren, so muß in der Potentialfunktion mindestens ein Glied mit V_1 verwendet werden, das den Unterschied der beiden Rotationsbarieren bestimmt.

$$\text{Rotationsbarrieren:} \quad V_{R-1} = V_2 - \frac{V_1}{2} \tag{3.52}$$

$$V_{R-2} = V_2 + \frac{V_1}{2}$$

Für H_2O_2 liegen die Minima bei $\Theta = 111{,}5°$ und $248{,}5°$. Diese zusätzliche Unsymmetrie muß durch ein zusätzliches Glied mit V_3 berücksichtigt werden [3.31; 3.35]:

$$V_2 = \frac{V_1}{2}\,(1 + \cos\,\Theta) + \frac{V_2}{2}\,(1 + \cos\,2\Theta) + \frac{V_3}{2}\,(1 + \cos\,3\Theta) \tag{3.53}$$

Das Auftreten zweier unterschiedlicher Minima bedeutet die Koexistenz zweier Konformere (Rotamere) im Gleichgewicht. ΔE ist in Abbildung 3.39 die Differenz der Schwingungszustände. Zur Berechnung der Gleichgewichtskonstante ist allerdings die Kenntnis der Zustandssummen notwendig (siehe Abschn. 3.4). Für 2-Chlor-propenoylchlorid werden folgende Werte gefunden:

$V_1 = 2,1$ kJ/mol, $V_2 = 7,5$ kJ/mol, $V_3 = 1,7$ kJ/mol   [3.36; 3.37].

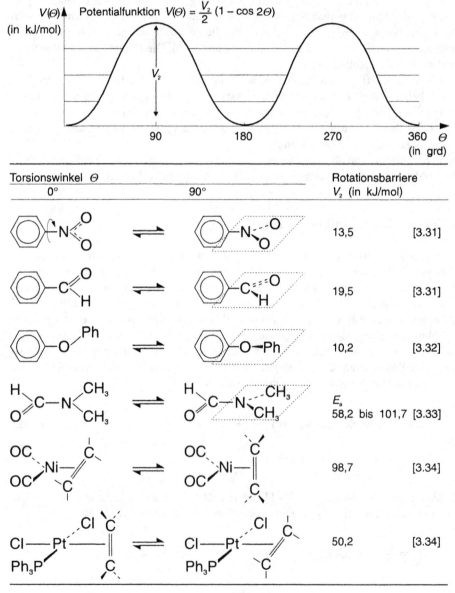

Torsionswinkel Θ		Rotationsbarriere
0°	90°	V_2 (in kJ/mol)
		13,5 [3.31]
		19,5 [3.31]
		10,2 [3.32]
		E_a 58,2 bis 101,7 [3.33]
		98,7 [3.34]
		50,2 [3.34]

Abb. 3.37 Zweizähliges Potential und Rotamerenbeispiele.

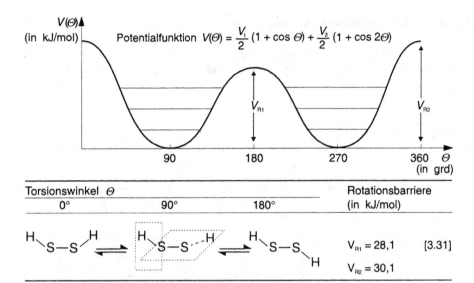

Abb. 3.38 Potentialfunktion von Rotameren mit zwei verschiedenen Rotationsbarrieren.

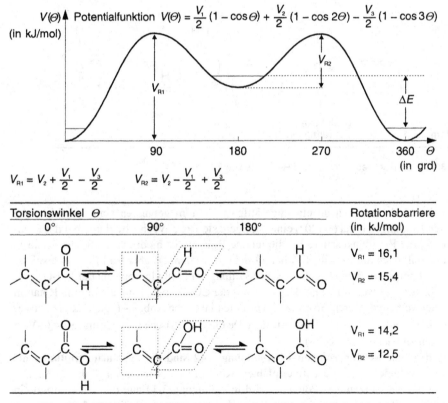

Abb. 3.39 Potentialfunktion von Rotameren mit zwei verschiedenen Potentialminima.

Rotation um ein dreizähliges Potential

Näherungsweise gilt diese Potentialfunktion für einfache Methylderivate und für Polyenkomplexe mit Übergangsmetall-Tricarbonyl-Rest (s. Abb. 3.40 und Tabelle 3.3) [3.40; 3.41].

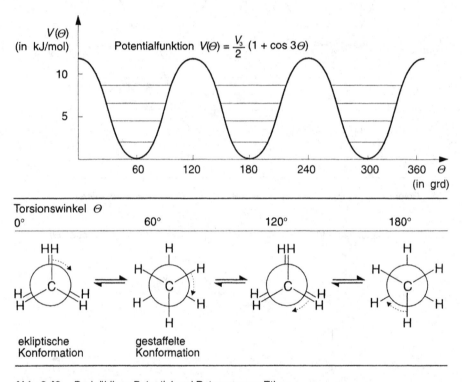

Abb. 3.40   Dreizähliges Potential und Rotamere von Ethan.

Wenn die Methylgruppen an ein ungesättigtes C-Atom gebunden sind, bewirken die größeren Bindungswinkel ($\sim 120°$) eine geringere sterische Wechselwirkung bei der Rotation, d. h., die Rotationsbarriere für die interne Rotation ist niedriger. Außerdem muß in der Potentialgleichung das Glied V_6 berücksichtigt werden. Da aber bei Ethanal beispielsweise die Energieerhöhung bei ekliptischer Stellung der Methylgruppe mit der CH-Gruppe des Aldehydrestes wesentlich größer ist als mit der CO-Gruppe, kann die interne Rotation näherungsweise auch durch ein dreizähliges Potential (siehe Abb. 3.41, gepunktete Kurve) beschrieben werden ($V_3 > V_6$). Das trifft für viele unsymmetrische $C = O$- und $S = O$-Verbindungen zu (siehe Tabelle 3.4).

Von den vier Konformationen in Abbildung 3.42 sind die synclinale (mitunter als *gauche* bezeichnet) und die antiperiplanare Konformere (siehe auch Abb. 3.43). Die Rotation um ein vierzähliges Potential wird in Abbildung 3.44 und die Rotation um ein sechszähliges Potential in Abbildung 3.45 beschrieben (siehe auch Tabelle 3.5).

Tabelle 3.3 Rotationsbarrieren von Methyl- und Übergangsmetall-Tricarbonylgruppen (in kJ/mol).

Molekül	V_3	Molekül	V_3	ΔH^* [3.39]
CH_3CH_3	12,25 [3.3]	CH_3OH	4,47	
CH_3CH_2F	13,83	CH_3SH	5,31	
CH_3CH_2Cl	15,42	CH_3NH_2	8,27	3,36
CH_3CH_2Br	14,92	CH_3PH_2	8,20	8,20
CH_3CH_2CN	12,76	Fe	81,6	
CH_3CH_2COOH	9,87			
CH_3CH_2OH	13,93	Mn	54,4	
CH_3CHCl_2	17,3			
CH_3CCl_3	22,6	Cr	48,1	
$(CH_3)_2CHF$	14,9	Fe	39,8	
$(CH_3)_2CHCl$	14,7			
$(CH_3)_3CCl$	14,7 [3.38]	Co	12,6 [3.40] [3.41]	

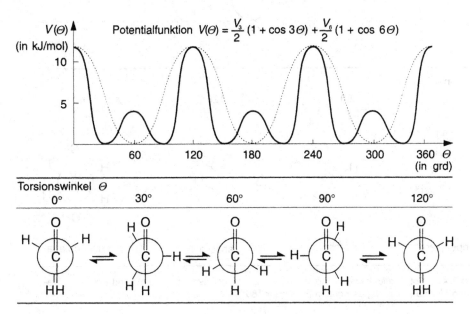

Potentialfunktion $V(\Theta) = \dfrac{V_3}{2}(1 + \cos 3\Theta) + \dfrac{V_6}{2}(1 + \cos 6\Theta)$

Abb. 3.41 Potentialfunktion mit drei- und sechszähligem Potential.

Tabelle 3.4   Rotationsbarriere von Methylgruppen an CO und SO.

Molekül	V_3 (in kJ/mol) [3.31]			
CH_3COH	4,89			
CH_3COF	4,36			
CH_3COCH_3	3,26		3,8	[3.38]
CH_3COCl	5,42			
CH_3COCN	5,06			
CH_3COOCH_3	1,25		2,9	[3.38]
CH_3SOCH_3	9,2	[3.38]		

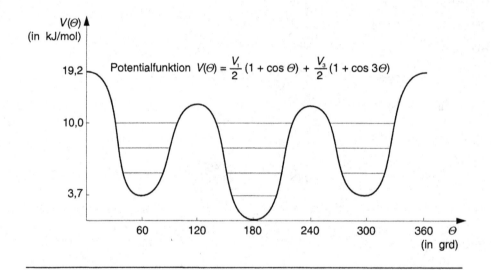

Potentialfunktion $V(\Theta) = \dfrac{V_1}{2}(1 + \cos \Theta) + \dfrac{V_3}{2}(1 + \cos 3\Theta)$

Torsionswinkel Θ

0°	60°	120°	180°

synperiplanar   synclinal   anticlinal   antiperiplanar

Abb 3. 42   Potentialfunktion von Rotameren mit zwei verschiedenen Maxima und zwei verschiedenen Minima (bevorzugtes Konformer bei $\Theta = 180°$).

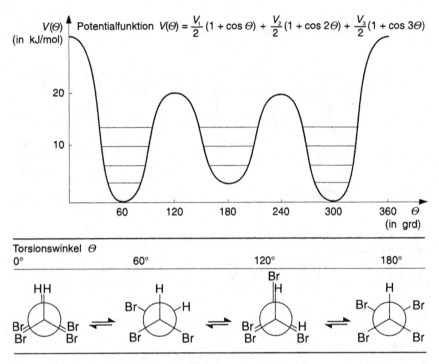

Abb. 3.43 Potentialfunktionen von Rotameren mit zwei verschiedenen Maxima und zwei verschiedenen Minima (bevorzugte Konformere bei $\Theta = 60°$ und $300°$).

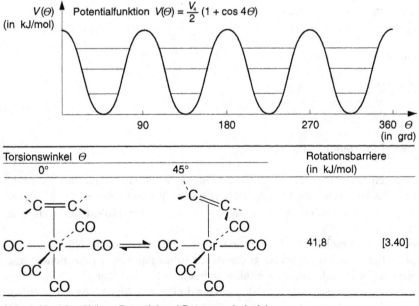

Abb. 3.44 Vierzähliges Potential und Rotamerenbeispiel.

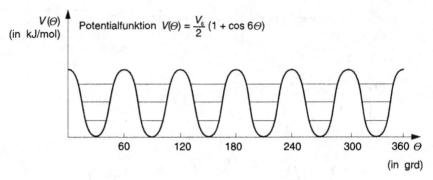

Abb. 3.45   Sechszähliges Potential.

Tabelle 3.5   Beispiele für ein sechszähliges Potential.

Molekül	V_6 (in kJ/mol) [3.3]
CH₃—⬡	0,058
CH_3NO_2	0,025
CH_3BF_2	0,058
CF_3NO_2	0,311
CF₃—⬡	0,043
SiH₃—⬡	0,074
SiF_3BF_2	0,008

Rotamere von Makromolekülen

In kettenförmigen Molekülen nimmt die Anzahl möglicher Rotamere mit der Atomzahl sehr rasch zu. Es ist daher zweckmäßig, die dynamischen Eigenschaften der Moleküle mittels Computer zu modellieren. Dazu werden die an kleinen Molekülen ermittelten Potentialfunktionen genutzt.

Längerkettige Biomoleküle sind insbesondere die Proteine und die Nucleinsäuren. Diese ursprünglich linearen Moleküle gehen durch Faltungsprozesse (Rotationen), die oftmals sogar eine biologische Funktion erfüllen, in bestimmte stabile Konformationen über. Dabei kann man mit unterschiedlichem Maßstab die drei in Abbildung 3.46 dargestellten Stufen der räumlichen Organisation erkennen.

Primärkette   Sekundärstruktur   Tertiärstruktur

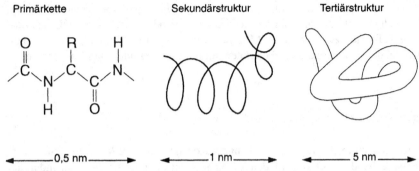

◄—————0,5 nm—————►   ◄—————1 nm—————►   ◄—————5 nm—————►

Abb. 3.46 Konformation als Hyperstruktur von Peptidketten.

Die räumliche Anordnung in der Tertiärstruktur wird durch eine Reihe von Querverbindungen stabilisiert:

– Wasserstoffbrücken,
– S-S-Brücken,
– Van-der-Waals-Wechselwirkungen.

Obwohl dadurch die Beweglichkeit der Konformationen stark eingeschränkt ist, gibt es in der Tertiärstruktur immer noch eine Vielzahl von Minima (Konformere). Gerade diese restliche Beweglichkeit ist für viele biologische Funktionen wichtig. Die Bewegung von Proteinen kann speziell klassifiziert werden [3.42; 3.43]:

– Flexibilität der Peptidsegmente,
– Ordnungs-Fehlordnungs-Übergänge ganzer Bereiche,
– Bewegung von Domänen.

3.5.1.2 Inversionen

Die Inversion ist ein intramolekularer Bewegungsprozeß, bei dem überwiegend die Bindungswinkel geändert werden. Ausgangspunkt ist eine Deformationsschwingung, die zum

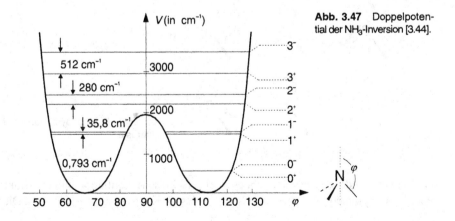

Abb. 3.47 Doppelpotential der NH_3-Inversion [3.44].

Übergang von einem Minimum zu einem anderen auf der Potentialhyperfläche führt. Der Paß wird entweder durch Zufuhr von Energie überschritten oder untertunnelt. Die Schnittkurve, die die Paßstraße zwischen zwei Minima beschreibt, ist in Abbildung 3.47 dargestellt. Moleküle, die sich in einem solchen Potentialminimum befinden, werden Flexomere genannt.

Konfigurationswechsel

Bei der Inversion tritt gleichzeitig eine Umkehr der Konfiguration der Moleküle auf. Wenn sich eine entsprechende Zahl verschiedener Liganden an dem Zentralatom befindet, an dem die Inversion stattfindet, dann muß die betreffende Konformation auch durch die Konfiguration gekennzeichnet werden. Der Begriff Inversion bezieht sich dabei auf alle durch Bindungswinkeländerung auftretenden Umorientierungen der Liganden.

Je nach der Anzahl der Liganden an einem Zentralatom gibt es unterschiedlich viele Konfigurationen (siehe Abschn. 2.7.7). Durch den Prozeß der Inversion werden die unterschiedlichen Konfigurationen eines Moleküls zu Bewegungszuständen, d. h. zu Konformationen.

Inversion am Zentralatom mit drei Liganden

Wenn an einem Zentralatom außer drei Liganden noch ein freies Elektronenpaar angeordnet ist, dann hat das Molekülskelett bzw. Molekülgerüst die Form einer trigonalen Pyramide (siehe Abb. 3.48).

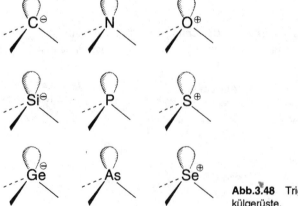

Abb. 3.48 Trigonal-pyramidale Molekülgerüste.

Bei drei verschiedenen Liganden gibt es zwei verschiedene Konfigurationen (Permutationen: $3! = 6$; Symmetrieuntergruppe: $C_3 + C_3^2 + E = 3$; Konfigurationen: $6/3 = 2$). Die beiden möglichen Konformere mit unterschiedlicher Konfiguration verhalten sich zueinander wie Bild und Spiegelbild, d. h., es sind Enantiomere. Der Mechanismus, der beide Konformere ineinander überführt, wird Bindungsinversion oder Inversion genannt. Durch Bindungswinkeländerung (z. B. in NH_3: $\varphi = 107,3° \rightarrow 120° \rightarrow 107,3°$) geht ein pyramidales Molekül in ein planares und wieder in ein pyramidales über. Trigonal-planare Moleküle (z. B. BF_3) kommen nur in einer Konfiguration vor. Es treten in diesen Molekülen nur Molekülschwingungen um ein Minimum auf.

Tabelle 3.6 Inversionsbarrieren an dreibindigen Zentren.

Molekül	V (in kJ/mol)	Molekül	V (in kJ/mol)	ΔG^* (in kJ/mol) bei ~300 K
NH_3	21,60	⟨N—CH₃ (Aziridin)		85,8
ND_3	21,70			
NH_2Cl	<47,9	⟨N—CH₃ (Pyrrolidin)		33,9
NH_2CN	8,49			
NH_2COH	~0	⟨N—CH₃ (Isoxazolidin, O)		65,3
NH_2CSH	~0			
CH_3NH_2	20,19	$NH(CH_3)_2$	18,42	
CH_3NHCl	30,14	$N(CH_3)_3$		31,42
NH_2NH_2	31,34	PH_3	120 ... 170	
NH_2NO_2	<23,9	$C_3H_7(C_6H_5)PCH_3$		149,0
		P—CH(CH₃)₂		66,9 [3.45]

Inversion am Zentralatom mit vier Liganden

Die häufigsten Formen eines Molekülgerüsts um ein Zentralatom mit vier Liganden sind Tetraeder und Quadrat. Je nach der Wechselwirkung der unterschiedlichen Liganden treten jedoch verzerrte Formen bzw. Formen zwischen Tetraeder und Quadrat auf. Bei unterschiedlichen Liganden ist die Zuordnung zu Tetraeder oder Quadrat stets eine Näherung.

Tetraedrische Ligandenanordnung. Bei vier verschiedenen Liganden gibt es zwei verschiedene Konfigurationen. Die entsprechenden Stereoisomere sind Enantiomere. Wenn das Zentralatom ein Hauptgruppenelement (z. B. Kohlenstoff) ist, dann ist die Inversionsbarriere so hoch, daß beide Enantiomere isoliert werden können.

Quadratische Ligandenanordnung. Bei vier verschiedenen Liganden sind drei verschiedene Konfigurationen möglich (siehe Abschn. 2.7.7). Die drei Stereoisomere sind Diastereomere. Die Anordnung der vier Liganden an den Ecken eines Quadrats findet man häufig bei den Übergangsmetallkomplexen (z. B. $PdCl_4^{2-}$, $PtCl_4^{2-}$, $NiCl_2(PR_3)_2$). Bei Übergangsmetallkomplexen ist die Inversion häufig. Bei Ni(II)-Komplexen erkennt man in einigen Fällen die Umwandlung zwischen quadratischer und tetraedrischer Form an der Änderung der magnetischen Eigenschaften.

Für die Inversion werden zwei Mechanismen vorgeschlagen: Diagonal-Twist-Mechanismus und Mechanismus der tetraedrischen Kompression (siehe Abb. 3.49).

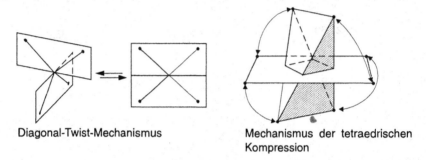

Diagonal-Twist-Mechanismus   Mechanismus der tetraedrischen
                                          Kompression

Abb. 4.49 Mechanismen für die Bindungsinversion zwischen tetraedrischer und quadratischer Ligandenanordnung

Da die beiden geometrischen Formen unterschiedliche Minima auf der Potentialhyperfläche darstellen, ist die Potentialfunktion hierfür nicht symmetrisch. Ein Diagonal-Twist-Mechanismus wird beispielsweise für Quecksilber(II)-bischelatkomplexe angenommen [3.46].

Tabelle 3.7 Inversionsbarriere für $[(p - CH_3OC_6H_4)_2CH_3P]_2NiX_2$ [3.45].

X	ΔH^* (in kJ/mol)	ΔS^* (in J/mol · K)
Br	41,8	37,3
Cl	54,4	12,6

Inversion am Zentralatom mit fünf Liganden

Das Molekülgerüst mit fünf Liganden am Zentralatom wird entweder den beiden Grenzformen trigonale Bipyramide (Punktgruppe des Gerüsts D_{3h}) und quadratische Pyramide (Punktgruppe des Gerüsts C_{4v}) zugeordnet, oder es hat eine Geometrie zwischen diesen beiden Grenzformen (siehe Abb. 3.50).

Die 20 Permutationen am TBP-Gerüst, die aus einer Konfiguration alle 20 verschiedenen (bei fünf unterschiedlichen Liganden) Konfigurationen erzeugen, lassen sich in fünf Permutationsklassen und die Identität aufteilen (siehe Abschn. 3.2.2).

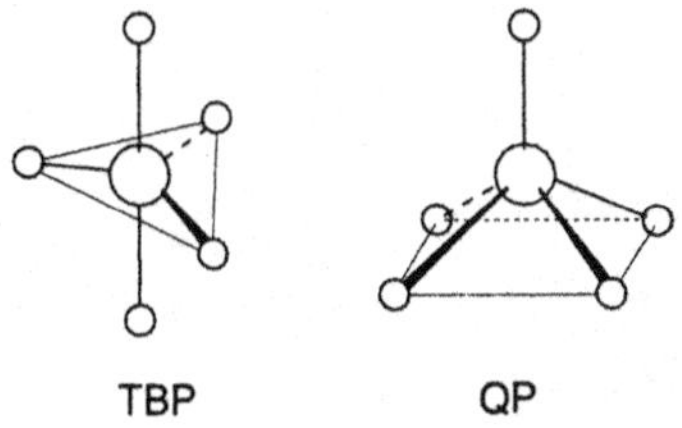

TBP   QP

Abb 3.50 Trigonal-bipyramidale (TBP) und quadratisch-pyramidale (QP) Ligandenanordnung.

Bei vielen Molekülen mit fünffach koordiniertem Zentralatom sind die durch die Konfiguration unterscheidbaren Konformationen schon bei Raumtemperatur in einem dynamischen Gleichgewicht. Am PF_5 wird selbst bei 120 K NMR-spektroskopisch ein schneller Prozeß gefunden. Von den Mechanismen, die für die Umwandlung der Konformere diskutiert werden, soll hier nur der Berry-Prozeß vorgestellt werden. Beim diesem Prozeß schwingt in einer synchronen Bewegung ein Paar äquatorialer Liganden aus ihrer ursprünglichen Lage unter Erweiterung ihres Bindungswinkels von 120° auf 180° in die apikale Lage, während gleichzeitig zwei apikale Liganden unter Bindungswinkelverkleinerung (180° → 120°) in die äquatoriale Lage übergehen. Der Übergangszustand hat dabei eine quadratisch-pyramidale Form (siehe Abb. 3.51).

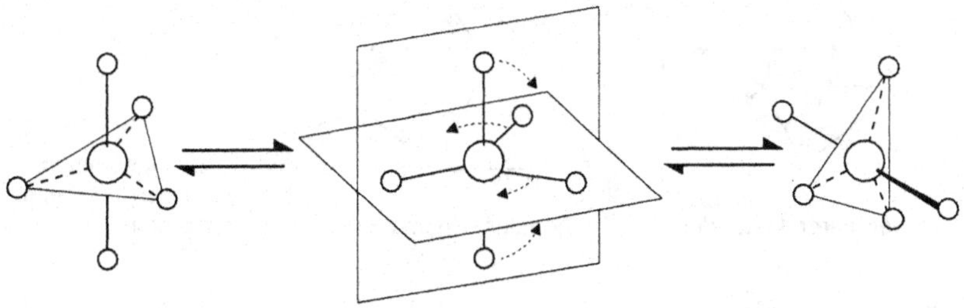

Abb. 3.51 Berry-Prozeß eines Moleküls mit pentakoordiniertem Zentralatom (TBP ⇌ QP ⇌ TBP′.

Zum gleichen *mode* (siehe Abschn. 3.2.2) wie der Berry-Prozeß zählt auch der Turnstile-Mechanismus (siehe Tabelle 3.8) [3.47].

Tabelle 3.8 Barriere für Ligandenwechsel an fünfbindigen Zentren [3.45].

Molekül	ΔH^* (in kJ/mol)
$[P(OCH_3)_3]_5Rh^+$	26,6
$[P(OCH_3)_3]_5Ir^+$	33,9
$[P(OC_2H_5)_3]_5Pd^{++}$	29,3
PF_5, SiF_5^-, $P(C_6H_5)_5$	20
$[P(OCH_3)_3]_5Fe$	36,0
$PF_4[N(CH_3)_2]$ Kopplung mit Rotation	39,7 [3.33]

Inversion am Zentralatom mit sechs Liganden

Die Grenzformen der Geometrie des Molekülgerüsts sind der reguläre Oktaeder (O_h) und das trigonale Prisma (D_{3h}) (siehe Abb. 3.52). Beim regulären Oktaeder mit sechs verschiedenen Liganden gibt es 30 unterschiedliche Konfigurationen, die durch vier *modes* und der Identität entwickelt werden. Moleküle mit der Gerüstgeometrie des trigonalen Prismas können entsprechend Abschnitt 2.7.7 in 80 verschiedenen Konfigurationen vorliegen (Permutationen: n! = 720; Symmetrieuntergruppe: $C_3 + C_3^2 + 3C_2 + 3C_2' + E = 9$; Konfigurationen: 720/9 = 80).

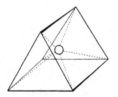

reguläre Oktaeder   trigonales Prisma

Abb. 3.52 Geometrische Formen von Molekülen mit hexakoordiniertem Zentralatom.

Von den Mechanismen sollen hier wiederum nur zwei vorgestellt werden:

– Bailar-Twist-Mechanismus und
– tetraedrischer Sprung.

Beim Bailar-Twist-Mechanismus geht die oktaedrische Form durch gegenläufige Drehung zweier gegenüberliegender Dreieckseiten in eine trigonal-prismatische Form über und von dort weiter in die oktaedrische Form mit anderer Konfiguration (siehe Abb. 3.53). Bei den Low-spin-d^6-Komplexen muß im Bailar-Twist-Mechanismus ein Spinwechsel (z. B. Singulett $\rightarrow$ Quintett) durchlaufen werden, der für die Barriere bestimmend ist, z. B. Co (α-(R)-troponato)$_3$: $\Delta H^* = 69$ kJ/mol und Co(ox)$_3^{3-}$: $\Delta H^* = 106$ kJ/mol.

Der tetraedrische Sprung wird für Komplexe vorgeschlagen, in denen zwei Liganden Wasserstoffatome sind; z. B. in FeH$_2$[C$_6$H$_5$P(OC$_2$H$_5$)$_2$]$_4$ sind nach der Röntgenstrukturanalyse die vier P-Atome näher den Ecken eines Tetraeders als denen eines Oktaeders. Die beiden H-Atome befinden sich jeweils über den Zentren der Tetraederflächen (cis-Form) oder über den gegenüberliegenden Tetraederkanten (trans-Form). Beide Formen sind Konformere, die leicht ineinander übergehen, von denen aber die cis-Form in vielen Verbindungen weniger stabil ist (siehe Abb. 3.54).

Für $FeH_2[C_6H_5P(OC_2H_5)_2]_4$ beträgt die Barriere $\Delta H^* = 46{,}4$ kJ/mol [3.45].

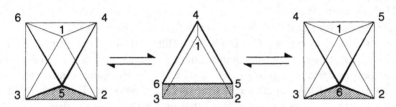

Abb. 3.53   Bailar-Twist-Mechanismus an einem Molekül mit hexakoordiniertem Zentralatom.

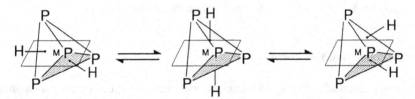

Abb. 3.54   Tetraedrischer Sprung von H-Liganden am hexakoordinierten Zentralatom.

Inversion am Zentralatom mit sieben und mehr Liganden

Die geometrische Gestalt des Molekülgerüsts am siebenfach koordinierten Zentralatom kann in drei Grenzformen eingeteilt werden [3.48]:

– Oktaeder mit Kappe (C_{3v}),
– pentagonale Pyramide (D_{5h}),
– trigonales Prisma mit Kappe (C_{2v}).

Grenzfiguren der achtfach koordinierten Komplexe sind:

– Dodekaeder (D_{2d}),
– quadratisches Antiprisma (D_{4d}),
– trigonales Prisma mit zwei Kappen (C_{2v}).

Von den möglichen Mechanismen der konformativen Umwandlungen von Molekülen mit sieben und mehr Liganden am Zentralatom sind bisher nur wenige aufgeklärt. Bei Koordinationszahlen > 6 treten zusätzlich partielle oder vollständige Dissoziationsprozesse auf.

Lanthanoidkomplexe lassen sich meist besser als ionische Komplexe beschreiben, so daß Bindungsrichtungen nicht mehr definiert werden können [3.49].

3.5.1.3 Kombinierte Rotation und Inversion an Ringverbindungen

In cyclischen Verbindungen treten Schwingungsmoden auf, in die das ganze Molekülskelett einbezogen ist. Dabei sind oft Bindungswinkeländerungen und Torsionswinkeländerungen in gleichem Maße beteiligt.

Eine planare Ringverbindung aus n Atomen im Ring hat n-3 out-of-plane-Schwingungen, die Ausgangspunkt für molekulare Bewegungsprozesse sein können.

In einem gesättigten Cycloalkan hätte die ebene Form wegen der ekliptischen Stellung aller CH-Bindungen eine zu hohe potentielle Energie (Torsions- oder Pitzer-Spannung). Durch interne Rotation geht das Molekül dieser Spannung aus dem Weg.

Die gestaffelte Stellung der CH-Bindungen läßt sich allerdings nur in denjenigen Ringmolekülen realisieren, die vom Diamantgitter abgeleitet werden können und in denen außerdem geringe destabilisierende transannulare Wechselwirkungen auftreten (z. B. im C-6-Ring oder C-14-Ring). In allen Fällen wird die Geometrie der Konformere durch ein Wechselspiel von Torsionsspannung, Winkelspannung und transannularer Wechselwirkung bestimmt. Die Potentialhyperfläche bzw. die Potentialkurve kann durch Überlagerung dieser drei Wechselwirkungen konstruiert werden. Außer bei planaren Ringen treten stets mehrere Minima auf, so daß konformative Prozesse resultieren.

Ringinversion und Pseudorotation

Bei ringförmigen Molekülen unterscheidet man zwei Bewegungsformen: Ringinversion und Pseudorotation. Diese beiden Prozesse unterscheiden sich sowohl hinsichtlich der Barrierenhöhe (die Ringinversion hat die höhere Barriere) als auch hinsichtlich der Symmetrie in der intramolekularen Verteilung der Partialbewegungen.

Ringinversion. Hierbei ändern sich zwei Paare von Torsionswinkeln von ihren Größen in einer Form, gehen durch Null und erreichen dieselben Größen mit umgekehrten Vorzeichen in der anderen Form (siehe Abb. 3.55) [3.50].

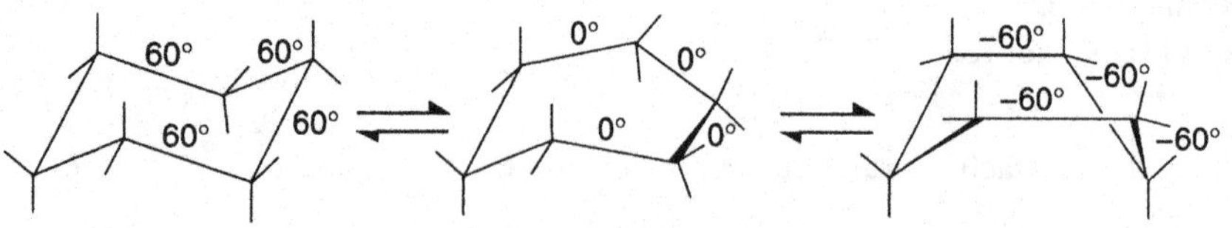

Abb. 3.55 Torsionswinkeländerung bei der Ringinversion.

Die Konformationen der ringförmigen Moleküle, die der Ringinversion unterliegen, gehen folglich über eine vollständig oder teilweise eingeebnete Konformation ineinander über.

Pseudorotation. Mit Pseudorotation bezeichnet man den Übergang eines Ringes mit Symmetrieebene, die durch ein Atom geht, in einen Ring mit Symmetrieachse, die durch eine Bindung dieses Atoms geht und umgekehrt (siehe Abb. 3.56) [3.50]. Die Symmetrie bezieht sich dabei auf das Ringgerüst als geometrische Figur, d. h., Substitutenten und verschiedene Ringatome bleiben außer Betracht.

In Cyclopentan treten z. B. zwei Arten von Konformationen auf, die Envelope-(E-)-Konformation und die Twist-(T-)-Konformation. Beide gehen hauptsächlich durch Pseudorotation ineinander über.

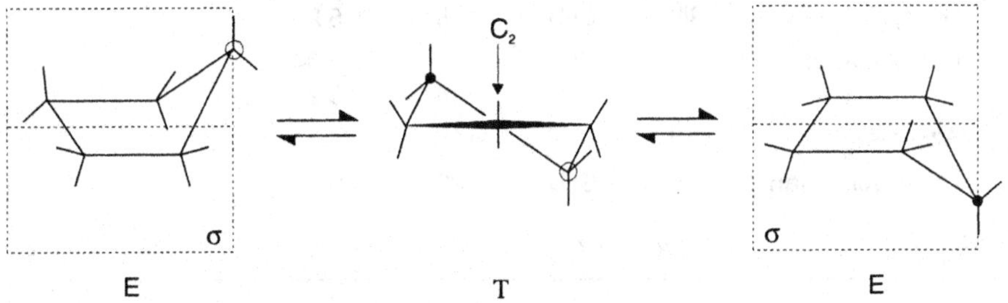

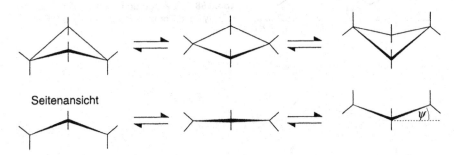

E   T   E

Abb. 3.56   Symmetrieänderung bei der Pseudorotation.

Konformationen viergliedriger Ringe

In Cyclobutan überführt die Ringinversion (hier *puckering* genannt) eine gefaltete Konformation über eine ebene wieder in eine gefaltete Konformation (siehe Abb. 3.57).

Abb. 3.57   Ringinversion an Cyclobutan.

In der ebenen Konformation ist die Winkelspannung (W) minimal, die Torsionsspannung (T) jedoch maximal. Beschreibt man die Winkelspannung durch $W = K' \, (\Delta \alpha)^2$ und die Torsionsspannung durch $T = V_0 + V_n/2 \, (\cos n\Theta)$ (siehe Abb. 3.58), so ergibt sich aus der Überlagerung ein Doppelminimum. Anstelle des Faltungswinkels Ψ kann zur Beschreibung der Ringinversion auch der Abstand 2x zwischen den beiden Diagonalen des viergliedrigen Ringes verwendet werden (siehe Abb. 3.59).

Bei den substituierten Cyclobutanderivaten (siehe Abb. 3.60) existiert offenbar nur für die Konformation A ein ausgeprägtes Minimum. Oxetanon, Thietanon und Methylenoxetanon sind nahezu planar (siehe Tabelle 3.9).

Tabelle 3.9   Ringinversionsbarrieren viergliedriger Ringe.

Molekül	X	Y	x_{min} (in pm)	Barriere (in kJ/mol)
Cyclobutan	CH_2	CH_2	17	6,018 [3.31]
Oxetan	O	CH_2	7	0,1856 [3.3]
Thietan	S	CH_2	15	3,28 [3.31]
Selenetan	Se	CH_2	17	4,58
Silacyclobutan	SiH_2	CH_2	18	5,26
Cyclobutanon	C=O	CH_2	6	0,04
			−14	5,27
Azetidin	NH	CH_2	+15	4,14
Chlorcyclobutan	CHCl	CH_2	22	0

$$X\!\!\diamondsuit\!\!Y$$

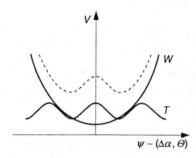

Abb. 3.58 Überlagerung von Winkelspannung (W) und Torsionsspannung (T) am Cyclobutan.

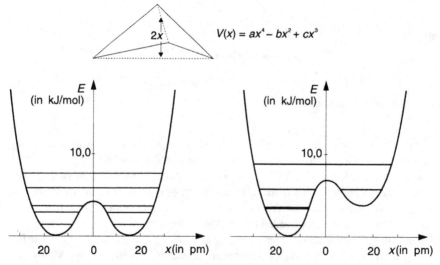

$$V(x) = ax^4 - bx^2 + cx^3$$

Abb. 3.59 Potentialdoppelminimum der Ringinversion von viergliedrigen Ringen.

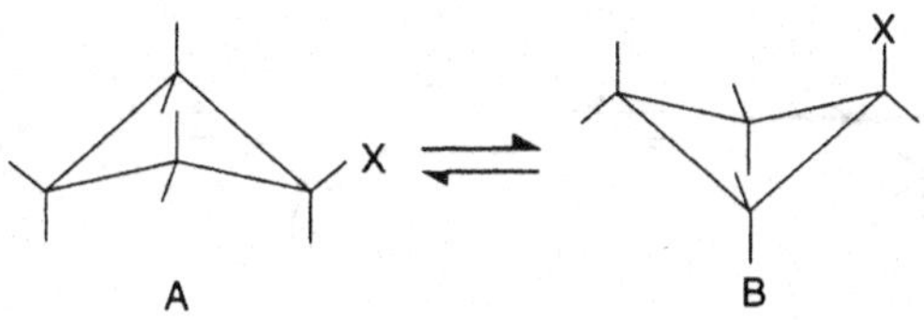

Abb. 3.60 Konformationen des substituierten Cyclobutans.

Konformation fünfgliedriger Ringe

Die Abweichung der Geometrie von der Planarität kann durch zwei orthogonale Koordinaten beschrieben werden:

x_b Abweichung von der Planarität, hervorgerufen durch Bindungswinkeländerung (b *bending*),

x_t Abweichung von der Planarität, hervorgerufen durch Torsionswinkeländerung.

Die zweidimensionale Potentialfunktion hat in beiden Richtungen ein Doppelminimum. Die Paßstraße zwischen den Minima führt nicht über die planare Form ($x_b = x_t = 0$). Der dem Übergang entsprechende Prozeß wird Pseudorotation genannt.

Für Cyclopentan gibt es zehn äquivalente Envelope-Konformationen der Symmetrie C_S und zehn äquivalente Twist-Konformationen der Symmetrie C_2. Jedes Atom des Gerüsts durchläuft bei der Pseudorotation alle 20 verschiedenen Positionen (von einem substituierten Cyclopentan gibt es somit 20 verschiedene Konformationen). In Abbildung 3.62 ist der Pseudorotationscyclus von Cyclopentan dargestellt. Anstelle der Koordinaten x_b und x_t (vgl. Abb. 3.61) lassen sich durch Koordinatentransformation die beiden Polarkoordinaten r und φ' einführen. Dabei ist r die maximale Abweichung eines Atoms von der Ebene. Der Phasenwinkel φ' ist die sogenannte Pseudorotationskoordinate.

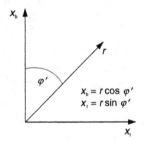

$$x_b = r \cos \varphi'$$
$$x_t = r \sin \varphi'$$

Abb. 3.61 Bewegungskoordinatentransformation am fünfgliedrigenRing

Während $r = 0$ einer planaren Konformation entsprechen würde, hat z. B. in der Konformation E_1 das Atom 1 die Koordinaten $x_b = r, x_t = 0$, d. h. $\varphi' = 0$. Durch Variation von φ' in Schritten von 18° ($= 360/20$) kann man den vollständigen Pseudorotationscyclus durchlaufen (siehe Abb. 3.62). Bezüglich der Koordinate r kann die Potentialfunktion als Doppelminimum dargestellt werden, mit dem Maximum bei $r = 0$. Die potentielle Energie (hinsichtlich der Pseudorotationsbarriere) wird in der Form $V(\varphi') = V_0 + V_n/2 (\cos n\varphi')$ dargestellt. Für Cyclopentan ist $n = 10$. Alle Envelope-Konformationen haben ebenso wie

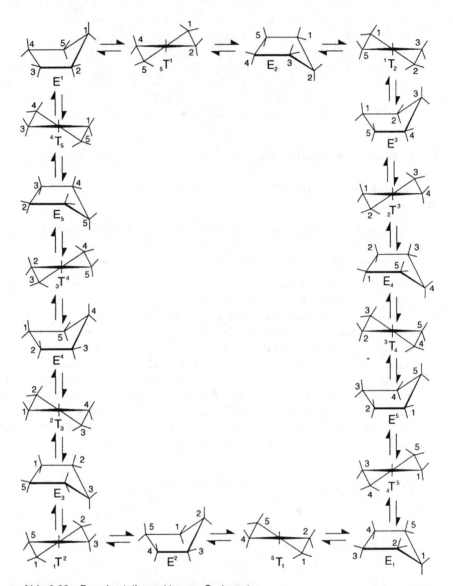

Abb. 3.62　Pseudorotationszyklus von Cyclopentan.

alle Twist-Konformationen für sich die gleiche Energie. Die Barriere für die Ringinversion (Variation von r) ist wesentlich höher als die für die Pseudorotation (Variation von φ'). Beide Prozesse können stattfinden, wenn die Moleküle entsprechend angeregt werden (siehe Abb. 3.63).

Fünfgliedrige Ringe mit Doppelbindung. Die Anwesenheit einer Doppelbindung im Ring verhindert die Pseudorotation, so daß nur noch die Ringinversion stattfinden kann.

Nach einer Faustregel kann der n-gliedrige Ring mit einer Doppelbindung in grober Näherung als $(n-1)$-gliedriger Ring ohne Doppelbindung beschrieben werden (siehe Abb. 3.64).

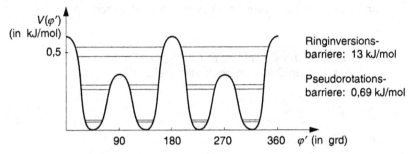

Ringinversions-
barriere: 13 kJ/mol

Pseudorotations-
barriere: 0,69 kJ/mol

Abb. 3.63   Potentialverlauf am Tetrahydrofuran.

Abb. 3.64   Analogie von Cyclobutan und Cyclopenten und Auslenkung 2x von der Planarität.

Der Cyclopentenring invertiert analog einem Cyclobutanring. Eine weitere Doppelbindung ebnet den Ring ein (siehe Tabelle 3.10).

Tabelle 3.10   Ringinversionsbarrieren an Cyclopentenderivaten.

X	Inversionsbarriere (in kJ/mol)
CH_2	2,76
O	1,00
S	2,85

Konformationen sechsgliedriger Ringe

In Cyclohexan hat die Sesselkonformation (Chair) keine Winkel- und Torsionsspannung. Ein Substituent am Ring kann entweder eine äquatoriale oder eine axiale Position einnehmen. Beide Formen können ineinander übergehen (siehe Abb. 3.65).

Im dynamischen Gleichgewicht dominiert das Konformer mit dem äquatorialen Substituent um so mehr, je größer (sterisch anspruchsvoller) der Substituent ist (vgl. Tabelle 3.11).

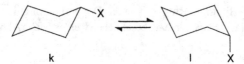

Abb. 3.65   Konformerenumwandlung von monosubstituiertem Cyclohexan.

Tabelle 3.11   Freie Konformationsenthalpie (A-Werte) von Substituenten an Cyclohexanderivaten (bei 29 K).

$$K_{kl} = \frac{\gamma_{kl}}{\gamma_{kl}}$$

$$A_{kl} = \Delta \overset{\circ}{G}_{kl} = -RT \ln K_{kl}$$

Substituent X	A (in kJ/mol)	Substituent X	A (in kJ/mol)
CH_3	7,1	NO_2	4,2
CH_3CH_2	7,5	NH_2	5,0 ... 7,5
$(CH_3)_2CH$	8,8	OH	2,5 ... 3,8
$(CH_3)_3C$	18,4	OCH_3	2,9
Phenyl	13,0	OC_2H_5	3,8
CH_3CO	4,6	$OCOCH_3$	2,9
CN	0,8	SH	3,8
F	1,8	S^-	5,4
Cl	2,7	NH_4^+	8,0
Br	2,8		
I	2,6		

Die Konformerenumwandlung besteht aus folgenden Prozessen:

– Die relativ starre Sesselform geht durch Ringinversion in die flexiblere Wannenform (Boat) über (siehe Abb. 3.66). In der Wannenform ist ebenfalls die Winkelspannung minimal. Aber aufgrund der ekliptischen CH-Gruppen und der transannularen Wechselwirkung ist die Wannenform um 29 kJ/mol energiereicher als die Sesselform.

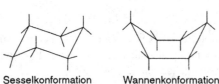

Sesselkonformation   Wannenkonformation

Abb 3.66   Sechsringkonformationen Sessel (C) und Wanne (B).

– Die flexiblere Wannenkonformation geht durch Pseudorotation leicht in die thermody-
namisch stabilere Twist-Konformation und von dieser in die umgekehrte Wanne über
(siehe Abb. 3.67).

Abb. 3.67 Übergang der Wanne (B) in die Twist-Wanne (TB) am Sechsring.

Als Konformere kann man nur die Sessel- und die Twist-Konformationen bezeichnen
(siehe Abb. 3.68). Das Umklappen einer Sesselform in die andere ist folglich ein kompli-
zierter Prozeß [3.51]. In Tabelle 3.12 sind einige experimentelle Barrieren für den Gesamt-
prozeß zusammengestellt [3.52].

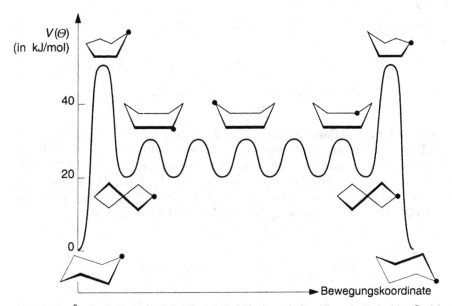

Abb. 3.68 Änderung der potentiellen Energie bei Ringinversion und Pseudorotation des Cyclohexans.

Tabelle 3.12 Barrieren für die Konformerenumwandlung sechsgliedriger Ringe.

Molekül	ΔG^* (in kJ/mol)	Molekül	ΔG^* (in kJ/mol)	Molekül	ΔG^* (in kJ/mol)
Ring mit O	39,3	Ring mit CH₃	43,1	Ring mit NH, HN	43,1
Ring mit NMe	49,4	Ring mit O, O	40,2	Ring mit O, O	42,9
Ring mit NMe, NMe	49,8	Ring mit O (gem-Dimethyl)	34,3	Ring mit S, S	46,4
MeN, NMe	47,3	Ring	43,1	Ring (Dimethyl)	33,5
O, O	40,2	Ring mit NH	42,3	O, O (Methyl)	45,6
MeN, NMe	52,3	Ring mit S	35,6		
MeN, NMe, NMe	51,1	Ring mit S, S	45,6	Ring	29,3
Ring mit O (Keton)	16,7	S, S	41,8	Ring	54,0

Sechsgliedrige Ringe mit Doppelbindung. Cyclohexen und andere sechsgliedrige Ringe mit einer Doppelbindung lassen sich nach der Pseudo-$(n-1)$-Ring-Regel grob als Pseudofünfringe beschreiben. Dementsprechend treten zwei Konformere auf, eine Halbsesselform (HC) und eine Twist-Halbsesselform (TC), die durch Pseudorotation oder Ringinversion ineinander übergehen können (siehe Abb. 3.69) [3.53]. Die Barriere für den Übergang TC→HC→TC beträgt in Cyclohexen $\Delta H^* = 22,2$ kJ/mol [3.54].

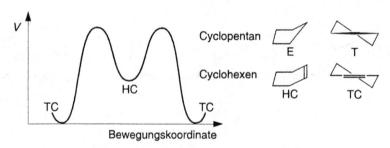

Abb. 3.69 Energieprofil der Konformationen des Cyclohexens.

Verknüpfte Ringsysteme. Am Beispiel von Decalin (s. Abb. 3.70) ist zu erkennen, wie die Verknüpfung von Ringsystemen zur Einschränkung der Beweglichkeit führt. Während cis-Decalin bei Zimmertemperatur einer schnellen (in der NMR-Zeitskala) Ringinversion unterliegt, ist trans-Decalin starr. Auch am cis-Decalin findet ein Mehrstufenprozeß [3.55] statt, für den eine Barriere von $\Delta H^* = 56{,}9$ kJ/mol gefunden wird (s. auch Abb. 3.71) [3.56].

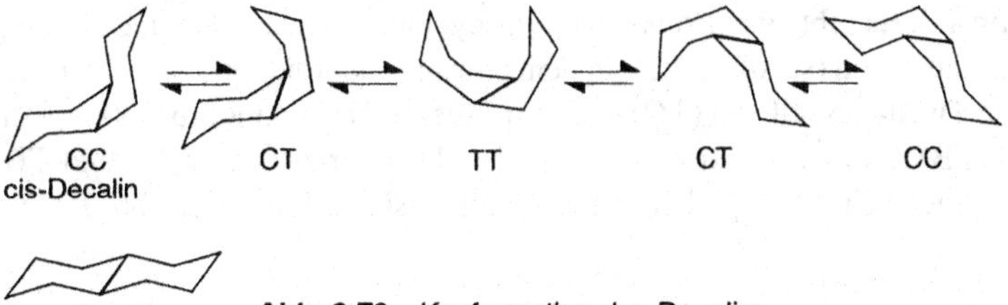

Abb. 3.70 Konformation des Decalins.

Konformation	Diederwinkel	Punktgruppe	relative Energie (in kJ/mol) [3.25]
viergliedrige Ringe			
	0, 0, 0, 0	D_{4h}	115,1
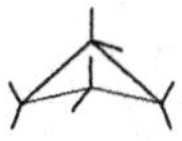	30, 30, 30, 30 ⊕	S_4	109,2
fünfgliedrige Ringe			
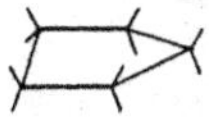	0, 0, 0, 0, 0	D_{5h}	73
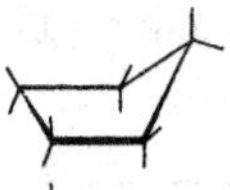	46, −46, −29, 29, 0	C_s	54
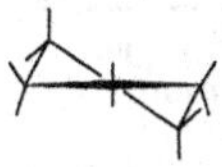	15, 15, −39, −39, 48	C_2	54
sechsgliedrige Ringe			
	54, −54, −54, 54, 54, −54	D_{3d}	5 27,41 [3.7]
	52, −52, 0, 0, −52, 52	C_{2v}	32 54,44 [3.7]
	30, 30, −63, −63, 30, 30	D_2	28 49,85 [3.7]
	62, −62, −28, 28, −7, 7	C_2	52
	8, −47, 12, 67, 8, −47	C_2	51

Abb. 3.71 Konformation von vier-, fünf- und sechsgliedrigen Ringen.

Konformationen siebengliedriger Ringe

Cycloheptan und davon abgeleitete gesättigte siebengliedrige Ringsysteme sind nicht spannungsfrei. Wie bei allen Ringen der Gliedzahl $n > 4$ tritt neben der Ringinversion die Pseudorotation auf. Es gibt zwei Pseudorotationscyclen, zwischen denen Übergänge durch Ringinversion stattfinden (s. Abb. 3.72). In dem einen Pseudorotationscyclus geht die Sesselform (C) in die Twist-Sesselform (TC) über, im anderen die Wannenform (B) in die Twist-Wannenform (TB). Die Übergänge zwischen T und C oder zwischen TC und TB können nur über eine partielle Einebnung, d. h. durch Ringinversion erfolgen (s. Abb. 3.72 und 3.73).

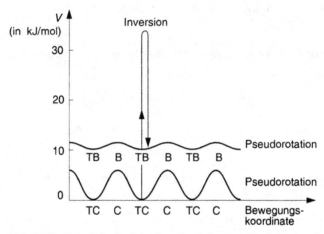

Abb. 3.72 Potentialverlauf der Pseudorotation und Ringinversion des Cycloheptan.

Konformation	Diederwinkel	Punktgruppe	relative Energie (in kJ/mol)
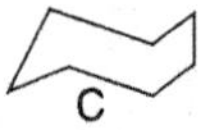 C	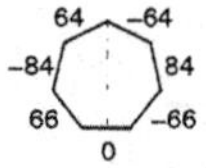 64 −64 / −84 84 / 66 −66 / 0	C_s	36 / 64,21 [3.7]
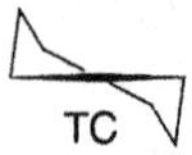 TC	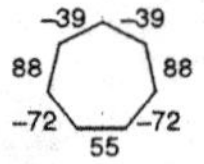 −39 −39 / 88 88 / −72 −72 / 55	C_2	30 / 59,86 [3.7]
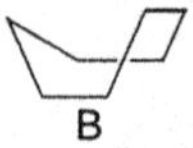 B	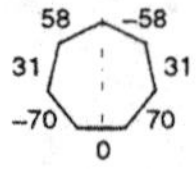 58 −58 / 31 31 / −70 70 / 0	C_s	41 / 73,05 [3.7]
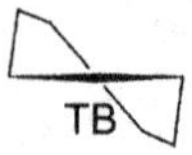 TB	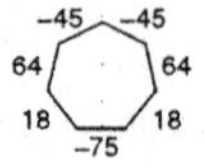 −45 −45 / 64 64 / 18 18 / −75	C_2	40 / 73,11 [3.7]
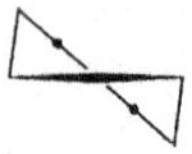	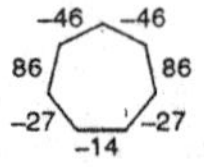 −46 −46 / 86 86 / −27 −27 / −14	C_2	64

Abb. 3.73 Konformationen siebengliedriger Ringe.

Ein Substituent am 7-Ring kann in jeder einzelnen Form (C, TB, B und TB) je 14 verschiedene Stellungen einnehmen, die man in Analogie zum Cyclohexan quasiaxial und quasiäquatorial nennt. Für ein monosubstituiertes Cycloheptan ergeben sich somit 56 verschiedene Konformationen (siehe Abb. 3.74).

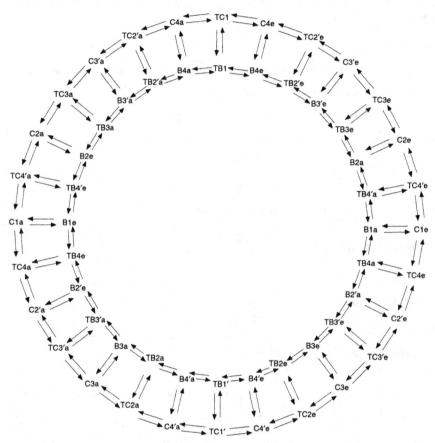

Abb 3.74 Konformationesübergänge in Cycloheptan (a quasiaxial; e quasiäquatorial; Ziffer: Position eines Substituenten).

Die Energiedifferenz zwischen quasiaxialer und quasiäquatorialer Stellung ist geringer als die zwischen axialer und äquatorialer Stellung. Bei zweifacher Substitution am gleichen Ringatom wird die isoclinale Position an einer TC-Konformation stark bevorzugt (s. Abb. 3.75).

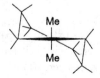

Abb 3.75 Bevorzugte Konformation von 1,1-Dimethylcycloheptan (1,1-Dimethylsubstitution = Konformationsanker).

Konformationen achtgliedriger Ringe

Von Cyclooctan und den davon abgeleiteten gesättigten Cyclen gibt es eine ganze Reihe Konformationen ähnlicher Energie, wobei hier neben der Bindungswinkel- und Torsionsspannung auch die transannulare Wechselwirkung eine wesentliche Rolle spielt (siehe Abb. 3.79). In Cyclooctan selbst und in vielen Derivaten ist die BC-Form das wichtigste Konformer.

Konformation	Diederwinkel	Punktgruppe	relative Energie (in kJ/mol)
 Chair-Chair CC	66, −105, −66, 105, 105, −66, −105, 60	C_{2v}	55
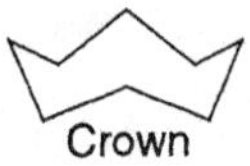 Crown	−88, 88, 88, −88, −88, 88, 88, −88	D_{4d}	58
 Twist-Chair-Chair TCC	−56, 82, 82, −115, −115, 82, 82, −56	D_2	54
 Boat-Chair BC	45, 65, −102, −65, 65, −45, −65, 102	C_s	47
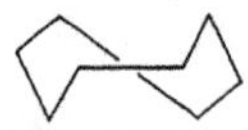 Twist-Boat-Chair TBC	116, −45, −45, −52, −52, 93, 93, −88	C_2	55
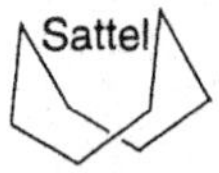 Boat-Boat BB	53, 53, −53, −53, −53, −53, 53, 53	D_{2d}	53
 Twist-Boat TB	−38, 65, −65, 38, 38, −65, 65, −38	S_4	50

Abb. 3.76   Konformation achtgliedriger Ringe.

Die einzelnen Konformationen können durch Pseudorotation (CC⇌Crown⇌TCC; BC⇌TBC; BB⇌TB) oder durch Ringinversion (CC⇌BC⇌BB) ineinander übergehen.

Achtgliedrige Ringe mit Doppelbindungen. Das E-Cycloocten ist extrem gespannt und um 37 kJ/mol energiereicher als das Z-Cycloocten. Die Barriere zwischen den beiden enantiomeren Formen ist so hoch (150 kJ/mol), daß optische Isomere (in Derivaten) getrennt werden können. 1,3-Cyclooctadien hat eine C_i-Symmetrie mit einem Winkel von 37,8° zwischen den beiden planaren Ethylengruppen.

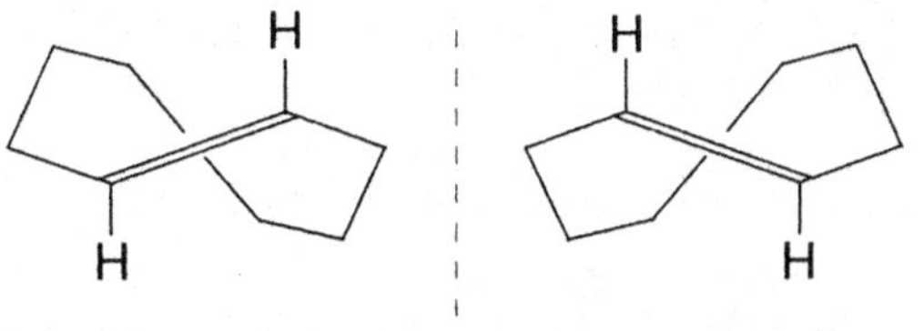

Abb. 3.77 Enantiomer des E-Cyclooctens.

Achtgliedrige Heterocyclen. Auch in den achtgliedrigen Heterocyclen dominiert die BC-Konformation. Mit zunehmender Zahl von Heteroatomen nimmt der Anteil der Crown-Konformation zu. In 1,3,5,7-Tetraheterocyclooctan (siehe Abb. 3.78) dominiert schließlich die Crown-Konformation (Heteroatome: O, N, S).

Abb. 3.78 Konformere verschiedener Oxocyclooctane.

Die räumliche Nähe von 1- und 5-Position kann bei bestimmten funktionellen Gruppen, die sich in dieser Position befinden, auch zu einer transannularen attraktiven Wechselwirkung führen (siehe Abb. 3.79).

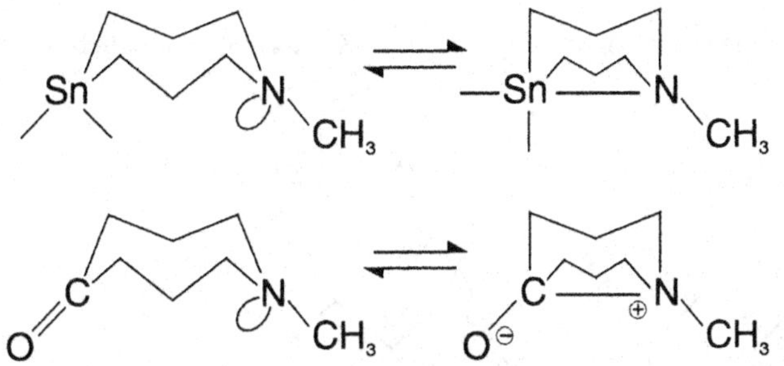

Abb. 379 Transannulare Wechselwirkung in achtgliedrigem Heterocylen.

Konformationen neungliedriger Ringe

Im neungliedrigen Ring können aufgrund der vergrößerten Beweglichkeit schon lokalisierte Bewegungsprozesse nachgewiesen werden, an denen nicht der ganze Ring beteiligt ist. Auch die Möglichkeiten für transannulare Wechselwirkungen sind noch größer als beim Achtring. Die wichtigsten Konformationen sind in Abbildung 3.80 dargestellt.

Konformation	Diederwinkel	Punktgruppe	relative Energie (in kJ/mol)
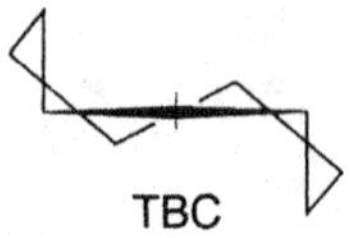 TBC	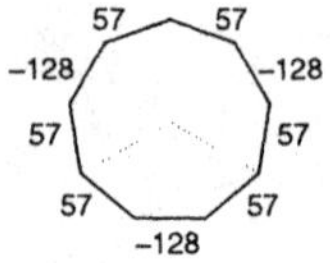 57 57 −128 −128 57 57 57 57 −128	D_3	0
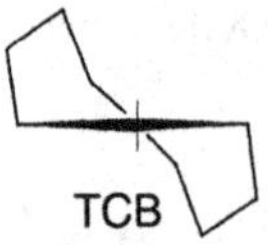 TCB	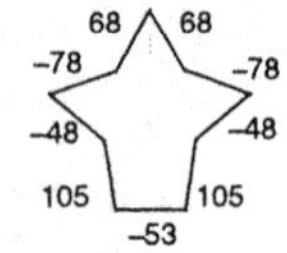 68 68 −78 −78 −48 −48 105 105 −53	C_2	3,9
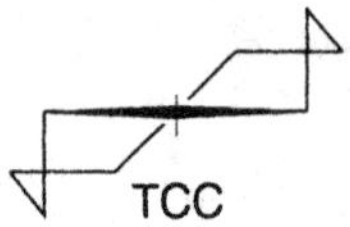 TCC	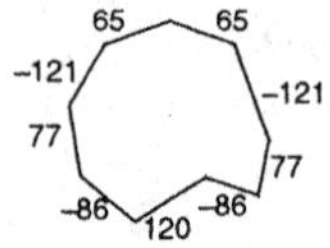 65 65 −121 −121 77 77 −86 −86 120	C_2	

Abb. 3.80   Konformation neungliedriger Ringe.

Für den Übergang TBC⇌BC⇌TBC in Cyclononan wird eine Barriere von $\Delta G^* = 25{,}1$ kJ/mol [3.57] gefunden.

Konformationen zehngliedriger Ringe

Beim zehngliedrigen Ring ist eine diamantgitteranaloge Konformation möglich (s. Abb. 3.81).

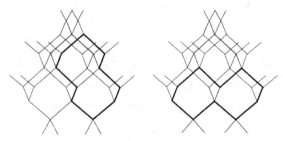

Abb. 3.81   Ausschnitt aus dem Diamantgitter.

Allerdings wären darin die beiden inneren Wasserstoffatome nahezu am gleichen Platz. Dieser extrem starken transannularen Abstoßung wird durch Valenzwinkelaufweitung (im Durchschnitt auf 116°) und durch nahezu ekliptische Stellung einiger benachbarter CH_2-Gruppen (Θ minimal 28°) ausgewichen. Cyclodecan selbst und die monosubstituierten Cyclodecanderivate bevorzugen die BCB-Konformation. In dieser Konformation gibt es zwei sehr kurze transannulare H — H-Abstände (~ 190 pm) zwischen den Positionen 1–5 und 6–10 [3.26; 3.58; 3.59].

Konformation	Diederwinkel	Punktgruppe	relative Energie (in kJ/mol) [3.25]
 BCB [2323]	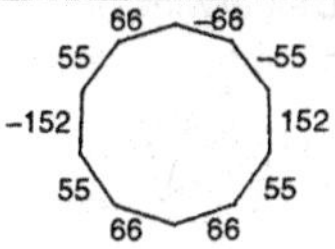 66 −66 55 −55 −152 152 55 55 66 66	C_{2h}	0
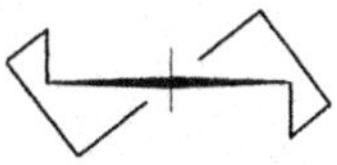 TBC [2233]	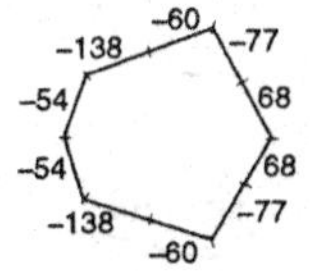 −60 −138 −77 −54 68 −54 68 −138 −77 −60	C_2	1,19
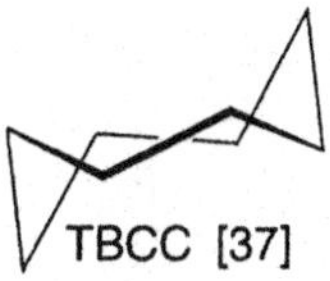 TBCC [37]	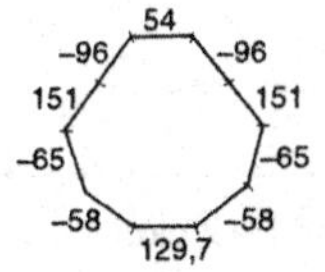 54 −96 −96 151 151 −65 −65 −58 −58 129,7	C_2	1,43
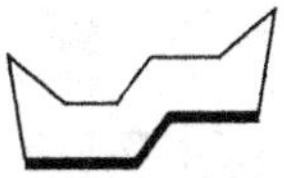 BBC [2224]	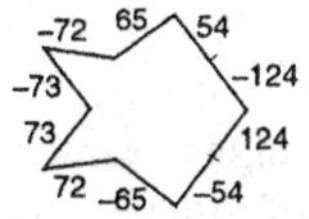 −72 65 54 −73 −124 73 124 72 −65 −54	C_s	3,95
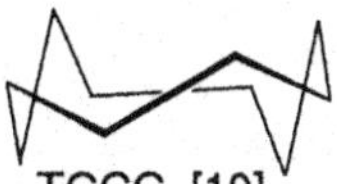 TCCC [10]	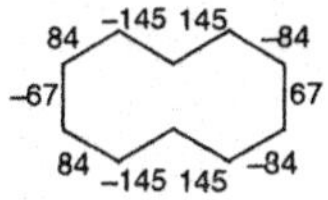 84 −145 145 −84 −67 67 84 −145 145 −84	C_{2h}	2,87
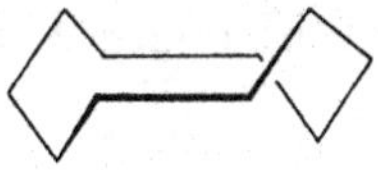 TCBC [55]	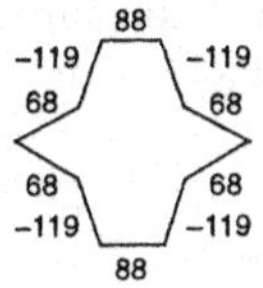 88 −119 −119 68 68 68 68 −119 −119 88	D_2	5,02
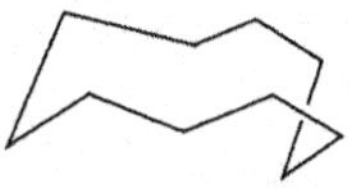 verzerrte BCC [82]	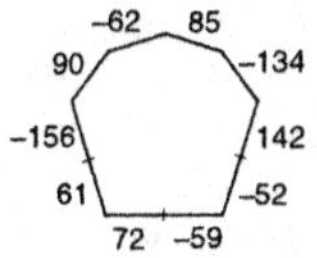 −62 85 90 −134 −156 142 61 −52 72 −59	C_1	2,44
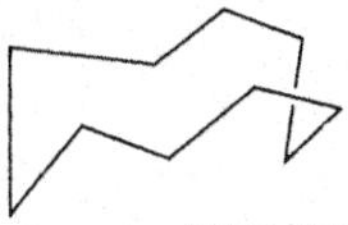 verzerrte BCC [82]	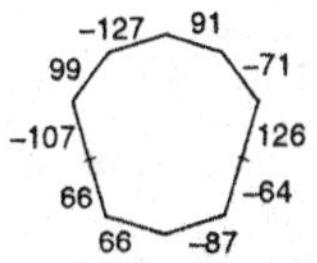 −127 91 99 −71 −107 126 66 −64 66 −87	C_1	4,64

Abb. 3.82 Konformationen zehngliedriger Ringe.

Zehngliedrige Ringe mit Doppelbindungen (siehe Abb. 3.83). Das Z-Cyclodecen ist um 13 kJ/mol stabiler als das E-Cyclodecen. Im Gegensatz zum E-Cycloocten ist das E-Cyclodecen wesentlich flexibler, so daß die enantiomeren Formen durch Ringinversion ($E_a = \sim10$ kJ/mol) ineinander übergehen.

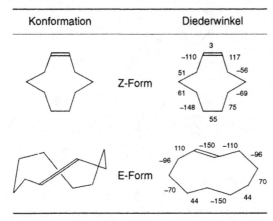

Konformation	Diederwinkel

Abb. 3.83   Konformationen von Z- und E-Cyclodecen.

Von den Zehnringen mit zwei Doppelbindungen vermögen die 1,6-E,E-Isomere und die 1,6-Z,Z-Isomere relativ spannungsfreie Konformationen einzunehmen.

Konformationen elfgliedriger Ringe

Von Cycloundecan gibt es nach MM2-Berechnungen eine Reihe von Konformationen ähnlicher Energie, von denen in Abbildung 3.84 nur die stabilste herausgegriffen ist.

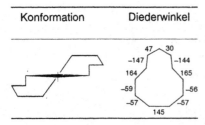

Konformation	Diederwinkel

Abb. 3.84   Stabilste Konformation elfgliedriger Ringe.

Konformationen zwölfgliedriger Ringe

Bei den vom Diamantgitter abgeleiteten Konformationen des Cyclododecans (s. Abb. 3.85) treffen drei innere H-Atome aufeinander. Im Cyclododecan, einer Reihe von Cylcododecanderivaten und in zwölfgliedrigen cyclischen Ethern dominiert eine einzige Konformation (s. Abb. 3.86).

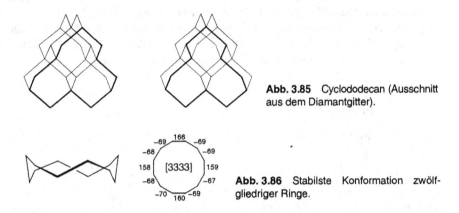

Abb. 3.85 Cyclododecan (Ausschnitt aus dem Diamantgitter).

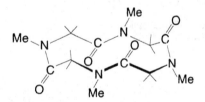

Abb. 3.86 Stabilste Konformation zwölfgliedriger Ringe.

Durch einen Pseudorotationsprozeß geht dieses Konformer in sein Spiegelbild über. Die Barriere ist 30,5 kJ/mol [3.60].

Cyclotetrasarcosyl (siehe Abb. 3.87) und eine Reihe anderer cyclischer Tetrapeptide bevorzugen eine Ringkonformation mit E,Z,E,Z-Konfigurationen der Amidgruppen.

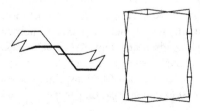

Abb. 3.87 Cyclotetrasarcosyl.

Konformationen 14gliedriger Ringe

Cyclotetradecan und dessen Derivate bevorzugen eine vom Diamantgitter abgeleitete spannungsfreie Konformation (siehe Abb. 3.88).

Abb. 3.88 Stabilste Konformation 14gliedriger Ringe.

Konformationen größerer Ringe

Mit dem Anstieg der Ringgliedzahl wächst die Zahl der möglichen Konformationen und bei geradzahligen Ringgliedzahlen auch die Zahl der vom Diamantgitter abgeleiteten Konformationen. Die wachsende Vielfalt möglicher transannularer Wechselwirkungen führt zu einer größeren Bedeutung von Dipolwechselwirkungen, H-Brücken und auch der Dispersionswechselwirkung. Durch Summation vieler, auch schwacher Wechselwirkungen resultiert bei großen Ringen mitunter eine beträchtliche Einschränkung der Zahl bevorzugter Konformationen. Beispielsweise können die Konformationen cyclischer Peptide (siehe Abb. 3.89) in einzelne Schleifen unterteilt werden [3.61].

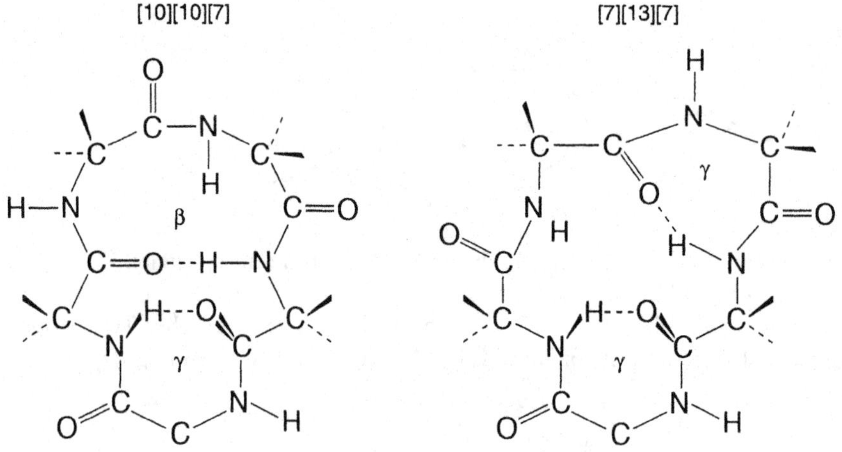

Abb. 3.89 Bevorzugte Konformation von cyclischen Pentapeptiden.

3.5.2 Bindungsfluktuationen

Bei der Bindungsfluktuation werden formal Bindungen gelöst und wieder geschlossen. Der Übergangszustand ist jedoch immer noch bindend, so daß das Molekül erhalten bleibt. Zur Beschreibung ist ein qualitatives MO-Modell ausreichend, in dem die Bindungen durch überlappende Orbitale dargestellt werden.

Als Bindungsfluktuation werden nur solche Prozesse bezeichnet, die schnell und reversibel ablaufen, so daß die einzelnen Bewegungszustände nicht als Isomere isoliert werden können. Das bedeutet, daß die Aktivierungsenergie für die Bindungsfluktuation im gleichen Bereich wie die der konformativen Prozesse ($E_a < 120$ kJ/mol) liegen muß. Bei der Bindungsfluktuation ändern sich in allen Fällen die molekülinternen Kernkoordinaten. Bindungsfluktuationen werden thermisch angeregt, wobei neben Deformationsschwingungen auch Valenzschwingungen auslösend sein können.

Ausgehend von dem in Abschnitt 3.3.6 gegebenen Klassifikationsprinzip werden hier nur Beispiele für die einzelnen Spielarten der Bindungsfluktuation genannt.

Die Klassifizierung soll es erlauben, neu gefundene Prozesse einzuordnen und mögliche Lücken zu entdecken.

3.5.2.1 Grenzfälle

Grenzfälle der Bindungsfluktuation sind beispielsweise diejenigen Prozesse, die mit intermolekularen Vorgängen, die zum gleichen Resultat führen, konkurrieren (vgl. z. B. Abb. 3.90).

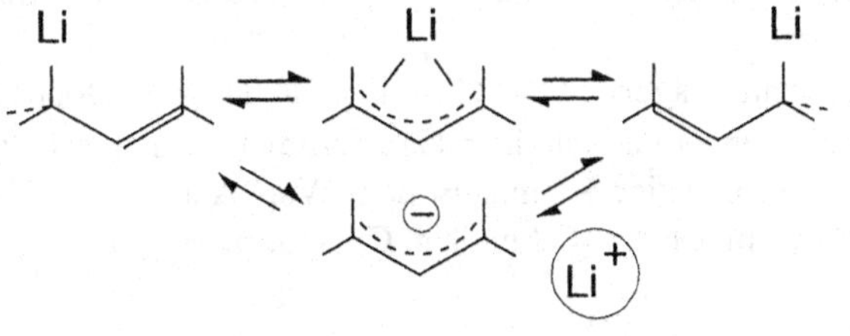

Abb. 3.90   Intra- und intermolekulare Lithiumwanderung in Lithiumallyl.

Solche Grenzfälle liegen im allgemeinen dort vor, wo die fluktuierenden Bindungen einen hohen ionischen Anteil haben [3.62; 3.63]. Die Geschwindigkeitskonstante dieser Prozesse ist lösungsmittelabhängig. Bindungsfluktuationen an Ionenpaaren können deshalb ebensowenig wie solche an Oligomeren zu den intramolekularen Prozessen gezählt werden.

Grenzfälle sind einerseits Bindungsfluktuationen, die durch Anlagerung von Lösungsmittelmolekülen ausgelöst werden [3.64], wie z. B. in Abbildung 3.91 dargestellt, andererseits auch intramolekulare Umlagerungen, z. B. Valenzisomerisierungen, die zu einem dynamischen Gleichgewicht führen, das stark auf eine Seite verschoben ist und bei dem die Aktivierungsenergie relativ hoch ist [3.65], z. B. in 2-Methoxy-azepin (s. Abb. 3.92).

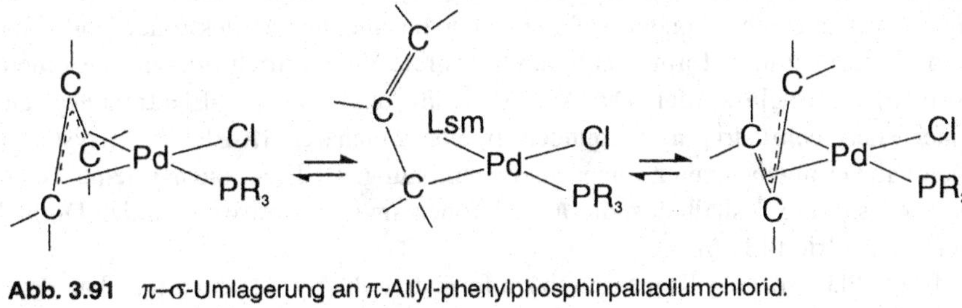

Abb. 3.91 π–σ-Umlagerung an π-Allyl-phenylphosphinpalladiumchlorid.

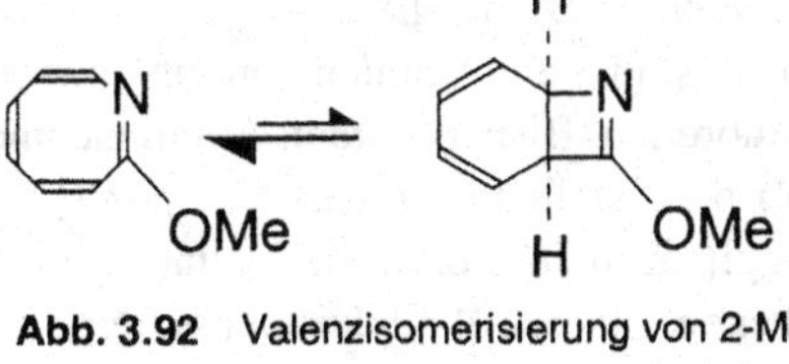

Abb. 3.92   Valenzisomerisierung von 2-Methoxy-azepin.

Die Topomerisierung (d. h. die Identität der Bewegungszustände) oder die Enantiomerisierung sind jedoch keinesfalls Voraussetzung dafür, einen intramolekularen Prozeß als Bindungsfluktuation einzuordnen. Entscheidend sind Monomolekularität und Geschwindigkeitskonstante.

3.5.2.2 π-Bindungsfluktuation an Annulenen

In Verbindungen mit konjugierten Doppelbindungen gibt es die Möglichkeit, daß allein die π-Elektronen ihre Bindungspartner wechseln. Dabei bleibt das σ-Gerüst erhalten; es ändern sich jedoch die Kernabstände.

Ringsysteme, die man durch alternierende C — C-Einfach- und C = C-Doppelbindungen (= konjugierte Doppelbindungen) beschreiben kann, bezeichnet man als Annulene. Die Ringgröße wird durch eine in eckige Klammern dem Wort Annulen vorangesetzte Zahl ausgedrückt. Benzen ist demnach ein [6]Annulen, Cyclooctatetraen ein [8]Annulen (siehe Abb. 3.93).

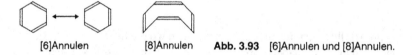

[6]Annulen   [8]Annulen   **Abb. 3.93**   [6]Annulen und [8]Annulen.

Schon an diesen Valenzstrichformeln erkennt man, daß zwischen einzelnen Annulenen beträchtliche Unterschiede bestehen. Es ist deshalb zweckmäßig, die Annulene nach der Zahl der π-Elektronen in zwei Gruppen einzuteilen:

$(4n + 2)$-π-Systeme: [6]-, [10]-, [14]-, [18]Annulen...
$(4n)$-π-Systeme: [4]-,[8]-, [12]-, [16]Annulen...

Nach der Hückel-Regel hat, unter der Voraussetzung der Planarität, das $(4n + 2)$π-Elektronensystem einen besonders stabilen Grundzustand. Die π-Elektronen sind delokalisiert, und die Konstitutionsformel muß durch mehrere Valenzstrichformeln (mesomere Grenzformen) dargestellt werden. Die Delokalisierung des $(4n + 2)$π-Elektronensystems ist mit einer Energieerniedrigung verbunden. In einem planaren 4π-Elektronensystem führt die Delokalisierung dagegen zu einer Energieerhöhung. 4π-Elektronensysteme weichen einer Delokalisierung deshalb aus, die π-Elektronen sind paarweise nur in den Doppelbindungen konzentriert [3.66].

Ist die Planarität des Ringes durch konformative Prozesse leicht erreichbar, dann können auch die 4π-Elektronensysteme durch Zufuhr relativ geringer Energie in den delokalisierten Zustand (Übergangszustand) überführt werden. Die paarweise lokalisierten Doppelbindungen verschieben sich, d. h., sie fluktuieren (z. B. in [8]Annulen).

Wenn man Molekülionen mit einbezieht, so sind auch Annulene mit ungerader C-Zahl möglich und einem der beiden Systeme zuzuordnen. Bisher wurden Annulene und Annuleniumionen der Ringgliedzahlen 3 bis 30 dargestellt und untersucht [3.67]. Von den Annulenen und Annuleniumionen der Ringgliedzahlen 3 bis 7 sind keine Bindungsfluktuationen bekannt, die Stabilisierung der ebenen $(4n + 2)$π-Elektronensysteme ist jedoch nachweisbar. Die Einebnung der Annulene der Ringgliedzahlen 8 bis 16 erfordert eine beträchtliche Energiezufuhr. Dies ist auf Winkelspannung (insbesondere bei der Konjugation von Z-konfigurierten Doppelbindungen) und auf transannulare Wechselwirkungen der H-Atome (bei Einbeziehung von E-konfigurierten Doppelbindungen) zurückzuführen.

[8]Annulen (Cyclooctatetraen). Im [8]Annulen tritt neben der Bindungsfluktuation (BF) noch die Ringinversion (RI) auf (siehe Abb. 3.94).

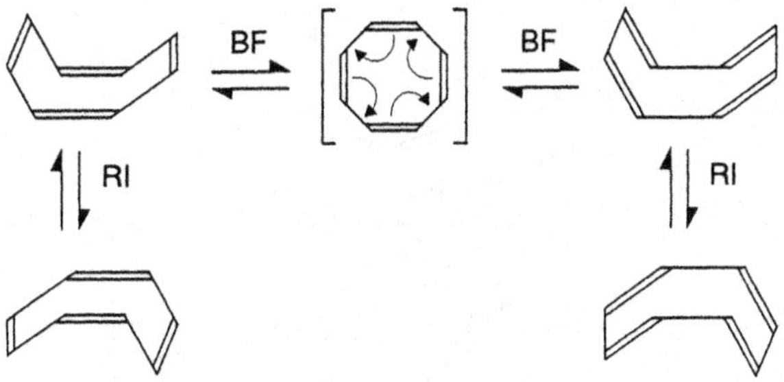

Abb. 3.94 Bindungsfluktuation (BF) und Ringinversion (RI) in [8]Annulen.

Außerdem kann eine allerdings langsame und nichtreversible Valenzisomerisierung zum Bicyclo[4.2.0]octa-2,4,7-trien stattfinden. Die Barriere für die Ringinversion ist wegen der nur partiell notwendigen Einebnung geringer als die Barriere für die Bindungsfluktuation (50 bis 70 kJ/mol) [3.68 – 3.70]. Die genannten Prozesse werden am stabilen Z,Z,Z,Z[8]Annulen NMR-spektroskopisch nachgewiesen. Die Z,E,Z,E- Konfiguration geht offenbar sofort in die Z,Z,Z,Z-Konfiguration über [3.71]. Z,Z,Z,E-1,3,5,7-Tetraphenyl-[8]annulen hat eine Halbwertszeit von 18 Stunden bei 298 K [3.72]. Das [8]Annulenium-dianion (10 π-Elektronen) ist ebenso wie das [8]Annulenium-dikation (6 π-Elektronen) eben und zeigt aromatische Stabilität [3.73].

[10]Annulen. Von den nichtionischen $(4n + 2)\pi$-Elektronensystemen liegt das Benzen (= [6]Annulen) im Grundzustand als ebenes delokalisiertes π-Elektronensystem vor. Eine Bindungsfluktuation tritt nicht auf, d. h., die Kernabstände haben einen einzigen Gleichgewichtswert. Die trotzdem vorhandene Elektronenbewegung ist nicht mit einer Relativbewegung der Atomkerne verbunden (siehe Born-Oppenheimer-Näherung. Das [10]Annulen ist demgegenüber ein nichtebenes typisches Polyolefin. Der Energiegewinn durch π-Elektronendelokalisierung reicht nicht aus, um die bei der Einebnung der Z,Z,Z,Z,Z-Konfiguration entstehende Ringspannung bzw. die bei der Einebnung der Z,E,Z,E,Z-Konfiguration oder der Z,E,Z,E,E-Konfiguration auftretende transannulare H–H-Wechselwirkung zu überwinden. Auch kurzzeitig (im Übergangszustand) läßt sich eine Einebnung nicht erreichen, so daß [10]Annulen keine Bindungsfluktuation zeigt. Wird die transannulare Wechselwirkung jedoch durch Brückengruppen beseitigt, so treten planare 10π-Elektronensysteme auf, deren aromatischer Charakter durch die chemische Verschiebung der Protonen sehr gut charakterisiert werden kann (siehe Abb. 3.95).

Das von Jackmann und Elvidge eingeführte Ringstromkriterium für Aromatizität gestattet einen einfachen Nachweis aromatischer und nichtaromatischer Systeme mittels der NMR-Spektroskopie: In einem ebenen cyclischen $(4n + 2)\pi$-Elektronensystem wird im Magnetfeld ein diamagnetischer Ringstrom induziert, in einem ebenen cyclischen $4n\pi$-Elektronensystem dagegen ein paramagnetischer Ringstrom. Infolgedessen sind die Protonen im Inneren eines $(4n + 2)\pi$-Elektronenringes stärker abgeschirmt (Hochfeldverschiebung), die Protonen außerhalb des Ringes (jedoch in der Ringebene) zeigen dagegen eine Entschirmung (Tieffeldverschiebung). Für die $4n\pi$-Elektronensysteme tritt der umgekehrte Verschiebungseffekt auf, sie werden als antiaromatisch bezeichnet.

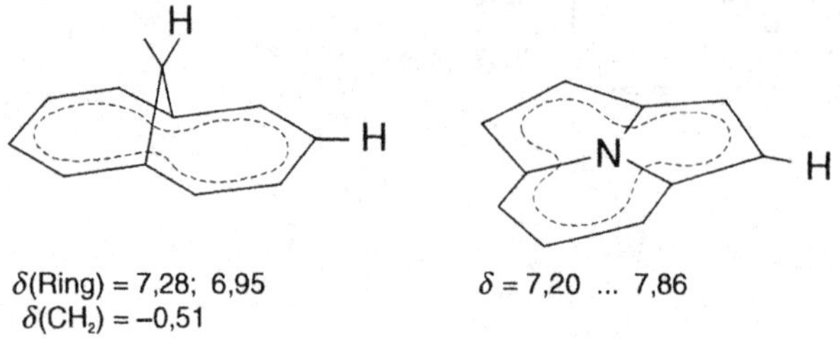

δ(Ring) = 7,28; 6,95
δ(CH$_2$) = −0,51

δ = 7,20 ... 7,86

Abb. 3.95   1,6-Methano[10]annulen; Cycl[3.2.2]azin.

[12]Annulen. Auch das [12]Annulen, von dem nur die Z,E,Z,E,Z,E-Konfiguration bei Temperaturen unter 233 K nachweisbar ist, zeigt keinerlei Bindungsfluktuation [3.74]. Außer Ringspannung und transannularer Wechselwirkung ist hier auch der Destabilisierungseffekt des $4n\pi$-Elektronensystems einer Einebnung entgegengerichtet.

[16]Annulen. Im [16]Annulen (siehe Abb. 3.96) ist der hier auftretenden Bindungsfluktuation (BF) noch ein konformativer Prozeß (ko) überlagert, bei dem eine Rotation um Einfachbindungen zu einem Austausch der inneren und äußeren H-Atome führt. Außerdem lassen sich zwei relativ stabile Konformationen im Gleichgewicht nachweisen, die sich in ihrer Konfiguration an den Doppelbindungen unterscheiden (A: Z,E,E,Z,E,E,Z,E und B: Z,E,Z,E,Z,E,Z,E). Infolge des bei Zimmertemperatur schnellen Prozesses beob-

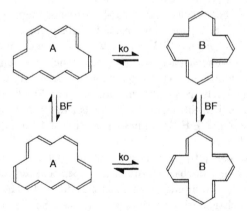

Abb.3.96 Bindungsfluktuation und konformativer Prozeß in [16]Annulen.

achtet man ein einziges Protonensignal bei ca. 6,74 ppm. Beide Konformationen sind nicht eben, so daß die chemischen Verschiebungen im typischen Olefinbereich liegen.

Die Aktivierungsenergie für die Bindungsfluktuationen beträgt 33 bis 42 kJ/mol.

[18]Annulen. Das [18]Annulen (siehe Abb. 3.97) ist ein planares 18π-Elektronensystem mit stabilisierender π-Elektronendelokalisierung, die bei konformativen Prozessen temporär zerstört wird [3.76]. Der aromatische Charakter gibt sich im ^{1}H-NMR-Spektrum bei tiefer Temperatur aufgrund des diamagnetischen Ringstromes zu erkennen.

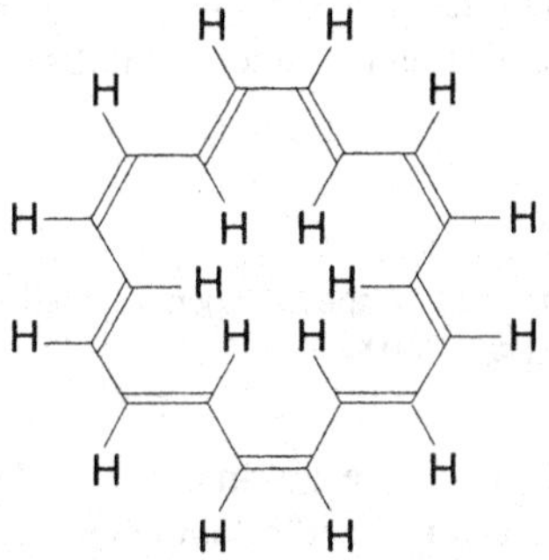

Abb. 3.97 Stabilste Konformation von [18]Annulen.

Bei 213 K erscheint ein aufgespaltenes Signal für die inneren Protonen bei $-2,99$ ppm und ein aufgespaltenes Signal für die äußeren Protonen bei 9,28 ppm [3.76]. Bei 383 K findet man jedoch ein einziges Signal bei 5,45 ppm. Offensichtlich führt ein konformativer Prozeß zum Herausdrehen der H-Atome aus der Molekülebene und schließlich zu einem Positionswechsel von inneren und äußeren Protonen. Es handelt sich hierbei um einen Prozeß, der von einem ebenen Grundzustand über einen nichtebenen Übergangszustand wieder in einen ebenen Grundzustand zurückführt. Da dies einer Umkehr der konformativen Ringinversion entspricht, wird dieser Prozeß als Retroringinversion bezeichnet.

Die Retroringinversion tritt bei vielen größeren Ringsystemen auf, z. B. [16]Annuleniumdikation, [16]Annuleniumdianion, [20]Annulen [3.77]. Das [18]Annuleniumdianion ist demgegenüber im Grundzustand ($4n\pi$-Elektronensystem) erwartungsgemäß nicht eben. Auch hierbei ist die Bindungsfluktuation mit konformativen Prozessen verknüpft [3.78].

3.5.2.3 σ-Bindungsfluktuation

Bei σ-Bindungsfluktuationen werden formal σ-Bindungen, die durch Wechselwirkung zwischen lokalisierten Orbitalen beschrieben werden können, gelöst und wieder geschlossen (Sigmatropie).

Entartete Valenztautomerisierung mit σ-Bindungsöffnung im Ringsystem

Bei den hier behandelten Prozessen findet keine intramolekulare Wanderung von Gruppen statt.

Die homolytische Spaltung einer C — C-Einfachbindung, beispielsweise die Spaltung von Ethan in zwei Methylradikale, erfordert eine relativ hohe Aktivierungsenergie ($E_a = 349$ kJ/mol für $CH_3 — CH_3 \rightarrow 2\,CH_3^{\cdot}$). Für einen schnellen reversiblen Prozeß kommt eine solche Homolyse nicht in Frage.

Die Bindungsspaltung wird jedoch durch folgende Effekte erleichtert:

– Doppelbindungen in Nachbarschaft führen zur Stabilisierung des Übergangszustands durch Elektronendelokalisierung im Allylrest (z. B. $E_a = 257$ kJ/mol für
$CH_3 — CH_2 — C = CH_2 \rightarrow H_2\dot{C} — CH = CH_2 + \dot{C}H_3$).

– Wenn synchron zur Bindungsöffnung ein Bindungsschluß stattfindet, dann kann bei einer bestimmten cyclischen Elektronenkonfiguration eine weitere Stabilisierung des Übergangszustands erfolgen (siehe Abb. 3.98).

Abb. 3.98 Cope-Umlagerung von Hexa-1,5-dien ($E_a = 126$ kJ/mol [3.78]).

In einem cyclischen Übergangszustand bleiben die Reste zusammen, so daß keine völlige Bindungsspaltung auftritt. Der Übergangszustand in Abbildung 3.98 ist isokonjugiert mit Benzen, jedoch nicht eben. Diese streng intramolekulare synchrone Umlagerung folgt einem Geschwindigkeitsgesetz erster Ordnung und ist weder durch Lösungsmittel noch durch Katalysatoren zu beeinflussen.

– Eine Bindungsspaltung kann außerdem durch Ringspannung erleichtert werden. Beispielsweise geht die hohe Winkelspannung verloren, wenn eine Bindung des Cyclopropans aufgebrochen wird. Entsprechend ist die Spaltungsenergie vermindert.

Die Kombination der genannten drei Effekte findet man im 3,4-Homotropiliden (siehe Abb. 3.99), dem ersten Molekül mit fluktuierenden σ- und π-Bindungen, das 1962 von Doering und Roth [3.79] entdeckt wurde. Die beiden ineinander übergehenden Formen können erst unter 223 K im NMR-Spektrum einzeln nachgewiesen werden [3.69].

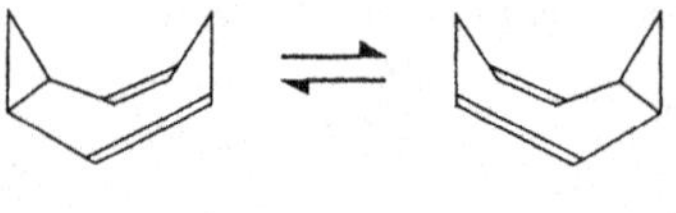

Abb. 3.99 Bindungsfluktuation in 3,4-Homotropiliden [3.79].

Das Tricyclo[3.3.2.0^{4,6}]deca-2,7,9-trien, das sogenannte Bullvalen, wurde 1962 von Doering [3.97] vorgeschlagen und 1963 von Schröder [3.80] synthetisiert (siehe Abb. 3.100).

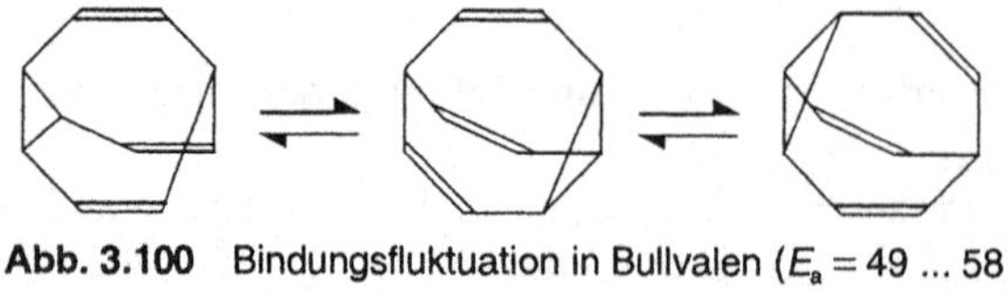

Abb. 3.100 Bindungsfluktuation in Bullvalen ($E_a = 49 \ldots 58$ kJ/mol [3.81]).

Im Bullvalen kann jedes C-Atom jede Position einnehmen. Das Molekül hat eine fünfzählige Symmetrieachse und deshalb $10!/3 = 1209600$ strukturgleiche Valenztautomere. Im ^{1}H-NMR-Spektrum beobachtet man bei 373 K nur ein Signal bei 4,22 ppm [3.69; 3.81].

Eine bullvalenanaloge Verbindung ist das Ion $(P_7)^{3-}$ (siehe Abb. 3.101) [3.82; 3.83].

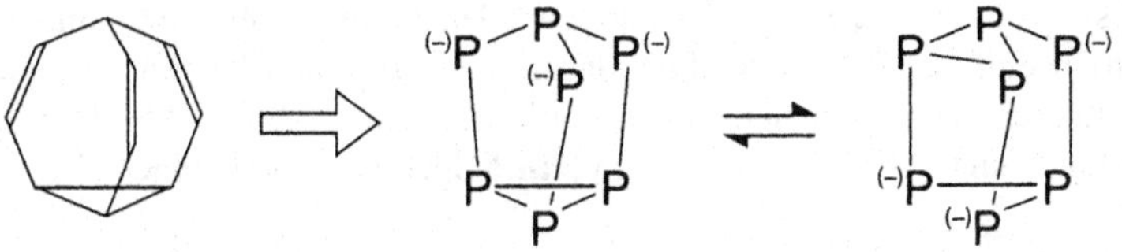

Abb. 3.101   Bindungsfluktuation im Trianion von Tricycloheptaphosphan ($E_a = 42 ... 62\,$kJ/mol [3.83]).

Ein weiteres Beispiel für eine entartete Valenztautomerisierung mit σ-Bindungsspaltung im Ring ist die intramolekulare Wagner-Meerwein-Umlagerung des 2-Norbornylkations [3.84].

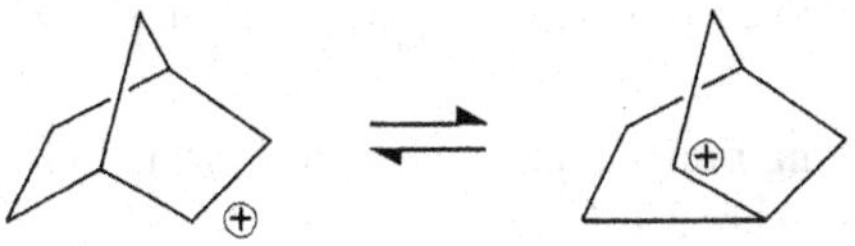

Abb. 3.102   Bindungsfluktuation des 2-Norbornylkations.

Nichtentartete Valenztautomerisierung mit s-Bindungsöffnung im Ringsystem

Ein Beispiel für die nichtentartete Valenztautomerisierung ist die schnelle Valenztautomerisierung zwischen Oxepin (A) und Benzenoxid (B) (siehe Abb. 3.103). Das Gleichgewicht ist stark temperaturabhängig. Die Aktivierungsenergie ist für A → B 30 kJ/mol und für B → A 38 kJ/mol [3.85]. Das Oxepin ist nicht eben und unterliegt einer Ringinversion [3.85].

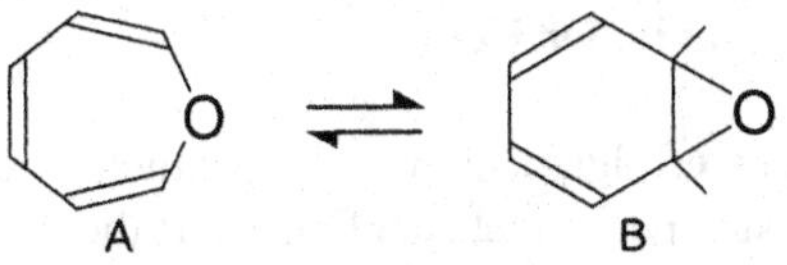

Abb. 3.103   Bindungsfluktuation in Benzenoxid.

Auch Cycloheptatrien steht mit seinem Valenztautomer, dem Norcaradien, in einem schnellen Gleichgewicht (siehe Abb. 3.104).

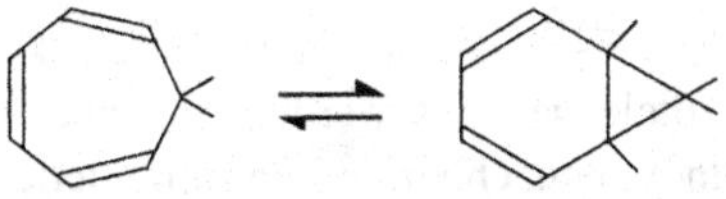

Abb. 3.104   Bindungsfluktuation in Norcaradien.

Bindungsfluktuation mit σ-Bindungsöffnung in Metallacyclen

In metallorganischen Verbindungen können oftmals zusätzliche koordinative Bindungen relativ leicht geöffnet und geschlossen werden. Damit ist eine temporäre Erhöhung oder Erniedrigung der Koordinationszahl verbunden.

Allerdings werden die damit auftretenden Bindungsfluktuationen stets mehr oder weniger durch Lösungsmittel (die z. B. als Donoren mit den intramolekularen Ligandengruppen konkurrieren) beeinflußt. Eine Koordinationserniedrigung im Übergangszustand dürfte bei der Enantiomerisierung der Stannaocane auftreten (siehe Abb. 3.105). Der Prozeß ist an der Verschmelzung der Methylsignale im NMR-Spektrum zu erkennen [3.86].

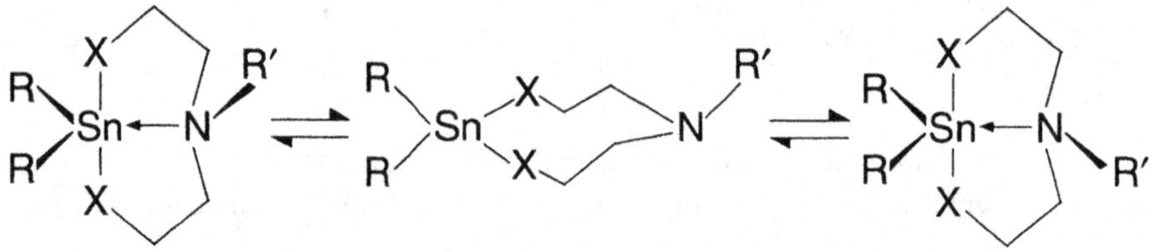

Abb. 3.105   Dissoziationinversion an 1,5,5-Trimethyl-stannaocan (R,R' = Methyl, X = O).

Ein Beispiel für die Koordinationserhöhung findet man dagegen an 1,1-Dialkyl-3-phenyl-3-thio-1,2,3-stannathiaphospholan (siehe Abb. 3.106) [3.87].

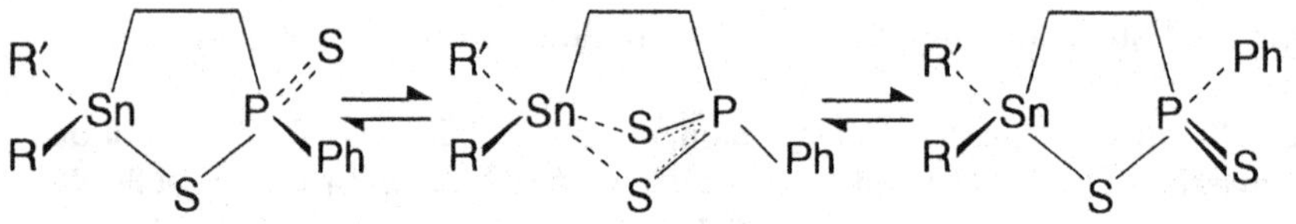

Abb. 3.106   Bindungsfluktuation an einem Stannaphospholan.

Bindungsfluktuation mit σ-Bindungsöffnung in der Kette

Wenn die Bindungsöffnung in der Seitenkette erfolgt, dann müßte eigentlich eine Gruppe vom Restmolekül abgetrennt werden. Dies ist nur dann nicht der Fall, wenn die abgetrennte Gruppe eine Brückenbindungsfähigkeit besitzt, d. h., wenn die Gruppe im Übergangszustand an zwei Zentren des Moleküls gebunden ist. Es ist jedoch leicht einzusehen, daß eine solche intramolekulare Gruppenwanderung unter bestimmten Bedingungen (z. B. in polaren Lösungsmitteln) mit einem intermolekularen Prozeß konkurrieren kann.

Je nachdem, wie viele Zentren die wandernde Gruppe überbrückt, kann man die Prozesse in 1,2-, 1,3- bis 1,n-Verschiebungen einteilen.

1,2-Verschiebung. Hierzu sollen einige Beispiele genannt werden, in denen sich die σ-Bindung von einem Zentrum löst und mit einem benachbarten Zentrum wieder aufbaut (siehe Abb. 3.107). Dieser Prozeß ist durch Linienverschmelzung in den ^{1}H- und

^{13}C-NMR-Spektren bei 293 K zu erkennen [3.88]. Die Orbitalsymmetrie muß bei diesem Prozeß erhalten bleiben (siehe Abb. 3.108) [3.23].

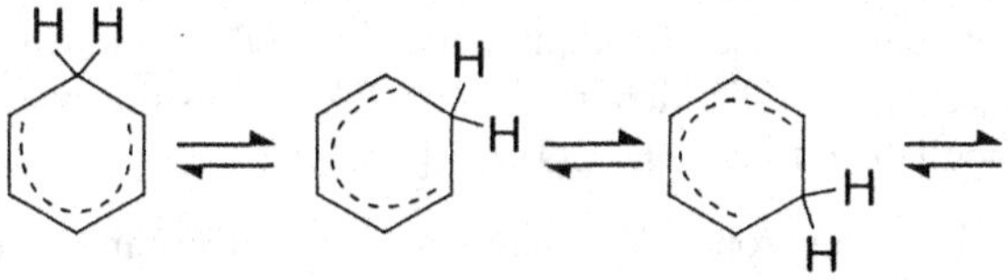

Abb. 3.107   1,2-H-Verschiebung ($E_a = 42$ kJ/mol.

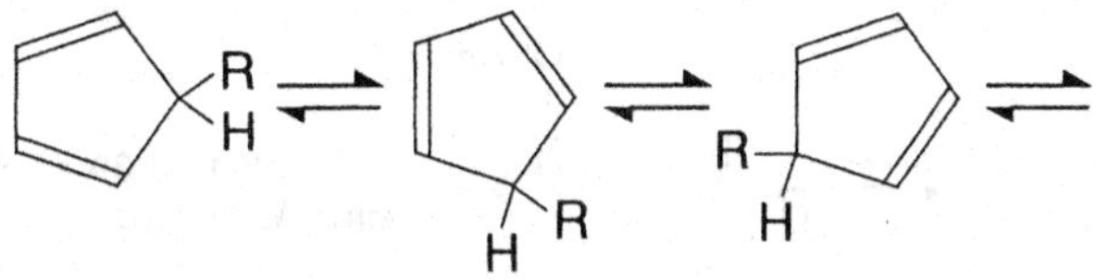

Abb. 3.108   1,2-R-Verschiebung an Cyclopentadien (R = Hg - $^1\eta$-C$_5$H$_5$; Fe(CO)$_2$($^5\eta$-C$_5$H$_5$); Ru(CO)$_2$($^5\eta$-C$_5$H$_5$); GeMe$_3$; SiMe$_3$; SnMe$_3$ [3.89; 3.90]).

Es gibt auch Moleküle, bei denen im Grundzustand Brücken vorliegen, die im Übergangs- zustand geöffnet werden (siehe Abb. 3.109).

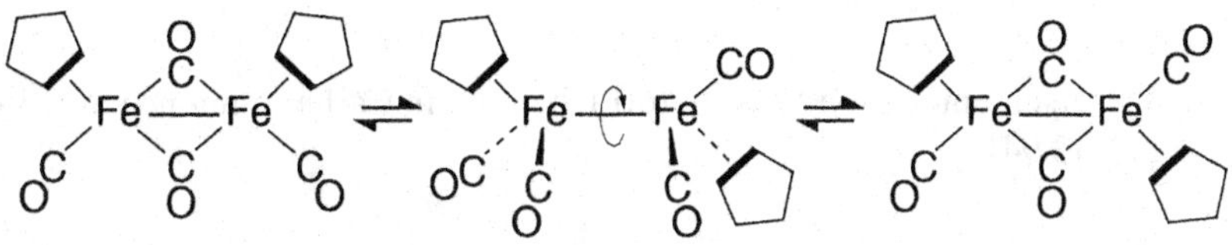

Abb. 3.109   1,2-Brückenöffnung und Rotation.

In der Zeit der Brückenöffnung erfolgt Rotation um die Fe — Fe-Bindung und damit Konfigurationsumkehr [3.91].

Gekoppelte 1,2-Verschiebung an Metallclustern mit Carbonyl-, Hydrido- und Isonitrilliganden. Die Molekülform der Cluster kann in vielen Fällen durch einen Ligandenpolyeder beschrieben werden, in dem das Metallskelett eingebaut ist. In Fe$_3$(CO)$_{12}$ beispielsweise bilden die Liganden einen Ikosaeder (siehe Abb. 3.110).

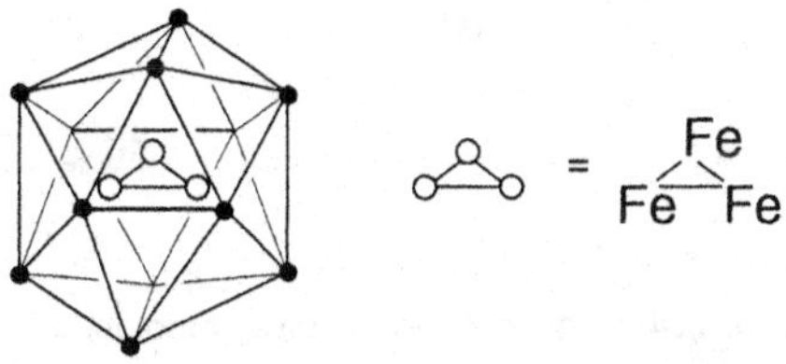

Abb. 3.110   Ikosaedergeometrie von Fe$_3$(CO)$_{12}$.

Bindungsfluktuation durch 1,2-Verschiebung einer CO-Gruppe ist mit Bindungsfluktuation aller anderen CO-Gruppen verbunden. Im Fall von $Fe_3(CO)_{12}$ tritt ein synchroner Wechsel aller CO-Gruppen auf, der auch mit der Rotation des Ikosaeders um den Metalldreiring beschrieben werden kann. Eine andere Bewegungsform ist der synchrone Wechsel der Liganden unter gleichzeitigem Wechsel des einhüllenden Polyeders in einen alternativen Polyeder, z. B. in $Ru_3(CO)_{12}$. Schließlich sind auch lokale Positionswechsel der CO-Liganden am Cluster möglich, z. B. in $[Rh_7(CO)_{16}]^{3-}$ [3.92].

1,3-Verschiebung. Bei der 1,3-sigmatropen Verschiebung wandert intramolekular eine Gruppe unter Überbrückung eines weiteren dazwischenliegenden Atoms (siehe Abb. 3.111).

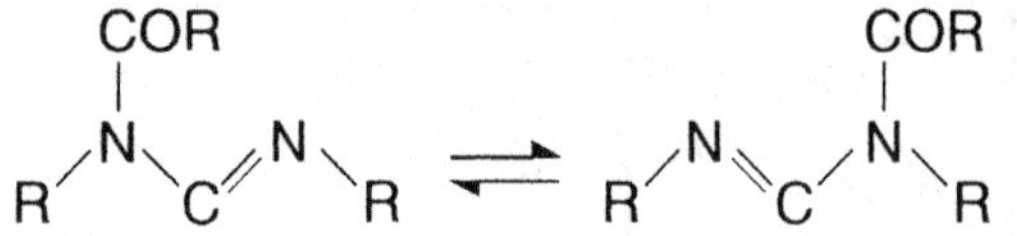

Abb. 3.111   1,3-Verschiebung einer Acylgruppe.

Ein allgemeines Schema dafür wird von Minkin [3.93] angegeben (siehe Abb. 3.112).

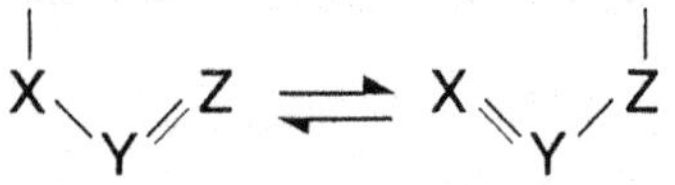

Abb. 3.112   Schema einer 1,3-Verschiebung (X,Z = C,O,N; Y = C,N; wandernde Gruppe: Aryl-, Acyl-).

Eine 1,3- Verschiebung von Wasserstoff tritt auch in Carboniumionen auf (vgl. z. B. Abb. 3.113) [3.94].

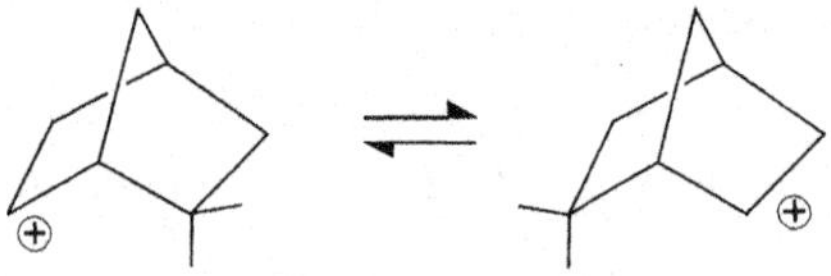

Abb. 3.113   1,3-Verschiebung von H im Norbornylkation.

1,4-Verschiebung. Die intramolekulare Wanderung eines Restes R = H oder Acyl in Tropolonderivaten (siehe Abb. 3.114) kann sowohl als 1,4-Wanderung als auch als 1,9-Wanderung aufgefaßt werden [3.93; 3.95].

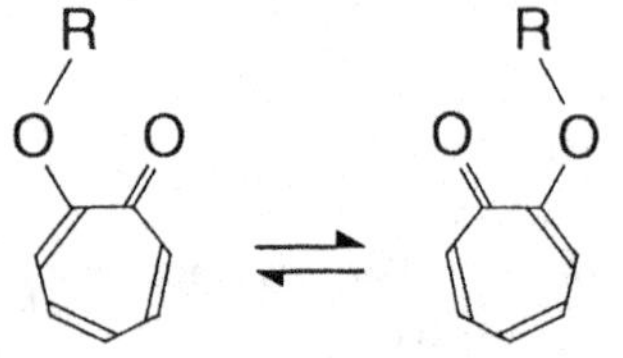

Abb. 114   1,4-Verschiebung an Tropolonderivaten.

Die Silylgruppen des Quadratsäurebis-(trimethylsilyl)esters gehen allerdings durch rasche intermolekulare Wanderung von einer Position zur anderen über (siehe Abb. 3.115) [3.96].

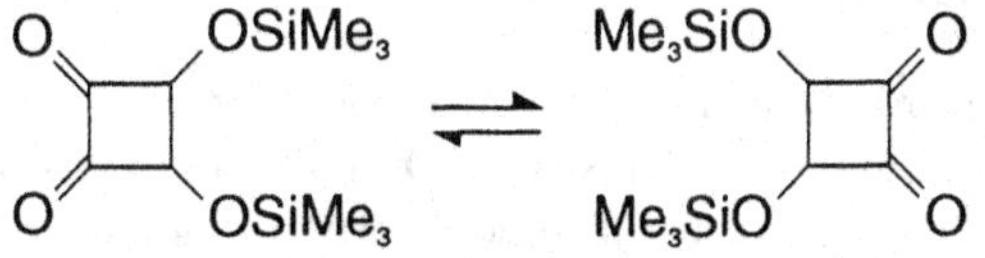

Abb. 115 Trimethylsilylgruppen-wanderung an der Quadratsäure.

Es gibt ferner die Möglichkeit, daß überbrückte und nichtüberbrückte Formen miteinander im Gleichgewicht vorliegen [3.93]. Dabei handelt es sich allerdings um eine Übergangs-form zur Bindungsfluktuation von σ-Bindungen mit Bindungsöffnung im Ring (siehe Abb. 3.116).

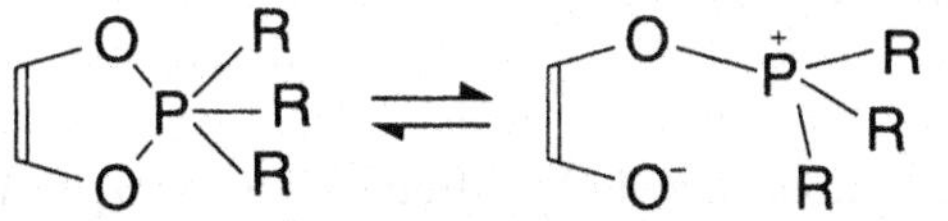

Abb. 3.116 Ringöffnung an cyclischen Phospholanen.

1,5-Verschiebung. Ein bekanntes Beispiel für eine 1,5-Protonenverschiebung ist das Acetylaceton (siehe Abb. 3.117).

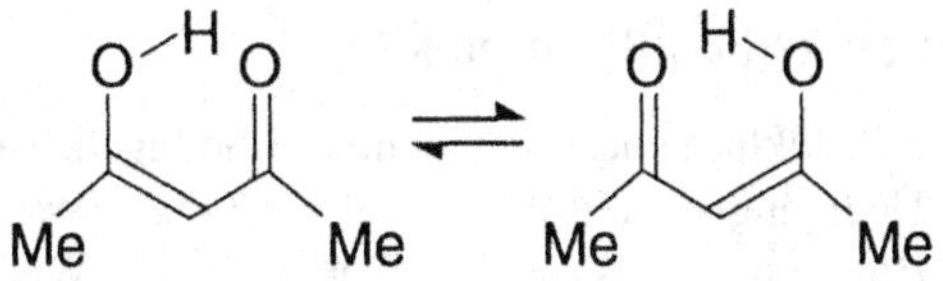

Abb. 3.117 1,5-H-Verschiebung in Acetylaceton.

Auch hierbei ist zu beachten, daß der intermolekulare Protonenaustausch stets als Konkur-renzreaktion auftreten kann. Das allgemeine Schema ist in Abbildung 3.118 dargestellt.

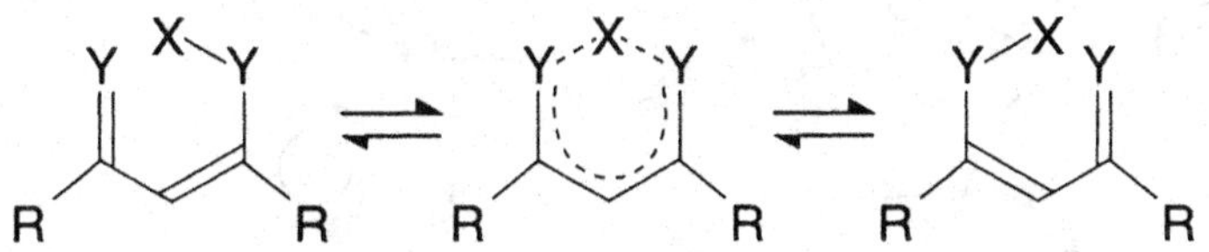

X = H, Si(CH$_3$)$_3$, Sn(CH$_3$)$_3$, Pb(CH$_3$)$_3$, Sb(CH$_3$)$_4$ [3.93] [3.97] [3.98]

Abb. 3.118 Schema der 1,5-Verschiebung (R = H; SiMe$_3$; SnMe$_3$; SbMe$_4$).

1,n-Verschiebung. Je mehr Atome bei einem intramolekularen Prozeß überbrückt werden, um so geringer wird die Häufigkeit der Konformation, in der eine solche Überbrückung möglich ist. Dadurch kommen die entsprechenden intermolekularen Konkurrenzprozesse immer stärker ins Spiel [3.93].

3.5.2.4 σ–π-Bindungsfluktuationen

Als σ–π-Bindungsfluktuationen werden diejenigen Fluktuationen bezeichnet, bei denen Bindungen, die durch Wechselwirkung von lokalisierten Orbitalen mit delokalisierten Orbitalen zustande kommen, ihre Partner wechseln. Eine derartige Bindungsfluktuation findet man beispielsweise im Norbornadien-7-yl-Kation (siehe Abb. 3.119).

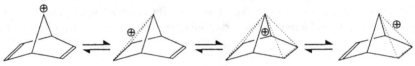

Abb. 3.119   Bindungsfluktuation am Norbornadien-7-yl-Kation.

Eine Überlappung der Orbitale an C-Atomen, zwischen denen keine zusätzliche σ-Bindung existiert, wird nichtklassische Elektronendelokalisierung genannt [3.99]. Eine solche Überlappung entspricht gewöhnlich keiner π-Bindung, sondern liegt zwischen π- und σ-Bindung. Der in Abbildung 3.119 dargestellte Prozeß (*brigde-flipping* [3.99]) hat eine Aktivierungsbarriere von $E_a = 82$ kJ/mol.

3.5.2.5 π–σ-Wechsel an Übergangsmetallkomplexen

Hierbei handelt es sich um Bindungsfluktuationen, bei denen Bindungen, die durch Wechselwirkung von lokalisierten Übergangsmetallorbitalen mit *delokalisierten* Ligandenorbitalen zustande kommen, mit Bindungen im Wechsel stehen, die durch Wechselwirkung von lokalisierten Übergangsmetallorbitalen mit *lokalisierten* Ligandenorbitalen zustande kommen.

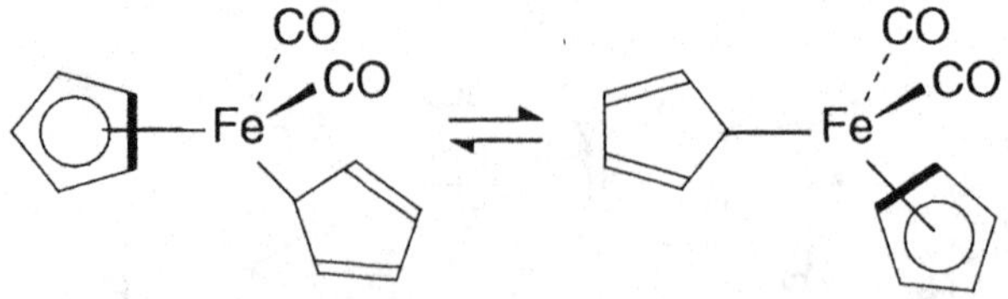

Abb. 3.120   Bindungsfluktuation an Dicyclopentadienyl-dicarbonyl-eisen(II).

Diese Prozesse treten insbesondere bei Übergangsmetallkomplexen von Polyenen auf. Der in Abbildung 3.120 dargestellte Prozeß ist an der Verschmelzung der NMR-Signale beider Cyclopentadienylreste zu erkennen. Außerdem ist eine 1,2-Verschiebung am η^1-

Cyclopentadienylrest überlagert [3.93; 3.100]. Die Wechselwirkung der Metallorbitale mit dem π-Bindungssystem kann auch durch Mehrzentrenwechselwirkung, d. h. durch die „Haptizität" beschrieben werden. Bei einem synchronen Prozeß nimmt die Haptizität des einen Ringes zu, die des anderen ab, so daß die Koordinationszahl des Übergangsmetallatoms ungeändert bleiben kann [3.101]. Ein solcher Haptizitätswechsel ist auch in dem von Cotton [3.102] beschriebenen *twitching*-Prozeß enthalten (siehe Abb. 3.121).

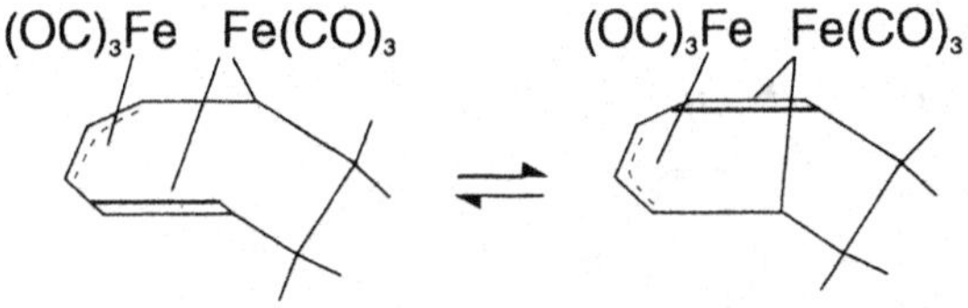

Abb. 3.121 Bindungsfluktuation an Di(eisentricarbonyl)-cyclooctatrien.

Man erkennt, daß hier noch ein weiterer Prozeß (Verschiebung am Cyclopolyen) überlagert ist. Außerdem tritt bei höherer Temperatur ein Austausch der CO-Gruppen auf.

3.5.2.6 Übergangsmetallrestverschiebung an π-Systemen

Unter Übergangsmetallrestverschiebung an π-Systemen sind Bindungsfluktuationen zu verstehen, bei denen sich Bindungen (Wechselwirkungen) von lokalisierten Orbitalen des Übergangsmetallatoms mit delokalisierten Ligandenorbitalen entlang eines delokalisierten Elektronensystems verschieben.

Verschiebung am Cyclopolyen

Übergangsmetall-π-Komplexe, in denen das Metallatom an das Fragment eines vollständig konjugierten cyclischen Polyolefins gebunden ist, zeigen häufig Bindungsfluktuationen. Bei monomeren Komplexen ist damit eine schnelle Bewegung des Metallrestes rund um den Ring verbunden. Es tritt eine Anzahl thermisch anregbarer degenerierter Valenztautomere auf.

1,2-Verschiebung. Eine solche „haptotrope" 1,2-Verschiebung ist mit einer π-Reorganisation verbunden. Häufig ändert sich im Übergangszustand die Haptizität (d. h. die Anzahl der formal in die Koordination einbezogenen C-Atome), jedoch nicht die Anzahl der wechselwirkenden π-Elektronen des Liganden, z. B. in $[C_7H_7Fe(CO)_3]^-$ (s. Abb. 3.122) [3.103; 3.104].

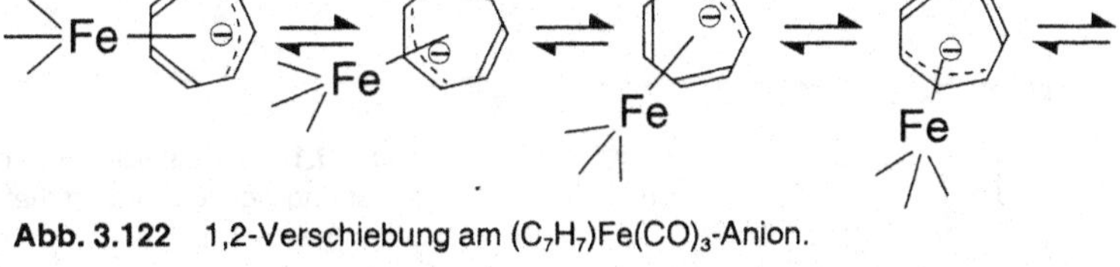

Abb. 3.122   1,2-Verschiebung am $(C_7H_7)Fe(CO)_3$-Anion.

Der Ring ist im Komplex nicht planar. Da der η^4-Komplex etwas weniger stabil als der η^3-Komplex ist, könnte er dem Übergangszustand entsprechen. Auch dieser Prozeß ist wiederum von einem anderen überlagert, der in einem schnellen Positionswechsel der CO-Gruppen besteht (wahrscheinlich Turnstile-Rotation).

1,3- Verschiebung. Eine 1,3-Verschiebung kann dann auftreten, wenn sich die Haptizität im Übergangszustand um zwei Einheiten ändert, z. B. in $[M(CO)_3(\eta^6\text{-}C_6H_6)]$ (siehe Abb. 3.123) mit M = Cr, Mo, W [3.105].

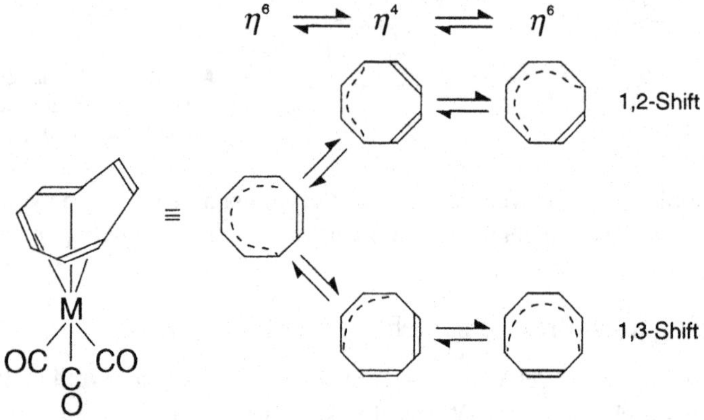

Abb. 3.123 1,2- und 1,3-Verschiebung an Cyclooctatetraenkomplexen von Übergangsmetallen.

Verschiebung entlang einer Kette

Hierbei kommt die Überbrückungsfähigkeit des Metallatoms zur Geltung (siehe Abb. 3.124).

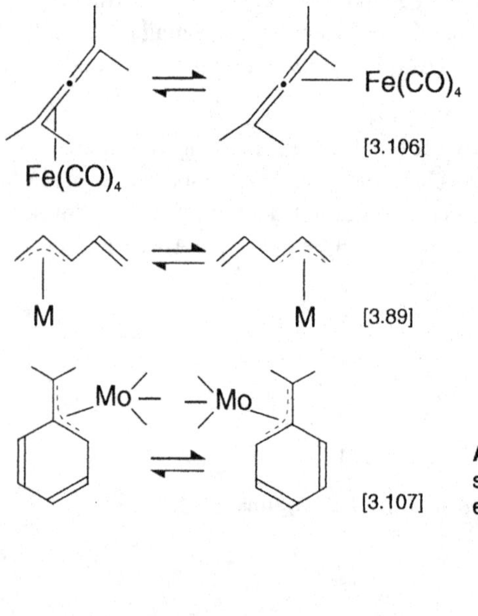

Abb. 3.124 Beispiele für die Verschiebung von Übergangsmetallresten entlang einer Kette.

3.6 Untersuchungsmethoden der intramolekularen Beweglichkeit

3.6.1 Auswahl der Methoden

Die unterschiedlichen Beschreibungsweisen der intramolekularen Beweglichkeit stützen sich auf physikalische Messungen (siehe auch Kapitel 4). Die hier dargestellte Auswahl der Methoden ist nach zwei grundlegenden Modellen gegliedert, mit denen die intramolekulare Beweglichkeit beschrieben werden kann: Rotationsdiffusion und thermisches Gleichgewicht.

3.6.1.1 Modell der Rotationsdiffusion

Mit dem Modell der Rotationsdiffusion (Barriere kleiner als kT) läßt sich vor allem die intramolekulare Rotation von Methylgruppen oder anderer kleiner Gruppen beschreiben. Geeignete Methoden hierfür sind:

– Messung der NMR-Relaxationszeiten,
– Neutronenstreuung,
– Kerr-Effekt-Relaxation,
– dielektrische Relaxation,
– IR- und Raman-Linienverbreiterung.

3.6.1.2 Modell des thermischen Gleichgewichts

Mit dem Modell des Austauschs zwischen Bewegungszuständen im thermischen Gleichgewicht werden alle anderen in Abschnitt 3.5 vorgestellten intramolekularen Bewegungsprozesse beschrieben. Dazu wird der Potentialverlauf (Schnitt durch die Potentialhyperfläche) durch Bestimmung der Minima und Barrieren charakterisiert. Diese Messungen teilt man wiederum in zwei Gruppen:

– Bestimmung der Gleichgewichtskonstante K_{ij} ,
– Bestimmung der Geschwindigkeitskonstante k_{ij}.

Die Gleichgewichtskonstanten K_{ij} werden aus den Molenbrüchen γ_i der im Gleichgewicht befindlichen Bewegungszustände (z. B. Konformere) berechnet ($K_{ij} = \gamma_i / \gamma_j$). Experimentell können die Molenbrüche entweder direkt gemessen werden, wenn die Zeitskala der Methode die Identifizierung einzelner Bewegungszustände zuläßt, oder die Molenbrüche gehen als Gewichte in den gewichteten Mittelwert eines Meßparameters ein.

Aus der Gleichgewichtskonstanten K_{ij} wird die relative Lage der Minima auf der Potentialhyperfläche bzw. der Potentialkurve bestimmt ($\Delta G^\circ_{ij} = -\mathrm{RT}\ln K_{ij}$).

Die Geschwindigkeitskonstante k_{ij} beschreibt den Wechsel vom Bewegungszustand i zum Bewegungszustand j als Prozeß erster Ordnung. Die Bewegungsprozesse werden bis auf wenige Ausnahmen auf schnelle Sprünge zwischen zwei oder mehreren Einzelzuständen zurückgeführt. Dabei wird vorausgesetzt, daß die Sprungzeit kurz gegenüber der mittleren Lebensdauer eines Einzelzustands ist. Als Geschwindigkeitskonstante wird deshalb der reziproke Wert der Lebensdauer eines Bewegungszustands eingesetzt.

Die Geschwindigkeitskonstante k_{ij} kann zur Bestimmung der Barrierenhöhen nach der Arrhenius-Gleichung (E_a) bzw. nach der Eyring-Gleichung (ΔG^*, ΔH^*, ΔS^*) dienen. Die Barrieren können auch nach dem Modell der Rotationsdiffusion berechnet werden. Anstelle der Geschwindigkeitskonstanten werden dabei die reziproken Korrelationszeiten in die Arrhenius- bzw. Eyring-Gleichung eingesetzt.

Oft kann ein und dieselbe Methode sowohl zur Bestimmung der Gleichgewichtskonstanten K_{ij} wie auch der Geschwindigkeitskonstanten k_{ij} verwendet werden.

Im Hinblick auf die intramolekulare Beweglichkeit hat sich die NMR-Spektroskopie als besonders günstig erwiesen. Eine Reihe von Prozessen (z. B. die Bindungsfluktuation) verdanken ihre Entdeckung der NMR-Spektroskopie. Aus diesem Grund wird hier auf die NMR-Spektroskopie besonderes Gewicht gelegt. Weitere geeignete Methoden sind:

– Elektronenbeugung,
– Neutronenstreuexperimente,
– Mikrowellenspektroskopie,
– IR- und Raman-Spektroskopie,
– UV/Vis-Spektroskopie,
– PE-Spektroskopie,
– EPR-Spektroskopie,
– kalorische Methoden,
– Messung der Dielektrizitätskonstante,
– Messung des Kerr- und Cotton-Mouton-Effekts,
– Messung des Brechungsindex,
– chiroopische Methoden.

3.6.2 Zeitskala einer Methode

3.6.2.1 Zeitskala im Modell der Rotationsdiffusion

Zur Messung der Geschwindigkeit einer Bewegung benötigt man ein Meßinstrument, in dem ein periodischer Prozeß möglichst konstanter Frequenz abläuft. Benutzt man beispielsweise ein Pendel mit einer Schwingungsdauer von 1 s, so lassen sich damit periodische Bewegungen, z. B. andere Schwingungen messen, sofern sie eine kleinere Frequenz als 1 Hz haben.

Schwingungen mit höherer Frequenz können damit nicht gemessen werden. Sie sind zu „schnell". Diese Grenze entspricht der „Zeitauflösung" des Pendels. Aber auch sehr langsame Prozesse, wie etwa die Kontinentalverschiebung, lassen sich damit praktisch nicht messen, weil man die Schwingung kaum so lange aufrechterhalten kann. Die Zeitskala einer Pendeluhr erstreckt sich also von 1 s bis ca. 10^5 s ($\sim$ 1 Tag) mit einer Skaleneinteilung von 1 s.

Benutzt man eine elektromagnetische Welle als Vergleichsgröße zur Messung der Geschwindigkeit einer periodischen Bewegung, so ist auch hier die Frequenz der elektromagnetischen Strahlung die eine Grenze, die Kohärenzwellenlänge die andere. Beide Größen sind jedoch nicht unabhängig voneinander. Je kürzer der ausgestrahlte Wellenzug ist, um so größer ist die Frequenzbreite der Spektrallinie.

Das vereinfachte Modell eines Ensembles angeregter Atome soll dies plausibel machen: Nach einer mittleren Lebensdauer τ gehen die Atome unter Abstrahlung einer Spektrallinie in den Grundzustand zurück. Für den Zerfall des Anregungszustands soll das Zerfallsgesetz erster Ordnung gelten:

$$\frac{dN}{dt} = -kN \tag{3.54}$$

    (N Anzahl der angeregten Atome;
    k Zerfallskonstante;
    t Zeit).

Durch Integration von $t = 0$ bis $t = t$ folgt:

$$N(t) = N_0\, e^{-kt} \tag{3.55}$$

Wenn nur eine Zerfallsmöglichkeit existiert, dann gilt $k = 1/\tau$

$$N(t) = N_0\, e^{-\frac{t}{\tau}} \tag{3.56}$$

    (τ mittlere Lebensdauer des angeregten Zustands).

Die in der Zeiteinheit zerfallenden Anregungszustände entsprechen der Intensität pro Zeiteinheit.

Durch Fourier-Transformation

$$I(\nu) = K \int_{-\infty}^{\infty} N(t)\, e^{i2\pi\nu t}\, dt \tag{3.57}$$

kann die Zeitfunktion in eine Frequenzfunktion überführt werden:

$$I(\nu) = K\, \frac{\tau}{1 + \tau^2 4\pi^2 (\nu_0 - \nu)^2} \tag{3.58}$$

    (ν_0 Emissionsfrequenz;
    ν Seitenfrequenzen;
    τ mittlere Lebensdauer des Anregungszustands).

Diese von Lorentz und Michelson aufgestellte Formel beschreibt die Linienform $I(\nu)$ vieler Spektrallinien (siehe Abb. 3.125).

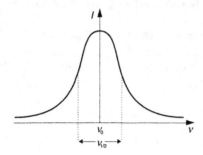

Abb. 3.125   Lorentz-Form einer Spektrallinie.

Daraus läßt sich die Halbwertsbreite $\nu_{1/2}$ (Signalbreite in halber Höhe) ableiten.

$$\nu_{1/2} = (\pi\tau)^{-1} \tag{3.59}$$

Die mittlere Lebensdauer eines Zustands (z. B. des Anregungszustands) bestimmt die Linienbreite einer Spektrallinie. Das gilt für eine Emissionslinie wie für eine Absorptions-linie bei jeder Art von Spektroskopie.

Im Modell der Rotationsdiffusion werden keine einzelnen Bewegungszustände nachge-wiesen. Der Bewegungsprozeß macht sich vielmehr in der Linienform einer einzelnen Spektrallinie bemerkbar bzw. wird an der Relaxation eines Systems angeregter Moleküle nach einer Störung erkannt (siehe Relaxationszeitmessung Abschn. 3.6.4.3). Dynamische Prozesse (Fluktuationen) mit kleiner Barriere ($< kT$) werden durch eine Zeit τ_d charakteri-siert, die auch als Korrelationszeit bezeichnet wird.

Je nach dem Verhältnis von τ_d und der mittleren Lebensdauer τ des Anregungszustands, aus dem die Spektrallinie hervorgeht, unterscheidet man zwei Fälle A und B:

Fall A $\tau_d \ll \tau$: Während der Lebensdauer des Anregungszustands ändert sich der Bewegungszustand sehr oft. Es kommt zu einer Mittelung dieses Einflusses, der durch einen Faktor in der Linienformformel ausgedrückt wird.

Beispielsweise gilt für die Mößbauer-Spektroskopie $\tau_d = 10^{-14}$s = Schwingungs- dauer im Kristall und $\tau = 10^{-7}$s = Lebensdauer eines Mößbauer-Anregungszustands. Daraus folgt, daß die Kristallschwingungen keinen Einfluß auf die Linienbreite einer Mößbauer-Linie haben.

Fall B $\tau_d \geq \tau$: Wenn τ und τ_d von vergleichbarer Größenordnung sind, so tritt eine Linienverbreiterung auf. In Gleichung 3.57 muß dann τ durch τ_{eff} ersetzt werden.
Näherungsweise gilt:

$$(\tau_{eff})^{-1} = (\tau)^{-1} + (\tau_d)^{-1} \tag{3.60}$$

Sehr langsame Prozesse (d. h. wenn $\tau_d > 100\ \tau$) können deshalb nicht mehr nachgewiesen werden.

Diffusionsprozesse führen zu einer beträchtlichen Verbreiterung der Mößbauer-Linien. Es gilt $\tau_d = 10^{-7} - 10^{-10}$ s = Diffusionszeit und $\tau = 10^{-7}$ s = Lebensdauer eines Mößbauer-Anregungszustands.

Zur Bestimmung von Korrelationszeiten, die beispielsweise die Rotation einer Methylgruppe beschreiben, sollte man deshalb eine spektroskopische Methode verwenden, bei der die Lebensdauer des Anregungszustands in der Größenordnung der Korrelationszeiten liegen.

3.6.2.2 Zeitskala im Modell des thermischen Gleichgewichts

Um unterschiedliche Bewegungszustände mit einer physikalischen Methode unterscheiden zu können, müssen sich diese durch unterschiedliche Wechselwirkungen zu erkennen geben (z. B. chemische Verschiebungen, Kopplungskonstanten, Quadrupolaufspaltung, Kraftkonstanten, Retentionszeiten). Die unterschiedlichen Bewegungzustände führen so zu einer Aufspaltung im Spektrum oder im Chromatogramm.

Nur wenn die mittlere Lebensdauer der Bewegungszustände im Gleichgewicht lang genug ist, läßt sich diese Aufspaltung messen. Bei einem bestimmten Zeitlimit, bei dem die mittlere Lebensdauer kleiner wird (etwa bei Beschleunigung des Bewegungsvorgangs), geht die Aufspaltung verloren. Ist die Bewegung also schnell, d. h., bleibt die mittlere Lebensdauer unterhalb dieses Zeitlimits, so mißt man ein gemitteltes Signal.

Jede Aufspaltung von Meßwerten einer physikalischen Methode hat eine solche Zeitgrenze und setzt einen Maßstab dafür, was schnell und was langsam ist.

Beispiel:
Die Umwandlung von axial-Chlorcyclohexan in äquatorial-Chlorcyclohexan ist bei Zimmertemperatur schnell bezüglich der NMR-Verschiebungsaufspaltung ($\Delta \nu = 70$ Hz bei 100 MHz Aufnahmefrequenz) der Methinprotonen. Man beobachtet folglich nur ein einziges gemitteltes Signal für beide Konformationen. Der gleiche Prozeß ist langsam bezüglich der Aufspaltung der C — Cl-Valenzschwingungsbanden im IR-Spektrum. Man beobachtet zwei getrennte Banden für die äquatoriale Konformation ($\overline{\nu} = 731$ cm^{-1}) und für die axiale Konformation ($\overline{\nu} = 688$ cm^{-1}) ($\Delta \nu = 1{,}29 \cdot 10^{12}$ Hz) [3.108].

Die Ursache für die Zeitgrenze kann man sich leicht anhand der Heisenbergschen Unschärferelation plausibel machen:

$$\Delta E \, \Delta t \geq h/2\pi \qquad\qquad (3.61)$$

(ΔE Energiedifferenz;
Δt Mindestmeßzeit;
h Plancksche Konstante).

Wenn sich während der Mindestmeßzeit Δt für einen Energieunterschied ΔE der Bewegungszustand des Moleküls ändert, beobachtet man im Spektrum nur ein einziges Signal (Mittelwert). Je geringer die Aufspaltung (Frequenzdifferenz), d. h., je geringer die Energiedifferenz der Bewegungszustände ist, desto länger muß die mittlere Lebensdauer der einzelnen Bewegungszustände sein, wenn man getrennte Spezies nachweisen will (siehe Abb. 3.126).

Die Änderung der Linienform und Verschmelzung der Signale kann man zur Bestimmung der mittleren Lebensdauer τ_d von Bewegungszuständen benutzen (siehe Abschn. 3.6.4.3)

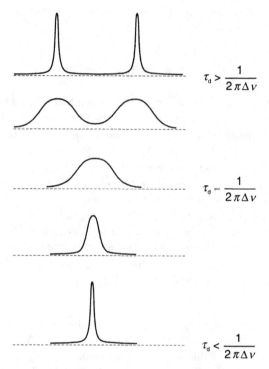

Abb. 3.126 Signalaufspaltung durch zwei Bewegungszustände beim Übergang vom langsamen zum schnellen Positionswechsel, d. h. bei kleiner werdender mittlerer Lebensdauer τ_d der Bewegungszustände.

Tabelle 3.13 Übersicht über die Zeitskalen einzelner Methoden.

Methode	Zeitskala (in s)
NMR-Spektroskopie	$10^{-1}...10^{-9}$
NQR-Spektroskopie	$10^{-1}...10^{-2}$
EPR, ENDOR-Spektroskopie	$10^{-4}...10^{-9}$
Mößbauer-Spektroskopie	$10^{-5}...10^{-8}$
Mikrowellenspektroskopie	10^{-9}
Neutronenspektroskopie	$10^{-7}...10^{-10}$
IR- und RAMAN-Spektroskopie	10^{-13}
UV/Vis-Spektroskopie	10^{-14}
Röntgenbeugung	10^{-18}
Neutronenbeugung	10^{-18}
Elektronenbeugung	10^{-20}

Die Begriffe schnell und langsam können somit immer nur bezüglich einer bestimmten Aufspaltung $\Delta\nu$ angegeben werden. Bei einzelnen physikalischen Methoden kann aber diese Aufspaltung beträchtlich variieren (siehe Tabelle 3.13); somit steht eine ganze Zeitskala zur Verfügung, in der man die Verschmelzung von Signalen beobachten und damit Geschwindigkeitskonstanten bestimmen kann.

3.6.3 NMR-spektroskopische Untersuchung der intramolekularen Beweglichkeit

Die NMR-Spektroskopie hat eine zentrale Stellung unter den Methoden zum Studium der intramolekularen Beweglichkeit. Ein besonderer Vorteil ist die Zeitskala der Methode, die über den Lebensdauerbereich der häufigsten intramolekularen Bewegungszustände verschoben werden kann (siehe DNMR). In vielen Fällen gelingt es, die NMR-Spektren einzelner Bewegungszustände aufzunehmen und zusätzlich unter anderen Bedingungen (z. B. bei höherer Temperatur) auch das Durchschnittsspektrum. In diesem Abschnitt sollen generell Konformere als Stellvertreter für intramolekulare Bewegungszustände verwendet werden. Alle Beziehungen sind uneingeschränkt auch auf Valenztautomere oder Verschiebungsisomere zu übertragen.

3.6.3.1 Symmetriebeziehungen in Konformeren

Die Symmetriebeziehungen zwischen den Konformeren eines Moleküls sind bestimmend für die Art des Duchschnittsspektrums mehrerer im schnellen Gleichgewicht befindlicher Konformere. In bezug auf die chemischen Verschiebungen kann man drei Fälle unterscheiden, die sich aus drei verschiedenen Symmetrieoperationen zwischen den im Gleichgewicht befindlichen Konformeren ergeben:

a) Die einzelnen Konformere können durch Rotation des ganzen Moleküls zur Deckung gebracht werden (siehe Abb. 3.127).

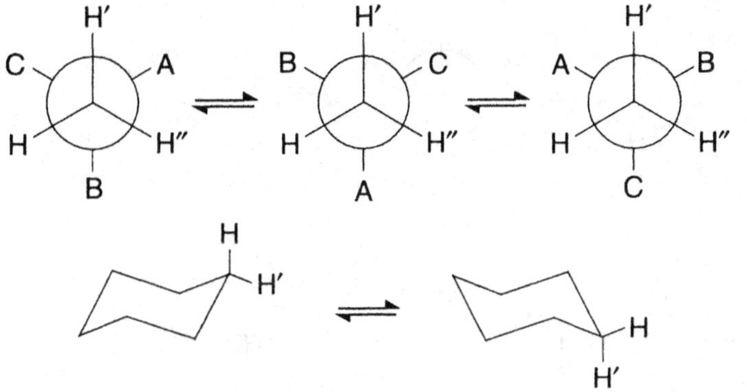

Abb. 3.127 Diastereotope Protonen im einzelnen Konformer werden äquivalent bei schnellem Positionswechsel.

Die Protonen H und H′ (und H″) sind in den Einzelkonformationen anisochron (d. h., sie haben unterschiedliche chemische Verschiebungen), im schnellen Konformeren-gleichgewicht isochron, (d. h., sie haben die gleiche chemische Verschiebung), sowohl im chiralen wie im achiralen Medium. Die Konformere haben die gleiche Energie und folglich die gleiche Population.

b) Die einzelnen Konformere können durch Symmetrieoperationen zweiter Art ineinander überführt werden (siehe Abb. 3.128).

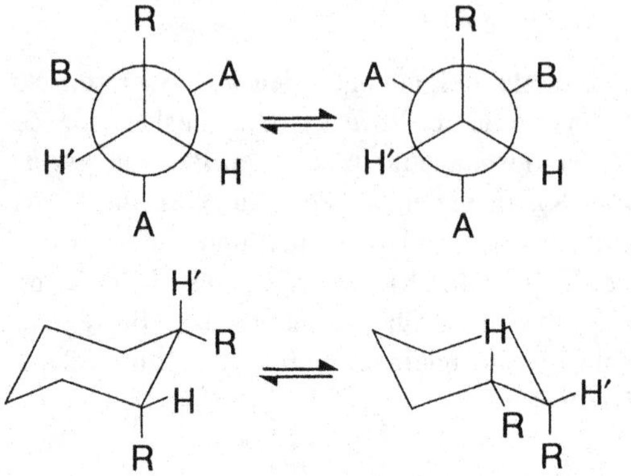

Abb. 3.128 Diastereotope Protonen im einzelnen Konformer werden enantiotop bei schneller Konformationsumwandlung.

Die Protonen H und H′ sind in den Einzelkonformationen anisochron, im schnellen Konformengleichgewicht isochron im achiralen Medium und anisochron im chiralen Medium.

c) Die Konformere sind durch keinerlei Symmetrieoperation zur Deckung zu bringen (siehe Abb. 3.129).

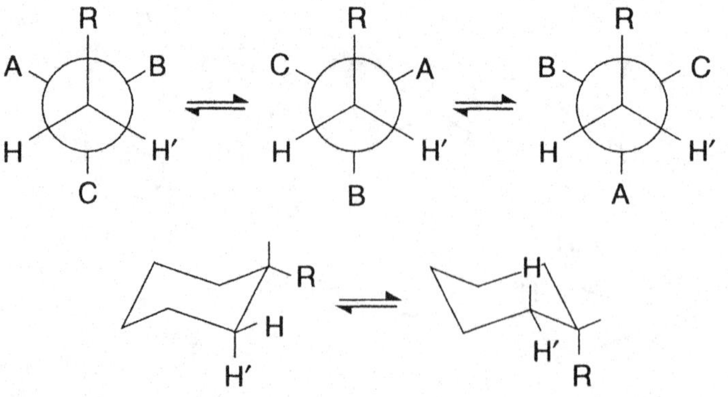

Abb. 3.129 Diasterotope Protonen im einzelnen Konformer bleiben diasterotop bei schneller Konformationsumwandlung.

Die Protonen H und H' sind auch im schnellen Konformerengleichgewicht unabhängig von der Population in jedem Lösungsmittel anisochron.

Bezüglich der Zahl unterschiedlicher Kopplungskonstanten im schnellen Konformerengleichgewicht kann man Mortimers Regeln anwenden. Dazu ist es zweckmäßig, Molekülmodelle zu verwenden und das Molekül in die Konformation höchster Symmetrie (die nicht die energietiefste sein muß) zu bringen. Die Zahl der unterschiedlichen Kopplungskonstanten ist bei schneller Reorientierung dieselbe wie die Zahl für die Konformation der höchsten Symmetrie, z. B.:

	höchste Symmetrie	Spektraltyp
$CHXY — CH_2Z$		ABC
$CHXY — CH_2 — CHXZ$ meso	C_s	A_2B_2
$CHXY — CH_2 — CHXZ$ d,l	C_2	$[AB]_2 \equiv AA'BB'$

Die hier genannten Regelmäßigkeiten gelten für die NMR-Spektren aller magnetischen Kerne. Das Symmetrieprinzip gestattet nur Aussagen darüber, ob unterschiedliche chemische Verschiebungen und Kopplungskonstanten auftreten, nicht jedoch über die Größe dieser Differenzen.

3.6.3.2 Bestimmung der Konformerengleichgewichte

Messung der Flächen unter den Signalen

Die Flächen unter den Signalen, die zu gleichen Kernen in unterschiedlichen Konformeren gehören, verhalten sich wie die Molenbrüche der Konformere im Gleichgewicht. Selbstverständlich muß dabei die Umwandlung langsam in der NMR-Zeitskala sein. Man ist folglich in den meisten Fällen auf Tieftemperaturspektren angewiesen. Außerdem sollten die Molenbrüche der Konformere vergleichbar sein ($\Delta G° < 8,4$ kJ/mol), um eine hinreichend genaue Integration zu erlauben. Schließlich müssen sich die Signale einwandfrei zuordnen lassen und dürfen nicht überlappen. Die letztgenannte Schwierigkeit kann man manchmal durch partielle Deuterierung beheben. Jensen und Mitarbeiter [3.109] bestimmten die A-Werte von 20 monosubstituierten Cyclohexanderivaten durch sorgfältige Integration der Tieftemperatur-^{1}H-NMR-Spektren. Analoge Messungen wurden auch mit Hilfe der ^{13}C-NMR-Spektren durchgeführt [3.110]. Bei Jensens Messungen zeigte sich, daß sich die Gleichgewichtskonstante bei Erhöhung der B_1-Feld-Amplitude ändert, daß folglich die Protonen in unterschiedlichen Konformeren unterschiedliche Relaxationszeiten besitzen.

Messung der chemischen Verschiebung

Die Bestimmung der Gleichgewichtskonstante aus der chemischen Verschiebung eines Signals wurde häufig bei substituierten Cyclohexanderivaten angewandt [3.111]. Der Ersatz eines H-Atoms im Cyclohexan durch einen elektronegativeren Substituenten führt zu einer Tieffeldverschiebung des α-Protons. Damit ist dieses Signal meist deutlich von den restlichen Protonensignalen abgesetzt (siehe Abb. 3.130).

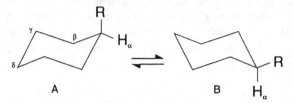

Abb. 3.130 Konformerengleichgewicht eines monosubstituierten Cyclohexans.

Das Signal des α-Protons ist der X-Teil eines komplizierten AA'BB'CC'EFX-Spektrums und deshalb häufig ein breiter symmetrischer Peak ohne Feinstruktur. Wenn δ die chemische Verschiebung des α-Protons in der Gleichgewichtsmischung der Konformere A und B ist, dann gilt:

$$\delta = \delta_e\,\gamma_A + \delta_a(1 - \gamma_A) \tag{3.62}$$

(δ_e chemische Verschiebung des äquatorialen Protons in A;
δ_a chemische Verschiebung des axialen Protons in B;
γ_A Molenbruch des Konformers A im Gleichgewicht).

$$K = \frac{1 - \gamma_A}{\gamma_A} = \frac{\delta_e - \delta}{\delta - \delta_a} \qquad \text{A-Wert} = -RT \ln K \tag{3.63}$$

Gewöhnlich werden die Bezugswerte δ_e und δ_a aus den Raumtemperaturspektren der 4-tert-Butylverbindungen entnommen, weil in diesen Derivaten das Konformer mit äquatorialer tert-Butylgruppe stark dominiert und für die gemessenen chemischen Verbindungen verantwortlich ist (siehe Abb. 3.131).

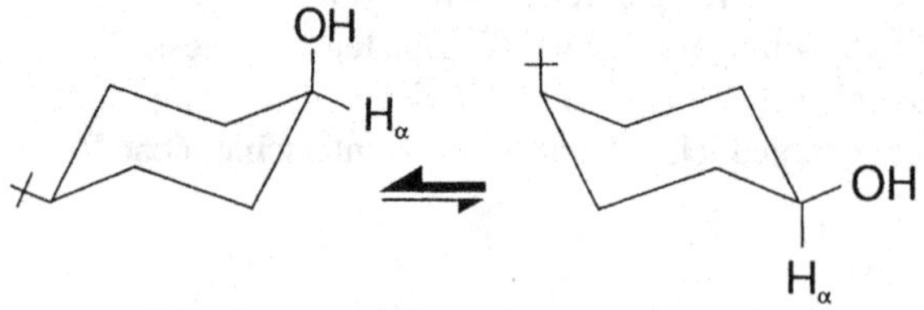

Abb. 3.131 Konformerengleichgewicht von c-4-tert-Butylcyclohexanol (tert-Butylsubstituent = Konformationsanker).

Die Methode kann verallgemeinert werden, wenn die A-Werte und chemischen Verschiebungen von Referenzverbindungen bekannt sind (siehe Abb. 3.132) [3.112 - 3.114].

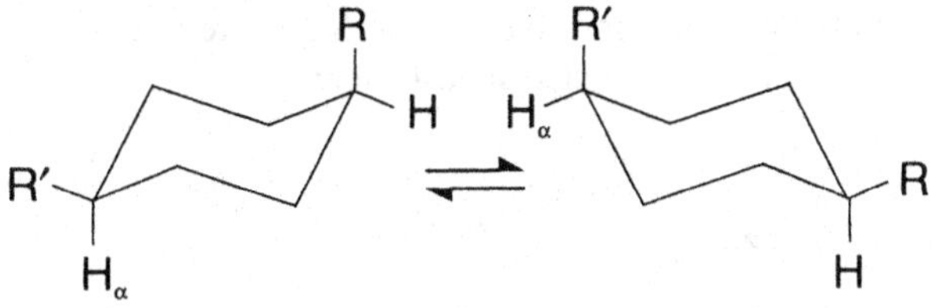

Abb. 3.132   Konformerengleichgewicht eines c-1,4-disubstituierten Cyclohexanderivates.

Messung der Kopplungskonstanten und Signalbreiten

Für quantitative Messungen eines Konformerengleichgewichts wird insbesondere die vicinale Kopplungskonstante genutzt. Als Beispiel wird in Abbildung 3.133 das Konformerengleichgewicht von 1,1,2,2-tetrasubstituiertem Ethan gezeigt.

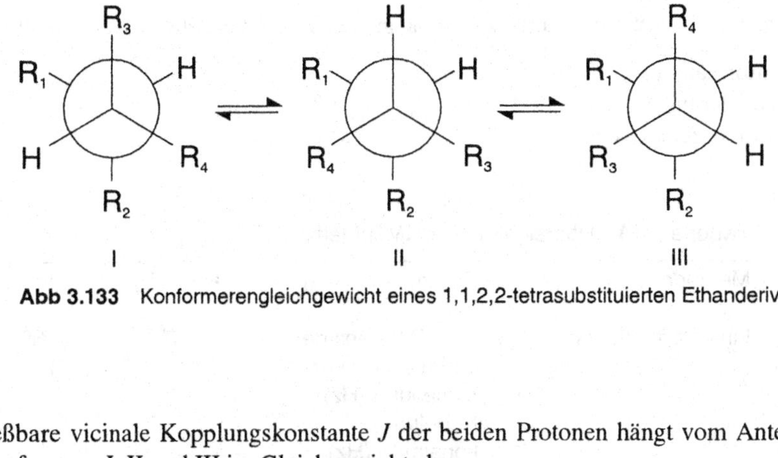

Abb 3.133   Konformerengleichgewicht eines 1,1,2,2-tetrasubstituierten Ethanderivates.

Die meßbare vicinale Kopplungskonstante J der beiden Protonen hängt vom Anteil der drei Konformere I, II und III im Gleichgewicht ab:

$$J = \gamma_I J_I + \gamma_{II} J_{II} + \gamma_{III} J_{III} \tag{3.64}$$

(J_I vicinale Kopplungskonstante im Konformer I;
γ_I Molenbruch des Konformers I).

Wegen der sehr gut untersuchten Abhängigkeit der vicinalen Kopplungskonstante vom Diederwinkel [3.115; 3.116] kann für viele Verbindungen die vicinale Kopplungskonstante der Konformere theoretisch vorausgesagt werden.

Die vicinale H — C — O — H-Kopplungskonstante kann in der Lösung von Cyclohexanolderivaten in DMSO gemessen und zur Bestimmung der Gleichgewichtskonstante benutzt werden [3.117]. Bei Cyclohexanderivaten und sechsgliedrigen Heterocyclen wird auch häufig einfach die Signalbreite zur Untersuchung des Gleichgewichts herangezogen.

Analog wie für die chemische Verschiebung gilt für die Signalbreite des α-Protons B folgender Zusammenhang mit der Gleichgewichtskonstanten:

$$K = \frac{B_e - B}{B - B_a} \qquad (3.65)$$

(B Signalbreite des α- Protons im Konformerengemisch;
B_e Signalbreite des α- Protons bei äquatorialer Stellung (tert-Butylderivat);
B_a Signalbreite des α- Protons bei axialer Stellung).

Es wird empfohlen, die Breiten in 1/5-Höhe des Signals zu messen [3.118].

3.6.3.3 Dynamische NMR-Spektroskopie – DNMR

Die dynamische NMR-Spektroskopie dient der Bestimmung der Geschwindigkeitskonstanten k_{ij}, die für die reziproken Werte der Lebensdauern der Bewegungszustände stehen, und Korrelationszeiten.

Die gebräuchlichsten Verfahren kann man in drei Gruppen einteilen (siehe Tabelle 3.14):

– Linienformanalyse,
– Magnetisierungstransfer,
– Relaxationszeitmessung.

Tabelle 3.14   Übersicht über DNMR-Methoden.

Methode	Parameter	k (in s^{-1})	E_a (in kJ/mol)
Linienformanalyse	$\Delta \nu$ = Differenz der chemischen Verschiebung (Hz); Kopplungskonstante (Hz)	$1...10^6$	30...80 (± 1)
Magnetisierungstransfer	Intensität (Forsen-Hoffmann) *mixing-time* τ_m (2D-Exchange NMR)	$10^{-6}...10^5$	42...110
Relaxationszeitmessung	$T_{1(DD)}$ [1](Woessner) $T_{1(Q)}$ [1](Woessner) $T_{1(SR)}$ [1](Zens-Ellis)	$10^8...10^{12}$	4,2 ... 27,2 ($\pm 0,8$)
	T_1-Verschmelzung $T_{1\varphi}$	$10^{-2}...1$ $10^3...10^9$	70...85 21...50

[1] Erklärung s. Gleichung (3.72)

Linienformanalyse

Ein langsamer Positionswechsel von Atomen oder Atomgruppen ist mit getrennten Signalen im Spektrum für jede einzelne Kernart in bestimmter chemischer Umgebung verbunden. Wird dieser Positionswechsel, der mit einem intramolekularen Prozeß verbunden ist,
durch Temperaturerhöhung beschleunigt, so tritt Verschmelzung der Signale auf, sobald
eine gewisse Grenzgeschwindigkeitskonstante k überschritten ist ($k = 1/2$, siehe Gleichung 3.4 und Abb. 3.126). Die Verschmelzungsbedingung (Koaleszenzbedingung) lautet:

$$k = \frac{\pi}{\sqrt{2}} \Delta\nu \qquad (3.66)$$

$(k$ Geschwindigkeitskonstante;
$\Delta\nu$ Differenz der chemischen Verschiebung zweier Kerne bei unendlich lang-
       samem Positionswechsel).

Abbildung 3.126 zeigt als Beispiel die Spektren in einem Zwei-Lagen-Fall (ohne Kopplung).
    Zwei Signale, die eine Verschiebungsdifferenz von 10 Hz haben, verschmelzen, wenn
der Positionswechsel der Kerne die Geschwindigkeitskonstante $k = 22{,}2 \text{ s}^{-1}$ (siehe Gleichung 3.66) überschreitet.
    In den Spektren nahe unterhalb (langsamer Positionswechsel) und nahe oberhalb der
Verschmelzung (schneller Positionswechsel) kann man folgende Näherungsgleichungen
anwenden; für den schnellen Austausch (ein verbreitertes Signal) gilt:

$$k = \frac{\pi \, (\Delta\nu)^2}{2b_A} \qquad (3.67)$$

$(b_A$ durch Positionswechsel bedingte Verbreiterung;
b_E Eigenbreite (bei sehr raschem Wechsel);
b gemessene Halbwertsbreite;
$b = b_A + b_E$).

Für den langsamen Positionswechsel in der Nähe der Koaleszenz (Zwei-Lagen-Fall) gilt:

$$k = \frac{\pi}{\sqrt{2}} \sqrt{(\Delta\nu)^2 - (\Delta\nu_m)^2} \qquad (3.68)$$

und

$$k = \frac{\pi}{\sqrt{2}} \left(\sqrt{r \pm (r^2 - r)^{1/2}} \right)^{-1} \qquad (3.69)$$

$(\Delta\nu$ siehe Gleichung 3.66;
$\Delta\nu_m$ gemessene Frequenzdifferenz;
I Signalhöhe;
$r = I_{max}/I_c$).

Die Temperatur, bei der die Verschmelzung der Signale eintritt, heißt Koaleszenztemperatur.

Entsprechende Näherungsgleichungen gibt es auch für die Verschmelzung der Kopplungskonstanten und für gekoppelte Spektren [3.119].

Die Linienformanalyse besteht darin, die NMR-Spektren mit vorgegebenen Geschwindigkeitskonstanten und Besetzungszahlen mittels Computerprogrammen zu berechnen und mit experimentellen Spektren zu vergleichen [3.116 - 3.119]. ROBERTS und Mitarbeiter [3.120] untersuchten die Konformerenumwandlung von 1,1,2-Tribrom-1,2-dichlor-2-fluorethan mit Hilfe der ^{13}F-NMR-Spektroskopie. Bei tiefer Temperatur führen die drei Konformere I, II und III zu drei getrennten Signalen (siehe Abb. 3.134).

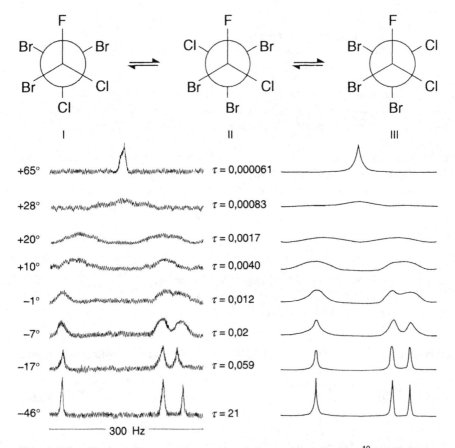

Abb. 3.134   Konformationen sowie experimentelles und berechnetes ^{19}F-NMR-Spektrum von 1,2,3-Tribrom-1,2-dichlor-2-fluorethan [3.120].

Durch sorgfältige Integration dieser Signale können die Gleichgewichtskonstanten und daraus die freien Enthalpiedifferenzen ΔG° der drei Konformere nach $\Delta G^{\circ} = -RT \ln K$ bestimmt werden. Zunächst wurden die Spektren für eine mittlere Lebensdauer berechnet.

Aus der Temperaturabhängigkeit dieser τ-Werte folgt eine durchschnittliche freie Aktivierungsenthalpie ΔG^*. Durch Variation dieser Ausgangswerte erhielt man die drei einzelnen Aktivierungsenthalpien (siehe Abb. 3.135) mit Hilfe eines auf den Gleichungen von ALEXANDER [3.121] aufbauenden Rechenprogramms.

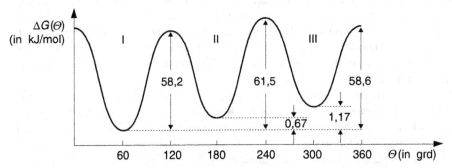

Abb. 3.135   Torsionswinkelabhängigkeit der freien Enthalpie in 1,1,1-Tribrom-1.2-dichlor-2-fluorethan.

In Abbildung 3.135 sind sowohl die freien Enthalpiedifferenzen der gestaffelten Konformationen (Konformere) als auch die freien Aktivierungsenthalpien abzulesen.

Magnetisierungstransfer

Im Zwei-Lagen-Fall führt die Sättigung eines Übergangs (= Besetzungsausgleich der Energieniveaus) der Kernspins in einer chemischen Umgebung zu einer Übertragung von Magnetisierung auf den Übergang der Kernspins in der anderen chemischen Umgebung, wenn die betreffenden Kerne ihre Position austauschen (langsam in der NMR- Zeitskala). Dieser Effekt wurde von FORSEN und HOFFMANN [3.122] zu einer Methode entwickelt, um die mittlere Lebensdauer eines Kernes in einer bestimmten Position zu bestimmen.

Die übertragene Magnetisierung in Abhängigkeit von der Zeit kann an der Änderung der Signalhöhen verfolgt werden. Als Ausgangspunkt der Magnetisierungsübertragung kann anstelle der Sättigung auch die Inversion eines Übergangs (Besetzungsumkehr) dienen. Der Magnetisierungstransfer kann aber auch in einem zweidimensionalen NMR- Experiment (z. B. NOESY) [3.123] realisiert und quantitativ verfolgt werden. Die grundlegende Impulsfolge, die dazu verwendet wird, besteht aus drei 90°-Impulsen (s. Abb. 3.136).

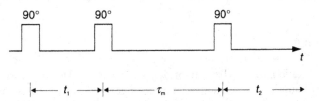

Abb. 3.136   Zeitdiagramm für eine 2D-Austausch-NMR-Impulsfolge.

Kerne in unterschiedlicher chemischer Umgebung können unterschiedlichen Magnetisierungskomponenten zugeordnet werden, die sich aufgrund der Boltzmann-Verteilung unterscheiden, die jedoch zu Beginn entlang der Feldrichtungsachse ausgerichtet sind. Die Impulsfolge hat nun den folgenden Effekt: Der erste 90°-Impuls dreht alle Magnetisierungskomponenten um 90° in die transversale Richtung.

In der Zeit t_1 tritt durch unterschiedliche Larmorfrequenzen ein Phasenunterschied zwischen den Magnetisierungskomponenten auf. Der zweite 90°-Impuls dreht die Magnetisierungskomponenten wieder in die Feldrichtung. Der damit erreichte Zustand entspricht einer gestörten Boltzmann-Verteilung, analog der Sättigung. In der sogenannten *mixing-time* τ_m ändern sich die Besetzungszahlen (Populationstransfer = Magnetisierungstransfer) in Richtung der Boltzmann-Verteilung.

Wenn zwischen den Kernen (z. B. A und B) in der Zeit τ_m ein Positionswechsel stattfindet, so übertragen die austauschenden Kerne die Magnetisierung. Allerdings konkurriert der Austausch mit der dipolaren Kreuzrelaxation (NOE), die ebenfalls Magnetisierung (Population) überträgt.

Der dritte 90°-Impuls bringt die Magnetisierungskomponenten wieder in die transversale Ebene. Hier werden sie in der Zeit t_2 als Induktionssignal registriert. Die Resonanzfrequenzen der Kerne erhält man nach der Fourier-Transformation als zeitmodulierte Signale. Durch Inkrementierung der Zeit t_1 und nochmaliger Fourier-Transformation erhält man ein 2D-NMR-Spektrum (siehe Abb. 3.137).

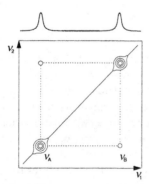

Abb. 3.137   2D-Austausch-NMR-Spektrum eines Zweispinsystems (keine Kopplung, aber Austausch zwischen A und B, ein 1D-NMR-Spektrum steht darüber.

In der Höhenliniendarstellung (*contour plot*) des 2D-NMR-Spektrums erscheint das gewöhnliche Spektrum (*auto peaks*) auf der Diagonalen, der Austausch wird durch *cross-peaks* (parallel zu den Frequenzachsen) angezeigt. Die quantitative Auswertung (Bestimmung von *k*) kann durch systematische Variation von τ_m [3.125; 3.126] erfolgen.

Relaxationszeitmessung

T_1**-Messung.** Die Relaxationszeit T_1 beschreibt den zeitlichen Verlauf der Einstellung einer Boltzmann-Verteilung der Besetzung der Energieniveaus der magnetischen Kerne im Magnetfeld B_0 durch Energieaustausch mit der Umgebung (Gitter). Sie wird als Spin-

Gitter-Relaxationszeit bezeichnet. Bei Besetzung der Energieniveaus entsprechend der Boltzmann-Statistik hat das Spinsystem eine sogenannte Gleichgewichtsmagnetisierung entlang der Richtung des Magnetfeldes. Nach einer Störung kehrt das System gemäß einem Zeitgesetz erster Ordnung mit der Zeitkonstante T_1 zur Gleichgewichtsmagnetisierung zurück:

$$dM_z/dt = -R_1(M_z - M_0) = -1/T_1\,(M_z - M_0) \tag{3.70}$$

(M_z Magnetisierung in Magnetfeldrichtung;
M_0 Gleichgewichtsmagnetisierung in Magnetfeldrichtung;
t Zeit;
R_1 Spin-Gitter-Relaxations- Geschwindigkeitskonstante;
T_1 Spin-Gitter-Relaxationszeit).

T_1 mißt man häufig mit einer Impulsfolge aus 180°- und 90°-Impuls (siehe Abb. 3.138).

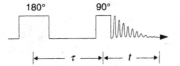

Abb. 3.138 Impulsfolge für die T_1-Bestimmung nach dem Inversion-Recovery-Verfahren.

Der 180°-Impuls invertiert die Magnetisierung des Spinsystems, d. h., aus der Gleichgewichtsmagnetisierung wird eine negative Gleichgewichtsmagnetisierung. In der Zeit τ versucht das System zum Gleichgewichtswert zurückzukehren. Der anschließende 90°-Impuls erzeugt eine transversale Magnetisierung, deren Abklingen in der Zeit t aufgezeichnet wird und das NMR-Signal ergibt.

Durch eine Folge von unterschiedlichen τ-Werten kann man das Wiederentstehen der Gleichgewichtsmagnetisierung sehr gut verfolgen und nach einem Zeitgesetz erster Ordnung beschreiben (siehe Abb. 3.139). Die Amplitude A_τ ist der Magnetisierung M_z proportional. Der Gleichgewichtswert A_∞ stellt sich nach sehr langer Zeit τ ein.

$$-\frac{\tau}{T_1} = \ln \frac{A_\infty - A_\tau}{2A_\infty} \tag{3.71}$$

Die im NMR- Experiment meßbare Spin-Gitter-Relaxationszeit T_1 wird durch die Summe einzelner Beiträge beschrieben:

$$1/T_1 = 1/T_{1(DD)} + 1/T_{1(Q)} + 1/T_{1(CSA)} + 1/T_{1(SR)} + 1/T_{1(SK)} \tag{3.72}$$

(DD   Dipol-Dipol- Relaxation;
Q   Quadrupolrelaxation;
CSA   Relaxation der Anisotropie der chemischen Verschiebung;
SR   Spin-Rotations-Relaxation;
SK   Relaxation durch skalare Kopplung).

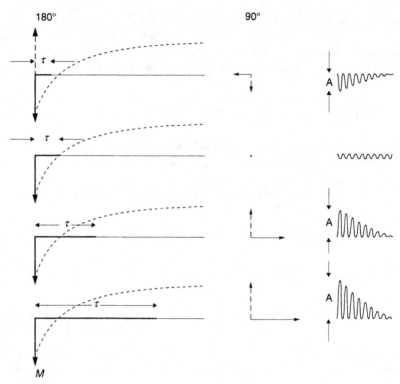

Abb. 3.139 Abhängigkeit der Magnetisierung M von der Zeit und Signalintensität beim Inversion-Recovery-Experiment.

Durch zusätzliche Messung des Kern-Overhauser-Effekts (NOE) η kann man die Dipol-Dipol-Relaxation separieren.

$$T_{1(DD)} = T_1 \, \eta_{max} / \eta \tag{3.73}$$

(η_{max} maximaler Kern-Overhauser-Effekt).

η_{max} hängt vom Verhältnis der gyromagnetischen Verhältnisse der Kerne ab, zwischen denen die Dipol-Dipol-Wechselwirkung auftritt. Die T_1-Werte der ^{13}C-Kerne einer CH_3-Gruppe in organischen Verbindungen werden hauptsächlich durch die direkt gebundenen Protonen bestimmt ($\eta_{max} = 1,988$).

Die Dipol-Dipol-Relaxation wird durch die zeitabhängige Reorientierung der magnetischen Dipole in den Molekülen der Probe hervorgerufen. Der Einfluß der intermolekularen Dipol-Dipol- Relaxation ist vernachlässigbar, insbesondere wenn direkt gebundene Protonen die ^{13}C-Relaxation bestimmen. Die molekulare Bewegung, die die Relaxation bewirkt, kann man im einfachsten Fall durch eine Gesamtkorrelationszeit τ_c beschreiben. Die entscheidende Rotationsbewegung der ^{13}C — ^1H-Kernpaare setzt sich jedoch aus der Gesamtrotation (besser Reorientierung) des Moleküls und der intramolekularen Rotation der CH-Bindungen (z. B. Rotation der CH_3-Gruppe) zusammen. In nichtviskosen Lösungen ist τ_c meist klein gegenüber dem reziproken Wert der NMR-Resonanzfrequenzen. Es gilt:

$$1/T_{1(DD)} = n\gamma_C^2\,\gamma_H^2\,\hbar^2\,r_{CH}^{-6}\,\tau_c \qquad (3.74)$$

$(T_{1(DD)}$ Dipol-Dipol-Relaxationszeit des ^{13}C-Kernes in einer CH$_n$-Bindung;

n Anzahl der direkt an den relaxierenden ^{13}C- Kern gebundenen H-Atome;

γ_C, γ_H gyromagnetische Verhältnisse der ^{13}C, ^{1}H-Kerne;

$\hbar = h/2\pi$; h Plancksches Wirkungsquantum;

r_{CH} CH-Bindungslänge;

τ_c Gesamtkorrelationszeit).

Anstelle der Korrelationszeit τ_c kann auch eine Diffusionskonstante D_r zur Charakterisierung der molekularen Umorientierung benutzt werden:

$$\tau_c = \frac{1}{6D_r} \qquad (3.75)$$

$(D_r$ Rotationsdiffusionskonstante; τ_c Korrelationszeit).

Bei der Charakterisierung mit einer einzigen Diffusionskonstante nimmt man eine isotrope Rotationsdiffusion an. Zur Beschreibung der anisotropen Rotationsdiffusion müssen zusätzliche Diffusionskonstanten eingeführt werden. Ebenso muß die innere Rotation durch eine zusätzliche Rotationsdiffusionskonstante beschrieben werden. Von Woessner [3.127] wurden hierzu Gleichungen entwickelt, die die Separation der internen Rotation von der Rotationsbewegung in verschiedenen Richtungen erlaubt. Nimmt man wieder näherungsweise eine isotrope Rotationsdiffusion des Gesamtmoleküls an, so benötigt man nur zwei Diffusionskonstanten D und D_i (D_i für die innere Rotation).

Es gibt zwei Modellfälle für die CH$_3$-Rotation [3.38]:

a) stochastische Rotationsdiffusion (nahezu freie Rotation mit Barrieren < 6 kJ/mol) einer CH$_3$-Gruppe)

$$1/T_{i(CD)} = 3\gamma_C^2\,\gamma_H^2\,\hbar^2\,r_{CH}^{-6}\left(\frac{A}{6D} + \frac{B}{6D+D_i} + \frac{A}{6D+4D_i}\right) \qquad (3.76)$$

b) dreifacher Methylsprung (dreifaches Potential der Rotation für Barrieren > 6 kJ/mol)

$$1/T_{i(CD)} = 3\gamma_C^2\,\gamma_H^2\,\hbar^2\,r_{CH}^{-6}\left[\frac{A}{6D} + \frac{B+C}{6D+3/2D_i}\right] \qquad (3.77)$$

$(A = 0{,}25\,(3\cos^2\!\Delta - 1)^2$; $B = 0{,}75\,\sin^2 2\Delta$; $C = 0{,}75\,\sin^4\!\Delta$;

Δ Winkel zwischen CH-Bindung und innerer Rotationsachse;

D Gesamtrotationsdiffusionskonstante;

D_i Diffusionskonstante der inneren Rotation in rad/s bzw. Sprunghäufigkeit in Sprüngen/s).

D wird aus $T_{1(DD)}$ eines C-Kernes im starren Molekülteil nach den Gleichungen 3.74 und 3.75 bestimmt. Man muß folglich mindestens zwei Dipol-Dipol-Relaxationszeiten bestimmen, eine, die der Gesamtrotationsdiffusion D entspricht und eine andere, die sich aus der Überlagerung der inneren Rotation und der Gesamtrotationsdiffusion ergibt, um D_i zu berechnen.

Wenn die Diffusionskonstante D_i bei verschiedenen Temperaturen gemessen wird, läßt sich die Arrheniussche Aktivierungsenergie E_a bestimmen:

$$D_i = D_0 \exp\left(-\frac{E_a}{RT}\right) \tag{3.78}$$

(D_0 Frequenzfaktor).

Die Woessner-Methode läßt sich in analoger Weise auch auf die Quadrupolrelaxation anwenden. Allerdings muß die Methylgruppe, deren Rotation man untersuchen will, mindestens einen Quadrupolkern (z. B. Deuterium) enthalten [3.38].

Die Quadrupolkerne wie ^{2}H, ^{14}N, ^{17}O relaxieren überwiegend nach dem Quadrupolmechanismus, so daß keine zusätzlichen NOE-Messungen nötig sind. Es gilt:

$$1/T_1 = 1/T_{1(Q)} = F + G \tag{3.79}$$

$$F = 3/2\, \pi^2\, (1 + 0{,}33\eta^3)\left(\frac{e^2 q Q}{h}\right)^2$$

$$G = A/6D + B/(6D + aD_i) + C/(6D + amD_i)$$

(η Asymmetrieparameter; $\dfrac{e^2 q Q}{h}$ Quadrupolkopplungskonstante;
$a = 1$ und $m = 4$: stochastische Diffusion; $a = r/2$ und $m = 1$: r-facher Sprung;
A, B, C siehe Gleichung 3.76).

Eine nützliche Ergänzung zur Messung der Relaxationszeit T_1 von Quadrupolkernen ist die zeitdifferenzielle PAC-Spektroskopie (PAC, *pertubed angular correlation of X-rays*). Der zeitliche Abfall der Winkelkorrelation der γ-Strahlung in einer Zerfallskaskade eines radioaktiven Isotops wird durch die gleiche Reorientierungskorrelationszeit (bzw. Diffusionskoeffizient) wie die Kernquadrupolrelaxation beschrieben [3.128]. Die Spin-Rotations-Relaxationszeit $T_{1(SR)}$ wird durch eine gänzlich andere Korrelationszeit τ_{SR} bestimmt:

$$1/T_{1(SR)} = \frac{3}{8}\, \pi\, \hbar^{-2}\, kT C_\parallel^2 I_\parallel \tau_{SR} \tag{3.80}$$

($\hbar = h/2\pi$; h Plancksches Wirkungsqantum;
k Boltzmann-Konstante;
T absolute Temperatur;
$C_\parallel$ Spin-Rotations-Wechselwirkungskonstante;
$I_\parallel$ Trägheitsmoment um die Rotationsachse;
τ_{SR} Spin-Rotations-Korrelationszeit).

Die Korrelationszeit τ_{SR} beschreibt die mittlere Lebensdauer eines bestimmten Drehimpulses des Moleküls und ist deshalb direkt von der Rotationsbarriere abhängig. Von ZENS und ELLIS [3.129] wird eine Gleichung zur Bestimmung der Methylrotationsbarriere angegeben:

$$E_a = \frac{1}{9,783}(T_{1(SR)} - 25,61) \tag{3.81}$$

(E_a Rotationsbarriere einer Methylgruppe;
$T_{1(SR)}$ Spin-Rotations- Relaxationszeit).

Diese Gleichung ist offenbar nicht allgemeingültig [3.38].

Schließlich sind T_1-Messungen auch bei langsamem Positionswechsel mit hoher Barriere anwendbar. Wenn für die Bewegungszustände A und B unterschiedliche Relaxationszeiten $T_1(A)$ und $T_1(B)$ gemessen werden, so tritt bei Beschleunigung der Bewegungsprozesse (etwa bei Temperaturerhöhung) eine Verschmelzung der Relaxationszeiten auf, noch bevor die Signale A und B im Spektrum verschmelzen. Das doppelt exponentielle Verhalten der Magnetisierung in diesem Gebiet kann durch Anpassung der Werte $T_1(A)$, $T_1(AB)$, τ_A und τ_B simuliert werden [3.38].

$T_{1\varphi}$-**Messung.** Die Relaxationszeit $T_{1\varphi}$ beschreibt die Einstellung einer Gleichgewichtsmagnetisierung entlang einer rotierenden Feldrichtungsachse B_1, $T_{1\varphi}$ wird mittels eines Spin-Locking-Experiments gemessen. Das Experiment wird durch das Zeitdiagramm (siehe Abb. 3.140) dargestellt.

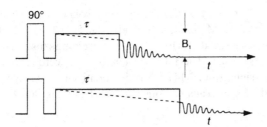

Abb. 3.140 Zeitdiagramm für das Spin-Locking-Experiment zur Bestimmung von $T_{1\varphi}$.

Ein 90°-Impuls dreht die Magnetisierung aus der z-Richtung in die x',y'-Ebene des rotierenden Koordinatensystems. Jetzt erfolgt eine längere Einstrahlung eines rotierenden Magnetfeldes B_1 entlang der Richtung der rotierenden Quermagnetisierung *(locking)*.

Der Abfall der Quermagnetisierung wird durch die Zeitkonstante $T_{1\varphi}$ beschrieben:

$$M_{x'y'} = M_0 \exp\left(-\tau/T_{1\varphi}\right) \tag{3.82}$$

($M_{x'y'}$ rotierende Magnetisierung;
M_0 Gleichgewichtsmagnetisierung in z- Richtung;
τ Zeit des Locking-Impulses;
$T_{1\varphi}$ Relaxationszeit im rotierenden Koordinatensystem.)

Während die Spin-Gitter-Relaxationszeit T_1 auf Bewegungsprozesse in der Nähe der Resonanzfrequenz ($\nu = (2\pi)^{-1}\gamma B_0 \approx 10^8$ Hz) anspricht, wird $T_{1\varphi}$ insbesondere von langsameren Prozessen beeinflußt.

Für den statistisch zufälligen Austausch zwischen zwei gleich wahrscheinlichen Zuständen der mittleren Lebensdauer ($1/\tau = 1/\tau_A + 1/\tau_B$) gilt:

$$\frac{1}{T_{1\varphi}} = \pi^2 (\Delta\nu)^2 \frac{\tau}{1 + \omega_1^2\tau^2} \tag{3.83}$$

($\Delta\nu$ Differenz der chemischen Verschiebungen bei langsamem Austausch;
τ mittlere Lebensdauer der Bewegungszustände;
ω_1 Präzessionsfrequenz um B_1 ($\omega_1 = \gamma B_1$)).

Aus der graphischen Darstellung von T_1 gegen ω_1^2 kann man die Werte τ und $\Delta\nu$ berechnen.

3.6.4 Mikrowellenspektroskopie

In Molekülen mit intramolekularer Beweglichkeit ist die Rotation des Gesamtmoleküls mit der intramolekularen Rotation gekoppelt. Bei der Analyse der Mikrowellenspektren im Hinblick auf intramolekulare Rotation unterscheidet man zwei Fälle: die mittelhohen und die niedrigen Rotationsbarrieren.

Mittelhohe Rotationsbarrieren. Wenn die Rotationsbarriere relativ hoch ist, so beobachtet man im Spektrum intensive Linien der Moleküle im Grundzustand der Torsionsschwingung. Die Rotationslinien (Satelliten) der Moleküle in Anregungszuständen der Torsionsschwingung sind relativ schwach. Die relativen Intensitäten werden durch die Boltzmann-Verteilung bestimmt (siehe Abb. 3.141). Aus den relativen Intensitäten kann man folglich die Energieabstände der Niveaus und aus der Verkleinerung der Abstände

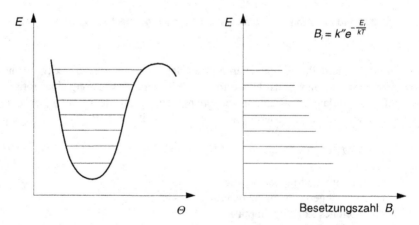

Abb. 3.141   Energieniveauschema und Besetzung des Torsionsschwingungsniveaus.

(Anharmonizität) die Barrierenhöhe bestimmen (siehe IR- und Raman-Spektroskopie). Da die Intensitätsverhältnisse nicht mit der erforderlichen Genauigkeit gemessen werden können, kann die Barriere der intramolekularen Rotation mit diesem Verfahren nur abgeschätzt werden.

Niedrige Rotationsbarrieren. Sie lassen ein Untertunneln der Barrieren zu. Der Tunneleffekt ist von der Barrierenhöhe und -breite sowie vom Trägheitsmoment der rotierenden Gruppe abhängig. Er führt zu einer Aufspaltung der Energieniveaus der Torsionsschwingung (s. Abb. 3.142). Diese Aufspaltung kann am reinen Rotationsspektrum (Mikrowellen-

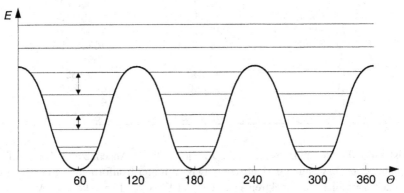

Abb. 3.142 Tunnelaufspaltung des Torsionsschwingungsniveaus einer Methylgruppe.

spektrum) erkannt werden. Die Rotationsniveaus auch durch Kopplung zwischen intramolekularer Rotation und Gesamtrotation auf. Bei symmetrischen Molekülen (z. B. CH_3CF_3) spalten allerdings Rotationsgrundzustand und erster Rotationsanregungszustand in gleicher Größenordnung auf, so daß die Rotationslinie keine Aufspaltung zeigt. Die Rotation einer symmetrischen Gruppe (z. B. CH_3) an einem asymmetrischen Molekülrest kann jedoch mittels Mikrowellenspektroskopie nachgewiesen werden. Die Barriere wird entweder nach der Hauptachsenmethode oder der Trägheitsachsenmethode [3.31] bestimmt. Die sehr kleine Dublettaufspaltung des Grundzustands der NH_3-Inversionsschwingung (0,8 cm^{-1}) liegt im Mikrowellenbereich. Diese Aufspaltung, die mit dem Tunneleffekt erklärt wird, ist an den Rotationsniveaus zu erkennen. Allerdings liegen die Rotationsübergänge wegen der großen Rotationskonstante von NH_3 nicht im Mikrowellengebiet, sondern im fernen IR. Die Mikrowellenspektroskopie eignet sich am besten zur Bestimmung von Barrieren im Gebiet von 2 bis 20 kJ/mol.

3.6.5 Infrarot- und Raman-Spektroskopie

Die charakteristischen Schwingungen, die man in einem IR- oder Raman-Spektrum identifiziert, können auch zum Nachweis einzelner Konformere genutzt werden. Die konformative Beweglichkeit ist relativ langsam bezüglich der Zeitskala der IR-Spektroskopie. Die Konformere haben folglich unterschiedliche Banden im IR-Spektrum. Die

Bestimmung des Konformerengleichgewichts hängt sowohl von der Identifizierung der charakteristischen Banden als auch von der quantitativen Auswertung ab. Letzteres erfordert die Bestimmung der Extinktionskoeffizienten und ist mit hohem Aufwand verbunden (vgl. Tabelle 3.15).

Tabelle 3.15   Valenzschwingungen in Cyclohexankonformeren.

Gruppe C — X	Valenzschwingungen (cm^{-1})	
	axial	äquatorial
C — D	2120...2140	2160...2170
C — O (Alkohol)	1000...1035	1035...1045
C — O (Ether)	1085...1090	1100...1105
C — O (Ester)	1010...1020	1025...1030
C — F	1020	1053
C — Cl	650...730	730...850
C — Br	540...690	680...830
C — I	638	654
C — O — H	3637...3639	3629...3630

Meist wird die IR-Spektroskopie nur zur qualitativen Abschätzung des Konformerengleichgewichts bzw. nur zur Identifizierung bestimmter Konformere verwendet. Insbesondere der Vergleich der Spektren in fester und flüssiger Phase kann in Verbindung mit anderen Methoden zur detaillierteren Aufklärung intramolekularer Bewegungsprozesse führen.

Die IR- und Raman-Spektroskopie sind ebenfalls zur Bestimmung der Barrierenhöhen geeignet, wenn es gelingt, die Bande derjenigen Deformationsschwingung zu identifizieren, die mit dem betreffenden intramolekularen Prozeß verbunden ist. Dabei muß es sich um eine charakteristische Schwingung (d. h. keine Kopplung mit anderen Schwingungen) handeln.

Meist sind diese Banden, die im Gebiet unterhalb 200 cm^{-1} liegen, relativ schwach. Für eine Torsionsschwingung mit relativ hoher Sprungbarriere kann die Barrierenhöhe aus der Schwingungsfrequenz bestimmt werden:

$$\nu = \frac{1}{2\pi} \sqrt{\frac{V_n n^2}{2 I_r}} \tag{3.84}$$

(ν Schwingungsfrequenz; V_n Barrierenhöhe (potentielle Energie); n Zähligkeit des Potentials; I_r reduziertes Trägheitsmoment).

Für eine Methylgruppe ergibt sich daraus:

$$V_3 = 8/3 \ \pi^2 \ \nu^2 I_r \tag{3.85}$$

Je niedriger die Barrieren sind, um so unharmonischer werden die Schwingungen, d. h. um so kleiner werden die Abstände zwischen den Torsionsschwingungsniveaus mit steigender

Energie. Durch Anregung der Oberschwingungen kann man diese Abstände messen und daraus die Barrierenhöhe bestimmen. Schließlich kann bei niedriger Barriere auch die Aufspaltung durch den Tunneleffekt gemessen werden.

3.6.6 EPR-Spektroskopie

Die EPR-Spektroskopie beruht auf der Aufspaltung der Molekülenergieniveaus, die die Moleküle aufgrund von ungepaarten Elektronen und damit verbundenem Magnetismus in einem Magnetfeld erfahren. Die Methode ist der NMR-Spektroskopie analog, jedoch auf paramagnetische Moleküle (Radikale, Metallkomplexe usw.) beschränkt. Wegen der bei den höheren Aufnahmefrequenzen (vom L-Band $v = 10^9$ Hz bis 2-mm-Band $v = 1,5 \cdot 10^{11}$ Hz) auch größeren Frequenzaufspaltung einzelner Bewegungszustände ist die Methode schneller als die NMR-Spektroskopie.

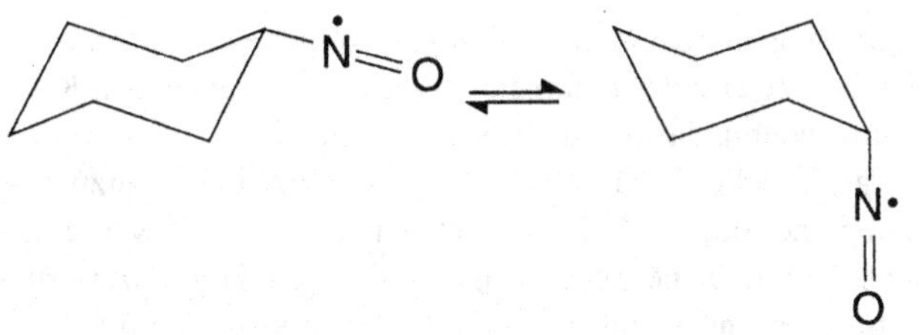

Abb. 3.143   Konformerengleichgewicht eines Nitrosoradikals.

Der schnelle Wechsel zwischen axialen und äquatorialen H-Atomen führt bei Temperaturerhöhung zu einer Ausmittelung der Hyperfeinkopplungskonstanten im EPR-Spektrum der in Abbildung 3.143 dargestellten Verbindung. Sowohl die Lebensdauer der Konformere als auch die Gleichgewichtskonstante können bestimmt werden [3.130]. Zur Untersuchung von Bewegungsprozessen einzelner Gruppen in Makromolekülen und in Molekülaggregaten (z. B. in Lipiden in biologischen Membranen) ist die EPR-Spektroskopie insbesondere durch Zuhilfenahme der Spin-Label-Technik sehr gut geeignet. Dazu muß allerdings eine NO- oder andere paramagnetische Gruppe in das Molekül eingeführt werden [3.131].

3.6.7 Kalorische Methoden

Die Verbrennungswärmen sind wegen ihrer Größe (103 – 104 kJ/mol) ungeeignet, um Energieunterschiede von 1 bis 10 kJ/mol zwischen Bewegungszuständen (z. B. Konformeren) zu bestimmen. Hydrierwärmen (100 kJ/mol) sind hierfür besser geeignet.

Die Entropie einer Verbindung kann durch Messung der Wärmekapazität einer Verbindung von 0 bis 298 K, einschließlich der Phasenübergänge bestimmt werden. Andererseits läßt sich die Entropie aus den Beiträgen der Translations-, Rotations- und Schwingungsfreiheitsgrade (siehe Abschn. 3.4.2) berechnen. Durch Anpassung der gemessenen und berechneten Werte lassen sich Barrieren < 20 kJ/mol recht gut bestimmen.

3.6.8 Andere Methoden

Insbesondere zur Bestimmung der Gleichgewichtskonstanten K gibt es eine Vielzahl von anderen Methoden, bei denen häufig Parameter gemessen werden, die Mittelwerte einzelner Bewegungsformen darstellen, z. B:

– Messung der Dielektrizitätskonstante,
– Messung des Kerr-Effekts [3.132],
– Messung des Cotton-Mouton-Effekts,
– Messung des Brechungsindex,
– chirooptische Methoden,
– PE-Spektroskopie.

Der Nachteil der Methoden gegenüber der NMR-Spektroskopie liegt zum einen darin, daß man die entsprechenden Grenzwerte der Parameter (Werte für die einzelnen Konformere) schwer erhalten kann, zum anderen darin, daß die Grenzwertdifferenzen nicht hinreichend groß sind, um zuverlässige Gleichgewichtskonstanten zu liefern. Die Grenzwerte können entweder theoretisch berechnet oder mittels Eichsubstanzen ermittelt werden. In jedem Fall sind sie mit Fehlern behaftet, die besonders dann ins Gewicht fallen, wenn nur geringe Meßwertunterschiede auftreten und wenn mehr als zwei Konformere im Gleichgewicht vorliegen.

4. Wechselwirkungen

4.1 Physikalische Beschreibung der Wechselwirkungen

Auf die Teilchen, aus denen sich die Materie aufbaut, werden wechselseitig Kräfte ausgeübt. Diesen Kräften liegen vier bisher bekannte Wechselwirkungsarten zugrunde, die in Tabelle 4.1 kurz charakterisiert werden.

Man beschreibt die Wechselwirkungen entweder als Wirkung von Feldern (z. B. Schwerefeld, elektromagnetisches Feld) oder als kontinuierlichen Austausch von Teilchen (Pionen, Photonen, usw.) [4.1].

Tabelle 4.1 Wechselwirkungen der Materie.

Wechselwir-kung(WW)	starke nukleare WW	elektromagne-tische WW	schwache nukleare WW	Gravitations-WW
relative Stärke	1	$\dfrac{1}{137}$	10^{-14}	10^{-40}
Feldteilchen	Pion	Photon	intermediäres Boson	Graviton
Reichweite (in cm)	10^{-13}	∞	$\ll 10^{-13}$	∞

Sowohl die starke nukleare Wechselwirkung als auch die schwache nukleare Wechselwirkung treten nur bei sehr geringem Teilchenabstand ($< 10^{-13}$ cm) auf und sind deshalb für die Kräfte in den Atomkernen verantwortlich. Die Wechselwirkungen zwischen den Atomkernen und den Elektronen, die letztlich zur Bildung von Atomen und Molekülen führen, sind hauptsächlich elektromagnetischer Natur. Die Gravitation kann wegen der geringen Masse der wechselwirkenden Teilchen vernachlässigt werden. Die elektromagnetische Wechselwirkung läßt sich in die elektrostatische und die magnetische Wechselwirkung aufteilen, die zusammen mit der Gravitation durch analoge Gesetzmäßigkeiten beschrieben werden können (siehe Tabellen 4.2 und 4.3).

Die gleiche Abstandsabhängigkeit ermöglicht einen Größenvergleich der drei Wechselwirkungen für die Atomkerne und Elektronen. Es zeigt sich, daß auch die magnetische Wechselwirkung weniger als 1 % der elektrostatischen Wechselwirkung ausmacht [4.2]. Das bedeutet jedoch nicht, daß die magnetische Wechselwirkung nicht nachweisbar ist

Tabelle 4.2   Abstandsabhängigkeit der Wechselwirkungen.

Wechselwirkung	Kraft F (in N)	potentielle Energie U (in J)
Gravitation	$F = \gamma \dfrac{m_1\, m_2}{r^2}$ $F = G \cdot m$	$U = \gamma \dfrac{m_1\, m_2}{r}$
elektrostatische Wechselwirkung	$F = \dfrac{1}{4\pi\varepsilon_0} \cdot \dfrac{q_1\, q_2}{r^2}$ $F = E \cdot q$	$U = \dfrac{1}{4\pi\varepsilon_0\varepsilon} \cdot \dfrac{q_1\, q_2}{r}$
magnetische Wechselwirkung	$F = \dfrac{1}{4\pi\mu_0} \cdot \dfrac{\varphi_1\, \varphi_2}{r^2}$ $F = \dfrac{1}{4\pi} \cdot H \cdot \varphi$	$U = \dfrac{\mu_0}{4\pi} \cdot \dfrac{\varphi_1\, \varphi_2}{r}$

Tabelle 4.3   Erläuterung der in Tabelle 4.2 angeführten Symbole [4.2].

Symbol	Bedeutung	Wert	Dimension
γ	Gravitationskonstante	$(6{,}672 \pm 0{,}0015) \cdot 10^{-11}$	$\mathrm{m^3 \cdot kg^{-1} \cdot s^{-2}}$
$m_1;\ m_2$	Teilchenmasse		kg
G	Feldstärke		$\mathrm{m \cdot s^{-2}}$
r	Teilchenabstand		m
ε_0	Dielektrizitätskonstante	$8{,}85418 \cdot 10^{-12}$	$\mathrm{m^{-3} \cdot kg^{-1} \cdot s^4 \cdot A^2}$
$q_1;\ q_2$	Ladung der Teilchen	$e = (1{,}60219$ $\pm\, 0{,}00007) \cdot 10^{-19}$	$\mathrm{A \cdot s}$
E	elektrische Feldstärke		$\mathrm{m \cdot kg \cdot s^{-3} \cdot A^{-1}}$
μ_0	Permeabilitätskonstante	$4\pi \cdot 10^{-7}$	$\mathrm{m \cdot kg \cdot s^{-2} \cdot A^{-2}}$
$\varphi_1;\ \varphi_2$	magnetischer Fluß der Teilchen		$\mathrm{m \cdot kg \cdot s^{-2} \cdot A^{-1}}$
H	magnetische Feldstärke		$\mathrm{A \cdot m^{-1}}$

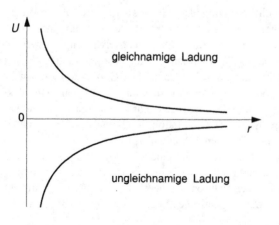

gleichnamige Ladung

ungleichnamige Ladung

Abb. 4.1 Abstandsabhängigkeit der potentiellen Energie bei elektrostatischer Wechselwirkung.

oder daß sie keine Rolle spielt (siehe nachfolgende Abschnitte). Die Abstandsabhängigkeit der potentiellen Energie U zweier geladener Teilchen ist in Abbildung 4.1 dargestellt.

Um den Aufbau der Atome und Moleküle zu erklären, muß außerdem die kinetische Energie der sich relativ zueinander bewegenden Teilchen einbezogen werden. Das hierfür geeignete theoretische Verfahren liefert die Quantenmechanik. Aus der obigen Abstands-abhängigkeit folgt ferner, daß die größten Energieänderungen bei der Wechselwirkung der Atomkerne und Elektronen in den Atomen auftreten, daß kleinere Energieeffekte mit der Molekülbildung aus den Atomen verbunden sind und daß schließlich die Wechselwirkun-gen zwischen den Molekülen und die nichtbindenden intramolekularen Wechselwirkun-gen mit den geringsten Energieeffekten verbunden sind (siehe Tabelle 4.4) [4.3].

Tabelle 4.4   Vergleich der Wechselwirkungsenergien in Ethan.

Wechselwirkung (WW)	Werte der Energie		
	absolut (in kJ · m^{-1})	relativ (in %)	
totale WW-Energie aller Kerne und Elektronen	$2{,}1 \cdot 10^5$	100	
C — C-Bindungsenergie	$3{,}7 \cdot 10^2$	$1{,}8 \cdot 10^{-1}$	100
Barriere der internen Rotation	$1{,}2 \cdot 10^1$	$5{,}7 \cdot 10^{-3}$	3,2

4.2 Elektronenstruktur der Atome

4.2.1 Eigenwertproblem

Die sich aus der Wechselwirkung von Elektron und Atomkern ergebende Gesamtenergie ist gequantelt. Ein gutes mathematisches Modell für diese Quantelung ist die sogenannte Eigenwertgleichung:

$$\text{Operator} \times \text{Funktion} = \text{Zahl} \times \text{Funktion} \tag{4.1}$$

Ein Operator schreibt eine mathematische Operation mit einer Funktion vor. Wenn diese Operation $\hat{H}$ (ausgeführt an der Funktion Ψ) wieder zur gleichen Funktion Ψ (multipliziert mit einem Faktor E) führt, dann heißt die Funktion Ψ „Eigenfunktion" des Operators, und der Faktor E heißt „Eigenwert".

Eine solche Eigenwertgleichung ist die sogenannte zeitunabhängige Schrödinger-Gleichung:

$$\hat{H} \times \Psi = E \times \Psi \qquad (4.2)$$

($\hat{H}$ Hamilton-Operator = mathematischer Operator;
E Eigenwert = diskreter Energiewert;
Ψ Eigenfunktion = Wellenfunktion).

Die diskreten Energiezustände eines Atoms, die durch Quantelung bedingt sind, werden mathematisch durch die Eigenwerte beschrieben. Die Wellenfunktion Ψ beschreibt die Bewegung des Elektrons im Feld des Kernes. Wenn die Funktion eine Eigenfunktion des Hamilton-Operators ist, dann beschreibt sie einen stationären Zustand definierter Gesamtenergie des Atoms.

Wellenfunktion

Die Funktion Ψ heißt deshalb Wellenfunktion, weil die Bewegung eines Elektrons als elektromagnetische Welle beschrieben werden kann. Im anschaulicheren Teilchenbild des Elektrons entspricht die Aufenthaltswahrscheinlichkeit des Elektrons einfach dem Quadrat der Funktion Ψ an der betreffenden Stelle.

Für ein einzelnes Elektron ist die Aufenthaltswahrscheinlichkeit im betrachteten Volumen gleich 1. Es gilt die Normierungsbedingung:

$$\int \Psi^* \Psi \, d\tau = \iiint \Psi^* \Psi \, dx \, dy \, dz = 1 \qquad (4.3)$$

(Ψ^*; Ψ komplexe Wellenfunktionen; τ Raumkoordinaten x, y, z).

Wenn man die Eigenfunktion eines Zustands nicht kennt, dann muß man sie durch andere Funktionen näherungsweise beschreiben. Es läßt sich dann nur eine mittlere Energie $\bar{E}$ (Erwartungswert) berechnen, die sich folgendermaßen ergibt:

$$\bar{E} = \int \Psi_a \hat{H} \Psi_a^* \, d\tau = \langle a | \hat{H} | a \rangle \qquad (4.4)$$

($\langle a |$ aus Ψ_a^* (Dirac-Formalismus)
$| a \rangle$ aus Ψ_a (Dirac-Formalismus)).

Schrödinger-Gleichung

Die Lösung der Schrödinger-Gleichung 4.2 führt zu den Energieeigenwerten E und den Eigenfunktionen Ψ der stationären Zustände.

Für die Gesamtenergie gilt allgemein:

$$E = E_{pot} + E_{kin} \tag{4.5}$$

(E_{pot} potentielle Energie;
E_{kin} kinetische Energie).

$$E_{kin} = \frac{m \cdot v^2}{2} = \frac{p^2}{2m} \tag{4.6}$$

(m Masse;
v Geschwindigkeit;
$p = mv$ Impuls).

Die Hamilton-Funktion H beschreibt die Gesamtenergie eines Massepunktes m_0:

$$H = \frac{1}{2m_0} (p_x^2 + p_y^2 + p_z^2) + U(x, y, z) \tag{4.7}$$

(p_x, p_y, p_z Impulskomponenten des Massepunktes in den Koordinatenrichtungen;
$U(x, y, z)$ potentielle Energie des Massepunktes als Funktion der Koordinaten).

Im Hamilton-Operator H werden die koordinatenabhängigen Größen in Operatoren umgewandelt, z. B. Impulsoperatoren:

$$\hat{p}_x = \frac{\hbar}{i} \frac{\partial}{\partial x} ; \qquad \hat{p}_y = \frac{\hbar}{i} \frac{\partial}{\partial y} ; \qquad \hat{p}_z = \frac{\hbar}{i} \frac{\partial}{\partial z} \tag{4.8}$$

Die Rechenvorschrift $\frac{\partial}{\partial x}$ ist der sogenannte Differentialoperator. $\hat{U}(x, y, z)$ ist der Operator der potentiellen Energie, der alle Wechselwirkungen enthält. Der Hamilton-Operator setzt sich so aus den einzelnen Operatoren zusammen:

$$\hat{H} = \frac{1}{2m_0} (\hat{p}_x^2 + \hat{p}_y^2 + \hat{p}_z^2 + \hat{U}(x, y, z) \tag{4.9}$$

Durch Einsetzen der Ausdrücke (4.8) und Einführung des Laplace-Operators $\Delta = \frac{\partial^2}{\partial x^2} + \frac{\partial^2}{\partial y^2} + \frac{\partial^2}{\partial z^2}$ erhält man die folgende Form der Schrödinger-Gleichung:

$$\Delta \Psi + \frac{8\pi^2 m_0}{h^2} (E - U) \Psi = 0 \tag{4.10}$$

Das Wasserstoffatom

Im Wasserstoffatom wechselwirkt ein negativ geladenes Elektron mit einem positiv geladenen Atomkern (Proton). Ψ beschreibt die Elektronenbewegung und muß dabei folgende Anforderungen erfüllen:

– Normierungsbedingung (4.3),
– Ψ muß eine stetige und eindeutige Funktion der Ortskoordinaten sein $\Psi(x,y,z)$ bzw. $\Psi(r,\vartheta,\varphi)$,
– Ψ muß im Unendlichen null sein.

Im Wasserstoffatom bewegt sich das Elektron im zentralen Kraftfeld des Atomkernes. Die potentielle Energie des Elektrons ist nur eine Funktion des Abstands r vom Kern. Die Wellenfunktionen Ψ, die Lösungen der Schrödinger-Gleichung darstellen, kann man unter Verwendung von Kugelkoordinaten als Produktfunktion eines Radialteiles $R(r)$ und eines winkelabhängigen Teiles $Y(\nu, \varphi)$ darstellen:

$$\Psi = R(r)\, Y(\vartheta, \varphi) = R_{n,\,l}\, Y_{l,\,m}(\vartheta, \varphi) = \Psi_{n,\,l,\,m} \tag{4.11}$$

Dabei werden die verschiedenen Eigenfunktionen (= Lösungen) durch drei Quantenzahlen klassifiziert:

n Hauptquantenzahl;
l Nebenquantenzahl;
m magnetische Quantenzahl.

Die Hauptquantenzahl n charakterisiert den radialen Teil, d. h., bei Vergrößerung von n bewegt sich das Elektron schrittweise vom Atomkern weg. n läuft von 1 bis unendlich.
    Die Nebenquantenzahl l charakterisiert den winkelabhängigen Teil der Eigenfunktion:

$l = 0$:   s-Funktion,
$l = 1$:   p-Funktion,
$l = 2$:   d-Funktion,
$l = 3$:   f- Funktion,
l variiert von 0 bis $(n - 1)$.

Die magnetische Quantenzahl m beschreibt den winkelabhängigen Teil hinsichtlich einer Richtung (sie bestimmt z. B. die Aufspaltung im Magnetfeld). m variiert von $-l$ bis $+l$, d. h., zu einem l-Wert gehören $(2l + 1)$ verschiedene m-Werte (siehe Abb. 4.2).
    Im Wasserstoffatom ist die Energie nur von der Hauptquantenzahl n abhängig. Die mit Wellenfunktionen gleichen Hauptquantenzahl, aber unterschiedlicher Quantenzahlen l und m berechneten Energieeigenwerte sind beim Wasserstoff alle gleich (siehe Abb. 4.3).

$$E_n = -\frac{2\pi m_0 e^4}{h^2} \cdot \frac{1}{n^2} \qquad (4.12)$$

(m_0 Masse des Elektrons;
e Elektronenladung;
h Plancksches Wirkungsquantum;
n Hauptquantenzahl).

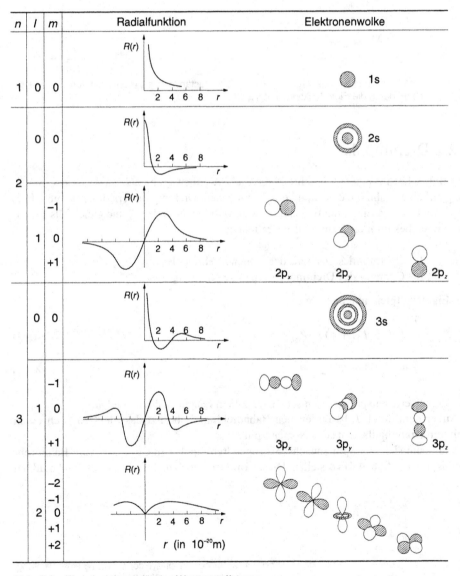

Abb. 4.2   Eigenfunktionen für das Wasserstoffatom.

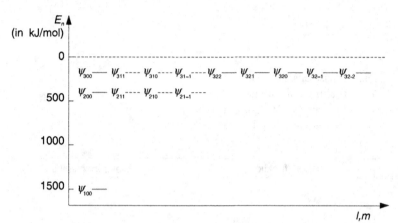

Abb. 4.3 Elektronenenergie der stationären Zustände des Wasserstoffatoms, charakterisiert durch die Eigenfunktionen $\Psi_{n,\,l,\,m}$.

4.2.2 Drehimpuls

Das Bohrsche Atommodell beschreibt die Elektronenbewegung als eine kreisende Bewegung auf einer Bahn um den Atomkern. Damit ist ein Drehimpuls verknüpft, der ebenfalls gequantelt ist. Die Eigenfunktionen des Hamilton-Operators $\Psi_{n,\,l,\,m}$ sind gleichfalls Eigenfunktionen bestimmter Drehimpulsoperationen:

$\hat{L}^2$ Operator des Quadrats des totalen Drehimpulses,
$\hat{L}_z$ Operator des Drehimpulses in einer Richtung.

Die Eigenwertgleichungen lauten:

$$\hat{L}^2 \Psi_{n,\,l,\,m} = l\,(l+1)\,\hbar^2 \Psi_{n,\,l,\,m} \tag{4.13}$$

$$\hat{L}\,\Psi_{n,\,l,\,m} = m\hbar\,\Psi_{n,\,l,\,m} \tag{4.14}$$

Die Eigenwerte entsprechen den schon genannten Quantenzahlen l und m.

Außer dem durch L beschriebenen Bahndrehimpuls besitzt das Elektron noch einen weiteren Drehimpuls, den sogenannten Spin s.

Man kann sich den Spin zunächst als Eigendrehimpuls (im Gegensatz zum Bahndrehimpuls) (siehe Abb. 4.4) vorstellen. Dieses Bild ist jedoch nicht ganz korrekt und muß bei

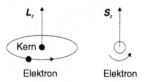

Abb. 4.4 a) Bahndrehimpulsvektor L_z entlang einer Richtung,
b) Eigendrehimpulsvektor S_z entlang einer Richtung.

der quantitativen Beschreibung korrigiert werden (siehe magnetomechanische Anomalie) [4.4].

Der Spin ist ebenfalls gequantelt und wird durch die Quantenzahl S charakterisiert. Für ein einzelnes Elektron gelten folgende Eigenwertgleichungen:

$$\hat{s}^2 a = S\,(S+1)\,\hbar^2 a \tag{4.15}$$

$$\hat{s}^2 \beta = S\,(S+1)\,\hbar^2 \beta \tag{4.16}$$

$$\hat{s}_z\, a = S\hbar a \tag{4.17}$$

$$\hat{s}_z\, \beta = -S\hbar\beta \tag{4.18}$$

$(\hat{s}^2$ Operator des Quadrats des totalen Spins;

$\hat{s}_z$ Operator des Spins in einer besonderen Richtung;

a, β abstrakte Funktionen, die Eigenfunktionen der genannten Spinoperatoren darstellen).

Die Spinquantenzahl des Elektrons hat den Wert $S = 1/2$. Die Eigenwerte von s_z können durch eine besondere Quantenzahl m_s gekennzeichnet werden ($m_s = 1/2$ und $-1/2$), die der magnetischen Quantenzahl des Bahndrehimpulses analog ist.

Bei kleiner Spinbahnkopplung (z. B. beim Wasserstoff) werden die stationären Zustände durch Funktionen beschrieben, die jeweils Produkte aus Raumfunktion $\Psi_{n,\,l,\,m}$ und Spinfunktion darstellen:

$$\Psi_{n,\,l,\,m}\cdot a \quad \text{und} \quad \Psi_{n,\,l,\,m}\cdot \beta$$

Beide Funktionen sind Eigenfunktionen des Hamilton-Operators.

Die in Abbildung 4.3 dargestellten stationären Zustände des Wasserstoffatoms verdoppeln sich also. Infolge der Spinbahnkopplung besteht eine Energiedifferenz zwischen den Zuständen $\Psi_{n,\,l,\,m}\cdot a$ und $\Psi_{n,\,l,\,m}\cdot \beta$ (allerdings nicht für die mit $l = 0$ charakterisierten Zustände), die sich spektroskopisch nachweisen läßt.

4.2.3 Orbitale

Nur für das Wasserstoffatom ist die Schrödinger-Gleichung exakt lösbar. Für Atome mit mehreren Elektronen muß der Hamilton- Operator die Wechselwirkungen aller geladener Teilchen berücksichtigen.

Die Schrödinger-Gleichung wird dann durch folgende Näherung gelöst:

– Die Wellenfunktion hängt von den Koordinaten aller Elektronen des Atoms ab. Wenn man annimmt, daß sich jedes Elektron unabhängig in einem mittleren Potentialfeld des

Kernes und der restlichen Elektronen bewegt, so kann man die Wellenfunktion als Produkt von Einelektronfunktionen darstellen (Zentralfeldnäherung):

$$\Theta = f(r_1, r_2 \ldots \vartheta_1, \vartheta_2 \ldots \varphi_1, \varphi_2 \ldots) = \Psi(r_1, \vartheta_1, \varphi_1)\, \Psi(r_2, \vartheta_2, \varphi_2) \qquad (4.19)$$

– Als Einelektronfunktionen lassen sich diejenigen Funktionen verwenden, die vom Typ der Eigenfunktionen des Wasserstoffatoms sind ($\Psi = R(r)\, Y(\vartheta, \varphi)$). Dabei muß im abstandsabhängigen Teil $R(r)$ die Elektronenwechselwirkung berücksichtigt werden. Diese Einelektronfunktionen werden als Orbitale ($\Psi_{n,\,l,\,m}$) bezeichnet und durch die Quantenzahlen n, l, m charakterisiert (Orbitalnäherung siehe in [4.5]).

– Jedes Orbital ist Eigenfunktion eines Einelektron-Hamilton-Operators, der im Potential-term neben einem effektiven Kernpotential auch die Elektron-Elektron-Abstoßung enthält. Die Eigenwerte (Orbitalenergien) sind Einelektronenergien. Auf die Elektronen wirkt nicht mehr die volle Kernladung, sondern eine durch die restlichen Elektronen verminderte Kernladung, die sich auf s-, p-, d- oder f-Orbitale unterschiedlich auswirkt. Deshalb haben im Gegensatz zum Wasserstoffatom die Zustände unterschiedlicher Nebenquantenzahl l bei allen anderen Atomen auch unterschiedliche Energie (siehe Abb. 4.5).

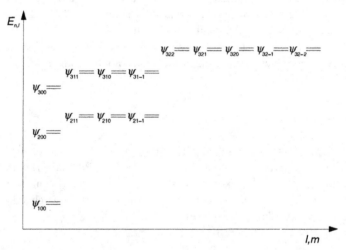

Abb. 4.5 Elektronenenergie stationärer Zustände $\Psi_{n,\,l,\,m}$ bis zur Hauptquantenzahl $n = 3$ eines Atoms (Wirkung des Spins wird durch Verdopplung der Niveaus angedeutet).

Die Orbitale $\Psi_{n,\,l,\,m}$ enthalten noch nicht den Spin. Das Produkt aus Orbital und Spinfunktion (α oder β) wird Spinorbital genannt. Spinorbitale sind durch die Quantenzahlen n, l, m und m_s charakterisiert.

4.2.4 Pauli-Prinzip

Das Pauli-Prinzip besagt, daß eine Elektronenwellenfunktion antisymmetrisch gegenüber Vertauschung von Elektronen sein muß, d. h. daß sich bei Vertauschung das Vorzeichen ändern muß. Eine Gesamtwellenfunktion der Form $\Theta = \Psi_a(1)\,\Psi_b(2)\,\Psi_c(3)$ erfüllt nicht diese Bedingung. Deshalb wird die Gesamtwellenfunktion nicht als simples Produkt, sondern als sogenannte Slater-Determinante dargestellt:

$$\Theta = \frac{1}{\sqrt{n!}} \begin{vmatrix} \Psi_a(1) & \Psi_a(2) & \Psi_a(3) & \ldots & \Psi_a(n) \\ \Psi_b(1) & \Psi_b(2) & \Psi_b(3) & \ldots & \Psi_b(n) \\ \cdot & \cdot & \cdot & \cdot & \cdot \\ \cdot & \cdot & \cdot & \cdot & \cdot \\ \cdot & \cdot & \cdot & \cdot & \cdot \\ \Psi_n(1) & \Psi_n(2) & \Psi_n(3) & \ldots & \Psi_n(n) \end{vmatrix} \tag{4.20}$$

$$\text{Normalisierungsfaktor} = \frac{1}{\sqrt{n!}}$$

Beispiel:

Die Wellenfunktion Θ soll ein Zweielektronensystem beschreiben:

$$\Theta = \frac{1}{\sqrt{2}} \begin{vmatrix} \Psi_a(1) & \Psi_a(2) \\ \Psi_b(1) & \Psi_b(2) \end{vmatrix} = \frac{1}{\sqrt{2}}\left[\Psi_a(1)\,\Psi_b(2) - \Psi_a(2)\,\Psi_b(1) \right] \tag{4.21}$$

Ein Austausch von (1) und (2) führt zu

$$\frac{1}{\sqrt{2}}\left[\Psi_a(2)\,\Psi_b(1) - \Psi_a(1)\,\Psi_b(2) \right] = -\frac{1}{\sqrt{2}}\left[\Psi_a(1)\,\Psi_b(2) - \Psi_a(2)\,\Psi_b(1) \right] \tag{4.22}$$

Damit ist das Pauli-Prinzip erfüllt.

Für Ψ_a und Ψ_b müssen selbstverständlich Spinorbitale verwendet werden:

$$\Psi_a = \psi_a(\tau)\alpha \quad \text{oder} \quad \psi_a(\tau)\beta \tag{4.23}$$

$(\psi_a(\tau)$ Orbital, das nur die Ortskoordinaten enthält;
α Spinfunktion;
β Spinfunktion).

Wenn die Spinorbitale Ψ_a und Ψ_b in der Spinquantenzahl übereinstimmen (z. B. beide β), dann gilt:

$$\Theta_a = \frac{1}{\sqrt{2}}\left[\psi_a(\tau_1)a(1)\psi_b(\tau_2)a(2) - \psi_a(\tau_2)a(2)\psi_b(\tau_1)a(1)\right] \qquad (4.24)$$

(τ_1 Koordinaten des Elektrons 1;
τ_2 Koordinaten des Elektrons 2).

Auch hier ist $\Theta = 0$, wenn die Koordinaten der beiden Elektronen übereinstimmen ($\tau_1 = \tau_2$).

In Abbildung 4.6 ist die Wellenfunktion Θ_a eines Zweielektronensystems gegen die Differenz der Ortskoordinaten (d. h. gegen den Abstand der beiden Elektronen $\tau_1 - \tau_2$) aufgetragen. Θ_a^2 entspricht der Aufenthaltswahrscheinlichkeit eines Elektrons.

Die graphische Darstellung von Θ_a^2 als Funktion von ($\tau_1 - \tau_2$) in Abbildung 4.6 veranschaulicht die Wahrscheinlichkeit, ein Elektron (1) am Ort τ_2, das andere am Ort τ_1 anzutreffen.

Aus Gleichung 4.24 folgt, daß Elektronen mit gleichem Spin nicht die gleichen Ortskoordinaten haben können.

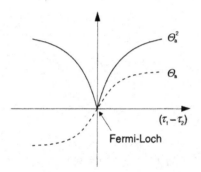

Abb. 4.6 Wellenfunktion Θ_a und Elektronenaufenthaltswahrscheinlichkeit Θ_a^2 eines Zweielektronensystems in Abhängigkeit vom Elektronenabstand ($\tau_1 - \tau_2$).

Elektronensysteme mit gleichem Spin der Elektronen ($\alpha\alpha$ oder $\beta\beta$) werden deshalb mit einer Wellenfunktion beschrieben, bei der die Elektronen im Durchschnitt weiter voneinander entfernt sind als bei Elektronensystemen mit entgegengesetztem Spin. Außer dieser Pauli-Abstoßung (nur bei Elektronen mit gleichem Spin) gibt es noch die elektrostatische (Coulomb-)Abstoßung. Da die Coulomb-Abstoßung geringer wird, wenn die Elektronen weiter voneinander entfernt sind, haben Elektronenzustände mit gleichen Spinquantenzahlen die niedrigere Energie.

4.2.5 Elektronenabstoßung

Die Störungsenergie erster Ordnung, die durch die Coulomb-Abstoßung der Elektronen bedingt ist, kann durch folgende Gleichung beschrieben werden (Zwei-Elektronen-System):

$$E_1 = \int_{-\infty}^{\infty} \Theta_a H_{rep} \Theta_a d\tau = \langle \Theta_a | \hat{H}_{rep} | \Theta_a \rangle \tag{4.25}$$

Der Störungsoperator der Abstoßung (rep für Repulsion) hat die Form:

$$\hat{H}_{rep} = \frac{e^2}{4\pi \, \varepsilon_0 \, \hat{r}_{12}} \tag{4.26}$$

(ε_0 Dielektrizitätskonstante; $\hat{r}_{12}$ Elektronenabstandsoperator; e Elektronenladung).

Wendet man die Gleichung 4.25 auf die Slater-Determinante des Zwei-Elektronen-Systems an, so folgt daraus:

$$\begin{aligned}
E_1 = &\frac{1}{2} \langle \Psi_a(1) \, \Psi_b(2) | \hat{H}_{rep} | \Psi_a(1) \, \Psi_b(2) \rangle \\
&+ \frac{1}{2} \langle \Psi_a(2) \, \Psi_b(1) | \hat{H}_{rep} | \Psi_a(2) \, \Psi_b(1) \rangle \\
&- \frac{1}{2} \langle \Psi_a(1) \, \Psi_b(2) | \hat{H}_{rep} | \Psi_a(2) \, \Psi_b(1) \rangle \\
&- \frac{1}{2} \langle \Psi_a(2) \, \Psi_b(1) | \hat{H}_{rep} | \Psi_a(1) \, \Psi_b(2) \rangle
\end{aligned} \tag{4.27}$$

Die relativen Positionen der Elektronen 1 und 2 sind jeweils gleich in den ersten beiden Integralen und ebenso in den letzten beiden. Weil in $\hat{H}_{rep}$ (siehe Gleichung 4.26) nur der Abstand r_{12} eingeht, können die ersten beiden und die letzten beiden Integrale zusammengefaßt werden:

$$J(a|b) = \langle \Psi_a(1) \, \Psi_b(2) | \hat{H}_{rep} | \Psi_a(1) \, \Psi_b(2) \rangle \tag{4.28}$$
$$K(a|b) = \langle \Psi_a(1) \, \Psi_b(2) | \hat{H}_{rep} | \Psi_a(2) \, \Psi_b(1) \rangle \tag{4.29}$$
$$E_1 = J(a|b) - K(a|b) \tag{4.30}$$

Die Abstoßungsenergie ist die Differenz zweier Integrale, dem Coulomb-Integral J (Coulomb-Abstoßung) und dem Austauschintegral K (Elektronenaustausch zwischen den Orbitalen Ψ_a und Ψ_b). Der Elektronenabstoßoperator $\hat{H}_{rep}$ wirkt nur auf die Funktion der Elektronenabstände (Raumfunktion) und nicht auf die Spinfunktion. Für reine Spinfunktionen gilt z. B.:

$$\begin{aligned}
J(a|b) = &\langle a(1) \, \beta(2) | \hat{H}_{rep} | a(1) \, \beta(2) \rangle = \\
= &\hat{H}_{rep} \langle a(1) \, \beta(2) | a(1) \, \beta(2) \rangle = \hat{H}_{rep}
\end{aligned} \tag{4.31}$$

(wegen der Normierung)

$$K(a \mid b) = \langle a\,(1)\,\beta\,(2) \mid \hat{H}_{rep} \mid a\,(2)\,\beta\,(1) \rangle = \qquad (4.32)$$
$$= \hat{H}_{rep} \langle a\,(1)\,\beta\,(2) \mid a\,(2)\,\beta\,(1) \rangle = 0$$

(wegen der Orthogonalität)

Bei gleichen Spinquantenzahl gilt:

$$K(a \mid b) = \langle a\,(1)\,a\,(2) \mid \hat{H}_{rep} \mid a\,(2)\,a\,(1) \rangle = \qquad (4.33)$$
$$= \hat{H}_{rep} \langle a\,(1)\,a\,(2) \mid a\,(2)\,a\,(1) \rangle = \hat{H}_{rep}$$

Das K-Integral tritt somit nur bei der Wechselwirkung zwischen Elektronen mit gleichen (parallelen) Spins auf.

Für das Heliumatom ist beispielsweise die totale Energie somit:

$$E = 2E_{1s} + J_{1s,\,1s} \qquad (4.34)$$

Dabei ist E_{1s} die berechnete Energie der 1s-Orbitale bei ausschließlicher Berücksichtigung des effektiven Kernpotentials. Die Energie eines Mehrelektronensystems wird durch das Coulomb-Integral J erhöht, während das Austauschintegral K die Energie senkt. Die Anwesenheit von K bei parallelen Spins (Triplettzustand) bedingt folglich eine Stabilisierung.

4.2.6 Aufbauprinzip

Das zur Beschreibung der Elektronenstruktur eines Atoms dienende Aufbauprinzip kann in folgenden Regeln zusammengefaßt werden:

– Jedes Elektron wird durch eine Funktion $\Psi_{n,\,l,\,m,\,m(s)}$ (Spinorbital) repräsentiert, die eine Lösung des Einelektron-Hamilton-Operators darstellt, Ψ^2 ist dabei ein Maß für die Dichte der Ladungswolke des Elektrons. Diese Funktion wird Atomorbital (AO) genannt (mitunter auch nur auf das Raumorbital bezogen).

– Jedes Atomorbital $\Psi_{n,\,l,\,m,\,m(s)}$ hat eine charakteristische Energie, die näherungsweise gleich der Ionisierungsenergie ist. Die totale Energie eines Atoms im Grundzustand ist die Summe der Energien aller AOs die durch Elektronen besetzt sind, korrigiert mit der gegenseitigen Wechselwirkungsenergie (J- und K-Werte).

– Die AOs werden, beginnend mit denen der tiefsten Energie, mit Elektronen aufgefüllt. Dabei muß das Pauli-Prinzip eingehalten werden, wonach zwei Elektronen nicht in allen vier Quantenzahlen übereinstimmen dürfen.

– Außerdem gelten die Hundschen Regeln, die besagen, daß
   a) die Elektronen dasselbe Raumorbital $\Psi_{n,\,l,\,m}$ vermeiden, wenn Raumorbitale gleicher Energie vorhanden sind (z. B. $2p_x$ und $2p_y$) und daß

b) die Elektronen in einfach besetzten energiegleichen Raumorbitalen parallele Spins einnehmen.

Mittels dieser Regeln läßt sich die Elektronenkonfiguration für ein Atom aufstellen. Im Grundzustand sind stets die energietiefsten Atomorbitale mit Elektronen besetzt. Gewöhnlich kennzeichnet man die Atomorbitale durch die Hauptquantenzahl $n = 1,2,3$ ... und durch die Symbole für die Nebenquantenzahl (mit Koordinaten anstelle der magnetischen Quantenzahlen) s, p_x, p_y, p_z, d_{xy} ... Die Spinquantenzahl wird durch Doppelbesetzung der Raumorbitale berücksichtigt und durch Pfeile bei der Besetzung symbolisiert (s. Abb. 4.7).

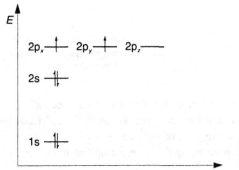

Abb. 4.7 Energieniveauschema der Elektronenkonfiguration des C-Atoms im Grundzustand.

Die Elektronenkonfiguration vom Kohlenstoffatom ist folglich $1s^2 2s^2 sp^2$ (Grundzustand).

Die Elektronen der Spinorbitale einer Hauptquantenzahl bilden eine Schale. Eine gefüllte Schale hat eine sphärische Ladungsverteilung. Sie besitzt eine besonders energetische Stabilität und bedingt dadurch die relative Reaktionsträgheit der Edelgase.

4.3 Chemische Bindung

Die Wechselwirkung der Atome, die zur Bildung von Molekülen führt, bezeichnet man als die chemische Bindung. Auch hierbei läßt sich diese Wechselwirkung durch die Abhängigkeit der potentiellen Energie $U(\tau)$ von der relativen Lage der wechselwirkenden Atome darstellen.

Man erkennt in Abbildung 4.8, daß es sich um eine Überlagerung von attraktiven und repulsiven Wechselwirkungen handelt. Für unendlichen Abstand r wird die potentielle Energie willkürlich null gesetzt. Der Energiewert für das Minimum dieser Kurve (sogenannte Morse-Kurve) entspricht näherungsweise der Dissoziationsenergie D (Korrektur siehe Abb. 4.10) des Moleküls.

Für Moleküle aus mehr als zwei Atomen wird die Potentialkurve (s. Abb. 4.8) zu einer Potential-fläche (zwei Abstände) bzw. zu einer Potentialhyperfläche (mehr als zwei Abstände).

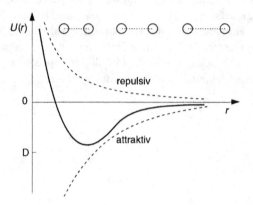

Abb. 4.8 Potentielle Energie bei Wechselwirkung zweier Atome im Abstand r.

Bei der chemischen Bindung ist die Triebkraft für die attraktive Wechselwirkung das Bestreben der Atome, eine abgeschlossene Elektronenschale (z. B. $2s^2 2p^6$-Konfiguration) zu bilden. Eine solche Elektronenkonfiguration ist besonders stabil und z. B. auch durch die Kompensation aller Spins und Bahndrehimpulse wenig empfindlich gegenüber äuße-ren Einflüssen.

Entsprechend der Attraktion unterscheidet man drei Arten der chemischen Bindung:

– Ionenbindung,
– Kovalenz,
– Metallbindung.

Die Metallbindung hat für die Molekülbildung die geringste Bedeutung. Sie ist meist nur im Festzustand wirksam. Die stabile Elektronenkonfiguration wird durch Elektronenabga-be der Metallatome erreicht. Das Gitter aus positiven Ionen wird von einem Elektronengas zusammengehalten.

4.3.1 Ionenbindung

Durch Elektronenübergang der sogenannten Valenzelektronen (Elektronen der äußeren Schalen) zwischen den Atomen entstehen Ionen (mit einer stabilen Elektronenkonfigura-tion), die sich hauptsächlich aufgrund entgegengesetzter Ladung anziehen.

Beispiel:

$$\text{Na} \longrightarrow \text{e} + \text{Na}^+ \tag{4.35}$$
$$1s^2 2s^2 2p^6 3s \qquad [1s^2 2s^2 2p^6] \qquad \text{Ne-Schale}$$

$$\text{e} + \text{Cl} \longrightarrow \text{Cl}^- \tag{4.36}$$
$$1s^2 2s^2 sp^6 3s^2 3p^5 \qquad [1s^2 2s^2 sp^6 3s^2 3p^6] \quad \text{Ar-Schale}$$

Die potentielle Energie $U(r)$ eines zweiatomigen heteropolaren Moleküls vom Typ NaCl hängt vom Abstand r der beiden Ionen A und B ab (Abb. 4.9).

$$U(r) = -\frac{e^2}{r} + \frac{be^2}{r^9} - \frac{ep_1}{r^2} - \frac{ep_2}{r^2} - \frac{2p_1p_2}{r^3} + \frac{p_1^2}{2a_1} + \frac{p_2^2}{2a_2} \qquad (4.37)$$

(b Konstante;
p_1 Dipolmoment eines Ions;
a_1 Polarisierbarkeit eines Ions).

$$U_{min} = -\frac{e^2}{r}\left[\frac{8}{9} + \frac{5(a_1 + a_2)}{18r_g^3}\right] + \frac{4(a_1a_2)}{9r_g^6} \qquad (4.38)$$

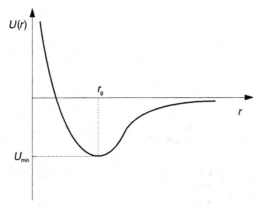

Abb. 4.9 Potentielle Energie bei Wechselwirkung zweier entgegengesetzt geladener Ionen im Abstand r.

4.3.2 Kovalenz

Bei der konvalenten Bindung (Kovalenz) tritt kein direkter Elektronenübergang von einem Atom zum anderen auf, sondern die Valenzelektronen (Elektronen der äußeren Schale) gehören gewissermaßen zu beiden miteinander verbundenen Atomen. Während zur Beschreibung der Ionenbindung die potentielle Energie der wechselwirkenden Ionen ausreicht, muß für die Kovalenz eine quantenmechanische Beschreibung gewählt werden. Die Schrödinger-Gleichung, die zur Berechnung der Energie der Molekülzustände dient, enthält den folgenden Hamilton-Operator $\hat{H}$ für die Gesamtenergie:

$$\hat{H} = \hat{H}_e + \hat{H}_{vib} + \hat{H}_{rot} + \hat{H}_{trans} \qquad (4.39)$$

Näherungsweise kann die durch Elektronenbewegung verursachte Wechselwirkung (H_e) von der durch Kernbewegung (Vibration, Rotation, Translation) verursachten getrennt werden (Born-Oppenheimer-Näherung).

$$\hat{H}_e \Psi = E_e \Psi \qquad\qquad \Psi = \text{Elektronenwellenfunktion} \qquad (4.40)$$

$$\hat{H}_{vib} \Theta = E_{vib} \Theta \qquad\qquad \Theta = \text{Schwingungswellenfunktion} \qquad (4.41)$$

$$\hat{H}_{rot} \varphi = E_{rot} \varphi \qquad\qquad \varphi = \text{Rotationswellenfunktion} \qquad (4.42)$$

$$\hat{H}_{trans} \omega = E_{trans} \omega \qquad\qquad \omega = \text{Translationswellenfunktion} \qquad (4.43)$$

Die Energiezustände des Moleküls sind dann als Summe darstellbar:

$$E = E_e + E_{vib} + E_{rot} + E_{trans} \qquad\qquad\qquad\qquad (4.44)$$

Bezieht man nur die Schwingungsenergie mit ein, so ergibt sich für ein zweiatomiges Molekül die in Abbildung 4.10 dargestellte Form der Energie eines Elektronenzustands.

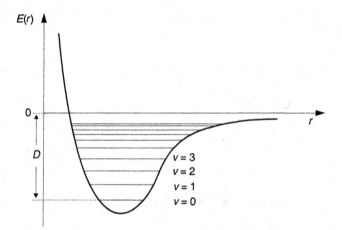

Abb. 4.10 Aufspaltung eines Elektronenniveaus eines zweiatomigen Moleküls in Schwingungsniveaus.

Jedes Schwingungsniveau läßt sich durch Rotations- und Translationsniveaus weiter aufgespalten denken.

Die Gesamtmolekülwellenfunktion ist dann das Produkt der einzelnen oben genannten Wellenfunktionen.

Die Schrödinger-Gleichung für die totale Elektronenenergie kann gleichfalls als Näherung getrennt für die Raumfunktion und für die Spinfunktion aufgestellt werden:

$$\hat{H}_r \Phi = E_r \Phi \qquad\qquad \Phi = \text{Raumwellenfunktion} \qquad (4.45)$$

$$\hat{H}_s s = E_s s \qquad\qquad s = \text{Spinwellenfunktion} \qquad (4.46)$$

Voraussetzung für dieses Verfahren ist, daß die Spinpaarungsenergie klein ist gegenüber der Aufspaltung durch die koordinatenabhängige Wechselwirkungsenergie der Elektronen. Der Hamilton-Operator $\hat{H}_r$ enthält neben der potentiellen Energie U (elektrostatische Wechselwirkung mit dem abgeschirmten Kern, elektrostatische Wechselwirkung der Elektronen untereinander und der Kerne untereinander) auch die kinetische Energie der Elektronen.

Für das Wasserstoffmolekül ist die Molekülwellenfunktion gegeben durch eine lineare Kombination der Atomorbitale Ψ (hier nur Raumfunktion).

$$\Phi = c_1 \psi_1 + c_2 \psi_2 \tag{4.47}$$

Als Lösungen der Schrödinger-Gleichung ergeben sich zwei Werte für die totale Elektronenenergie (ausgenommen die Spinwechselwirkung) als Eigenwerte (s. Abb. 4.11):

$$E_1 = \frac{\alpha + \beta}{1 + S} \qquad E_2 = \frac{\alpha - \beta}{1 + S} \tag{4.48}$$

$$\alpha = \langle \psi_1 | \hat{H}_r | \psi_1 \rangle = \langle \psi_2 | \hat{H}_r | \psi_2 \rangle \tag{4.49}$$

$$\beta = \langle \psi_1 | \hat{H}_r | \psi_2 \rangle = \langle \psi_2 | \hat{H}_r | \psi_1 \rangle \tag{4.50}$$

$$S = \langle \psi_1 \psi_2 \rangle \tag{4.51}$$

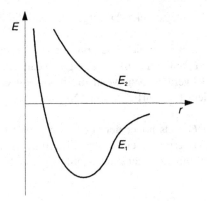

Abb. 4.11 Totale Elektroenergien des H_2-Moleküls in Abhängigkeit vom Atomabstand.

α wird ebenfalls (aber nicht mit J im vorherigen Kapitel identisch) Coulomb-Integral genannt und beschreibt die Wechselwirkungsenergie eines reinen Atomorbitals im Molekül. Es unterscheidet sich nur wenig von der Elektronenenergie des betreffenden AOs im Atom. S, das Überlappungsintegral, ist ein Maß für die Überlappung der wechselwirkenden AOs ψ_1 und ψ_2.

β wird Resonanzintegral genannt (zuweilen auch Austauschintegral). Die zugrundeliegende Wechselwirkung kann so verstanden werden, daß das Elektron des einen Atoms eine gewisse Zeit beim Kern des anderen Atoms verbringt und umgekehrt, wodurch die Bindung zwischen beiden Atomen zustande kommt.

Die Integrale α und β sind negativ, S dagegen positiv. Da S größer als eins ist, ist das Resonanzintegral für die Bindungsenergie der beiden Wasserstoffatome bestimmend.

Das Zustandekommen der Kovalenz hängt offenbar damit zusammen, daß die Elektronen nicht mehr allein in die Orbitale des eigenen Atoms gezwängt sind, sondern daß ihnen jetzt auch die Orbitale des anderen Atoms zur Verfügung stehen. Daß damit eine Senkung der Energie und folglich ein Bindungseffekt verknüpft ist, läßt sich aus der Heisenbergschen Unschärferelation ableiten:

$$\Delta x \, \Delta p_x \geq h/2\pi \tag{4.52}$$

$(\Delta x$ Koordinatenänderung;
Δp_x Impulsänderung;
h Plancksches Wirkungsquantum).

Ein Elektron, das sich auf der x-Koordinate die Strecke Δx bewegen kann, hat einen Mindestimpuls von $\Delta p_x \geq h/2\pi\Delta x$; ein kleinerer Impuls ist nicht möglich. Daraus folgt eine Mindestenergie:

$$E_{kin} = \frac{mv_x^2}{2} = \frac{(mv_1)^2}{2m} = \frac{p_x^2}{2m} = \frac{h^2}{8\pi^2 m (\Delta x)^2} \tag{4.53}$$

Bei der Bindungsbildung wird die mögliche Wegstrecke Δx vergrößert und die Energie folglich gesenkt.

Der Energiewert E_1 (Gleichung 4.48) enthält noch nicht die Spinwechselwirkung. Bei der doppelten Besetzung (entsprechend dem Pauli-Prinzip) der Energieniveaus muß auch noch die Spinpaarungsenergie aufgewandt werden. Nur wenn die insgesamt erreichte Energie unter der der isolierten Atome liegt (willkürliches Null-Niveau), dann ist das betreffende Molekül (hier H_2) stabil.

Allgemein liegt der höhere Energiewert E_2 stets höher über dem Null-Niveau als der tiefere Energiewert E_1 darunter. Deswegen resultiert eine Destabilisierung (d. h. eine antibindende Wechselwirkung) stets dann, wenn die sogenannten antibindenden Molekülniveaus besetzt werden müssen (z. B. in He_2).

Übergangsformen

Jede chemische Bindung wird durch eine Ladungsanhäufung zwischen den Atomkernen charakterisiert, die ausreicht, der Kernabstoßung die Waage zu halten. Bei der reinen konvalenten Bindung ist die Ladung zwischen den Kernen, bei der ionischen Bindung dagegen an einem Kern konzentriert.

Reine Kovalenz tritt nur in Molekülen aus gleichen Atomen auf (H_2, O_2, N_2 usw.). Dominierend für die kovalente Bindung ist das Resonanzintegral. In den hochpolaren Molekülen vom Typ NaCl, CsI u. a. dominiert dagegen die statische Coulomb-Wechselwirkung, d. h. die Ionenbindung.

Im allgemeinen treten in den Molekülen Anteile von kovalenter und Ionenbindung jeweils in einer Bindung auf.

4.3.3 Qualtitative MO-Theorie

4.3.3.1 Wechselwirkung der Atomorbitale

Eine Reihe von Moleküleigenschaften können durch Molekülorbitale (MOs) beschrieben werden, die man durch lineare Kombination der Atomorbitale (AOs) bildet. Oft werden die MOs durch die Symmetrie symbolisiert. Für zweiatomige Moleküle aus der gleichen Atomart A werden dazu die in Abbildung 4.12 dargestellten Symmetrieelemente ausge-

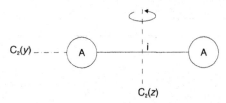

$C_2(y)$, $C_2(z)$ zweizählige Symmetrieachsen,
      i   Inversionszentrum

Abb. 4.12 Symmetrieelement eines Moleküls A_2.

wählt. Die Bezeichnung der Molekülorbitale des Moleküls A_2 ist Tabelle 4.5 zu entnehmen (siehe auch Abb. 4.13).

Antisymmetrisch bedeutet nicht asymmetrisch, sondern nur Vorzeichenumkehr bei ansonsten symmetrischen Verhalten. Wird bei der Rotation um die Bindungsachse (y-Richtung) das Vorzeichen zweimal gewechselt, so wird das betreffende Molekülorbital als δ-Orbital bezeichnet.

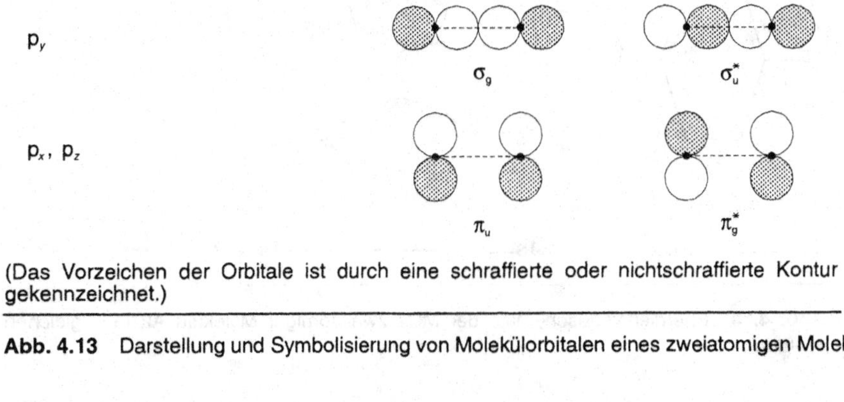

Atomorbitale	Molekülorbitale	
s	σ_g	σ_u^*
p_y	σ_g	σ_u^*
p_x, p_z	π_u	π_g^*

(Das Vorzeichen der Orbitale ist durch eine schraffierte oder nichtschraffierte Kontur gekennzeichnet.)

Abb. 4.13 Darstellung und Symbolisierung von Molekülorbitalen eines zweiatomigen Moleküls A_2.

Die Klassifizierung in σ-, π- und δ-Orbitale wird allgemein auch auf Molekülorbitale übertragen, bei denen ungleiche Atome miteinander wechselwirken und die Moleküle insgesamt nicht symmetrisch sind.

Tabelle 4.5   Symmetriesymbole für Molekülorbitale.

Symmetrieelement	Symbol für Molekülorbital	
	symmetrisch	antisymmetrisch
$C_2(y)$	σ	π
$C_2(z)$		*
i	g	u

Anordnung der Energieniveaus

Die Kombination zweier Atomorbitale führt stets zu einem bindenden Molekülorbital (bei gleichen Vorzeichen der überlappenden Orbitalregionen) und zu einem nichtbindenden Molekülorbital (Knotenfläche zwischen den wechselwirkenden Orbitalen). Die Energiedifferenz zwischen diesen beiden MOs ist um so größer, je stärker die Atomorbitale AOs überlappen. AOs, die nicht wechselwirken bzw. nicht überlappen, behalten im Molekül unverändert ihre Energie. Die Knotenregel besagt, daß mit zunehmender Anzahl der Knoten die Energie der Orbitale größer wird. Überlappungs- und Knotenregel zusammen erlauben die Aufstellung eines groben Energieniveauschemas (siehe Abb. 4.14).

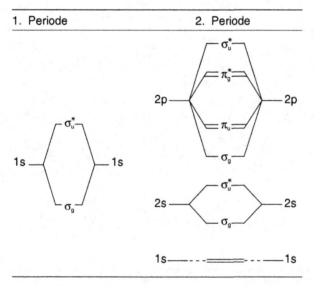

Abb. 4.14   Energieniveauschemata der MOs zweiatomiger Moleküle A2 (aus gleichen Atomen).

Dieses Energieniveauschema stellt jedoch nur eine erste Näherung dar. Es kann durch folgende Regel verfeinert werden: Die nach vorstehendem Muster aufgestellten MOs sind nicht unabhängig, wenn sie gleiche Symmetrie haben. Man berücksichtigt dies durch Wechselwirkung der MOs, was zur Senkung der Energie des einen und zur Anhebung der Energie des anderen MOs führt. Dieser Effekt ist um so größer, je kleiner die ursprüngliche Energiedifferenz ist (siehe Abb. 4.15).

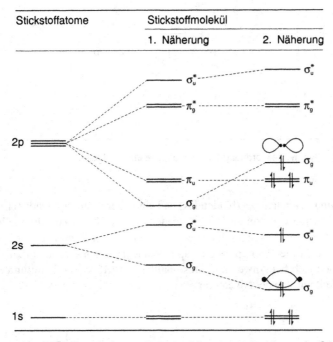

Abb. 4.15 Energieniveauschema und Besetzung der Niveaus im Stickstoffmolekül.

Die Besetzung der MOs ergibt sich aus der Zahl der von den Atomen eingebrachten Elektronen und erfolgt nach dem Aufbauprinzip unter Beachtung der Hundschen Regeln.

4.3.3.2 H_2O-Molekül

Zur Konstruktion der MOs dienen die s- und p-Atomorbitale der Valenzschale ($n = 1$ beim Wasserstoff und $n = 2$ beim Sauerstoff). Entsprechend der Molekülsymmetrie werden alle AOs einer Komponente der irreduziblen Darstellung der Punktgruppe zugeordnet (siehe Abb. 4.16). Da zwei H-Atome mit einem O-Atom verknüpft sind, wird die Symmetrie einer Kombination der beiden H-AOs benutzt. Das MO-Energieniveauschema wird durch Kombination der AOs gleicher Symmetrie gebildet.

Die Energiewerte der AOs (sie sind den Ionisierungsenergien proportional) können Tabellen [4.6] entnommen werden. Die Kombination zweier AOs gleicher Symmetrie

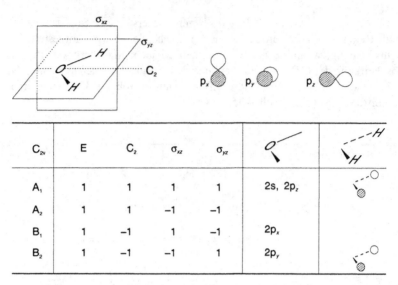

Abb. 4.16   Symmetriezuordnung der Atomorbitale im H_2O-Molekül.

führt zur Aufspaltung in ein tieferes (bindendes) und ein höheres (antibindendes) Energieniveau. Die Kombination von drei AOs führt wieder zu drei MOs, bzw. allgemein aus i AOs werden i MOs. Die Aufspaltung der Energieniveaus ist um so größer, je stärker die AOs überlappen. Da für die Überlappung entsprechende Tabellenwerte nicht zur Verfügung stehen, können sich bei Anwendung des qualitativen MO-Modells mitunter Unsicherheiten in der Reihenfolge der Niveaus ergeben. Die MOs tragen die gleichen Symbole

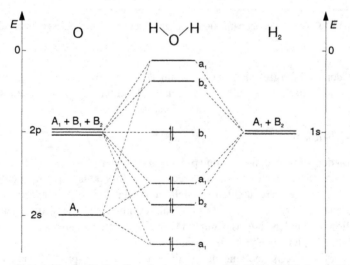

Abb. 4.17   Qualitative Energieniveauschema der Molekülorbitale von H_2O.

(Mulliken-Symbole) der irreduziblen Darstellung, zu der sie gehören, allerdings mit kleinen Buchstaben (siehe Abb. 4.17).

Durch paarweise Besetzung der Niveaus gelangt man beim H_2O-Molekül bis zum b_1-MO-Niveau. Dieses MO wird nur aus einem reinen p_z-AO des Sauerstoffs gebildet und ist „nichtbindend". Im VSEPR-Modell (siehe Abschn. 2.2.1) entspricht es einem freien Elektronenpaar. Das qualitative MO-Schema des H_2O-Moleküle kann sinngemäß für alle ML_2-Moleküle von C_{2v}-Symmetrie angewandt werden, bei denen die Valenzschale von M s- und p-Orbitale enthält, die Valenzschale von L s-Orbitale bzw. Orbitale gleicher Symmetrie enthält.

4.3.3.3 Übergangsmetallkomplexe

In der MO-Beschreibung der Übergangsmetallkomplexe läßt sich das Konzept der Mikrosymmetrie (siehe Abschn. 2.6.2) sehr nützlich anwenden: In einem gewissen räumlichen Bezirk, der größer ist als die inneren Schalen des Zentralatoms, aber nur bis zur ersten Koordinationssphäre reicht, kann man den Übergangsmetallkomplex meist einer bestimmten Punktgruppe zuordnen, z. B.:

$$W(CH_3)_6 \quad \rightarrow \quad O_h$$
$$Ni(CH_3)_4 \quad \rightarrow \quad T_d$$
$$Fe(PPh_3)_5 \quad \rightarrow \quad D_{3h}$$

Die Geometrie muß dabei natürlich bekannt sein bzw. hypothetisch angenommen werden können.

Die Valenzschale des Zentralatoms enthält neben s- und p-AOs bei den Übergangsmetallen auch d-AOs. Die AOs des Zentralatoms werden einzeln einer Komponente der irreduziblen Darstellung der Punktgruppe zugeordnet. Die Liganden-AOs werden wieder als Kombination der jeweiligen Komponente der irreduziblen Darstellung zugeordnet. Im einfachsten Fall wird für jeden Liganden nur ein einziges Orbital berücksichtigt. Dieses kann jedoch schon aus AOs des Liganden kombiniert sein. Wenn dieses Ligandenorbital mit dem Zentralatom eine Bindung eingeht, die rotationssymmetrisch zur Bindungsachse ist, so nennt man die betreffenden Ligandenorbitale σ-Orbitale. Ist der Ligand nicht durch eine rotationssymmetrische Bindung mit dem Zentralatom verknüpft, so heißt das Ligandenorbital π- oder δ-Orbital.

Die Molekülorbitale werden wieder durch Kombination von Zentralatomorbitalen mit Liganden-Orbital-Kombinationen gleicher Symmetrie aufgestellt.

Beispiel $W(CH_3)_6$:

Die Valenzschale des Wolframs enthält die Atomorbitale 6s, $6p_x$, $6p_y$, $6p_z$, $5d_{z^2}$, $5d_{x-y}$, $5d_{xy}$, $5d_{yz}$ und $5d_{xz}$.

Die Zuordnung der Orbitale mittels Abbildung 4.18 ist in Abbildung 4.19 gegeben.

Von den Methylliganden werden sechs gleichartige σ-Orbitale des Kohlenstoffs an den Eckpunkten eines Oktaeders miteinander kombiniert. Das ergibt nur Kombinationen der Komponenten A_{1g}, E_g und T_{1u} (siehe Abb. 4.20).

O_h	E	$8C_3$	$3C_2$	$6C_4$	$6C_2$	i	$8S6$	$3\sigma_h$	$6S_4$	$6\sigma_d$	W
A_{1g}	1	1	1	1	1	1	1	1	1	1	6s
A_{2g}	1	1	1	−1	−1	1	1	1	−1	−1	
E_g	2	−1	2	0	0	2	−1	2	0	0	$5d_{z^2}, 5d_{x^2-y^2}$
T_{1g}, F_{1g}	3	0	−1	1	−1	3	0	−1	1	−1	
T_{2g}, F_{2g}	3	0	−1	−1	1	3	0	−1	−1	1	$5d_{xy}, 5d_{yz}, 5d_{xz}$
A_{1u}	1	1	1	1	1	−1	−1	−1	−1	−1	
A_{2u}	1	1	1	−1	−1	−1	−1	−1	1	1	
E_u	2	−1	2	0	0	−2	1	−2	0	0	
T_{1u}, F_{1u}	3	0	−1	1	−1	−3	0	1	−1	1	$6p_x, 6p_y, 6p_z$
T_{2u}, F_{2u}	3	0	−1	−1	1	−3	0	1	1	−1	

Abb. 4.18 Charaktertafel der Punktgruppe O_h und AOs eines Übergangsmetallatoms.

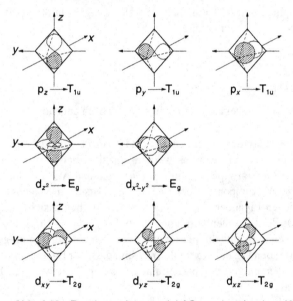

$p_z \longrightarrow T_{1u}$ $p_y \longrightarrow T_{1u}$ $p_x \longrightarrow T_{1u}$

$d_{z^2} \longrightarrow E_g$ $d_{x^2-y^2} \longrightarrow E_g$

$d_{xy} \longrightarrow T_{2g}$ $d_{yz} \longrightarrow T_{2g}$ $d_{xz} \longrightarrow T_{2g}$

Abb. 4.19 Zuordnung der p- und d-AOs zu den einzelnen Komponenten.

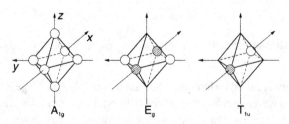

A_{1g} E_g T_{1u}

Abb. 4.20 Kombination von gleichartigen Liganden-σ-Orbitalen am Oktaeder.

Aus Ligandenkombinationen und AOs des Zentralatoms kann man schließlich das in Abbildung 4.21 dargestellte Energieniveauschema aufstellen. Die Energie der Ligandenorbitale liegt etwas tiefer als die der AOs des Zentralatoms. Die sechs bindenden MOs haben mehr Ligandencharakter, d. h., die Elektronen befinden sich mehr in der Koordinationssphäre. Die unbesetzten nichtbindenden t_{2g}-MOs sind fast unveränderte 5d-Orbitale.

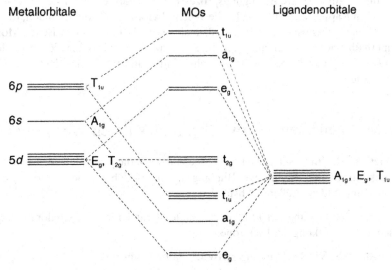

Abb. 4.21   Qualitatives MO-Schema von $W(CH_3)_6$.

4.4 Zwischenmolekulare Wechselwirkungen

Damit Moleküle überhaupt als unterscheidbare Teilchen auftreten können, müssen die Wechselwirkungen zwischen den Atomen, die das Molekül aufbauen, zwangsläufig stärker sein als die zwischenmolekularen Wechselwirkungen. Natürlich verhalten sich Moleküle untereinander nicht indifferent. Es gibt neben den abstoßenden auch anziehende Wechselwirkungen. Letztere können zu Molekülassoziaten führen.

Die Stärke dieser attraktiven Wechselwirkung variiert in sehr weiten Grenzen. Das reicht von ganz schwachen (sogenannten physikalischen) Wechselwirkungen des Dispersions- oder Multipoltyps (z. B. zwischen H_2-Molekülen) bis hin zur chemischen Bindung. Die räumliche und zeitliche Stabilität der Molekülassoziate überstreicht demzufolge ebenfalls einen sehr breiten Bereich und ist wichtig für die Reaktivität, für die Trennung von Stoffgemischen und für viele makroskopische Eigenschaften. Während man bei der Untersuchung an Gasen die zwischenmolekularen Wechselwirkungen oft vernachlässigen kann, spielen sie bei allen Untersuchungen von Flüssigkeiten eine wichtige Rolle (z. B.

Konformationsgleichgewichte, Reaktivität). Im Festzustand (Molekülgitter) bestimmen sie die Lage der Moleküle im Kristallgitter.

Die zwischenmolekularen Wechselwirkungen, deren Mechanismen anschließend behandelt werden, können nicht nur zwischen den Molekülen, sondern auch innerhalb eines Moleküls (zwischen bestimmten Molekülteilen) auftreten.

Auch hier findet man einen fließenden Übergang bis zur chemischen Bindung, der oftmals für intramolekulare Bewegungsprozesse verantwortlich ist (siehe Abschn. 3.5.2).

In diesem Kapitel werden deshalb alle Wechselwirkungseffekte behandelt, die schwächer als die reine chemische Bindung sind, unabhängig davon, ob sie zwischen Molekülen oder innerhalb eines Moleküls auftreten. Im Anschluß daran wird dann die intramolekulare Wechselwirkung und die Kopplung zwischen intra- und intermolekularer Wechselwirkung dargestellt.

4.4.1 Mechanismen der zwischenmolekularen Wechselwirkung

Man unterscheidet im wesentlichen zwei Mechanismen, die prinzipiell auch schon für das Zustandekommen der chemischen Bindung verantwortlich gemacht wurden, die aber schwächer sind und zu größeren Abständen führen:

– durch die Überlappung der Orbitale bedingte Veränderung der Coulomb- und Austauschwechselwirkung der Elektronen,

– elektrostatische Wechselwirkung zwischen Partialladungen.

In Molekülen mit kovalenten Bindungen und mit aufgefüllten Valenzschalen der beteiligten Atome gibt es im Rahmen der MO-Beschreibung noch immer leere Orbitale (σ^*, π^*). Es handelt sich um antibindende Orbitale. Die Donor-Akzeptor-Wechselwirkung zwischen einem solchen leeren Akzeptororbital mit einem gefüllten Donororbital (σ oder n: freies Elektronenpaar) führt zu einer bindenden Wechselwirkung (siehe Abb. 4.22) [4.7]. Dabei spielt es keine Rolle, ob die wechselwirkenden Orbitale einem oder verschiedenen Molekülen angehören.

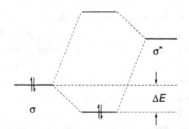

Abb. 4.22 Stabilisierungsenergie ΔE durch Wechselwirkung eines gefüllten Orbitals σ mit einem leeren Orbital σ^*.

Zwei Voraussetzungen müssen erfüllt sein, damit eine solche Donor-Akzeptor-Wechselwirkung im Endeffekt zu einer Attraktion zwischen den Molekülen (oder Molekülteilen) führt: Die erreichbaren Akzeptororbitale müssen erstens eine hinreichend tiefe Energie haben [$\Delta E \propto (E_{\sigma^*} - E_D)^{-1}$] und zweitens weiter in den Raum hinein reichen als die zugehörigen gefüllten Orbitale (siehe Abb. 4.23). In Abbildung 4.23 erkennt man, daß die Überlappung bei der bindenden $n_D - \sigma^*_{OH}$-Wechselwirkung stärker sein muß als die Überlappung der abstoßenden $n_D - \sigma_{OH}$-Wechselwirkung. Daraus resultiert eine Bindung (Wasserstoffbrücke) zwischen den beiden Wassermolekülen. Als Donororbitale sind am besten freie Elektronenpaare n_D geeignet, aber auch gefüllte bindende Orbitale π_{CC}, σ_{CH} usw. kommen in Frage.

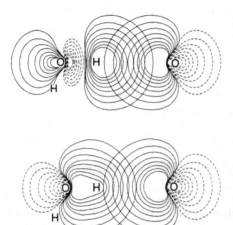

Abb. 4.23 *Contour plots* [4.7] der Überlappung eines freien Elektronenpaares n_0 am Sauerstoff (rechts) mit einem antibindenden OH-Orbital σ^*_{OH} (oben) und einem bindenden OH-Orbital σ_{OH} (unten) in einem Wasser-Dimer.

Die elektrostatische Wechselwirkung zwischen reinen Ionen zählt zur chemischen Bindung (siehe Abschn. 4.3.1). Elektrostatische Wechselwirkungen treten jedoch auch zwischen Molekülen auf, die ein permanentes Dipolmoment besitzen, und auch zwischen unpolaren Molekülen, in denen nur ein zeitlich induziertes Dipolmoment vorkommt. Die Wechselwirkungsenergie E (bei gleichem Abstand) nimmt in der nachfolgend gegebenen Aufzählung der Wechselwirkungen ab:

Ion- Ion-Wechselwirkung:

$$E = -\frac{q_1 q_2}{4\pi\varepsilon_0 r} \tag{4.54}$$

(r Abstand; q_1, q_2 Ladungen; ε_0 elektrische Feldkonstante).

Ion-Dipol-Wechselwirkung:

$$E = -\frac{q\mu \cos \alpha}{4\pi\varepsilon_0 r^2} \tag{4.55}$$

(q Ladung; α Winkel Abstands- und Dipolvektor;
μ Dipolmoment; ε_0 elektrische Feldkonstante;
r Abstand).

Dipol-Dipol-Wechselwirkung:

$$E = -\frac{\mu_1 \mu_2}{4\pi\varepsilon_0 r^3}(2 \cos \Theta \cos \phi - \sin \Theta \sin \phi)$$ (4.56)

(μ_1, μ_2 Dipolmoment;
r Abstand;
ε_0 elektrische Feldkonstante;
Θ, ϕ siehe Abb. 4.24).

(Gleichung 4.56 gilt für Dipole in einer Ebene.)

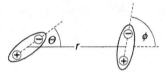

Abb. 4.24   Winkel zwischen zwei elektrischen Dipolvektoren in der Ebene.

Die mittlere Bindungsenergie zwischen Dipolmolekülen von Flüssigkeiten bei statistischer Verteilung aller Richtungen ist:

$$\overline{E} = -\frac{2}{3}\frac{1}{(4\pi\varepsilon_0)^2}\frac{(\mu_1 \mu_2)^2}{kTr^6}$$ (4.57)

(ε_0 elektrische Feldkonstante;
μ_1, μ_2 Dipolmoment;
k Boltzmann-Konstante;
T absolute Temperatur;
r Abstand).

Wechselwirkung zwischen Dipol und induziertem Dipol [4.9]:

$$\overline{E} = -\frac{2a}{4\pi(4\pi\varepsilon_0)}\frac{\mu^2}{r^6}$$ (4.58)

(a isotrope Polarisierbarkeit;
ε_0 elektrische Feldkonstante;
μ Dipolmoment;
r Abstand;
$\overline{E}$ mittlere Wechselwirkungsenergie).

Wechselwirkung der Moleküle ohne permanenten Dipol:

$$\overline{E} = -\frac{3}{2}\frac{I_1 I_2}{(I_1 + I_2)}\frac{\alpha_1 \alpha_2}{r^6}$$
(4.59)

($\overline{E}$ mittlere Wechselwirkungsenergie oder Londonsche Dispersionsenergie;
I_1, I_2 Ionisationsenergie;
α_1, α_2 Polarisierbarkeiten;
r Abstand).

Die Coulomb- oder elektrostatische Wechselwirkung überstreicht also das ganze Gebiet der molekularen Wechselwirkungen von der starken Ionenbindung bis zur sogenannten physikalischen oder Dispersionswechselwirkung. Der zuletzt genannte Mechanismus umfaßt die sogenannten Dispersionskräfte (London-Kräfte). Durch Fluktuation der Elektronendichte werden kurzzeitig Dipole induziert, die ihrerseits Dipole induzieren und damit Moleküle anziehen.

Ein einfaches Modell ist in Abbildung 4.25 dargestellt. Die Elektronen der besetzten Orbitale synchronisieren ihre Bewegungen so, daß eine gegenseitige Annäherung soweit als möglich vermieden wird. Damit ist eine schwache attraktive Wechselwirkung verknüpft.

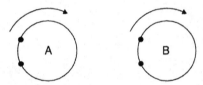

Abb. 4.25 Schematische Darstellung der Wechselwirkung momentan induzierter Dipole, die zu einer schwachen Anziehung führt.

4.4.2 Effekte der zwischenmolekularen Wechelwirkung

Die im vorherigen Kapitel genannten Mechanismen können einzeln oder in Kombination zur Beschreibung einer Vielzahl von nachweisbaren Effekten verwendet werden. Einige der Effekte tragen einen besonderen Namen und sollen hier genannt werden.

Van-der-Waals-Wechselwirkung

Unter der Van-der-Waals-Wechselwirkung im weitesten Sinne versteht man alle zwischenmolekularen Wechselwirkungen [4.7; 4.9; 4.10].

Man kann die Van-der-Waals-Wechselwirkung zusammenfassend empirisch durch ein Lennard-Jones-Potential beschreiben:

$$V(r_{ij}) = N_1\, r_{ij}^{-12} - N_2\, r_{ij}^{-6} \tag{4.60}$$

($V(r_{ij})$ potentielle Energie in Abhängigkeit vom Abstand;
N_1, N_2 empirische Konstanten;
r_{ij} Molekülabstand).

Dieses sogenannte 6|12-Potential besteht aus einem attraktiven und einem repulsiven Term. Die r^{-6}-Abhängigkeit des attraktiven Terms ist durch die Beteiligung der elektrostatischen Wechselwirkung zu begründen. Der repulsive Term beschreibt die *nonbonding interaction*, die insbesondere bei unpolaren Molekülen die Molekülgröße bestimmt.

Wasserstoffbrückenbindung

Die Wasserstoffbrückenbindung tritt in Systemen A — H – – – B grundsätzlich dann auf, wenn die Elemente A und B elektronennegativer als Wasserstoff sind (siehe Abb. 4.26).

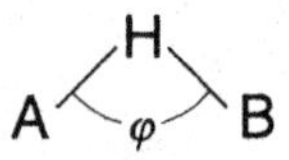

A, B = C, N, O, F, P, S, Cl, Br, Se, I
φ = 90° bis 180°

Abb. 4.26   Schema der Wasserstoffbrückenbindung.

Die Stärke der Wasserstoffbrückenbindung kann durch eine Wechselwirkungsenergie $|E| = 4$ bis 30 kJ/mol ausgedrückt werden. Zur Erklärung müssen beide in Abschnitt 4.4.1 angeführten Mechanismen herangezogen werden. Beispielsweise werden im Wasserdimer (siehe Abb. 4.23) durch Donar-Akzeptor-Wechselwirkung $n_D - \sigma_{OH}^*$ optimale Winkel φ und Abstände r eingestellt. Außerdem wirkt natürlich die Dipol-Dipol-Wechselwirkung zwischen den polaren Wassermolekülen. Etwa 20 % der Wechselwirkungsenergie sind auf Dispersionswechselwirkung zurückzuführen.

Kooperative Verstärkung der H-Brücken. Moleküle, die sowohl als Donor als auch als Akzeptor wirken (z. B. H_2O), bilden Molekülassoziate (auch Cluster genannt), in denen sich die Wasserstoffbrücken gegenseitig verstärken: Dadurch, daß die H-Atome einer OH-Gruppe an einer H-Brücke teilnehmen, erhöht sich die negative Ladung am Sauerstoff. Damit erhöht sich der p-Charakter seiner freien Elektronenpaare, und diese können besser mit der nächsten OH-Gruppe überlappen. Auf diese Art und Weise entstehen verschiedenartige Wasser-Cluster, die selbst in der Gasphase stabil sind [4.11; 4.12]. Die kooperative Verstärkung der H-Brücken führt im Eis zu einem räumlichen Kristallaufbau, der für die gegenüber Wasser geringere Dichte verantwortlich ist.

Donor-Akzeptor-Wechselwirkung

Während die Van-der-Waals-Wechselwirkung zwischen beliebigen Molekülen und Molekülteilen auftritt, ist die Donor-Akzeptor-Wechselwirkung spezifisch. Es sind daran nur ganz bestimmte Atome oder Atomgruppen beteiligt.

Eine Donor-Gruppe ist elektronenreich und besitzt eine relativ niedrige Ionisationsenergie. Dagegen ist eine Akzeptorgruppe elektronenarm und hat eine hohe Elektronenaffinität. Beide Gruppen gehen miteinander eine Art Bindung ein, deren Energie den Bereich zwischen der Van-der-Waals-Wechselwirkung ($E \sim 0{,}1$ kJ/mol) und der kovalenten Bindung ($E \sim 500$ kJ/mol) überstreicht. Die Energie, die bei der Wechselwirkung einer Donorgruppe und einer Akzeptorgruppe frei wird, kann durch jeweils zwei Parameter charakterisiert werden, die empirische Konstanten darstellen [4.13] (Beispiele siehe Tabelle 4.6):

$$-\Delta E = E_D E_A + c_D c_A \tag{4.61}$$

(E Maß für die elektrostatische Wechselwirkung;
C Fähigkeit zur Orbitalüberlappung).

In der MO-Theorie kann die Donor-Akzeptor-Wechselwirkung näherungsweise als Störungsenergie ΔE beschrieben werden [4.14]:

$$\Delta E = -\frac{q_A q_D}{r_{AD}\varepsilon} + 2 \sum_m \sum_n \frac{(c_D\, c_A\, \beta_{AD})^2}{(E_m^* - E_n^*)} \tag{4.62}$$

(q_A Nettoladung am Akzeptoratom;
q_D Nettoladung am Donoratom;
r_{AD} Abstand zwischen Donor- und Akzeptoratom;
ε Dielektrizitätskonstante des Lösungsmittels;
m Zahl der besetzten MOs des Donors;
n Zahl der unbesetzten MOs des Akzeptors;
c_D Koeffizient des MOs m am Donoratom;
c_A Koeffizient des MOs n am Akzeptoratom;
E_m^* Energie des Donor-MOs im Feld des Akzeptors korrigiert mit der Solvatationsenergie;
E_n^* Energie des Akzeptor-MOs n im Feld des Donors; korrigiert mit der Solvatationsenergie).

Der erste Term der Gleichung 4.62 beschreibt die elektrostatische, der zweite Term die kovalenzanaloge Wechselwirkung.

Tabelle 4.6 Beispiele für Donor- und Akzeptorparameter einiger Moleküle.

Donor	E_D	C_D	Akzeptor	E_A	C_A
$(CH_3)_3N$	0,808	11,54	$SbCl_5$	7,38	5,13
$(CH_3)_2NH$	1,09	8,73	$Al(CH3)_3$	16,9	1,43
$(CH_3)NH_2$	1,30	5,88	BF_3	9,88	1,62
NH_3	1,36	3,46	SO_2	0,920	0,808
$(CH_3)_2SO$	1,38	3,16	Phenol	4,33	0,442
$(C_2H_5)_2O$	0,963	3,25	Pyrrol	2,54	0,295

Wegen der bei der Donor-Akzeptor-Wechselwirkung auftretenden partiellen Ladungs-übertragung (eine Übertragung von 0,01 e ist mit einer Energiesenkung von ca. 25 kJ/mol [4.7] verbunden) vom Donor zum Akzeptor wird diese Wechselwirkung auch oft ,,Charge-Transfer-(CT-)Wechselwirkung" genannt.

Die Donor-Akzeptor-Wechselwirkung ist oftmals der erste Schritt einer chemischen Reaktion (siehe Abschnitt 4.7.5). Als Donoren kommen gefüllte bindende und nichtbin-dende MOs in Frage, die nicht lokalisiert sein müssen. Beispielsweise kann das gesamte π-Elektronensystem des Benzenmoleküls als Donor fungieren. Als Akzeptoren können leere nichtbindende oder antibindende MOs entsprechender Größe wirken. Gleichung 4.62 kann vereinfacht benutzt werden, indem man nur das höchste besetzte MO (*highest occupied molecular orbital*, HOMO) und das tiefste unbesetzte MO (*lowest unoccupied molecular orbital*, LUMO) einsetzt.

Bei der Wechselwirkung lokalisierter MOs unterscheidet man zwei Arten:

– *orbital interaction through space* (OITS) und
– *orbital interaction through bonds* (OITB) (siehe Abb. 4.27).

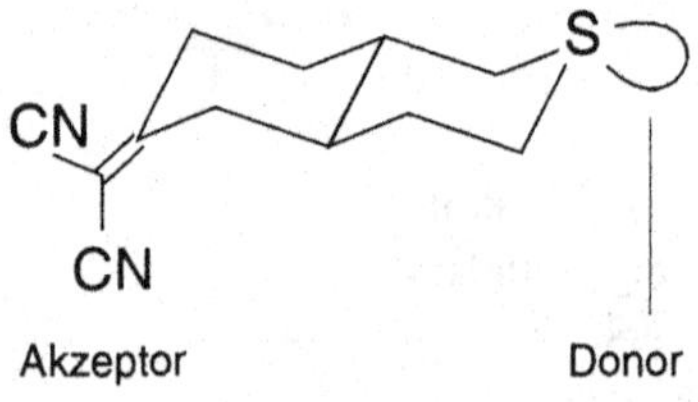

Akzeptor   Donor

Abb. 4.27 Intramolekulare Donor-Akzeptor-Wechselwirkung über σ-Bindungen (OITB) (im UV-Spektrum nachweisbar).

Hydrophobe Wechselwirkung

Unpolare Moleküle, z. B. Kohlenwasserstoffe, bilden mit Wasser nur sehr schwache Wasserstoffbrücken und sind deshalb nur schwer löslich. In den wäßrigen Lösungen rufen sie eine Verstärkung der Wasserstruktur (H_2O-Assoziation) hervor [4.15]. Dieser Effekt wird hydrophobe Hydratation genannt. Tensidmoleküle, die aus einem hydrophoben Rest

(z. B. Kohlenwasserstoffkette) und einer hydrophilen (zu H-Brücken befähigten) Kopfgruppe bestehen, bilden sogenannte Micellen (siehe Abb. 4.28) [4.16].

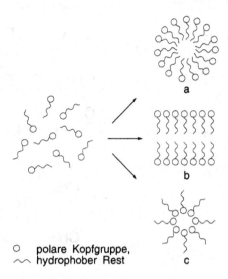

○ polare Kopfgruppe,
∿ hydrophober Rest

Abb. 4.28 Micellare Strukturen:
a) Micelle;
b) stäbchenförmige Micelle;
c) inverse Micelle.

Zwischen den Kohlenwasserstoffresten herrscht aufgrund der Dispersionskräfte nur eine
geringe Attraktion. Auch zwischen den Kopfgruppen gibt es kaum attraktive Kräfte. Die
Bildung von Micellen und analogen Assoziaten wird deshalb durch die statistischen Kombi-
nationsmöglichkeiten einer Vielzahl von Molekülen, d. h. durch den Entropieeffekt erklärt.

In Tabelle 4.7 sind noch einmal die zwischenmolekularen Wechselwirkungen zusam-
mengestelltt.

Tabelle 4.7 Zwischenmolekulare Wechselwirkungen [4.17].

Typ	Wechselwirkungs-energie (in kJ/mol)	Beispiel
kolvalente Bindung	170...460	CH_3OH
verstärkte Ionenbindung	40	$HN^+\!-\!H\cdots O \!=\! C\!-\!R$; $H\cdots O^-$ (R)
Ionenbindung	20	$R_4N^+\cdots I^-$
Ion-Dipol-Wechsel-wirkung	4...17	$R_4N^+\cdots NR_3$

(Fortsetzung)

Tabelle 4.7 (Fortsetzung)

Typ	Wechselwirkungs-energie (in kJ/mol)	Beispiel
Dipol-Dipol-Wechselwirkung	4...17	$O{=}C\cdots NR_3$
Wasserstoffbrücke	4...17	$OH\cdots O{=}C$
Charge-Transfer-Wechselwirkung	4...17	$C{=}C\cdots H{-}O$
hydrophobe Wechselwirkung	4	CH_2—CH_2 ... CH_2—CH_2
Van-der-Waals-Wechselwirkung	2...4	$C\cdots C$

Solvatation

In verdünnten Lösungen sind die gelösten Moleküle stets von Lösungsmittelmolekülen umgeben. Bei attraktiver Wechselwirkung führt das zu mehr oder weniger festverknüpften Assoziaten. Die Lösungsmittel können nach ihrer Polarität klassifiziert werden. Je höher die Lösungsmittelpolarität ist, desto stärker werden auch schwach polare Moleküle solvatisiert. Als einfaches Maß für die Lösungsmittelpolarität kann beispielsweise die Dielektrizitätskonstante ε verwendet werden (siehe Abschn. 4.8). Es zeigt sich aber, daß andere, an Sondenmolekülen bestimmt, empirische Parameter (z. B. der E_T-Wert) besser zur Reaktionsbeschreibung geeignet sind [4.18; 4.19].

Bei attraktiver Wechselwirkung zwischen den Molekülen untereinander und mit den Lösungsmittelmolekülen wird die Aggregation auch mit von der Entropie bestimmt. So können neben solvatisierten Einzelmolekülen solvatisierte Autoassoziate auftreten. Hydratation ist die Solvatation mit Wassermolekülen. Moleküle oder Molekülgruppen, die sich bevorzugt mit einer Hydrathülle umgeben, heißen hydrophil. Wasser vermag sowohl Anionen als auch Kationen und somit beliebige polare Moleküle zu solvatisieren (s. Abb. 4.29).

Wenn neben der elektrostatischen Wechselwirkung die Orbitalüberlappung ebenfalls eine Rolle spielt, so läßt sich die Solvatation in vielen Fällen als Donor-Akzeptor-Wechselwirkung auffassen. Die Polarität ist dann weniger gut zur Reaktionscharakterisierung geeignet.

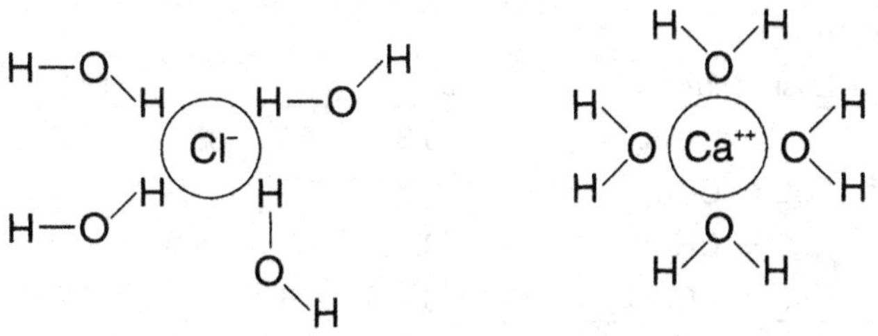

Abb. 4.29 Hydratisierte Anionen und Kationen.

Allgemein können Lösungsmittel mit einer Donorzahl (DN) oder/und einer Akzeptorzahl (AN) charakterisiert werden. Die Donorzahl DN wird aus der Lösungswärme von $SbCl_5$ in Anwesenheit von 1,2-Dichlorethan bestimmt und korreliert im allgemeinen mit der Basizität des Lösungsmittels [4.20]. Die Akzeptorzahl AN ergibt sich aus der ^{31}P-NMR-Verschiebung von Et_3PO im entsprechenden Lösungsmittel und korreliert mit der Azidität des Lösungsmittels [4.21] (vgl. Tabelle 4.8).

Tabelle 4.8 Charakterisierung einiger Lösungsmittel nach der Dielektrizitäts-konstante ε, dem Dipolmoment μ [4.22], dem Reichardtschen Polaritätswert E_T [4.23], der Donorzahl DN und der Akzeptorzahl AN.

Gruppe	Lösungsmittel	ε	μ	E_T	DN	AN
gesättigte Kohlenwasserstoffe	$Me(CH_2)_3Me$	1,84	0	32,4		
	$Me(CH_2)_4Me$	1,88	0	30,9	0	0
	$Me(CH_2)_5Me$	1,92	0	32,3		
	Cyclopentan	2,0	0			
	Cyclohexan	2,02	0	31,2	0	
	Decalin			33,6		
aromatische Kohlenwasserstoffe	Benzen (Bz)	2,28	0	34,5	0,1	8,2
	Toluen	2,38	1,43	33,9	0,1	
	p-Xylen	2,3	0	34,7		
halogenierte Kohlenwasserstoffe	MeCl	12,6	6,45		19,2	
	CH_2Cl_2	8,93	5,17	41,1	2,4	20,4
	$CHCl_3$	4,81	3,84	39,1	1,0	23,1
	CCl_4	2,24	0	32,5	0	8,6
	CH_2Br_2	7,5	1,43	39,4		
	$ClCH_2CH_2Cl$	10,36	6,2	41,0	0	16,7
	Chlorbenzen	5,62	5,14	37,5	0	
	Brombenzen	5,39	5,17	37,5		

(Fortsetzung)

Tabelle 4.8   (Fortsetzung)

Gruppe	Lösungsmittel	ε	μ	E_T	DN	AN
halogenierte	o-Dichlorbenzen	9,3	7,57	38,1		
Kohlenwasserstoffe	$Cl_2C = CCl_2$	2,3	0	31,9		
	$Cl_2C = CHCl$	3,42	2,7	35,9		
	$Cl_2CH — CHCl_2$	8,2	4,5			
Nitroverbindungen	CH_3NO_2	35,9	11,88	46,3	9,0	20,5
	Nitrobenzen	34,8	13,44	42,0	4,4	14,8
Ether	EtOEt	4,34	4,34	34,6	19,2	3,9
	$MeOCH_2OMe$	2,6		35,5	24	
	$MeOCH_2CH_2OMe$ (glyme)	7,2	5,7	28,3	20	10,2
	14-Dioxan (diox)	2,2	1,5	36,0	17,7	10,8
	Tetrahydrofuran	7,6	5,84	37,4	21,5	8,0
Alkohole	MeOH	32,2	5,67	55,5	25,7	41,3
	EtOH	24,5	5,77	51,9	31,5	37,1
	nPrOH	20,3	5,54	50,7	≥20	37,3
	iPrOH	19,9	5,54	48,6	≥20	33,5
	tBuOH	12,5	5,54	43,9	≥20	27,1
	$HOCH_2CH_2OH$	37,7	7,61	56,3		
	Benzylalkohol	13,1	5,54	50,8		
	Phenol			61,4		
	Glycerol	42,5		57,0		
N-Basen	Pyridin	12,4	7,91	40,2	30,6	14,2
	Chinolin	9,0	7,27	39,4		
	α-Picolin	9,94		38,3		
Amine	Anilin	6,89	5,04	44,3		
	$EtNH_2$	6,9			55,5	4,8
	$H_2NCH_2CH_2NH_2$ (en)	12,9	6,34	42,0	55,0	
	Morpholin	7,4	5,48	41,0		
	H_2N-NH_2				44	20,9
	$tBuNH_2$	6,0			57,5	
	$iPrNH_2$	6,0			57,5	
	Et_3N	2,42	2,90	33,3	61,0	
	Piperidin (Pip)	5,8	3,97	35,5	5,1	
Amide	Me_2NCHO (DMF)	37,0	12,88	43,8	26,4	16,0
	Me_2NCOMe (DMA)	37,8	12,41	43,7	27,8	13,6

(Fortsetzung)

Tabelle 4.8   (Fortsetzung)

Gruppe	Lösungsmittel	ε	μ	E_T	DN	AN
Amide	Et₂NCHO (DEF)				30,9	
	Et₂NCOMe (DEA)				32,2	
	H₂NCHO (FA)	109,5	11,24	56,6		39,8
	P(NMe₂)₃ (HMPA)	29,6	18,48	40,9	38,8	10,6
	N-Methyl-2-Pyrrolidinon (NMP)	33,0	13,64	42,2	27,3	13,3
	N-Methyl-ε-Caprolactam (NMC)				27,1	
	Me₂NCONMe₂ (TMU)	23,45	11,58	41,01	31	
Nitrile	MeCN (AN)	37,5	11,48	46,0	14,4	18,9
	Bezonitril (BN)	25,2	13,51	42,0	11,9	15,5
	Benzylcyanid	18,4		42,9	15,1	
	nPrCN	20,3	13,58	43,1	16,6	
	EtCN	27,2	11,91	43,7	16,1	
	iPrCN	20,4			15,4	
Ester	Ethylencarbonat	89,1	4,91		16,4	
	Tetrachlorethylencarbonat (TCEC)	9,2			0,8	
	Dichlorethylencarbonat (DEC)	31,6			3,2	16,7
	Propandiol-1,2-carbonat (PDC)	69,0	16,7		15,1	18,3
	Ethylacetat	6,0	6,27	38,1	17,1	9,3
	Methylacetat	6,7	5,37	40,0	16,5	10,7
	Trimethylphosphat (TMP)	20,6		43,6	23,0	
	Tributylphosphat (TBP)	6,6		39,6	23,7	
	Ethylensulfit (ES)	41,0			15,3	
Säuren	Ameisensäure	57,9		57,4	54,3	83,6
	Essigsäure	6,15	5,60	51,2	51,7	52,9
	CF₃COOH	42,1	7,54			105,3
	CH₃SO₃H					126,3
	CF₃SO₃H					129,1
Säurehalogenide	Sulfurylchlorid	10,0			0,1	
	Thionylchlorid	9,2			0,4	
	Acetylchlorid	15,8			0,7	

(Fortsetzung)

Tabelle 4.8   (Fortsetzung)

Gruppe	Lösungsmittel	ε	μ	E_T	DN	AN
Säurehalogenide	Benzoylfluorid (BF)	23,0			2,3	
	Benzoylchlorid	23,0			2,3	
	POCl$_3$	14,0			11,7	11,0
	Phenylphosphonsäure-difluorid	27,9			16,4	
	Phenylphosphonsäure-dichlorid	26,0			18,5	
	Diphenylphosphon-säurechlorid				22,4	
	H$_2$O	78,4	6,07	63,1	33,0*)	54,8
	NH$_3$	17,0	4,96		59,0	
	SO$_2$	17,6	1,6			
	CS$_2$	2,64	0	32,6		
	Me$_2$SO (DMSO)	46,7	13,0	45,0	25,2	19,3
	Essigsäureanhydrid	20,7	9,41	43,9	10,5	
	Sulfolan	43,1	16,05	44,0	14,8	19,2
Aldehyde, Kentone	MeCHO	21,1				13,4
	Benzaldehyd	17,8				12,8
	Aceton (Ac)	20,7	9,54	42,2	18,1	12,5
	Acetophenon	17,4	9,87	41,3		
	Cyclohexanon	18,3	10,04	40,8		

*) H$_2$O (Flüssigkeit)

4.5 Energieinhalt von Konformationen

Im Rahmen der Born-Oppenheimer-Näherung [4.24] wird die Elektronenenergie des Grundzustands eines Moleküls bei Variation der i Kernkoordinaten durch eine i-dimensionale Hyperfläche beschrieben. Die Minima auf der Hyperfläche heißen Konformere. Zwischen einzelnen Minima eines Moleküls gibt es bestimmte Verbindungslinien (Pässe), die Koordinatenänderungen entsprechen, bei denen sich die Bindungen zwischen den Atomen nicht lösen. Mit Konformationen bezeichnet man alle unterschiedlichen Geometrien des Moleküls, die auf solchen Verbindungslinien liegen, einschließlich der Minima selbst. Das Energieprofil der Konformationen (Schnitt durch die Hyperfläche entlang der Linie) kann durch die gleichen Mechanismen beschrieben werden wie die zwischenmolekularen Wechselwirkungen (siehe Abschn. 4.4.1). In dem Ausmaß, wie ihnen thermische Energie zur Verfügung steht, fluktuieren die Moleküle oft zwischen mehreren Minima (Konformeren), wobei der Weg des geringsten Höhenunterschieds gesucht wird. Der Energieinhalt einer Konformation wird relativ zum stabilsten Konformer angegeben. Es brauchen also dabei nur die schwächeren Wechselwirkungen berücksichtigt zu werden, die im Molekül wirken. Außerdem wechselwirken die Lösungsmittelmoleküle.

Zur Berechnung der Energieinhalte von Konformationen benutzt man quantenmechanische Methoden, molekülmechanische Methoden, die Kombination beider Methoden sowie statistische Verfahren.

Aus der Größe der energetischen Effekte bei schwächeren Wechselwirkungen (siehe Tabelle 4.7) folgt, daß nur sehr genaue quantenmechanische Rechnungen zur Bestimmung der Energieinhalte von Konformationen geeignet sind. Bei den genauesten ab-initio-Verfahren steigt der Rechenaufwand etwa mit der fünften Potenz der Zahl der Elektronen. Für halbempirische quantenchemische Verfahren ist der Rechenaufwand der dritten Potenz und für molekülmechanische Verfahren nur etwa der zweiten Potenz der Elektronen proportional. Obwohl sich die Grenzen ständig verschieben, lassen sich doch für unterschiedlich große Moleküle unterschiedliche Verfahren empfehlen (siehe Tabelle 4.9).

Tabelle 4.9 Atomzahl im Molekül und empfohlene Berechnungsverfahren der Energie.

Atomzahl pro Molekül	Berechnung des Energieinhalts von Konformationen
1...10	quantenmechanische Verfahren
10...100	molekülmechanische Verfahren
>100	Molekülmechanik und Statistik

Tabelle 4.9 bezieht sich auf die Berechnung ganzer Moleküle. Einzelne Wechselwirkungen bestimmter Gruppen an komplizierten Molekülen lassen sich mit quantenchemischen Verfahren recht genau berechnen [4.25].

Große Moleküle (>100 Atome) haben oftmals eine Vielzahl von Minima, so daß für einfache molekülmechanische Verfahren der Rechenaufwand zu groß wird. Es müssen Modelle der statistischen Mechanik benutzt werden, um die Suche nach den Konformeren zu optimieren. Hierfür werden zur Zeit zwei Methoden benutzt:

– Moleküldynamik-(MD-)Rechnungen,
– Monte-Carlo-(MC-)Rechnungen.

Bei der MD-Methode wird die zeitliche Geometrieänderung des Moleküls (in sehr kleinen Zeitschritten $\Delta t \approx 10^{-15}$ s) im Kraftfeld einzelner schwächerer Wechselwirkungen [4.26; 4.27] simuliert. Beim MC-Verfahren werden die Koordinatenvariationen durch Zufallszahlen erzeugt. In beiden Verfahren werden die Energieminima statistisch ermittelt [4.28 - 4.30].

4.5.1 Molekülmechanische Berechnungen

Die molekülmechanischen (MM-)Berechnungen werden auch Kraftfeldberechnungen genannt, da man von einem Kraftfeld ($F = -\text{grad } V$) ausgehen kann, das die potentielle Energie relativ zu einer Ausgangsgeometrie in Abhängigkeit von Atomkernkoordinaten beschreibt. Die potentielle Energie V ist eine Summe von Einzelbeiträgen. Für das einfache Kraftfeld gilt:

$$E \approx V = E_r + E_\varphi + E_\theta + E_v + E_c \tag{4.63}$$

$$E_r = \sum_r k_r \left(r - r_e\right)^2 \tag{4.64}$$

(k_r empirische Konstante;
r Kernabstand gebundener Kerne;
r_e r im Gleichgewicht).

$$E_\varphi = \sum_b k_b \left(\varphi - \varphi_0\right)^2 \tag{4.65}$$

(k_b empirische Konstante;
φ Bindungswinkel;
φ_0 Bindungswinkel im Gleichgewicht).

$$E_\theta = \sum_t k_t \left[1 - \cos\left(n\Theta - \delta\right)\right] \tag{4.66}$$

(k_t empirische Konstante;
n Zähligkeit des Potentials;
Θ Torsionswinkel;
δ Phasenverschiebung).

$$E_v = \sum_{ij} \left(\frac{A_{ij}}{r_{ij}^{12}} - \frac{B_{ij}}{r_{ij}^6} \right) \tag{4.67}$$

(A_{ij} empirische Konstante für attraktive Van-der-Waals-Wechselwirkung;
B_{ij} empirische Konstante für repulsive Van-der-Waals-Wechselwirkung;
r_{ij} Kernabstand nichtgebundener Atome i und j).

$$E_c = \sum_{ij} - \frac{q_i \, q_j}{4\pi \, \varepsilon \, r_{ij}} \tag{4.68}$$

(q_i Ladung am Atom i;
q_j Ladung am Atom j;
ε effektive Dielektrizitätskonstante;
r_{ij} Kernabstand der nichtgebundenen Atome i und j).

Mittels Computerprogrammen kann für jede Konformation (gekennzeichnet durch die inneren Koordinaten r, f und Θ) die Energie berechnet und das Minimum (Konformer) gefunden werden. Voraussetzung ist allerdings die Kenntnis der empirischen Parameter k_r, r_e, k_b, φ_e, k_t usw. Die Kraftkonstanten aus den Schwingungsspektren können nicht direkt übernommen werden. Sie können jedoch zusammen mit den Röntgenstrukturdaten einer geeigneten Modellverbindungg als Ausgangswerte zur Erzeugung eines optimierten Datensatzes dienen.

Ein erweitertes Kraftfeld enthält zusätzlich die Kreuzterme mit r/r, r/φ, φ/φ, f/Θ als Variable. Der erweiterte Parametersatz ist dann für eine größere Vielzahl unterschiedlicher Moleküle verwendbar.

Für molekülmechanische Rechnungen sind folgende Programme entwickelt worden [4.31]: BIGSTRN-2, MM2, CONFI, MCA/QCFF/PI, MM1/MMPI, MUB-2, MM3 [4.31b], CHARMM [4.31c], AMBER [4.31d], SHAPES [4.31e].

4.5.2 Empirische Regeln

Aus der Deutung eines reichhaltigen experimentellen Materials haben sich einige empirische Regeln ergeben, die zur Vorhersage der stabilsten Konformation oder auch zur Abschätzung der Energiebarriere zwischen den Konformationen geeignet sind und deshalb häufig zur Interpretation spektroskopischer Daten verwendet werden.

Jede dieser Regeln läßt sich wiederum durch ein Zusammenspiel einzelner schwacher und mittelstarker Wechselwirkungen (siehe Abschn. 4.4.9) erklären.

„antiperiplanar"-Effekt

Die Bevorzugung bestimmter Konformationen am Ethangerüst durch Substitution läßt sich durch den sogenannten antiperiplanar-Effekt [4.32] erklären. Es handelt sich dabei um eine Orbitalwechselwirkung, die schwächer ist als die Kovalenz zwischen zwei miteinander verknüpften Atomen und die deshalb in gleicher Größenordnung liegt wie die außerdem wirkenden Gruppeneffekte [4.33]: sterische Hinderung, Lösungsmittelwechselwirkung, H-Brücken und elektrostatische Wechselwirkung.

Der antiperiplanar-Effekt tritt auf, wenn ein besetztes Bindungsorbital σ oder freies Elektronenpaar n_σ bzw. n_π über eine Bindung (C — C) hinweg mit einem unbesetzten antibindenden Orbital σ^* im Sinne einer Donor-Akzeptor-Wechselwirkung in Wechselwirkung tritt. Dabei erfolgt bei antiperiplanarer Anordnung dieser Orbitale eine Stabilisierung gegenüber der syn-Stellung. Diese Stabilisierung wächst in der Reihenfolge der Bindungsorbitale $\sigma_{CX} < \sigma_{CH} < \sigma_{CC} < n_\sigma < n_\pi$ und in der Reihenfolge der Antibindungsorbitale $\sigma^*_{HH} < \sigma^*_{CH} < \sigma^*_{CH} < \sigma^*_{CX}$ [4.34 - 4.36].

Für die Bevorzugung der gestaffelten Konformation in Ethan gegenüber der ekliptischen Konformation kann neben sterischen und elektrostatischen Gründen auch der antiperiplanar-Effekt verantwortlich gemacht werden [4.7; 4.33] (siehe Abb. 4.30).

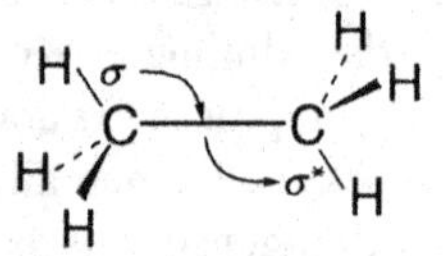

Abb. 4.30 $\sigma \rightarrow \sigma^*$-Hyperkonjugation in Ethan.

Gauche-Effekt. Der sogenannte gauche-Effekt, d. h. die Bevorzugung der synclinalen Anordnung zweier elektronenziehender Substituenten in 1,2-Stellung am Ethangerüst, kann ebenfalls mit dem antiperiplanar-Effekt erklärt werden [4.7; 4.37] (siehe Abb. 4.31). Jedoch muß hierbei die Konkurrenz von Dipol-Dipol-Wechselwirkung und sterischer Wechselwirkung beachtet werden, die bei Cl und Br zur antiperiplanaren Stellung führt.

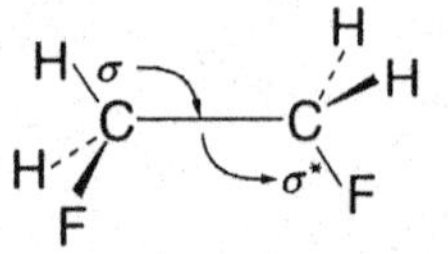

Abb. 4.31   Verstärkte $\sigma \rightarrow \sigma^*$-Hyperkonjugation in 1,2-Difluorethan.

Der antiperiplanar-Effekt erklärt auch die bevorzugte synclinal-Stellung (= gauche-Effekt) zweier benachbarter freier Elektronenpaare (siehe Abb. 4.32) [4.35].

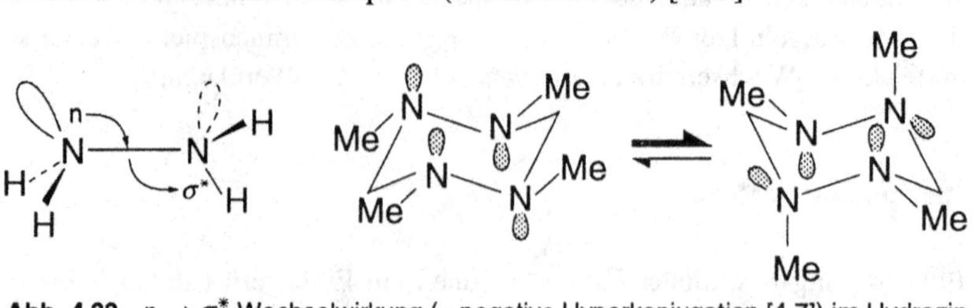

Abb. 4.32 $n \rightarrow \sigma^*$-Wechselwirkung (= negative Hyperkonjugation [4.7]) im Hydrazin.

Allgemein gilt, daß die Konformation die stabilste ist, die die meisten antiperiplanar-Anordnungen zwischen n- bzw. σ-Bindungsorbitalen mit σ^*-Antibindungsorbitalen aufweist.

Anomerie-Effekt. Der sogenannte Anomerie-Effekt kann gleichfalls mit dem allgemeineren antiperiplanar-Effekt erklärt werden. Man versteht darunter die Bevorzugung der axialen Position, die ein Substituent erfährt, wenn am sechsgliedrigen Ring eine nachbarständige CH_2-Gruppe durch ein Heteroatom ersetzt wird (siehe Abb. 4.33).

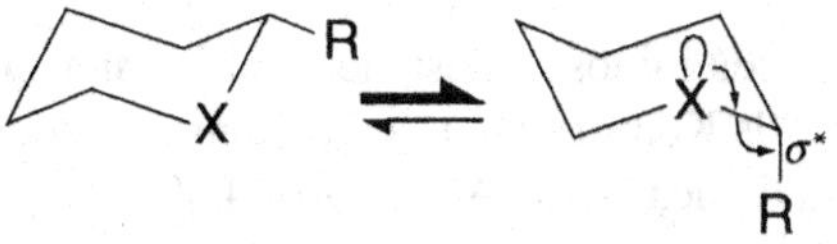

Abb. 4.33 Anomerie-Effekt als $n \rightarrow \sigma^*$-Wechselwirkung.

BOOTH und KHEDHAIR unterscheiden endo- und exo-Anomerie-Effekt [3.38], wenn die Substituenten freie Elektronenpaare haben (siehe Abb. 4.34). Für X = Cl und OR findet man eine Dominanz des endo-Anomerie-Effekts und damit eine Dominanz der Konformation mit axialem Rest X. Für X = NHMe dominiert jedoch der exo-Anomerie-Effekt und damit wegen der sterischen 1,3-Wechselwirkung die Konformation mit äquatorialem Rest X (σ^*_{CN} ist einer schlechterer Akzeptor als σ^*_{CO}, und n_N ist ein besserer Donor als n_O).

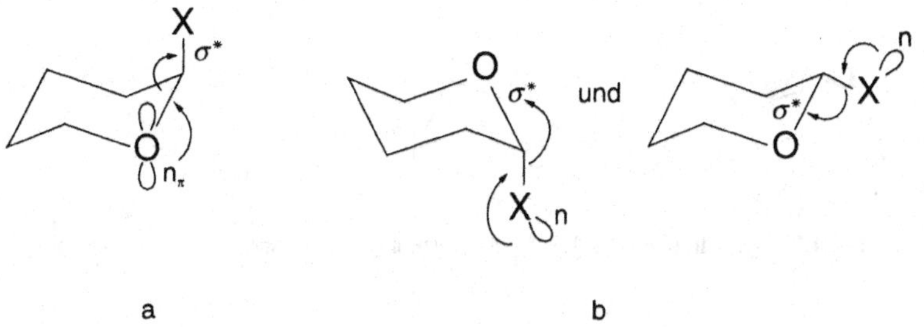

a   b

Abb. 4.34 a) endo-Anomerie-Effekt; b) exo-Anomerie-Effekt.

Transannulare Wechselwirkung

In cyclischen Molekülen kommen Substituenten nicht nur mit den benachbarten Gruppen in Kollision, sondern es treten auch Wechselwirkungen quer durch den Ring auf.

1,3-Wechselwirkung. Die 1,3-Wechselwirkung führt im Cyclohexanring infolge der sterischen Wechselwirkung (Abstoßungsterm im Lennard-Jones-Potential) im allgemeinen zur stärkeren Bevorzugung der äquatorialen Stellung eines Substituenten mit größerer Raumfüllung (siehe Abschn. 3.3.3, Tabelle 3.1 und Abb. 4.35). Die tertiäre Butylgruppe verschiebt das Konformationsgleichgewicht so stark auf die Seite der äquatorialen Position, daß man sie auch als Konformationsanker [4.39] bezeichnet.

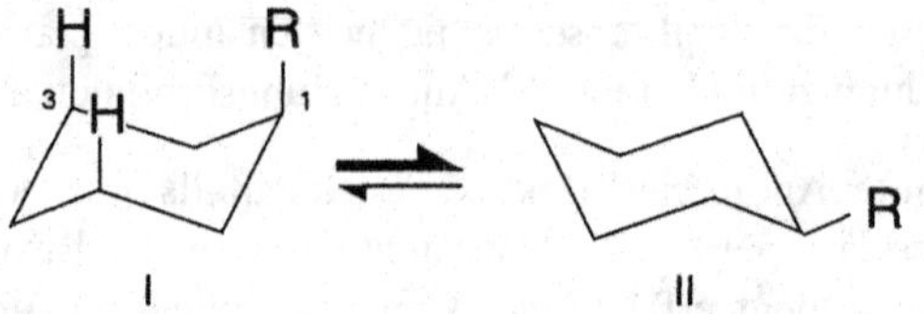

Abb. 4.35   1,3-Wechselwirkung in monosubstituiertem Cyclohexan (Gleichgewichtsver-schiebung).

Am Cycloheptan genügt ein einziger voluminöser Rest noch nicht, um eine einzige Konformation so stark zu bevorzugen. Als Konformationsanker können jedoch hier zwei voluminöse Gruppen an einem C-Atom dienen (siehe Abb. 4.36) [4.40; 4.41].

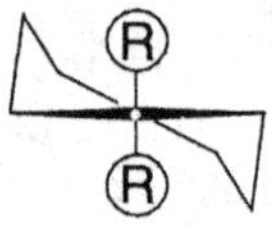

Abb. 4.36   Bevorzugtes Konformer von 1,1-disubstituiertem Cyclohexan (Gleichgewichtsverschiebung).

Sobald mehrere polare Substituenten bzw. Heteroatome im Ring auftreten, muß mit elektrostatischen Wechselwirkungen gerechnet werden (siehe Abb. 4.37). Für X = SO, SO_2, $\overset{+}{N}R_3$ ist das Gleichgewicht nach rechts verschoben [4.42].

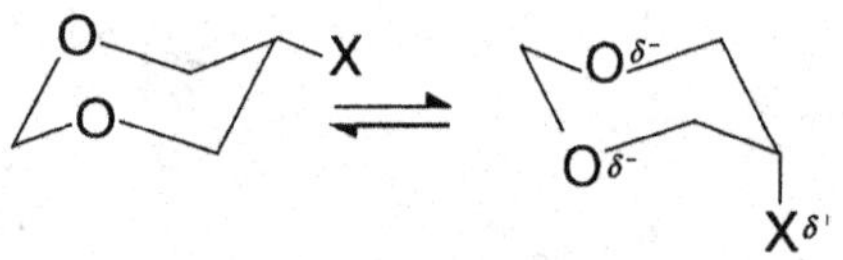

Abb. 4.37   Elektrostatische 1,3-Wechselwirkung in 5-substituiertem 1,3-Dioxan.

1,*n*-Wechselwirkung. Transannulare Wechselwirkungen können je nach Art und Entfernung der wechselwirkenden Gruppen die ganze Vielfalt der schwachen und mittelstarken Wechselwirkungen bis hin zur chemischen Bindung umfassen. Eine Vorhersage stabiler Konformationen ist nur dann zu treffen, wenn eine Wechselwirkung dominiert (z. B. in Abb. 4.38 [4.43]).

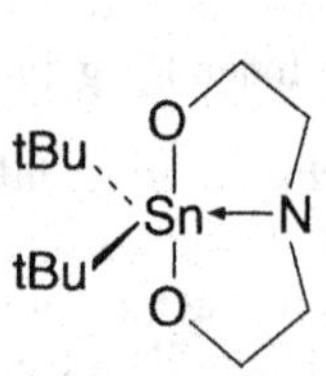

Abb. 4.38   Attraktive 1,5-Wechselwirkung im 1,1-Di-tButyl-1-stanna-2,8-dioxa-5-aza-cyclooctan.

Apikophilie

An einem pentakoordinierten Zentralatom sind die bevorzugten geometrischen Anordnungen höchster Symmetrie die trigonale Bipyramide (TBP) und die quadratische Pyramide (QP). Die Ligandenpositionen sind nicht alle äquivalent (siehe Abb. 4.39).

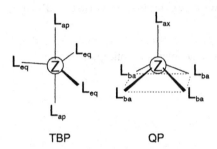

TBP   **QP**

Abb. 4.39 Ligandenbezeichnung an pentakoordinierten Zentralatomen; Z pentakoordiniertes Zentralatom, L_{ap} apikaler Ligand, L_{eq} äquatorialer Ligand, L_{ax} axialer Ligand, L_{ba} basaler Ligand.

Durch Variation der Bindungswinkel können die Liganden intramolekular ihre Positionen wechseln, und auch die beiden Formen können intramolekular ineinander übergehen (Konformationen). In vielen Molekülen ist die trigonale Bipyramide stabiler als die quadratische Pyramide (z. B. Phosphorane [4.44]). Als Bewegungsprozesse werden der Berry-Prozeß und die Turnstile-Rotation diskutiert (siehe Abschn. 3.5.1). Die unterschiedliche Stabilität der Konformationen, die sich durch eine unterschiedliche Ligandenanordnung an der TBP unterscheiden, kann durch die Apikophilie der Substituenten abgeschätzt werden. Die Apikophilie charakterisiert einen Substituenten hinsichtlich seiner Bevorzugung der apikalen Position gegenüber der äquatorialen Position. Zur Bestimmung der Apikophilie eines Substituenten lassen sich folgende Regeln aufstellen [4.44; 4.45]:

a) Die Elektronegativität erhöht die Apikophilie und ist bestimmend für sie. Als Ursache gilt der nichtbindende oder antibindende Charakter zwischen Zentralatom und apikalem Rest im HOMO. Dadurch befindet sich die Elektronenladung hauptsächlich am Liganden lokalisiert.

b) Die Anwesenheit freier Elektronenpaare am Substituenten in Nachbarschaft zum Zentralatom erniedrigt seine Apikophilie geringfügig.

c) Die Anwesenheit tiefliegender unbesetzter Orbitale am Substituenten in Nachbarschaft zum Zentralatom erhöht geringfügig seine Apikophilie.

d) Wenn das fünffach koordinierte Atom in einen Ring eingebaut ist, dann bevorzugen kleine Ringe ($n \leq 5$) die apikal-äquatoriale Position, bei größeren Ringen tritt auch die diäquatoriale Position mit auf (siehe Abb. 4.40).

e) Großvolumige Reste (z. B. tertiäre Butylgruppen) bevorzugen die äquatorialen Positionen.

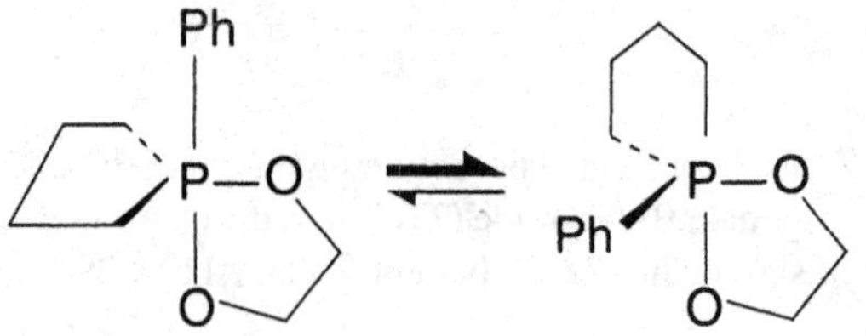

Abb. 4.40   Konformationsgleichgewicht an einem Phosphoran ($\Delta G^\circ \sim$ 37 kJ/mol).

Für Phosphorane läßt sich folgende Reihe abnehmender Apikophilie aufstellen:
F > H > OR > NR$_2$ > CH$_3$ > iPr > tBu.

4.6 Elektronenstruktur der Moleküle

4.6.1 Elektronendichte

Die Elektronendichtefunktion eines Moleküls charakterisiert die Bindungen, da jede chemische Bindung, ob kovalent oder ionisch, aus einer Ladungsanhäufung zwischen den Atomkernen resultiert, die den Kernabstoßungskräften die Waage hält. Allerdings ist die Ladungsanhäufung bei der ionischen Bindung stark unsymmetrisch, mehr in die Nähe eines Kernes verschoben [4.46].

Die Elektronendichtefunktion kann durch quantenchemische Näherungsverfahren mit hoher Genauigkeit berechnet [4.47] bzw. mittels Röntgenbeugung experimentell bestimmt werden. Für die bildliche Darstellung der Elektronendichte gibt es mehrere Alternativen:

a) In Konturdiagrammen (*contour plots*) sind die Punkte gleicher Elektronendichte in einer bestimmten Molekülebene verbunden (siehe Abb. 4.41).

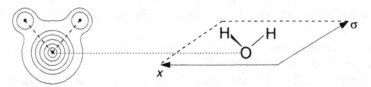

Abb. 4.41   Konturdiagramm der Elektronendichte in einer bestimmten Molekülebene des H$_2$O-Moleküls.

b) Querschnittsdiagramme (*cross sectional diagramms*) stellen die Elektronendichte einer bestimmten Molekülebene als dritte Dimension in einer pseudodreidimensionalen-Abbildung dar (siehe Abb. 4.42).

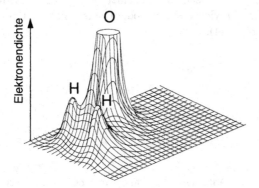

Abb. 4.42 Querschnittsdiagramm der Elektronendichte in einer bestimmten Molekülebene des H_2O-Moleküls.

c) Elektronendichtemolekülmodelle (*density shape plots*) lassen durch Abbildung der Fläche einer konstanten Elektronendichte im Raum das Abbild des Moleküls entstehen. Allerdings kann die willkürliche Wahl dieser Elektronendichte zu unterschiedlichen Molekülformen führen (siehe Abb. 4.43).

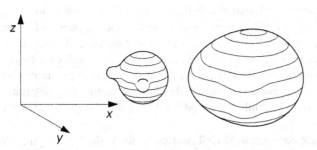

Abb. 4.43 Quasidreidimensionales Elektronendichtemolekülmodell des H_2O-Moleküls. Die Elektronendichte-Oberfläche entspricht den Werten $1700 \, e \cdot nm^{-3}$ und $70 \, e \cdot nm^{-3}$ [4.48].

Die Molekülform, die durch eine Fläche der Elektronendichte $13,5 \, e/(nm)^3$ begrenzt wird, entspricht nach Bader der durch experimentelle Van-der-Waals-Radien definierten Form [4.49]. Diese durch Van-der-Waals-Radien definierte Form und Größe der Moleküle ist für die Beschreibung der Experimente geeignet, bei denen die Kollision freier Moleküle eine Rolle spielt. Wie Abbildung 4.43 zeigt, ist aus solchen Molekülmodellen der Atomaufbau der Moleküle weniger gut zu erkennen.

d) Mit Differenzelektronendichtediagrammen wird meist der Unterschied zwischen der Elektronendichte im Molekül und den sich überlagernden Elektronendichten der freien Atome graphisch dargestellt. Darüber hinaus lassen sich beliebige Änderungen der Elektronendichte oder auch die Elektronendichte einzelner Orbitale durch Differenzdiagramme darstellen [4.48], wobei wieder Kontur- oder Querschnittsdiagramme gewählt werden können (siehe Abb. 4.44).

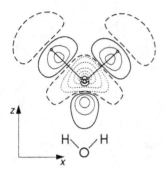

Abb. 4.44 Konturdiagramm der Differenz zwischen der Elektronendichte des Moleküls φ_{H_2O} und der Elektronendichte der isolierten Atome ($\varphi_O + \varphi_H + \varphi_H$) in einer bestimmten Molekülebene des H_2O-Moleküls [4.50].

Experimentelle Elektronendichte

Die Einkristall-Röntgenstrukturanalyse liefert die Elektronendichteverteilung im Molekül, aus der dann die Positionen der Atomkerne abgeleitet werden können. Die Röntgenstrahlen treten mit den Elektronen in Wechselwirkung, was bei regelmäßiger periodischer Anordnung (im Einkristall) der Elektronendichte zu einem Beugungsbild führt.

Demgegenüber erfolgt die Neutronenbeugung an den Atomkernen und führt damit unmittelbar zur Lage der Atomkerne im Molekül. Nimmt man eine kugelsymmetrische Verteilung der kernnahen Elektronen an, so läßt sich von der Gesamtelektronendichte (die durch Röntgenbeugung ermittelt wurde) die der kernnahen Elektronen subtrahieren. Die so erhaltene Differenzelektronendichte beschreibt die Deformation der Elektronen eines neutralen Atoms bei der Molekülbildung und wird deshalb „Deformationselektronendichte" genannt.

Das für diesen Zweck verwendete Modell zur Beschreibung der kernnahen Elektronen wird Promolekül genannt. Es kann nach zwei Methoden ermittelt werden [4.51; 4.52]:

– X-N-Methode;
– X-X-Methode.

Bei der X-N-Methode wird das Promolekül aus einem Neutronenbeugungsexperiment bestimmt. Bei der X-X-Methode liefern die bei großem Beugungswinkel (*high order reflexions*) gemessenen Reflexe der Röntgenbeugung das Promolekül (siehe Abb. 4.45). Die gestrichelten Konturen entsprechen negativen Differenzen. In diesem räumlichen Bereich liegt die Gesamtelektronendichte im Molekül niedriger als im Promolekül, d. h. niedriger als bei gleicher räumlicher Anordnung der neutralen Atome.

Die Deformationselektronendichtediagramme lassen folgende Aussagen über das Molekül zu:

– Die Elektronendichte zwischen den Atomen bestimmt die Bindungsordnung, die ein Maß für die Bindungsstärke ist.
– Die Lage des Deformationselektronendichtemaximums zwischen einzelnen Atomen läßt gebogene Bindungen (Bananenbindungen) einerseits und polare Bindungen (Maximum in der Nähe eines Atoms) andererseits erkennen.
– Die Abweichung von einer rotationssymmetrischen Dichteverteilung zwischen einzelnen Atomen kennzeichnet den π-Charakter einer Bindung.

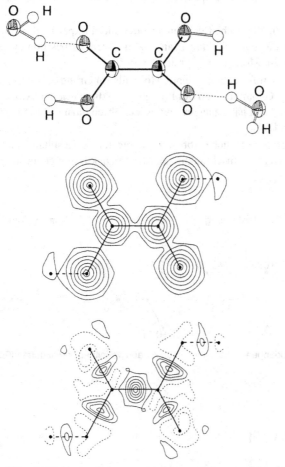

Abb. 4.45 Konturdiagramm der Gesamtelektronendichte in der Molekülebene des eingeebneten Oxalsäure-Dihydrat-Moleküls und Deformationsdichte [4.52].

4.6.2 Ladungsverteilung im Molekül

Die Ladungsverteilung in einem Molekül bestimmt das Verhalten des Moleküls im elektrischen Feld und spielt eine wichtige Rolle bei der Reaktivität. Die Angriffspunkte einer Reaktion (ein Atom, eine Bindung oder mehrere Zentren) werden durch die Ladungsverteilung im Molekül gegeben.

Die Vorstellung partiell geladener Atome im Molekül trägt einer ungleichmäßigen Verteilung der Elektronenladung und der Kernladung Rechnung. Mittels der Partialladungen an den Atomen lassen sich polare Bindungen kennzeichnen, läßt sich ein permanenter Dipol erkennen und der Reaktionsort polarer Reaktionen plausibel machen. Auch die XPS-, Mößbauer- und NQR-Spektren können mit diesem Modell anschaulich interpretiert werden.

Um aus der durch quantenchemische Rechnungen oder durch Experiment zugänglichen Elektronendichtefunktion die Partialladungen an einem Atom zu bestimmen, muß das Atom in geeigneter Weise im Molekül abgegrenzt werden.

Bei der quantenchemischen Berechnung eines Moleküls im Grundzustand sollten deshalb neben der optimierten Geometrie und der Energie auch die partiellen Atomladungen mit errechnet werden [4.48]. Ein häufig angewandtes Verfahren dazu ist die Mullikensche Populationsanalyse [4.53; 4.54].

Die in den Moleküldiagrammen (siehe Abb. 4.46) dargestellten Resultate einer solchen Berechnung sind unter gewissen Einschränkungen für die Diskussion chemischer Eigenschaften der Moleküle geeignet.

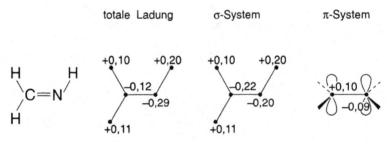

Abb. 4.46   Atomladungen im Methyliminmolekül aus ab-initio-Berechnungen [5.55].

4.6.3 Elektronegativität

Auch ohne quantenchemische Rechnungen ist eine Beschreibung der Ladungsverteilung möglich. Dazu werden die den Elementen zugeordneten Elektronegativitäten χ benutzt.

Nach PAULING versteht man unter der Elektronegativität eines Atoms die Fähigkeit, in einem Molekül Elektronen anzuziehen [4.56]. Die von PAULING benutzte Berechnung beruht auf der Extrabindungsenergie, die aus der Elektronegativitätsdifferenz zweier gebundener Atome A und B resultiert.

$$D_{(A-B)} = \frac{1}{2}\left[D_{(A-A)} + D_{(B-B)}\right] + 96\,(\chi_A^P - \chi_B^P)^2 \tag{4.69}$$

$(D$ Dissoziationsenergie in kJ/mol;
χ_A^P Elektronegativität von A;
χ_B^P Elektronegativität von B).

Der Einfluß der Elektronegativitätsdifferenz auf die Bindungsenergie ist auch für die Richtung einer Reaktion bedeutsam: Eine Reaktion läuft in der Richtung ab, in der die Bindungen die höheren Elektronegativitätsdifferenzen aufweisen, z. B. [4.57]:

$$\text{H}_3\text{C} - \text{H(g)} \;+\; \text{Cl}_2\text{(g)} \longrightarrow \text{H}_3\text{C} - \text{Cl(g)} \;+\; \text{H} - \text{Cl(g)} \tag{4.70}$$
$$\quad 2{,}6 \quad 2{,}2 \qquad\qquad\qquad\qquad 2{,}6 \quad 3{,}2 \qquad 2{,}2 \quad 3{,}2$$

Tabelle 4.10   Elektronegativitäten nach PAULING (Spalte A) und ALLRED-ROCHOW (Spalte B)

Element	Elektronegativität A	Elektronegativität B	Element	Elektronegativität A	Elektronegativität B
H	2,1	2,2	Na	0,9	1,01
Li	0,98	0,97	Mg	1,2	1,23
Be	1,57	1,5	Al	1,5	1,5
B	2,04	2,01	Si	1,9	1,74
C	2,55	2,5	P	2,19	2,06
N	3,04	3,1	S	2,58	2,4
O	3,44	3,5	Cl	3,16	2,8
F	3,98	4,1			

Von Mulliken stammt eine andere Definition [4.58] der Elektronegativität:

$$\chi_A^M = 0{,}5\,(I_A + E_A) \tag{4.71}$$

$(I_A$ Ionisationsenergie des Atoms A;
E_A Elektronenaffinität des Atoms A).

Die nach dieser Gleichung erhaltenen Werte sind den Paulingschen Elektronegativitäten proportional. Ionisationsenergie und Elektronenaffinität können jedoch von beliebigen Mikrospezies wie Atomen, Ionen, Molekülen, Radikalen bestimmt werden. Die Elektronegativität (nach MULLIKEN) ist keine allgemeine Atomeigenschaft, sondern vom Valenzzustand des Atoms abhängig.

Von HINZE und JAFFE wurden für Orbitale im bestimmten Hybridisierungszustand jeweils eigene Elektronegativitäten angegeben [4.59]. Erwartungsgemäß besitzen σ-Orbitale eine wesentlich größere Elektronegativität als π-Orbitale, und sie wächst mit zunehmendem s-Charakter. Die Orbitalelektronegativität hängt auch von der Besetzung eines Orbitals ab. Ein leeres Orbital wirkt stärker elektronenziehend und hat demzufolge eine höhere Elektronegativität als ein einfach besetztes oder gar ein doppelt besetztes Orbital (s. Tabelle 4.11).

Tabelle 4.11 Orbitalelektronegativität des Kohlenstoffs mit vier Valenzelektronen [4.59].

Valenzzustand	Orbital	χ^M	χ^P
sppp	s	14,96	4,84
	p	5,81	1,75
di di π π	σ	10,39	3,29
	π	5,65	1,69
tr tr tr π	σ	8,79	2,75
	π	5,60	1,68
te te te te	σ	7,98	2,48

χ^M Elektronegativität nach MULLIKEN
χ^P Elektronegativität nach PAULING

Sind Atome unterschiedlicher Elektronegativität aneinander gebunden, so tritt eine Ladungsübertragung vom Atom mit der geringeren zum Atom mit der höheren Elektronegativität auf. Das elektronegativere Atom bekommt eine negative Partialladung (siehe Abb. 4.47) [4.60].

$Q = -0,411$

$Q = 0,205$ $Q = 0,205$ **Abb. 4.47** Partialladungen am H_2O-Molekül [4.60].

Aus der Elektronegativitätsdifferenz ($\chi_A - \chi_B$) kann man den Ionencharakter (Bindungspolarität) für einer Bindung A — B nach folgenden Näherungsgleichungen bestimmen [4.61]:

PAULING
$$f = 1 - \exp[1 - 0{,}25(\chi_A - \chi_B)^2] \tag{4.72}$$

BATSANOV/DURAKOV
$$f = 1 - \exp[1 - 0{,}21(\chi_A - \chi_B)^2] \tag{4.73}$$

HANNAY/SMITH
$$f = 0{,}16(\chi_A - \chi_B) + 0{,}035(\chi_A - \chi_B)^2 \tag{4.74}$$

$$\text{BORISOVA} \quad f = \frac{(\chi_A - \chi_B)}{(\chi_A + \chi_B)} \tag{4.75}$$

$$\text{GORDY} \quad f = \frac{1}{2}(\chi_A - \chi_B) \tag{4.76}$$

$$\text{BARBE} \quad f = \frac{1}{\chi_A}(\chi_A - \chi_B) \tag{4.77}$$

4.6.4 Molekülzustände

Die gequantelten elektronischen Zustände eines Moleküls lassen sich durch Molekülwellenfunktionen beschreiben. Die Kenntnis der Symmetrie dieser Molekülzustände ist insbesondere für die Deutung der UV-Spektren wichtig. Die Molekülwellenfunktionen können als Produkte (bzw. SLATER-Determinante) von Einelektronfunktionen (MOs) dargestellt werden.

Die Aufstellung der Molekülzustände mit Hilfe der qualitativen MO-Theorie und der Symmetrie soll am Beispiel des Benzens gezeigt werden.

Aufstellung der MOs des Benzens

Das σ-Gerüst des Benzens wird als energetisch tiefer liegend und mit dem π-Elektronensystem nicht wechselwirkend betrachtet. Die optischen und chemischen Eigenschaften werden hauptsächlich vom π-Elektronensystem bestimmt. Das qualitative MO-Schema wird mit Hilfe der Charaktertafel in folgender Weise aufgestellt:

Symmetrie und reduzible Darstellung der p_z-Orbitale des Benzens. Aus den Symmetrieelementen (siehe Abb. 4.48) ergibt sich die Punktgruppe D_{6h}.

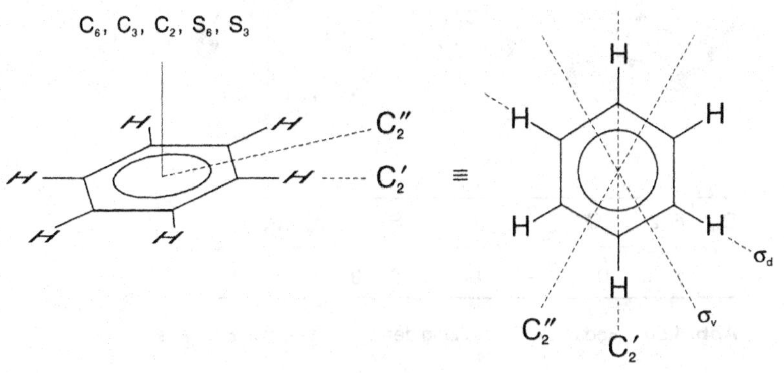

Abb. 4.48 Symmetrieelement des Benzenmoleküls.

Mit der dazugehörigen Charaktertafel (siehe Abb. 4.49) kann die reduzible Darstellung (gemäß Abschn. 2.6.6) aufgestellt werden, indem man alle Symmetrieoperationen auf die sechs p_z-Orbitale der sechs Kohlenstoffatome anwendet (siehe Abb. 4.50).

D_{6h}	E	$2C_6$	$2C_3$	C_2	$3C_2'$	$3C_2''$	i	$2S_3$	$2S_6$	σ_h	$3\sigma_d$	$3\sigma_v$
A_{1g}	1	1	1	1	1	1	1	1	1	1	1	1
A_{2g}	1	1	1	1	-1	-1	1	1	1	1	-1	-1
B_{1g}	1	-1	1	-1	1	-1	1	-1	1	-1	1	-1
B_{2g}	1	-1	1	-1	-1	1	1	-1	1	-1	-1	1
E_{1g}	2	1	-1	-2	0	0	2	1	-1	-2	0	0
E_{2g}	2	-1	-1	2	0	0	2	-1	-1	2	0	0
A_{1u}	1	1	1	1	1	1	-1	-1	-1	-1	-1	-1
A_{2u}	1	1	1	1	-1	-1	-1	-1	-1	-1	1	1
B_{1u}	1	-1	1	-1	1	-1	-1	1	-1	1	-1	1
B_{2u}	1	-1	1	-1	-1	1	-1	1	-1	1	1	-1
E_{1u}	2	1	-1	-2	0	0	-2	-1	1	2	0	0
E_{2u}	2	-1	-1	2	0	0	-2	1	1	-2	0	0

Abb. 4.49 Charaktertafel der Punktgruppe D_{6h}.

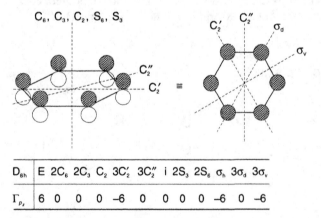

D_{6h}	E	$2C_6$	$2C_3$	C_2	$3C_2'$	$3C_2''$	i	$2S_3$	$2S_6$	σ_h	$3\sigma_d$	$3\sigma_v$
Γ_{p_z}	6	0	0	0	-6	0	0	0	0	-6	0	-6

Abb. 4.50 Reduzible Darstellung der p_z-Orbitale des Benzens.

Irreduzible Darstellung der p_z-Orbitale.

$$A_{1g} = \frac{1}{24} \ (6 \ -6 \ \ -6 \ +6) = 0 \qquad A_{1u} = \frac{1}{24} \ (6 \ -6 \ \ +6 \ -6) = 0$$

$$A_{2g} = \frac{1}{24} \ (6 \ +6 \ \ -6 \ -6) = 0 \qquad A_{2u} = \frac{1}{24} \ (6 \ +6 \ \ +6 \ +6) = 1$$

$$B_{1g} = \frac{1}{24} \ (6 \ -6 \ \ +6 \ -6) = 0 \qquad B_{1u} = \frac{1}{24} \ (6 \ -6 \ \ -6 \ +6) = 0$$

$$B_{2g} = \frac{1}{24} \ (6 \ +6 \ \ +6 \ +6) = 1 \qquad B_{2u} = \frac{1}{24} \ (6 \ +6 \ \ -6 \ -6) = 0$$

$$E_{1g} = \frac{2}{24} (12 \quad 0 \ +12 \quad 0) = 2 \qquad E_{1u} = \frac{2}{24} (12 \quad 0 \ -12 \quad 0) = 0$$

$$E_{2g} = \frac{2}{24} (12 \quad 0 \ -12 \quad 0) = 0 \qquad E_{2u} = \frac{2}{24} (12 \quad 0 \ +12 \quad 0) = 2$$

$$\Gamma_i = B_{2g} + 2E_{1g} + A_{2u} + 2E_{2u} \tag{4.78}$$

Zu jeder der vier verschiedenen Komponenten der irreduziblen Darstellung muß nun eine Kombination von p_z-Orbitalen gefunden werden, die den Charakteren der jeweiligen Komponente entspricht (vgl. z. B. Abb. 4.51). Diese Kombinationen aus p_z-Orbitalen

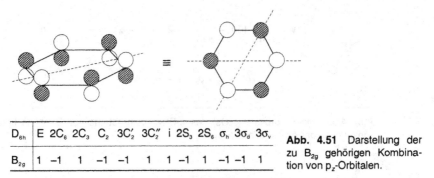

D_{6h}	E	$2C_6$	$2C_3$	C_2	$3C_2'$	$3C_2''$	i	$2S_3$	$2S_6$	σ_h	$3\sigma_d$	$3\sigma_v$
B_{2g}	1	-1	1	-1	-1	1	1	-1	1	-1	-1	1

Abb. 4.51 Darstellung der zu B_{2g} gehörigen Kombination von p_z-Orbitalen.

bilden die symmetrieadaptierten MOs zur Beschreibung des π-Elektronensystems von Benzen. Die energetische Reihenfolge der MOs läßt sich aus der Anzahl der bindenden und antibindenden Wechselwirkungen zwischen benachbarten p_z-Orbitalen bestimmen (siehe Abb. 4.52). Die MOs mit den meisten bindenden Wechselwirkungen besitzen die niedrigste, die mit den meisten antibindenden Wechselwirkungen die höchste Energie.

Abb. 4.52 Phasenbeziehungen bei bindender und antibindender Wechselwirkung von p_z-Orbitalen

Zur Bezeichnung der MOs benutzt man die Mulliken-Symbole der Charaktertafeln, allerdings mit kleingeschriebenen Buchstaben. Die in Abbildung 4.53 dargestellten p_z-Kombinationen sind noch keine Abbildungen der MOs, sondern zeigen lediglich die Phasenbeziehungen der einzelnen eingehenden Atomorbitale. In den durch Linearkombination der AOs gebildeten MOs sind die Elektronen entsprechend der gleichphasigen Überlappung delokalisiert.

p_z-Kombination	MO	Z_B-Z_A	Symbol
	$\psi_1 = \dfrac{1}{\sqrt{6}}\,(\phi_1 + \phi_2 + \phi_3 + \phi_4 + \phi_5 + \phi_6)$	6	a_{2u}
	$\psi_2 = \dfrac{1}{2}\,(\phi_2 + \phi_3 - \phi_5 - \phi_6)$	2	e_{1g}
	$\psi_3 = \dfrac{1}{\sqrt{12}}\,(2\phi_1 + \phi_2 - \phi_3 - 2\phi_4 - \phi_5 + \phi_6)$	2	e_{1g}
	$\psi_4 = \dfrac{1}{2}\,(\phi_2 - \phi_3 + \phi_5 - \phi_6)$	−2	e_{2u}
	$\psi_5 = \dfrac{1}{\sqrt{12}}\,(2\phi_1 - \phi_2 - \phi_3 + 2\phi_4 - \phi_5 - \phi_6)$	−2	e_{2u}
	$\psi_6 = \dfrac{1}{\sqrt{6}}\,(\phi_1 - \phi_2 + \phi_3 - \phi_4 + \phi_5 - \phi_6)$	−6	b_{2g}

Abb. 4.53 Molekülorbitale (MOs) des π-Elektronensystems des Benzens und Linearkombination der Atomorbitale ϕ_1 bis ϕ_6.

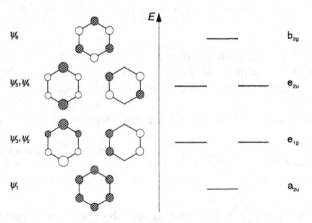

Abb. 4.54 Energieniveauschema des π-Elektronensystems von Benzen.

Mit der Zahl der Knotenflächen steigt die Energie der MOs. Die in Abbildung 4.53 angegebenen Koeffizienten (grobe Näherung) ergeben sich aus der Normierungsbedingung. Mit Hilfe der Knotenregel läßt sich ein qualitatives Energieniveauschema aufstellen (siehe Abb. 4.54).

Aufstellung der Elektronenkonfiguration. Durch paarweise Besetzung (siehe Pauli-Prinzip) erhält man das in Abbildung 4.55 dargestellte Schema.

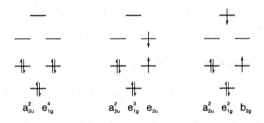

Abb. 4.55 Besetzung der Energieniveaus und Elektronenkonfiguration (Singuletts) des π-Elektronensystems des Benzens.

Aufstellung der Molekülzustände. Die zu einer bestimmten Elektronenkonfiguration gehörigen Molekülzustände (stationäre Zustände) lassen sich nun durch Kombination der MOs bilden. Es zeigt sich, daß aus den drei angegebenen Elektronenkonfigurationen

MO-Schema	Elektronen-konfiguration	Molekül-zustand	Symmetrie
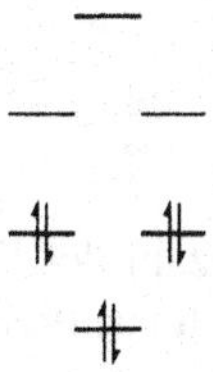	$a_{2u}^2\ e_{1g}^4$	$\psi_1^2\ \psi_2^2\ \psi_3^2$	A_{1g}
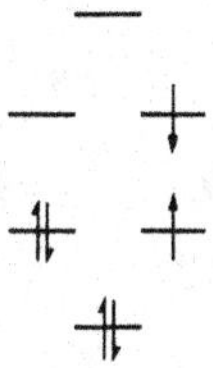		$\psi_1^2\ \psi_2^2\ \psi_3\ \psi_4$	E_{1u}
	$a_{2u}^2\ e_{1g}^3\ e_{2u}$	$\psi_1^2\ \psi_2\ \psi_3^2\ \psi_5$	E_{1u}
		$\psi_1^2\ \psi_2^2\ \psi_3\ \psi_5$	B_{2u}
		$\psi_1^2\ \psi_2\ \psi_3^2\ \psi_4$	B_{1u}
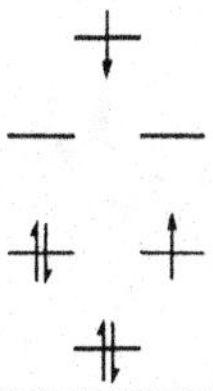	$a_{2u}^2\ e_{1g}^3\ b_{2g}$	$\psi_1^2\ \psi_2^2\ \psi_3\ \psi_6$	E_{2g}
		$\psi_1^2\ \psi_2\ \psi_3^2\ \psi_6$	E_{2g}

Abb. 4.56 Elektronenkonfiguration und Molekülzustände (Singuletts) des Benzens (π-Elektronensystem).

sieben Kombinationen von MOs möglich sind. Je zwei davon sind entartet (E_{1u} und E_{2g}), so daß neben dem Grundzustand vier Zustände mit verschiedener Energie resultieren (siehe Abb. 4.56). Die Symmetrie der Molekülzustände wird gegenüber der der MOs mit großen Buchstaben symbolisiert. Man ermittelt sie entsprechend folgender Regeln:

- Doppelt besetzte MOs führen immer zur totalsymmetrischen Komponente der irreduziblen Darstellung. Daraus ergibt sich, daß die Elektronenkonfiguration ($e_{2u}^2 e_{1g}^4 = e_{2u}^2 e_{1g}^2 e_{1g}^2$) des Moleküls im Grundzustand zur Komponente A_{1g} gehört.
- Die Elektronenkonfigurationen $a_{2u}^2 e_{1g}^3 e_{2u}$ läßt sich folgendermaßen in Komponenten der irreduziblen Darstellung zerlegen:

$$a_{2u}^2 e_{1g}^3 e_{2u} \longrightarrow a_{2u}^2 e_{1g}^2 e_{1g} e_{2u} \longrightarrow a_{1g} a_{1g} e_{1g} e_{2u} \longrightarrow e_{1g} e_{2u}$$

$$e_{1g} e_{2u} = \quad\ \ \ 4\ \ {-1}\ \ \ 1\ \ {-4}\ \ \ 0\ \ \ 0\ \ {-4}\ \ \ 1\ \ {-1}\ \ \ 4\ \ \ 0\ \ \ 0 \qquad\qquad (4.79)$$

$$
\begin{aligned}
&= E_{1u}\ \ 2\ \ \ 1\ \ {-1}\ \ {-2}\ \ \ 0\ \ \ 0\ \ {-2}\ \ {-1}\ \ \ 1\ \ \ 2\ \ \ 0\ \ \ 0 \\
&+ B_{1u}\ \ 1\ \ {-1}\ \ \ 1\ \ {-1}\ \ \ 1\ \ {-1}\ \ {-1}\ \ \ 1\ \ {-1}\ \ \ 1\ \ {-1}\ \ \ 1 \\
&+ B_{2u}\ \ 1\ \ {-1}\ \ \ 1\ \ {-1}\ \ {-1}\ \ \ 1\ \ {-1}\ \ \ 1\ \ {-1}\ \ \ 1\ \ \ 1\ \ {-1}
\end{aligned}
$$

Die Elektronenkonfigurationen $e_{2u}^2 e_{1g}^3 b_{2g}$ ergibt nach dem gleichen Muster:

$$e_{2u}^2 e_{1g}^3 b_{2g} \longrightarrow e_{2u}^2 e_{1g}^2 e_{1g} b_{2g} \longrightarrow a_{1g} a_{1g} e_{1g} b_{2g} \longrightarrow e_{1g} b_{2g}$$

$$e_{1g} b_{2g} = \quad\ \ \ 2\ \ {-1}\ \ {-1}\ \ \ 2\ \ \ 0\ \ \ 0\ \ \ 0\ \ {-1}\ \ {-1}\ \ \ 2\ \ \ 0\ \ \ 0 \qquad\qquad (4.80)$$

$$= E_{2g}\ \ 2\ \ {-1}\ \ {-1}\ \ \ 2\ \ \ 0\ \ \ 0\ \ \ 2\ \ {-1}\ \ {-1}\ \ \ 2\ \ \ 0\ \ \ 0$$

Die Symmetrieklassifizierung erlaubt damit die Bestimmung der Anzahl der Energieniveaus des Moleküls, jedoch nicht der Energiewerte. Es kann aber auch ermittelt werden, ob ein Übergang symmetrieerlaubt oder symmetrieverboten ist [4.62].

4.7 Reaktivität

4.7.1 Beschreibungsmuster

In der molekularen Betrachtungsweise versteht man unter Reaktivität die Fähigkeit eines Moleküls, in ein anderes überzugehen. Diese Fähigkeit hängt einerseits von der Elektronenverteilung im Molekül selbst ab, andererseits auch vom Reaktionspartner, von Druck, Temperatur, Bestrahlung und anderen Faktoren. Die äußeren Faktoren sollen hier weitgehend außer Betracht bleiben. Allerdings ist die Reaktivität stets in bezug auf eine bestimmte chemische Reaktion zu sehen und damit keine reine Moleküleigenschaft.

In der *thermodynamischen Beschreibungsweise* der Reaktivität geht man vom chemischen Gleichgewicht aus:

$$n\text{A} \ + \ m\text{B} \ \rightleftharpoons \ i\text{C} \ + \ j\text{D} \tag{4.81}$$

$$K = \frac{c_\text{C}^i \cdot c_\text{D}^j}{c_\text{A}^n \cdot c_\text{B}^m} \tag{4.82}$$

Aus der Gleichgewichtskonstante K läßt sich die freie Enthalpiedifferenz ΔG° und aus der Temperaturabhängigkeit von ΔG° die Enthalpiedifferenz ΔH° und die Entropiedifferenz ΔS° bestimmen:

$$\Delta G^\circ = - RT \ln K = \Delta H^\circ - T \Delta S^\circ \tag{4.83}$$

Eine chemische Reaktion verläuft spontan nur unter Abnahme von G°.

Die *kinetische Beschreibungsweise* geht von der Abhängigkeit der Stoffkonzentration von der Zeit aus. Der zeitliche Verlauf einer Reaktion wird durch die Reaktionsordnung und die Reaktionsgeschwindigkeitskonstante k beschrieben. Für eine Reaktion erster Ordnung gilt beispielsweise:

$$\text{A} \ \rightleftharpoons \ \text{B} \qquad k c_\text{A} = -\frac{dc_\text{A}}{dt} \tag{4.84}$$

Aus der Temperaturabhängigkeit von k können nach ARRHENIUS die Aktivierungsenergie E_a bzw. nach EYRING die Aktivierungsenthalpie ΔH^* (analog zur Thermodynamik gilt $\Delta G^* = \Delta H^* - T \Delta S^*$) bestimmt werden (siehe Kapitel 3). Aus der Druckabhängigkeit der Geschwindigkeitskonstante k bestimmt man das Aktivierungsvolumen ΔV^* [4.63].

Die Beschreibung des Reaktionsmechanismus schließt vom Stoffumsatz, der in der Thermodynamik und Kinetik behandelt wird, auf die molekularen Vorgänge. Dabei kann man drei Teilschritte der Betrachtung unterscheiden:

– Molekularität einer Reaktion,
– Beschreibung der Bindungsänderungen,
– Beschreibung des Energieprofils.

Zur Gesamtheit chemischer Elementarprozesse gehören natürlich auch die Umsetzungen von Molekülen mit Atomen, Ionen und Elektronen und die Reaktionen dieser Teilchen untereinander. Beschränkt man sich auf reine Moleküle, so ergibt sich folgendes einfache Einteilungsschema:

monomolekulare Prozesse	A $\longrightarrow$ B	Umlagerung
	A $\longrightarrow$ B + C	Spaltung (Dissoziation)
bimolekulare Prozesse	A + B $\longrightarrow$ AB	Addition
	A + B $\longrightarrow$ C + D	Substitution
	A + A $\longrightarrow$ B + B	Metathese

Trimolekulare Prozesse, die auf dem Zusammentreffen von drei Molekülen beruhen, können in analoger Weise eingeteilt werden, auch Kombinationen gibt es, z. B.:

$$\text{Spaltung} + \text{Addition} = \text{Substitution}$$

Folgereaktionen, die ebenfalls häufig auftreten, kann man mitunter zu Kettenreaktionen zusammenfügen.

Die Bindungsänderungen bzw. die Änderungen der Elektronenverteilung bei einem elementaren Reaktionsprozeß kann man entweder in der traditionellen Formelsprache (Atomsymbol, Bindestriche, Elektronenpaare) oder durch Korrelationsdiagramme im MO-Formalismus darstellen.

In der Formelsprache lassen sich alle Reaktionen auf folgende Grundtypen zurückführen [4.64]:

Säure-Basen-Prozesse	A + :B $\rightleftharpoons$ A:B	
Radikalreaktionen	X· + Y· $\rightleftharpoons$ X:Y	(4.85)
Redoxprozesse	$A_O + B_R^{\cdot} \rightleftharpoons A_R^{\cdot} + B_O$	

Diese Prozesse können auch intramolekular ablaufen. Sie werden jeweils durch molekulare Zusammenstöße ausgelöst.

Zur Beschreibung des Energieprofils einer Reaktion kann man wieder von der Potentialhyperfläche ausgehen. Für eine Reaktion

$$A + BC \rightleftharpoons AB + C$$

kann das folgende Potential aufgestellt werden:

$$V(r) = V(r_{AB}, r_{BC}, r_{AC})$$

Unter der Voraussetzung, daß A in Richtung der Bindungsachse angreift, gilt: $r_{AC} = r_{AB} + r_{BC}$, und es genügt eine Potentialfläche $V(r) = V(r_{AB}, r_{BC})$.

Die Reaktionskoordinate RK beschreibt den Weg der Teilchen zur Bildung des aktivierten Komplexes A - - - B - - - C. Für ein symmetrisches Potential (wie in Abb. 4.57) entspricht die asymmetrische Valenzschwingung $\overline{\nu}_{as}$ des aktivierten Komplexes (Verkleinerung von r_{AB} bei Vergrößerung von r_{BC}) gerade der Bewegung über den Paß.

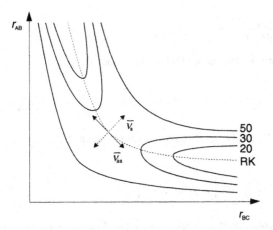

Abb. 4.57 Höhenliniendarstellung (*contour plot*) der potentiellen Energie (kJ/mol) der Reaktion A + BC ⇌ AB + C (RK Reaktionskoordinate).

Das Energieprofil wird näherungsweise mit der Aktivierungsenergie E_a oder mit den Aktivierungsparametern ΔH^* und ΔG^* beschrieben (siehe Abb. 4.58).

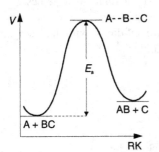

Abb. 4.58 Energieprofil der Reaktion A + BC ⇌ AB + C (Schnitt durch das Potentialgebirge entlang der Reaktionskoordinate RK).

Das Energieprofil einer Reaktion (Schnitt durch die Hyperfläche) kann neben dem Übergangszustand (A - - - B - - - C) auch relativ stabile Zwischenzustände enthalten. Für den langsamen Protonentransfer AH + B ⇌ A + HB läßt sich das in Abbildung 4.59 dargestellte Energieprofil annehmen.

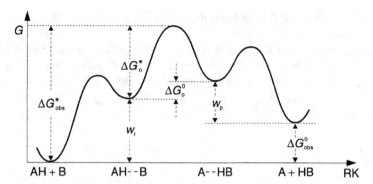

Abb. 4.59 Energieprofil des langsamen Protonenaustausches
AH + B $\rightleftharpoons$ A + HB .

Aus der Marcus-Theorie [4.66] ergibt sich für Protonenübertragungsreaktionen die Gleichung 4.86.

$$\Delta G^{*}_{obs} = w_{p} + [1 + (\Delta G^{o}_{obs} - w_{r} + w_{p})/4\,\Delta G^{*}_{o}]^{2}\,\Delta G^{*}_{o} \tag{4.86}$$

Durch Anpassung an die experimentellen Daten werden die Konstanten w_{r}, w_{p} und ΔG^{*} für eine bestimmte Reaktion bestimmt.

Für die Reaktion H_3O^+ + HAr $\longrightarrow$ H_2O + H_2Ar^+ werden von Kresge die Werte $w_{r} = 42$ kJ/mol, $w_{p} = 34$ kJ/mol und $\Delta G^{*}_{o} = 42$ kJ/mol angegeben [4.67].

ΔG^{*}_{o} ist die interne Barriere und beschreibt die interne Reaktivität des Systems. Für ein Sauerstoff- oder Stickstoff-Säure-Basen-Paar ist ΔG^{*}_{o} relativ klein (≤ 5kJ/mol). Dem entspricht (nach $\Delta G^{*} = -RT\ln (k\ h/k'T)$ (k' = Boltzmann-Konstante) einer Geschwindigkeitskonstante von $k = 1012$ mol$^{-1}\cdot$ s^{-1} bei 298 K. Deshalb muß die gemessene kleinere Geschwindigkeitskonstante durch die Diffusion bestimmt sein. Die relativ große interne Barriere für die Protonierung der Aromaten ArH wird auf die strukturelle Reorganisation beim Verlust der Resonanzstabilisierung zurückgeführt.

Beschreibung des Übergangszustands

Bei einer chemischen Reaktion durchläuft das Molekül oder der Stoßkomplex mehrerer Moleküle einen Zustand höherer Energie, aus dem das Reaktionsprodukt entsteht oder aus dem der ursprüngliche Zustand zurückgebildet werden kann. Im Fall einer unimolekularen Reaktion ist dieser Übergangszustand ein bestimmter Anregungszustand des Moleküls. Bei einer bimolekularen Reaktion gehen die Anregungszustände beider Moleküle ein.

Die Beschreibung des Übergangzustands erfolgt sowohl graphentheoretisch [4.68] (mit beschränkter Aussagekraft) als auch mittels quantenchemischer Verfahren [4.69].

Man unterscheidet zwei Gruppen von Reaktionen in der Störungstheorie reagierender Systeme:

– Reaktionen, die durch die Wechselwirkung der Grenzorbitale zustande kommen, und
– Reaktionen, die bevorzugt durch die elektrostatische Wechselwirkung von Ladungen zustande kommen.

Konzept der Wechselwirkung von Grenzorbitalen

Zur Beschreibung der Reaktionen eines Moleküls sind insbesondere die Grenzorbitale geeignet, d. h. das höchste besetzte Molekülorbital (HOMO; *highest occupied molecular orbital*), das tiefste unbesetzte Molekülorbital (LUMO; *lowest unoccupied molecular orbital*) und weitere unbesetzte Molekülorbitale ähnlicher Energie (siehe Abschn. 4.4.1).

Die Elektronendelokalisierung zwischen den Grenzorbitalen ist der Hauptfaktor, der die Leichtigkeit einer chemischen Reaktion und den stereoselektiven Reaktionsweg bestimmt.

Damit eine Elektronendelokalisierung zwischen den Grenzorbitalen stattfinden kann, müssen diese MOs gleiche Symmetrie besitzen, und die Unterschiede in der Energie dürfen nicht allzugroß sein. Um den stereochemischen Verlauf einer Reaktion vorauszusagen, genügt es, mit einem einfachen Verfahren (qualitative MO-Theorie, HMO-Methode) die MO-Energie abzuschätzen und mit Hilfe der Symmetrie ein Korrelationsdiagramm für die Reaktion aufzustellen. Analog zu den Valenzelektronen des Atoms werden die Elektronen im höchsten besetzten Orbital des Moleküls für die Reaktion verantwortlich gemacht.

Beispiel der Cyclisierung von 1,3-Butadien zu Cyclobuten

Aus dem HOMO des Butadienmoleküls können sich die p_z-Orbitale der endständigen C-Atome von ihren Nachbarn entkoppeln und durch gleichgerichtete (konrotatorische) Drehung zu einer gegenseitigen gleichphasigen Überlappung (σ-Bindung) gelangen (siehe Abb. 4.60).

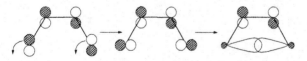

Abb. 4.60 Konrotatorische Bewegung der p_z-Orbitale bei der Cyclisierung von 1,3-Butadien.

Für die Reaktion mit konrotatorischer Drehung ist ein einziges Symmetrieelement charakteristisch, das in jedem Stadium der Reaktion erhalten bleibt. Es ist die C_2-Achse des Moleküls. Die MOs werden nur hinsichtlich dieser Achse charakterisiert (s. Abb. 4.61) [4.70].

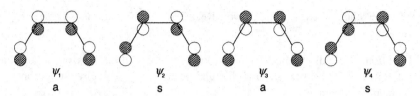

ψ_1 a ψ_2 s ψ_3 a ψ_4 s

Abb. 4.61 MOs des π-Systems von 1,3-Butadien (a, s asymmetrisch bzw. symmetrisch bezüglich einer C_2-Achse).

Während der Reaktion werden diejenigen MOs, die bezüglich eines vorliegenden Symmetrieelements symmetrisch sind, „gemischt" und erscheinen am Ende der Umlagerung als symmetrische Orbitale des Produkts. Analog „mischen" die antisymmetrischen MOs des Reaktanten zu antisymmetrischen Orbitalen der Produkte (siehe Abb. 4.62).

Mischung $\psi_2 + \psi_4 = \sigma$

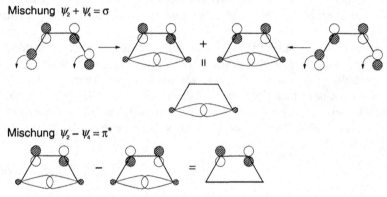

Mischung $\psi_2 - \psi_4 = \pi^*$

Abb. 4.62 Orbitalmischung bei der 1,3-Butadien-Cyclisierung, a) $\psi_2 + \psi_4 = \sigma$ und b) $\psi_2 + \psi_4 = \pi^*$.

Die Wechselwirkung zweier Orbitale gleicher Symmetrie, aber unterschiedlicher Energie führt dazu, daß das Orbital mit tieferer Energie stärker bindend wird, das mit höherer

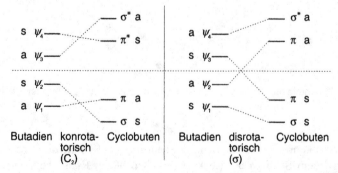

s ψ_4 —   — σ^* a   a ψ_4 —   — σ^* a
                — π^* s
a ψ_3 —   s ψ_3 —

s ψ_2 —   a ψ_2 —
a ψ_1 —   — π a   s ψ_1 —   — π a
                — σ s   — π s
                                                       — σ s

Butadien konrota- Cyclobuten   Butadien disrota- Cyclobuten
          torisch   torisch
          (C_2)   (σ)

Abb. 4.63 Orbitalkorrelationsdiagramm der Umlagerung von 1,3-Butadien in Cyclobuten.

Energie stärker nichtbindend. Der Effekt wird jedoch immer kleiner, je größer die Energiedifferenz der wechselwirkenden Orbitale wird. Somit läßt sich die Orbitalanordnung für das Orbitalkorrelationsdiagramm in Abbildung 4.63 angeben. Es läßt die Schlußfolgerung zu, daß die gegenseitige thermische Umwandlung von 1,3-Butadien in Cyclobuten konrotatorisch erfolgt. Nur die Orbitale unterhalb der gestrichelten Linie sind besetzt. Die photochemische Reaktion (Besetzung des Orbitals ψ_3 durch Lichtabsorption) erfolgt dagegen disrotatorisch (Woodward-Hoffmann-Regeln).

Zustandskorrelationsdiagramm

Um den Elektronenzustand eines Moleküls zu charakterisieren, muß auch die Elektronenabstoßung berücksichtigt werden. Die Molekülzustandsfunktionen werden näherungsweise als Produkte der MOs beschrieben. Die Symmetrie eines bestimmten Elektronenzustands ergibt sich durch Multiplikation der Charaktere der besetzten MOs für jedes Elektron.

Aus dem Orbitalkorrelationsdiagramm läßt sich ein Zustandskorrelationsdiagramm ableiten, das eine bestimmte Reaktion charakterisiert. Für die konrotatorische Butadiencyclisierung gilt Abbildung 4.64.

Abb. 4.64   Zustandskorrelationsdiagramm für die konrotatorische Cyclisierung von 1,3-Butadien [4.70].

Die Korrelationslinien zwischen den Molekülzuständen gleicher Symmetrie werden so gezogen, daß sich Linien, die zwei Paare von Zuständen gleicher Symmetrie miteinander verknüpfen, nicht überschneiden. Der Verlauf der Linien beschreibt den Energieanstieg des Übergangszustands.

4.7.2 Funktionalität

Die Funktionalität ist die Reaktivität, bezogen auf ein oder mehrere Atome des Moleküls [4.48].

In der organischen Chemie ist es seit langem üblich, im Molekül bestimmte funktionelle Gruppen (z. B. Aminogruppe, Carbonylgruppe) zu definieren und daraus die Reaktionen des Moleküls abzuleiten. Ein logisches System zur formalen Beschreibung der Funktionalität und der daraus resultierenden Reaktionen wurde beispielsweise von Hendrickson [4.71] vorgeschlagen. Danach wird jedem C-Atom eines organischen Moleküls ein Charakter zugeordnet, der sich aus „Skelettwert" und „Funktionalität" zusammensetzt. Dieser Skelettwert enthält nur die Anzahl der σ-verknüpften C-Atome und die Anzahl der σ- oder

π-verknüpften Heteroatome, (vgl. Abb. 4.65). Die Funktionalität (zweite Ziffer) gibt in diesem Fall nur die Anzahl der Bindungen zum Heteroatom an.

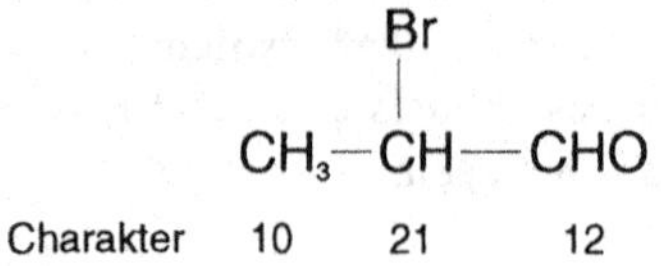

$$\underset{\substack{\text{Charakter} \quad 10 \quad 21 \quad \ \ \ 12}}{CH_3 \!-\! \overset{\displaystyle \overset{Br}{\big|}}{CH} \!-\! CHO}$$

Abb. 4.65 Charaktere, bestehend aus Skelettwert (erste Ziffer) und Funktionalität (zweite Ziffer) der C-Atome von α-Brompropionaldehyd.

In der anorganischen Chemie werden die Moleküle oder Molekülteile hinsichtlich ihrer Funktionalität häufig nach der Elektronenkonfiguration klassifiziert. Moleküle ähneln sich dann, wenn sie die gleiche Zahl fehlender Elektronen bis zur Edelgaskonfiguration (*closed shell configuration*) haben [4.72].

Tabelle 4.12   Elektronisch ähnliche Atome und Moleküle.

Hauptgruppenatom	Übergangsmetall-Analoges	fehlende Elektronen an der Edelgaskonfiguration	entsprechende anionische Formen	entsprechende neutrale Formen	Elektronenzahl am Übergansmetall
I	$Mn(CO)_5$	1	I^- und $Mn(CO)_5^-$	I_2 und $[Mn(CO)_5]_2$	17
S	$Os(CO)_4$	2	S^{2-} und $Os(CO)_4^{2-}$	S_3 und $[Os(CO)_4]_3$	16
P	$Ir(CO)_3$	3	P^{3-} und $Ir(CO)_3^{-3}$	P_4 und $[Ir(CO)_3]_4$	15

Die Anwendung des in Tabelle 4.12 gegebenen Schemas ist allerdings zur Vorhersage der Funktionalität nur begrenzt verwendbar. Ausgeschlossen sind der Ligandenaustausch an Übergangsmetallkomplexen oder Valenzschalenerweiterung bei Elementen höherer Perioden.

Eine Brücke zwischen organischer und anorganischer Chemie bildet das Isolobal-Prinzip [4.73]. Zwei Fragmente sind isolobal, wenn die Anzahl der Valenzelektronen, die Symmetrieeigenschaften, die ungefähre Energie und die Gestalt der Grenzorbitale ähnlich sind und die Anzahl der Elektronen in diesen Grenzorbitalen gleich ist (siehe Abb. 4.66).

$$CH_3^0 \longleftrightarrow Mn(CO)_5, \ Fe(CO)_5^+$$
$$CH_3^- \longleftrightarrow Fe(CO)_5$$
$$CH_3^+ \longleftrightarrow Cr(CO)_5$$
$$|CH_2 \longleftrightarrow Fe(CO)_4$$

Abb. 4.66 Isolobale Gruppen nach HOFFMANN [4.73].

4.7.3 Stabilität

Wie die Reaktivität muß auch die Stabilität auf eine bestimmte Reaktion bezogen werden. Bei gleicher Bezugsreaktion (z. B. thermischer Zerfall) sind Stabilität und Reaktivität einander umgekehrt proportional, sofern man für beide Begriffe Maßzahlen zur Verfügung hat. Eine solche Maßzahl für die Stabilität stellt beispielsweise die Bindungsenergie dar.

In einem zweiatomigen Molekül ist die Bindungsenergie gleich der meßbaren Dissoziationsenergie. Aus der Bildungswärme einer Verbindung läßt sich die Bindungsenergie jeder einzelnen Bindung berechnen. Es gelten folgende Regeln:

– Die Bindungsenergie nimmt im allgemeinen mit zunehmendem Bindungsabstand ab (siehe Tabelle 4.13) [4.74].

Tabelle 4.13 Bindungslängen und Bindungsenergien einiger zweiatomiger Moleküle.

Molekül	Bindungslänge r (in pm)	Bindungsenergie (in kJ/mol)
H_2	32,0	436,0
C — C	77,2	357,3
Cl_2	99,4	242,7
Br_2	114,2	192,9
I_2	133,3	151,0

– Die Bindungsenergie einer kovalenten Bindung nimmt mit größer werdender Bindungspolarität zu (siehe Tabelle 4.14) [4.74].

Tabelle 4.14 Elektronegativitätsdifferenzen
und Bindungsenergien einiger Bindungen.

Molekül	Elektronegativitätsdifferenz nach PAULING	Bindungsenergie (in kJ/mol)
HO — H	1,2	492
HS — H	0,4	377
F — CH_3	1,4	452
Cl — CH_3	0,6	352

– Die Bindungsenergie ist für Mehrfachbindungen höher als für Einfachbindungen.
– Die Bindungsenergie ist ein Maß für die thermodynamische Stabilität.

Bei Aromaten wird die thermodynamische Stabilität durch die Resonanzenergie beschrieben. Man versteht darunter die Differenz der totalen Energie des konjugierten cyclischen π-Systems und einer Referenzstruktur mit lokalisierten Doppelbindungen. Da es sich nur um eine hypothetische Referenzstruktur handelt, sind die Werte für die Resonanzenergie mit einer gewissen Willkür behaftet. Man unterscheidet mehrere Varianten der Resonanzenergie [4.75]:

– empirische Resonanzenergie (ERE),
– Dewar-Resonanzenergie (DRE),
– Hess-Scharad-Resonanzenergie (HSRE).

Neben der an ebenen π-Systemen gefundenen aromatischen Stabilität gibt es auch einen entsprechenden dreidimensionalen aromatischen Effekt [4.76].

4.7.4 Transmissionseffekte

In größeren Molekülen wirkt der Elektronenzug eines elektronegativen Atoms nicht nur auf das angrenzende Atom (mit kleiner Elektronegativität), sondern auch an anderen Stellen des Moleküls (siehe Abb. 4.67).

$$\overset{\delta^-}{X}-\overset{\delta^+}{CH_2}-\overset{\delta\delta^+}{CH_2}-\overset{\delta\delta\delta^+}{CH_2}-$$

Abb. 4.67 Abnehmende Partialladung entlang einer Kohlenwasserstoffkette.

Eine polare Bindung, bedingt durch die Elektronegativitätsunterschiede der Atome, stellt einen permanenten Gruppendipol dar, der ein elektrisches Feld erzeugt. Dieses Feld wirkt durch den Raum an anderen Stellen des Moleküls (direkter Feldeffekt), es kann aber auch durch Polarisierung angrenzender Bindungen von den Bindungen übertragen werden (induktiver bzw. mesomerer Effekt). Wenn X eine funktionelle Gruppe ist, kann dafür auch eine Gruppenelektronegativität definiert werden [4.77; 4.78]. Im allgemeinen benutzt man empirische Substituentenkonstanten, die die Transmission des Feldes über die Bindungen sehr gut beschreiben.

Induktiver Effekt

In größeren organischen Molekülen finden chemische Reaktionen meist an einer funktionellen Gruppe statt. Der Rest des Moleküls bestimmt das Geschehen an der funktionellen Gruppe insbesondere aufgrund von Substituenteneffekten mit. Neben den mesomeren und sterischen Effekten spielt dabei der induktive Effekt eine Rolle, der durch induktive Substituentenkonstanten quantitativ erfaßt wird und der die Transmission allein über σ-Bindungen beschreibt. Ein geeignetes Verfahren zur Bestimmung der induktiven Substituentenkonstanten ist die Messung der Dissoziationskonstante K_a (bzw. des pK_a-

Wertes) an einem System, in dem mesomere und sterische Effekte ausgeschaltet sind, z. B. an Chinuclidinen (siehe Abb. 4.68) [4.79].

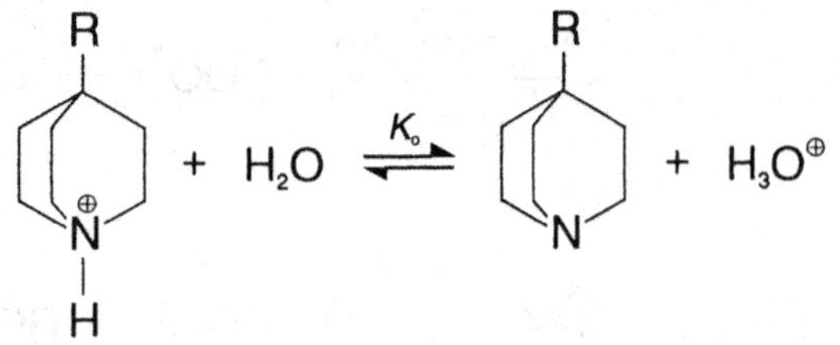

Abb. 4.68 Protonengleichge-wicht von 4-substituierten Chinu-clidinen.

Tabelle 4.15 Aus pK_a-Werten von 4-sub-stituierten Chinuclidinen abgeleitete induk-tive Substituentenkonstanten σ_i.

R	σ_i	R	σ_i
H	0	COCH$_3$	1,69
CH$_3$	0,11	CN	3,04
C$_2$H$_5$	0,03	NH$_2$	0,98
iC$_3$H$_7$	–0,08	N(CH$_3$)$_2$	0,97
tC$_4$H$_9$	–0,15	NO$_2$	3,48
CH$_2$OH	0,66	OH	1,78
CH$_2$NH$_2$	0,52	F	2,57
C$_6$H$_5$	0,94	Cl	2,51

Hammettsche σ-Werte

Transmissionswerte am Benzensystem werden oft mit Hammettschen σ-Werten beschrie-ben. Die sogenannte Hammett-Gleichung [4.80] verknüpft die Gleichgewichtskonstante K_x oder die Geschwindigkeitskonstante k_x (siehe Abb. 4.69) mit Substituentenkonstanten durch die Beziehung:

$$\log \frac{K_x}{K_H} = \varphi\sigma \qquad \text{oder} \qquad \log \frac{K_x}{K_H} = \varphi'\sigma \qquad (4.87)$$

Die Proportionalitätskonstante φ ist vom Reaktionstyp abhängig (Reaktionskonstante). Die Hammettschen σ-Konstanten charakterisieren einen Substituenten gegenüber Was-serstoff ($\sigma = 0{,}00$) hinsichtlich der Elektronenverschiebung am Reaktionszentrum. Diese Substituentenkonstanten stehen in einer linearen Beziehung zur freien Enthalpie ΔG° bzw.

zur freien Aktivierungsenthalpie ΔG^* einer Reaktion (*linear free energy relation* LFER).

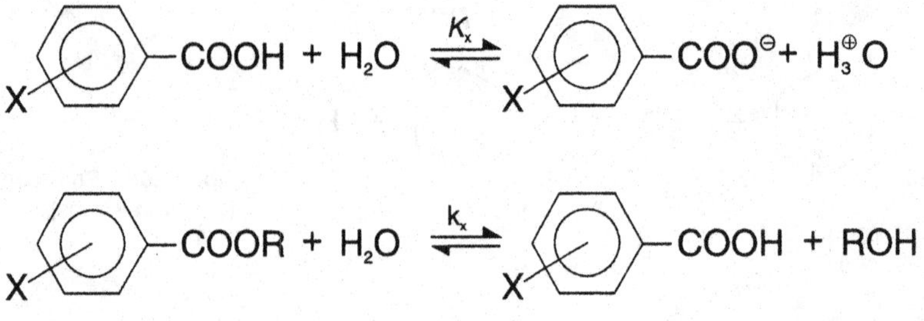

Abb. 4.69 Dissoziationsgleichgewicht der Benzoesäure und Verseifungsgleichgewicht von Benzoesäureestern.

Die σ-Werte sind um so größer (positiv), je stärker elektronenziehend die Substituenten sind (siehe Tabelle 4.16); außerdem sind sie von der Stellung des Substituenten (ortho, meta oder para) zum Reaktionszentrum abhängig.

Tabelle 4.16   Hammettsche σ-Werte einiger Substituenten an Benzen (m   meta-Stellung; p   para-Stellung).

Substituent	σ_m	σ_p	Substituent	σ_m	σ_p
CH_3	−0,07	−0,17	$CONH_2$	0,28	0,36
C_2H_5	−0,07	−0,15	COOH	0,37	0,45
nC_4H_9	−0,08	−0,16	NHMe	−0,30	−0,84
iPr	−0,07	−0,15	NMe_2	−0,15	−0,83
tBu	−0,10	−0,20	OH	0,12	-0,37
Phenyl	0,06	−0,01	OMe	0,12	-0,27
F	0,34	0,06	NO_2	0,71	0,78
Cl	0,37	0,23	CN	0,56	0,66
Br	0,39	0,23	SCH_3	0,15	0,00
I	0,35	0,18	$C \equiv CH$	0,21	0,23
$COCH_3$	0,38	0,50	$Si(CH_3)_3$	−0,04	−0,07
COH	0,35	0,42			
NH_2	−0,16	−0,66			

Neben dem induktiven Effekt der Substituenten wirkt an einem aromatischen System außerdem ein mesomerer (Resonanz-)Effekt. Der mesomere Effekt beschreibt die Übertragung der Elektronenverteilung über π-Bindungen. Die Hammettschen σ-Werte erfassen die Transmission sowohl über σ-Bindungen als auch über π-Bindungen. Für das Benzensystem lassen sich aber auch induktiver Effekt (in Tabelle 4.17 mit F bezeichnet) und mesomerer Effekt (R für Resonanz) eines Substituenten in p-Stellung getrennt angeben.

Tabelle 4.17 Substituentenkonstanten von LUPTON-SWAIN [4.81] für einige Substituenten an Benzen.

Substituent	F	R	Substituent	F	R
CH_3	−0,04	−0,13	$CONH_2$	0,24	0,14
C_2H_5	−0,05	−0,10	COOH	0,33	0,15
nC_4H_9	−0,06	−0,11	NH_2	0,02	−0,68
iC_3H_7	−0,05	−0,10	$NHCH_3$	−0,11	−0,74
tC_4H_9	−0,07	−0,13	$N(CH_3)_2$	0,10	−0,92
C_6H_5	0,08	−0,08	OH	0,29	−0,64
F	0,43	−0,34	OCH_3	0,26	−0,51
Cl	0,41	−0,15	NO_2	0,67	0,16
Br	0,44	−0,17	$Si(CH_3)_3$	−0,04	−0,04
I	0,40	−0,19	CN	0,51	0,19
$COCH_3$	0,32	0,20	SCH_3	0,20	−0,18
COH	0,31	0,13	$C \equiv CH$	0,19	0,05

Trans-Effekt und trans-Einfluß an Metallkomplexen

An quadratischen und oktaedrischen Übergangsmetallkomplexen tritt ein Transmissionseffekt (über das Zentralatom) auf, der sich sowohl auf die Geschwindigkeitskonstante (trans-Effekt) als auch auf die Gleichgewichtskonstante (trans-Einfluß) [4.82] auswirkt und vom Zentralatom abhängt.

Der trans-Effekt an quadratischen Pt(II)- Komplexen besagt beispielsweise: Ein Substituent in trans-Stellung zum Substituenten X wird in folgender Reihenfolge schneller nucleophil (assoziativ) substituiert:

$$X = H_2O, NH_3 < Cl^-, Br^- < SCN^-, I^-, NO_2 < CH_3 < SR_2, PR_3 < H < CN, CO$$

Als Ursache für den steigenden trans-Effekt wird die abnehmende σ-Donorstärke und zunehmende π-Akzeptorstärke von X angesehen.

4.7.5 Affinität

Jede chemische Reaktion wird durch Wechselwirkung der Moleküle eingeleitet. Dabei kommt es zur Übertragung von Energie und zum Auftreten von Kollisionskomplexen. Bei attraktiven Wechselwirkungen, die stärker sind als die Dispersionskräfte (siehe Abschn. 4.4), läßt sich eine Affinität zwischen bestimmten Molekülen oder zwischen bestimmten Molekülteilen feststellen. Mit dem Konzept der Affinität läßt sich eine Vielzahl chemischer Reaktionen beschreiben.

In hochpolaren Lösungsmitteln haben einzelne Molekülteile oft eine höhere Affinität zum Lösungsmittelmolekül als zum Bindungspartner. Es kommt zur elektrolytischen Dissoziation (z. B. HCl in Wasser). Die Affinität läßt sich gut mit der Donor-Akzeptor-Wechselwirkung (siehe Abschnitt 4.4) der Moleküle erklären. Überträgt man das Prinzip der Donor-Akzeptor-Wechselwirkung auf den Stoffumsatz, den man durch Gleichgewichts- oder Geschwindigkeitskonstanten beschreibt, so kommt man zur

– Säure-Basen-Beziehung oder
– Elektrophilie-Nucleophilie-Beziehung.

Dabei stehen Säurestärke (Acidität) und Basenstärke (Basizität) einerseits in engem Zusammenhang mit der Gleichgewichtskonstante von Verbindungen, andererseits auch in Zusammenhang mit Akzeptorstärke und Donorstärke von Molekülen.

Elektrophilie und Nucleophilie beschreiben die Reaktionsgeschwindigkeit und stehen ebenfalls mit Akzeptorstärke und Donorstärke in Zusammenhang.

Die Störungsenergie ΔE in Gleichung 4.62 entspricht der Energie am Beginn der Reaktionskoordinate, die zum Addukt aus Donor und Akzeptor führt (siehe Abb. 4.70).

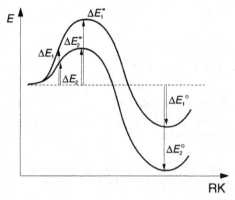

Abb. 4.70 Energieprofil einer Donor-Akzeptor-Reaktion
$DI + A \rightleftharpoons \{DI\, A\}^* \rightleftharpoons D-A$ (RK Reaktionskoordinate).

Unter der Voraussetzung, daß sich die Energieprofile bei ähnlichen Reaktionen nicht kreuzen (*non crossing rules*), läßt sich aus ΔE die Energie für den Übergangszustand ΔE^*

und für das Donor-Akzeptor-Addukt ΔE° nur relativ zu einer anderen Donor-Akzeptor-Reaktion bestimmen [4.83]:

$$\frac{\Delta E_1}{\Delta E_2} = \frac{\Delta E_1^*}{\Delta E_2^*} = \frac{\Delta E_1^{\circ}}{\Delta E_2^{\circ}} \tag{4.88}$$

Säure-Basen-Beziehung

Nach der Definition von BRONSTED und LOWRY [4.4] ist eine Säure ein Protonendonor, der befähigt ist, sein Proton an eine Referenzbase abzugeben. Als Referenzbase fungiert das Lösungsmittel, z. B. Wasser:

$$\text{HX} + \text{H}_2\text{O} \rightleftharpoons \text{H}_3\text{O}^+ + \text{X}^- \tag{4.89}$$
Säure   Referenzbase   Säure   Base

Ein Maß für die Säurestärke ist die Gleichgewichtskonstante (hier Dissoziationskonstante) und der pK_a-Wert:

$$K_a = \frac{c_{\text{H}_3\text{O}^+} \cdot c_{\text{X}^-}}{c_{\text{HX}}} \qquad pK_a = -\log K_a \tag{4.90}$$

Die Basenstärke entspricht der Fähigkeit, Protonen vom Lösungsmittel (Referenzsäure) aufzunehmen:

$$\text{X}^- + \text{H}_2\text{O} \rightleftharpoons \text{OH}^- + \text{HX} \tag{4.91}$$
Base   Referenzsäure   Base   Säure

$$K_b = \frac{c_{\text{OH}^-} \cdot c_{\text{HX}}}{c_{\text{X}^-}} \qquad pK_b = -\log K_b \tag{4.92}$$

Die pK_a- und pK_b-Werte hängen sehr stark vom Lösungsmittel ab. Gewöhnlich werden sie auf Wasser als Referenzbase und -säure bezogen. Die relativen Säure- (ΔpK_a) bzw. Basenstärken (ΔpK_b) sind allerdings nahezu lösungsmittelunabhängig (siehe Tabelle 4.18) [4.85].

Die Säurestärke kann aus empirischen Beziehungen abgeleitet werden [4.85]. In der Reihe H2O > NH$_3$ > CH$_4$ ist die abnehmende Säurestärke (zunehmender pK_a-Wert) mit abnehmender Elektronegativität zu erklären.

Unter Lewis-Säuren versteht man Stoffe, deren Moleküle befähigt sind, die Elektronenpaare anderer Moleküle zu binden [4.86]. Lewis-Basen stellen dagegen Elektronenpaare für eine Bindung zur Verfügung:

$$\text{A} + |\text{B} \rightleftharpoons \text{A}\,|\,\text{B}$$
$$\text{BF}_3 \quad \text{F}^- \qquad \text{BF}_4 \tag{4.93}$$
Säure   Base

Tabelle 4.18 pK_a- und pK_b-Werte einiger Verbindungen mit Wasser als Referenzsubstanz.

Säure	pK_a	Base	pK_b
$HF \cdot SbF_5$	−28	OH^-	−1,74
$HSO_3F \cdot SbF_5$	−25	NH_3	4,65
H_2SO_4	−11,9	N_3^-	9,25
HCl	−6	$H_2N — NH_2$	6,07
H_2CO_3	3,3	$H_3N^+ — NH_2$	15,05
H_2Se	4,0		
H_2S	7,0		
H_2O	15,74		
PH_3	27		
NH_3	35		
CH_3	46		
NH_4	9,26		

Die Gleichgewichtskonstante einer solchen Reaktion ist stark vom Lösungsmittel abhängig.

Säure- und Basenstärke sind ebenfalls nur relativ zu einer Referenzsubstanz zu bestimmen.

$$AH^+ + NH_3 \rightleftharpoons NH_4^+ + A \tag{4.94}$$

Wenn die Protonentransferreaktion in der Gasphase durchgeführt wird, kann die Gasphasenbasizität des Ammoniaks $GB(NH_3)$ relativ zu einer Referenzsubstanz A bestimmt werden:

$$\Delta G^\circ = - RT \ln K = GB(A) - GB(NH_3) \tag{4.95}$$

Die relative Protonenaffinität des Ammoniaks $PA(NH_3)$ ergibt sich dagegen aus der Enthalpiedifferenz ΔH° [4.87; 4.88]:

$$\Delta H^\circ = PA(A) - PA(NH_3) \tag{4.96}$$

Die absolute Protonenaffinität, die aus der Reaktion

$$H^+ + NH_3 \rightleftharpoons NH_4^+ \tag{4.97}$$

resultiert, kann aus massenspektroskopischen Messungen ermittelt werden (siehe Tabelle 4.19) [4.89].

Tabelle 4.19   Absolute Protonenaffinitäten einiger Basen (H^+ + B $\rightleftharpoons$ HB^+).

Base	Protonenaffinität (kJ/mol)	Base	Protonenaffinität (kJ/mol)
CH_3	552,3	HCN	717,1
$CH_3 — CH_3$	600,8	CH_3CN	788,3
$CH_2 = CH_2$	680,3	H_2O	696,6
$CH \equiv CH$	641,4	CH_3OH	761,1
Benzen	758,6	C_2H_5OH	787,9
NH_3	853,5	$(C_2H_5)_2O$	837,6
CH_3NH_2	895,8	CO_2	547,7
$(CH_3)_2NH$	923,0	CH_3CHO	780,7
$(CH_3)_3N$	941,8	CH_3COCH_3	827,6

Die Gasphasenbasizität substituierter Amine kann nicht allein mit induktiven und mesomeren Effekten erklärt werden. Es müssen vielmehr auch die Polarisierbarkeiten der Reste einbezogen werden [4.90].

HSAB-Konzept

Säuren und Basen lassen sich noch einmal in harte und weiche einteilen. Dabei gelten die in Tabelle 4.20 zusammengestellten Einteilungskriterien [4.91].

Tabelle 4.20   Eigenschaften von harten und weichen Säuren und Basen.

	weich (*soft*)	hart (*hard*)
Eigenschaften von Säure und Base	hohe Polarisierbarkeit, leicht oxidierbare Base, leicht reduzierbare Säure, hoher pK_b (Base), niedrige Elektronegativitätsdifferenz zwischen Donor und Akzeptor	niedrige Polarisierbarkeit, schwer oxidierbare Base, schwer reduzierbare Säure, niedriger pK_b (Base), hohe Elektronegativitätsdifferenz zwischen Donor und Akzeptor
Säuren	Cu^+, Ag^+, Au^+, Pd^{++}, Pt^{++}, Mg^{++}, $Tl(CH_3)_3$, BH_3, OR^+, SR^+,	H^+, Li^+, Na^+, K^+, Be^{++}, Mg^{++}, Ca^{++} Al^{+++}, Sc^{+++}, Ga^{+++}, Fe^{+++}, $AlCl_3$, BF_3, SO_3
Basen	RS^-, R_2S, I^-, PR_3, CN^-, H^-	OH^-, F^-, H_2O, PO_4^{3-}, Cl^-, RO^-, NH_3, RNH_2

Nach dem HSAB-Konzept reagieren weiche Säuren bevorzugt mit weichen Basen, harte Säuren bevorzugt mit harten Basen. Das gleiche Einteilungsmuster gilt auch für die Elektrophilie und Nucleophilie.

Entsprechend der MO-Störungstheorie (siehe Gleichung 4.62) dominiert in der hart-hart-Reaktion der erste Term von Gleichung 4.62, in der weich-weich-Reaktion der zweite Term (siehe Abb. 4.71) [4.92].

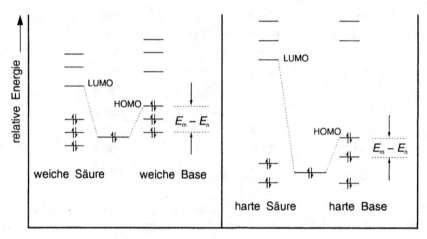

Abb. 4.71 Orbitalwechselwirkung bei weich-weich- und hart-hart-Wechselwirkung von Säure (S) und Base (B).

Je höher die Energie des Basen-HOMO und je tiefer die Energie des Säuren-LUMO, um so weicher sind beide Spezies, und um so größer wird Term 2. Nach Koopmans Theorem [4.93] entsprechen die Grenzorbitalenergien in guter Näherung der Ionisierungsenergie I und Elektronenaffinität A:

$$-\varepsilon_{HOMO} = I \quad \text{und} \quad -\varepsilon_{LUMO} = A \tag{4.98}$$

Aus I und A lassen sich neben der absoluten Elektronegativität χ auch die absoluten Härten η eines Moleküls bestimmen [4.94]:

$$\chi = \frac{I+A}{2} \quad \text{und} \quad \eta = \frac{I-A}{2} \tag{4.99}$$

Ob ein Molekül eine Lewis-Säure oder eine Lewis-Base ist, wird von χ bestimmt. Große χ-Werte charakterisieren eine Säure, kleine χ-Werte findet man für Basen (s. Tabelle 4.21).

Tabelle 4.21   Elektronegativitäten χ und Härten η einiger Moleküle.

Säuren	χ	η	Basen	χ	η
hart			hart		
Li^+	40,52	35,12	H_2O	3,1	9,5
Na^+	26,21	21,08	NH_3	2,6	8,2
K^+	17,99	13,64			
Be^{++}	86,05	67,84			
Mg^{++}	47,59	32,55			
weich			weich		
Cu^+	14,01	6,28	$(CH_3)_3P$	2,8	5,9
Ag^+	14,53	6,96	$(CH_3)_2S$	2,7	6,0
Au^+	14,9	5,6			
Pd^{++}	26,18	6,75			
Pt^{++}	27,2	8,0			

4.8 Externe Wechselwirkung mit dem elektrischen Feld

Bevor die Wechselwirkung der Moleküle mit dem elektrischen Feld behandelt wird, werden zunächst die physikalischen Größen (Tabelle 4.22) zusammengestellt, die das makroskopische Verhalten einer Probe im elektrischen Feld beschreiben. Da die Wechselwirkung einer Probe mit dem Magnetfeld in analoger Weise beschrieben wird, sind die dafür maßgeblichen Größen in Tabelle 4.22 mit angegeben.

Tabelle 4.22 Physikalische Größen zur Beschreibung des elektrischen und magnetischen Feldes.

elektrische Größe	magnetische Größe	Bezeichnung
E	H	Feldstärke
D	B	Induktion
P	M	Polarisation
$D = \varepsilon_0 E + P$ $D = \varepsilon_0 \varepsilon E$	$B = \mu_0 (H + M)$ $B = \mu_0 \mu_P H$	Umrechnung im internationalen Maßsystem
ε_0 Dielektrizitätskonstante des Vakuums	μ_0 magnetische Permeabilität des Vakuums	Durchdringungskonstante im Vakuum

(Fortsetzung)

Tabelle 4.22 (Fortsetzung)

elektrische Größe	magnetische Größe	Bezeichnung
ε Dielektrizitätskonstante der Probe	μ_P magnetische Permeabilität der Probe	Durchdringungskonstante der Probe
$P = \varepsilon_0 \cdot n \cdot \alpha \cdot E$ α Polarisierbarkeit des Moleküls	$M = n \cdot \chi \cdot H$ χ Molekülsuszeptibilität	Polarisierbarkeit
$\varepsilon = 1 + n\alpha$	$\mu_P = 1 + n\chi$	
$W = W^\circ - \mu_e E - \frac{1}{2}E^2\alpha + \ldots$	$W = W^\circ - \mu_M H - \frac{1}{2}H^2\chi + \ldots$	Wechselwirkungsenergie
μ_e	μ_m	permanente Dipole

Unter dem Einfluß eines elektrischen Feldes tritt Polarisation einer (nichtleitenden) Probe auf, die man in eine Orientierungspolarisation und eine Verschiebungspolarisation aufteilen kann.

4.8.1 Multipolbeschreibung der molekularen Ladungsverteilung

Die Ladungsverteilung im Molekül bestimmt das Verhalten im elektrischen Feld. Das Molekül stellt im allgemeinen einen Multipol partieller Ladungen dar, von dem ein inhomogenes elektrisches Feld ausgeht. Das elektrische Potential $V(R)$, das an einem bestimmten Punkt R außerhalb des Moleküls auftritt, kann als Summe von Multipolbeiträgen dargestellt werden. Dazu werden Multipole definiert, die die Ladungsverteilung in unterschiedlicher Weise angeben. Ein elektrisches *Monopol*-Moment beschreibt die Gesamtladung, die von einer Spezies (z. B. Molekülen) ausgeht (siehe Abb. 4.72).

$q = \int \varphi(r)\, dr$

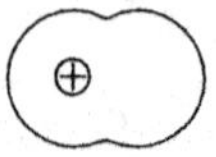

Abb. 4.72 Elektrischer Monopol (q Monopolmoment; $\varphi(r)$ Ladungsdichtefunktion).

Das elektrische *Dipol*-Moment μ_e beschreibt das Verhalten eines Moleküls in einem linearen elektrischen Feld (Orientierungspolarisation). Die in Abbildung 4.73 gegebene Definition gilt für ein kartesisches Koordinatensystem.

$\mu_e = \int \varphi(r)\, r_e\, dr$

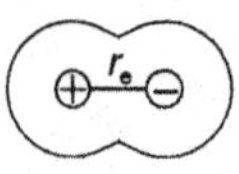

Abb. 4.73 Elektrischer Dipol (μ_e Dipolmoment; r_e molekülinterner Abstandsvektor).

Das elektrische *Quadrupol*-Moment $\Theta_{\alpha\beta}$ beschreibt näherungsweise das Verhalten eines Moleküls in einem inhomogenen elektrischen Feld. Die in Abbildung 4.74 gegebene Definition gilt wieder für das kartesische Koordinatensystem.

$$\Theta_{\alpha\beta} = \frac{1}{2} \int \varphi(r) \ (3r_{\alpha}r_{\beta} - r^2\delta_{\alpha\beta}) \ dr$$

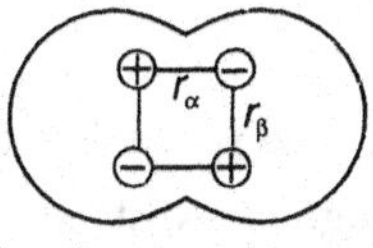

Abb. 4.74   Elektrischer Quadrupol ($\Theta_{\alpha\beta}$ Quadrupolmoment).

Während das Dipolmoment ein Vektor ist, ist das Quadrupolmoment ein Tensor. Höhere elektrische *Multipol*-Momente, wie *Octupol*-Moment $\Omega_{\alpha\beta\gamma}$ oder *Hexadecapol*-Moment $\Theta_{\alpha\beta\gamma\delta}$ werden zur Beschreibung der Moleküle im elektrischen Feld nicht benötigt, spielen jedoch bei der intermolekularen elektrostatischen Wechselwirkung eine Rolle.

In Abhängigkeit von der Symmetrie eines Moleküls sind einige Multipolmomente null. Beginnend mit dem Monopol ist das erste nichtverschwindende Multipolmoment einer Spezies immer unabhängig von den Ursprungskoordinaten, während alle höheren Multipolmomente von der Wahl der Ursprungskoordinaten abhängen. Jedes Ion (auch Molekülion) hat ein Ladungszentrum, d. h., die Dipolmomente relativ dazu heben sich auf.

Lineare Moleküle (z. B. heteronucleare zweiatomige Moleküle) mit einer $C_{\infty v}$-Achse als Symmetrieelement haben nur ein Dipolmoment entlang dieser Achse (s. Tabelle 4.23).

Tabelle 4.23   Permanente elektrische Dipolmomente einiger linearer Moleküle (siehe auch Tabelle 4.8).

Molekül	μ_e (in 10^{-30} A·s·m)[*]
HF	5,99
HCl	3,65
CO	0,374
HCN	9,94

[*] 10^{-30} A·s·m $\triangleq$ 0,29979 D (D Debye)

Homonucleare zweiatomige Moleküle ($D_{\infty h}$) besitzen kein Dipolmoment, aber ein Quadrupolmoment.

Moleküle der T_d-Punktgruppe (z. B. CH_4) haben kein Dipolmoment und kein Quadrupolmoment, jedoch Octupol- und Hexadecapolmomente. Elektrische Monopole und deren Verhalten im elektrischen Feld gehören in das Gebiet der Elektrochemie und werden hier nicht behandelt.

Elektrisches Dipolmoment

Moleküle, in denen die Schwerpunkte der positiven und negativen Ladung nicht zusammenfallen, bezeichnet man als polar. Für sie kann ein permanentes Dipolmoment μ_e angegeben werden:

$$\mu_e = e \cdot r \tag{4.100}$$

(e Elementarladung; r Abstand der Ladungsschwerpunkte).

Der Abstand r ist nicht identisch mit dem Abstand der Atome, denen man bestimmte Partialladungen zuordnet.

In Methan ist aufgrund der Symmetrie das Dipolmoment exakt null, aber auch in den Kohlenwasserstoffen ist das Dipolmoment nahezu null. Treten in einem Molekül polare Bindungen (z. B. C — O, C — N, C — Cl usw.) oder freie Elektronenpaare auf, dann läßt sich durch vektorielle Zusammensetzung (siehe Abb. 4.75) von Bindungsdipolen und atomaren Dipolen (bei freien Elektronenpaaren) die Größenordnung und Richtung des Moleküldipols abschätzen.

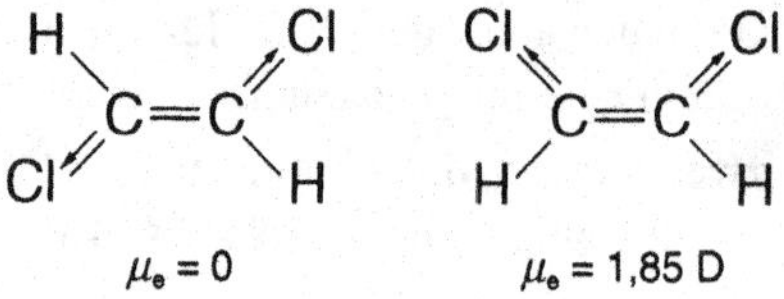

Abb 4.75 Elektrisches Dipolmoment μ_e von E- und Z-Dichlorethen.

Wegen der gegenseitigen Polarisation ist ein quantitatives System von Bindungsdipolen zu ungenau (siehe Tabelle 4.24).

Tabelle 4.24 Permanente elektrische Dipolmomente einiger Moleküle.

Molekül	μ_e (in 10^{-30} A·s·m)	Molekül	μ_e (in 10^{-30} A·s·m)
H_2O	6,07	N_2O	0,59
NH_3	4,96	COS	2,50
CH_3Cl	6,45	CH_3NO_2	11,86
CH_3Br	6,17	CH_3CN	11,48
CH_3I	5,55	CH_3OH	5,67
CH_2O	7,87	$ClC \equiv CH$	1,53
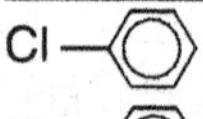 Cl—◯	5,14	 ◯	0
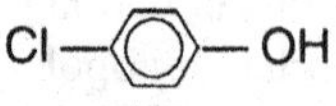 Cl—◯—OH	7,87	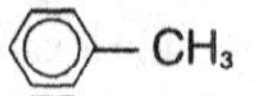 ◯—CH_3	1,43
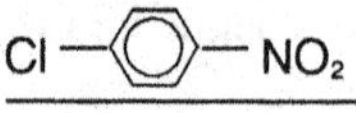 Cl—◯—NO_2	8,91	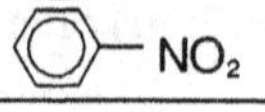 ◯—NO_2	13,44

4.8.2 Elektrische Polarisation

Wenn ein Molekül in ein externes elektrisches Feld gebracht wird, so ändert sich seine Ladungsverteilung mehr oder weniger stark. Während schwache Felder nur eine leichte Verschiebung der Elektronenwolke hervorrufen (Elektronenpolarisation), führen starke elektrische Felder auch zur Veränderung der Bindungsabstände (Atompolarisation) und schließlich bei Feldstärken von $E = 10^9$ bis $10^{11} Vm^{-1}$ (Feldionenmassenspektroskopie, Metall-Elektrolyt-Grenzfläche) zur Ionisierung der Moleküle. In einem homogenen elektrischen Feld (parallele Feldlinien) wird in jedem Molekül ein Dipolmoment induziert, auch wenn das Molekül unpolar ist (siehe Abb. 4.76).

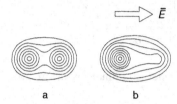

a   b

Abb. 4.76 Elektronendichtekontur der H_2-Moleküle ohne (a) und mit (b) elektrischem Feld E (Feldlinie parallel zur Bindungsachse).

Das im homogenen Feld F induzierte Dipolmoment $\mu_i(F)$ kann durch folgende Summe dargestellt werden:

$$\mu_i(F) = \mu_e + \alpha F + \frac{1}{2}\beta F^2 + \frac{1}{6}\gamma F^3 \qquad (4.101)$$

(μ_e permanentes Dipolmoment;
α dipolare Polarisierbarkeit (Tensor);
β erste Hyperpolarisierbarkeit (Tensor);
γ zweite Hyperpolarisierbarkeit (Tensor);
F elektrische Flußdichte als Maß für die
Stärke des elektrischen Feldes ($\varepsilon_0 E$)).

In einem inhomogenen elektrischen Feld wird nicht nur ein zusätzlicher Dipol induziert, sondern auch höhere Multipole (Quadrupol, Octupol usw.). Auch hierfür gibt es wieder gesonderte Polarisierbarkeiten.

Die im homogenen elektrischen Feld erzeugte dipolare elektrische Polarisation wird durch Größen (μ_e, α, β, γ) beschrieben, die wiederum charakteristisch von der Molekülstruktur abhängen. Dabei charakterisiert μ_e im besonderen Maße die Ladungsverteilung im Molekül, während in α die Beweglichkeit der Elektronenhülle eingeht. β und γ sind durch molekülinterne elektrische Felder bedingt [4.94].

Polarisierbarkeit

Die Polarisierbarkeit α ist ein Tensor, der die unterschiedliche Polarisation der Moleküle in verschiedenen Richtungen x, y, z beschreibt:

$$\alpha = \begin{bmatrix} \alpha_{xx} & \alpha_{yx} & \alpha_{zx} \\ \alpha_{xy} & \alpha_{yy} & \alpha_{zy} \\ \alpha_{xz} & \alpha_{yz} & \alpha_{zz} \end{bmatrix} \tag{4.102}$$

Dieser symmetrische Tensor kann durch die Matrix $\hat{C}$ (Eigenwertbildung) diagonalisiert werden.:

$$\alpha = \begin{bmatrix} \alpha_{x'x'} & 0 & 0 \\ 0 & \alpha_{y'y'} & 0 \\ 0 & 0 & \alpha_{z'z'} \end{bmatrix} = \begin{bmatrix} C_{11} & C_{21} & C_{31} \\ C_{12} & C_{22} & C_{32} \\ C_{13} & C_{23} & C_{33} \end{bmatrix} \begin{bmatrix} \alpha_{xx} & \alpha_{yx} & \alpha_{zx} \\ \alpha_{xy} & \alpha_{yy} & \alpha_{zy} \\ \alpha_{xz} & \alpha_{yz} & \alpha_{zz} \end{bmatrix} \begin{bmatrix} C_{11} & C_{21} & C_{31} \\ C_{12} & C_{22} & C_{32} \\ C_{13} & C_{23} & C_{33} \end{bmatrix} \tag{4.103}$$

Diese Diagonalisierungsmatrix $\hat{C}$ hat den Effekt einer Koordinatentransformation.

$$\begin{bmatrix} x' \\ y' \\ z' \end{bmatrix} = \begin{bmatrix} C_{11} & C_{21} & C_{31} \\ C_{12} & C_{22} & C_{32} \\ C_{13} & C_{23} & C_{33} \end{bmatrix} \begin{bmatrix} x \\ y \\ z \end{bmatrix} \tag{4.104}$$

Die Koordinaten x', y', z' entsprechen einem molekülinternen Koordinatensystem (Hauptachsen), in dem die x'-Achse mit dem kleinsten α-Wert, die z'-Achse mit dem größten α-Wert verknüpft ist. Die Polarisierbarkeit eines Moleküls wird demzufolge durch die drei Hauptwerte $\alpha_{x'x'}$, $\alpha_{y'y'}$ und $\alpha_{z'z'}$ des Polarisierbarkeitstensors beschrieben.

Mittels der Hauptwerte läßt sich der Polarisierbarkeitstensor als dreidimensionaler Ellipsoid veranschaulichen (siehe Abb. 4.77).

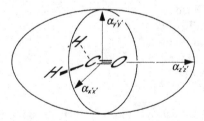

Abb 4.77   Polarisierbarkeitstensor von Formaldehyd als Ellipsoid.

Die Längen der drei Hauptachsen des Ellipsoids entsprechen den Hauptwerten des Tensors, und ihr Verhältnis zueinander bestimmt seine Symmetrie. Man unterscheidet danach drei Fälle (siehe Abb. 4.78):

Tensor	Hauptwerte des Tensors	
nichtaxial	$\alpha_{x'x'} \neq \alpha_{y'y'} \neq \alpha_{z'z'}$	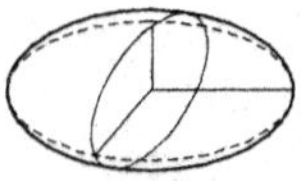
axial	$\alpha_{x'x'} = \alpha_{y'y'} \neq \alpha_{z'z'}$	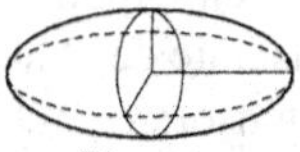 Zigarre
	$\alpha_{x'x'} \neq \alpha_{y'y'} = \alpha_{z'z'}$	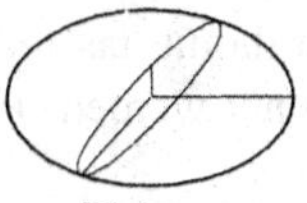 Diskus
isotrop	$\alpha_{x'x'} = \alpha_{y'y'} = \alpha_{z'z'}$	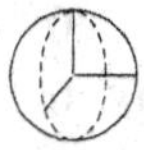

Abb. 4.78 Darstellung verschiedener Polarisierbarkeitstensoren.

Die Symmetrie des Tensors wird durch folgende drei Größen gekennzeichnet:

isotroper Mittelwert
$$\bar{a} = \frac{1}{3}\left(\alpha_{x'x'} + \alpha_{y'y'} + \alpha_{z'z'}\right) = \frac{1}{3}\,\mathrm{sp}\,\alpha \tag{4.105}$$

Anisotropie
$$\Delta a = \alpha_{z'z'} - \left(\alpha_{x'x'} + \alpha_{y'y'}\right) \tag{4.106}$$

Asymmetrieparameter
$$\eta = \frac{\alpha_{z'z'} - \alpha_{x'x'}}{\alpha_{z'z'}} \quad \text{oder} \quad \frac{\alpha_{y'y'} - \alpha_{x'x'}}{\alpha_{z'z'} - \alpha_{y'y'}} \tag{4.107}$$

Die Anisotropie beschreibt die Abweichung von der sphärischen Symmetrie, der Asymmetrieparameter die Abweichung von der axialen Symmetrie.

Beispielsweise kann die Polarisierbarkeit von CO_2 durch einen axialen Tensor beschrieben werden (siehe Abb. 4.79).

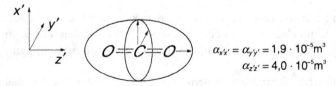

$$\alpha_{x'x'} = \alpha_{y'y'} = 1,9 \cdot 10^{-5}\,\mathrm{m}^3$$
$$\alpha_{z'z'} = 4,0 \cdot 10^{-5}\,\mathrm{m}^3$$

Abb. 4.79 Polarisierbarkeitstensor von CO_2.

Ein lineares elektrisches Feld wird durch einen Vektor dargestellt. Für ein schwaches elektrisches Feld gilt näherungsweise:

$$\boldsymbol{\mu}_i = \varepsilon_0 \cdot \boldsymbol{\alpha} \cdot \boldsymbol{E} \tag{4.108}$$

($\boldsymbol{\mu}_i$ Vektor des induzierten Dipolmoments;
ε_0 Dielektrizitätskonstante des Vakuums;
$\boldsymbol{\alpha}$ Polarisierbarkeitstensor;
$\boldsymbol{E}$ Vektor der elektrischen Feldstärke).

Für CO_2 (siehe Abb. 4.79) kann damit das induzierte Dipolmoment im linearen elektrischen Feld $E = 105 \, \mathrm{Vm}^{-1}$ berechnet werden (Feldlinien senkrecht zur Achse der größten Polarisierbarkeit):

$$\boldsymbol{\mu}_i = \varepsilon_0 \begin{bmatrix} 1{,}9 \cdot 10^{-5} & 0 & 0 \\ 0 & 1{,}9 \cdot 10^{-5} & 0 \\ 0 & 0 & 1{,}9 \cdot 10^{-5} \end{bmatrix} \begin{bmatrix} 10^5 \\ 0 \\ 0 \end{bmatrix} = \begin{bmatrix} 1{,}9 \\ 0 \\ 0 \end{bmatrix} \tag{4.109}$$

$$\mu_x = |\boldsymbol{\mu}_i| = \varepsilon_0 \cdot 1{,}9; \qquad\qquad \mu_y = \mu_z = 0$$
$$\mu_i = 8{,}85418 \cdot 10^{-12} \cdot 1{,}9 = 1{,}68 \cdot 10^{-11} \, \mathrm{C} \cdot \mathrm{m}$$

Die Polarisierbarkeit ist sehr empfindlich gegenüber intermolekularen Wechselwirkungen, d. h., die Gasphasenwerte differieren beträchtlich von den in kondensierter Phase gemessenen Werten (siehe Tabelle 4.25).

Die Polarisierbarkeit eines Moleküls hängt von den Polarisierbarkeiten einzelner Gruppen ab, ohne daß es hierfür ein einfaches Additionsschema gibt [4.95]. Es läßt sich aber folgende Reihe zunehmender mittlerer Polarisierbarkeiten ($\overline{\alpha}$) aufstellen:

$F < H < NH_2 < CH_3 < Cl < NH_2CO < C — CH < MeNH < CF_3 < C_2H_5 < CH = CH_2 <$
$Me_2N < MeNHCO < Me_2CH < Me_2NCO < Me_3C < C_6H_5$.

Die mittlere Polarisierbarkeit nimmt proportional mit dem Volumen der Elektronenwolke zu [4.96]:

$$\overline{\alpha} = A \sum_i r_i^3 + B \tag{4.110}$$

(r_i Kovalenzradius eines Atoms im Molekül;
A, B empirische Konstanten).

Die mit statischen Methoden gemessenen Polarisierbarkeiten (aus Dielektrizitätskonstanten, Molekularstrahl im elektrischen Feld) differieren etwas von den im hochfrequenten elektrischen Wechselfeld (Brechungsindex, Rayleigh-Depolarisation) gemessenen Werten [4.97].

Während in schwachen elektrischen Feldern das induzierte Dipolmoment μ_i hauptsächlich von der Polarisierbarkeit α bestimmt wird, müssen in starken magnetischen Feldern

Tabelle 4.25   Dipolare Polarisierbarkeiten α (in $10^{-3}\,nm^3$) einiger Moleküle in der Gasphase.

Moleküle	$\alpha_{x'x'}$	$\alpha_{y'y'}$	$\alpha_{z'z'}$	$\overline{\alpha}$
H_2	0,71	0,71	1,03	0,82
N_2	1,53	1,53	2,23	1,76
CO	1,80	1,80	2,33	1,98
$\overset{\ominus}{N}=\overset{\oplus}{N}=O$	2,07	2,07	4,86	3,00
$O=C=O$	1,97	1,97	4,01	2,65
$S=C=S$	5,54	5,54	15,14	8,74
$O\overset{S}{\diagdown}O$	2,72	3,49	5,49	3,72
NH_3	2,12	2,12	2,41	2,22
CH_4	2,6	2,6	2,6	2,6
CH_3-CH_3	3,97	3,97	5,48	4,47
$CH\equiv CH$	2,43	2,43	5,12	3,33
CH_3Cl	4,14	4,14	5,42	4,56
$CHCl_3$	9,01	9,01	6,68	8,23
Benzen	12,31	12,31	6,35	10,32
Toluen	15,64	13,66	7,48	12,26
Chlorbenzen	15,93	13,24	7,53	12,25
p-Dichlorbenzen	21,29	12,48	8,83	14,47
Cyclohexan	13,1	13,1	11,2	12,5

auch die erste und zweite Hyperpolarisierbarkeit β und γ berücksichtigt werden (siehe Gleichung 4.101). Sie sind ebenfalls Tensoren mit folgenden Mittelwerten:

$$\overline{\beta} = \frac{3}{5}\left(\beta_{xxz} + \beta_{yyz} + \beta_{zzz}\right) \tag{4.111}$$

$$\overline{\gamma} = \frac{1}{5}\left(\gamma_{xxxx} + \gamma_{yyyy} + \gamma_{zzzz} + 2\gamma_{xxyy} + 2\gamma_{xxzz} + 2\gamma_{yyzz}\right) \tag{4.112}$$

4.8.3 Meßmethoden

Messung der Dielektrizitätskonstante ε

Ein elektrisches Feld F wird durch intramolekulare Ladungsverschiebung geschwächt. Diese Schwächung ist an der Erhöhung der Kapazität eines Kondensators meßbar, zwischen dessen Platten die betreffende Substanz (Dielektrikum) gebracht wird. Mittels der dadurch nach $\varepsilon = F_{\text{Vakuum}} / F_{\text{Dielektrikum}}$ bestimmbaren Dielektrizitätskonstante kann man nährungsweise nach DEBYE die molare Polarisation und daraus das permanente Dipolmoment berechnen:

$$P_M = \frac{\varepsilon - 1}{\varepsilon + 2} \frac{M}{d} = \frac{4\pi}{3} N_L \left(\overline{a} + \frac{\mu_e^2}{3kT} \right) \tag{4.113}$$

(P_M molare Polarisation; d Dichte;
 ε Dielektrizitätskonstante; μ_e permanentes Dipolmoment;
 $\overline{a}$ mittlere Polarisierbarkeit; k Boltzmann-Konstante;
 N_L Loschmidtsche Zahl; T absolute Temperatur).
 M Molmasse;

Gleichung 4.113 gilt für Flüssigkeiten nur näherungsweise. Sie setzt sich aus zwei Gliedern zusammen, der Verschiebungspolarisation $\left(\frac{4}{3} \pi N_L \overline{a} \right)$ und der Orientierungspolarisation $\left(P_e = \frac{4}{9kT} \pi N_L \mu_e^2 \right)$. Die Verschiebungspolarisation setzt sich wiederum aus einer Verschiebungspolarisation der Atome P_A und einer der Elektronen P_E zusammen. Es gilt:

$$P_M = P_E + P_A + P_e \tag{4.114}$$

(P_E Verschiebungspolarisation der Elektronen;
 P_A Verschiebungspolarisation der Atome;
 P_e Orientierungspolarisation der permanenten Dipole).

Die Polarisierbarkeit $\overline{a}$ kann aus der Molfraktion nach LORENZ-LORENTZ berechnet werden:

$$R_M = \frac{n^2 - 1}{n^2 + 2} \frac{M}{d} = \frac{4}{3} \pi N_L \overline{a}' \tag{4.115}$$

(R_M Molrefraktion; d Dichte;
 n Brechungsindex; N_L Loschmidtsche Zahl;
 M Molmasse; $\overline{a}'$ optische Polarisierbarkeit (Mittelwert)).

Bei der optischen Brechung werden (wegen der hohen Frequenz) im wesentlichen nur die Elektronen bewegt. Es gilt:

$$R_M \approx P_E + 0{,}1 P_A \tag{4.116}$$

Zur experimentellen Bestimmung des permanenten elektrischen Dipolmoments sind neben der Messung der Dielektrizitätskonstante folende Methoden üblich:

- Stark-Effekt (Aufspaltung der Rotationslinien eines Mikrowellenspektrums im elektrischen Feld,
- Molekularstrahlmethoden im elektrischen Feld.

Kerr-Effekt

Aus dem Kerr-Effekt [4.98] lassen sich die Hauptwerte des Polarisierbarkeitstensors bestimmen. Der Kerr-Effekt beschreibt die optische Doppelbrechung im elektrischen Feld durch eine Kerr-Konstante K:

$$K = \frac{n_\mathrm{p} - n_\mathrm{s}}{n\lambda} \frac{1}{E^2} \tag{4.117}$$

(n_p Brechungsindex parallel zur Feldrichtung;
n_s Brechungsindex senkrecht zur Feldrichtung;
K Kerr-Konstante;
λ Wellenlänge des Lichtes;
E elektrische Feldstärke).

In unpolaren Molekülen gilt stets $n_\mathrm{p} > n_\mathrm{s}$, d. h., K ist positiv. In polaren Molekülen kann K auch negativ sein, wenn die Richtung des permanenten Dipolmoments und die Achse der größten Polarisierbarkeit nicht zusammenfallen.

Außer dem Kerr-Effekt werden folgende Methoden zur Bestimmung der Polarisierbarkeit verwendet:

– Depolarisation des Fluoreszenzlichtes [4.98],
– Cotton-Mouton-Effekt,
– Rayleigh-Streuung [4.99].

4.9 Externe Wechselwirkung mit dem Magnetfeld

Einteilung magnetischer Stoffe

Unter dem Einfluß des Magnetfeldes wird in einem Stoff ein Eigenmagnetfeld erzeugt. Je nach der Art dieses Eigenmagnetfeldes unterscheidet man: Diamagnetika, Paramagnetika und Ferromagnetika.

Zur Charakterisierung dient die Magnetisierung M einer Probe. M ist die Vektorsumme der magnetischen Momente der Moleküle. Die Magnetisierung ist meßbar und hängt von der Stärke des Magnetfeldes ab:

$$M = n \cdot \chi \cdot H \tag{4.118}$$

(M Magnetisierung; χ molekulare magnetische Suszeptibilität;
H magnetische Feldstärke; n Anzahl der Moleküle in der Probe).

Die Magnetisierung kann auch auf ein bestimmtes Volumen oder auf ein Mol einer Substanz bezogen werden. Dementsprechend gibt es die Volumensuszeptibilität χ_V und die molare Suszeptibilität χ_M. Bei Diamagnetika ist $\chi < 0$, bei Paramagnetika ist $\chi > 0$.

Ferromagnetika haben aufgrund der Wechselwirkung der molekularen bzw. atomaren magnetischen Momente besondere magnetische Eigenschaften.

Der sogenannte Diamagnetismus der Diamagnetika tritt bei allen Stoffen auf, er läßt sich jedoch nur beobachten, wenn die Moleküle der Substanz kein permanentes magnetisches Moment μ_m besitzen. Die Moleküle der Paramagnetika besitzen dagegen ein permanentes magnetisches Moment μ_m. In Abwesenheit eines äußeren Magnetfeldes gestattet die Wärmebewegung der Moleküle keine geordnete Orientierung der Vektoren μ_m, so daß der Stoff nach außen hin unmagnetisch erscheint. Im Kristallgitter mancher Paramagnetika kommt es zur parallelen (Ferromagnetika) oder antiparallelen (Antiferromagnetika) gegenseitigen Ausrichtung der molekularen bzw. atomaren permanenten magnetischen Dipole. Ferromagnetismus und Antiferromagnetismus sind deshalb keine Eigenschaften eines einzelnen Moleküls.

4.9.1 Paramagnetismus

Der Paramagnetismus ist eine Moleküleigenschaft. In einem Molekül treten stets bewegte elektrische Ladungen auf, die auch stets magnetische Felder erzeugen. Sehr oft kompensieren sich die von den kreisenden Elektronen erzeugten Magnetfelder. In diesen Fällen ist der resultierende Gesamtdrehimpuls aller kreisenden Elektronen null.

Wenn man sich den Atomkern als Kugel vorstellt, so kann die positive Ladung ebenfalls eine Kreisbewegung ausführen, falls der Kern einen Drehimpuls besitzt. Tatsächlich haben viele Atomkerne einen Drehimpuls und damit auch ein magnetisches Moment. Das Magnetfeld, das allgemein von einer kreisenden Ladung hervorgerufen wird, läßt sich gut durch ein magnetisches Dipolmoment beschreiben (siehe Abb. 4.80).

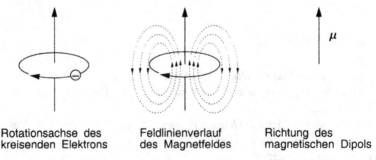

Rotationsachse des   Feldlinienverlauf   Richtung des
kreisenden Elektrons   des Magnetfeldes   magnetischen Dipols

Abb. 4.80   Kreisstrom und Feldlinien eines magnetischen Dipols.

Ein magnetischer *Monopol* wurde bisher noch nicht gefunden, d. h., eine Analogie zur elektrischen Ladung gibt es nicht (siehe jedoch [4.100]).

Das permanente magnetische Dipolmoment, das ein paramagnetisches Molekül besitzt, kann auf die Bahnbewegung und die Eigenrotation (Spin) der Elektronen zurückgeführt werden. Der wesentlich schwächere Paramagnetismus der Atomkerne fällt demgegenüber nicht ins Gewicht und kann getrennt behandelt werden.

Bahnmagnetismus

Ein auf einer Bahn mit dem Radius r kreisendes Elektron erzeugt einen elektrischen Strom i (siehe Abb. 4.81):

$$i = \frac{e\,\omega}{2\pi} \tag{4.119}$$

(e Elektronenladung; ω Winkelgeschwindigkeit; i Stromstärke).

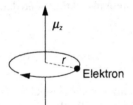

Abb. 4.81 Rotierendes Elektron und Vektor des magnetischen Moments.

Das damit verknüpfte magnetische Moment ist folgendermaßen definiert:

$$\mu_z = -\,i\,\pi\,r^2 \tag{4.120}$$

(r Radius der Kreisbahn; μ_z magnetisches Moment; i Stromstärke).

Gleichzeitig läßt sich der mechanische Drehimpuls p_z eines sich auf der Kreisbahn bewegenden Masseteilchens berechnen:

$$p_z = \Theta\omega = mr^2\omega \tag{4.121}$$

(m Masse des Elektrons;
$\Theta = mr^2$ Trägheitsmoment;
r Radius der Kreisbahn;
ω Winkelgeschwindigkeit;
p_z Drehimpuls auf einer bestimmten Bahn (hier willkürlich um die z-Achse)).

Aus den Gleichungen 4.119, 4.120 und 4.121 folgt die Gleichung 4.122, die den sogenannten magnetomechanischen Parallelismus ausdrückt:

$$\mu_z = -\frac{e}{2m}p_z \tag{4.122}$$

(μ_z magnetisches Moment in z-Richtung;
e Elektronenladung;
m Elektronenmasse;
p_z Drehimpuls).

Diese Gleichung gilt allgemein für die Vektoren $\boldsymbol{\mu}$ und $\boldsymbol{p}$:

$$\boldsymbol{\mu} = -\frac{e}{2m}\boldsymbol{p} \tag{4.123}$$

In diamagnetischen Atomen und Molekülen findet, abgesehen von der Quantelung der Größen $\boldsymbol{\mu}$ und $\boldsymbol{p}$, eine gegenseitige Kompensation der Drehimpulsvektoren und damit auch der Vektoren der magnetischen Momente statt.

$$\sum \boldsymbol{\mu} = 0 \qquad \sum \boldsymbol{p} = 0 \tag{4.124}$$

Quantelung des magnetischen Moments. Die Quantelung des Drehimpulses eines auf einer Kreisbahn rotierenden Elektrons kann man sich mittels des Welle-Teilchen-Dualismus plausibel machen: Ein auf einer Kreisbahn mit dem Radius r rotierendes Teilchen besitzt den linearen Impuls $p_L = mv$. Im Wellenbild hat es die de-Broglie-Wellenlänge $\lambda = h/p_L$. Die Wahrscheinlichkeit, das Teilchen auf der Kreisbahn anzutreffen, ist zeitunabhängig, d. h., im Wellenbild wird es durch eine stehende Welle dargestellt (siehe Abb. 4.82).

Abb. 4.82 Wellendarstellung eines auf einer Kreisbahn kreisenden Elektrons.

Die Kreisbahn $2\pi r$ muß deshalb ein ganzzahliges Vielfaches M_l der Wellenlänge λ sein:

$$2\pi r = M_l\lambda = M_l\frac{h}{p_L} \tag{4.125}$$

(M_l ganze Zahl $= 0, +1, +2, +3, \ldots$; p_L linearer Impuls;
r Bahnradius; h Plancksches Wirkungsquantum).
λ de-Broglie-Wellenlänge;

Der Drehimpuls läßt sich aus Gleichung 4.126 berechnen:

$$p_z = p_L\, r \tag{4.126}$$

(p_z Drehimpuls entlang der z-Achse (senkrecht zur Kreisbahn);
p_L linearer Impuls;
r Radius der Kreisbahn).

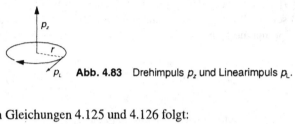

Abb. 4.83   Drehimpuls p_z und Linearimpuls p_L.

Aus den Gleichungen 4.125 und 4.126 folgt:

$$p_z = M_1 \frac{h}{2\pi} = M_1 \hbar \tag{4.127}$$

M_1 ist eine Quantenzahl, die die Quantelung des Drehimpulses in einer bestimmten Richtung z charakterisiert.

Erlaubt man dem kreisenden Elektron beliebige Kreisbahnen, dann befindet sich die stehende Welle auf einer Kugelfläche, und die Quantenbedingung lautet:

$$|p| = \hbar \sqrt{l(l+1)} \tag{4.128}$$

($|p|$ Betrag des Drehimpulses p; l Bahndrehimpulsquantenzahl).

Für die beiden Quantenzahlen gilt der folgende Zusammenhang:

$$M_1 = l,\, l-1,\, l-2,\, \dots, -l \tag{4.129}$$

Der Drehimpuls ist stets in Einheiten von $\hbar = \dfrac{h}{2\pi}$ gequantelt. Setzt man die Quantenbedingung 4.127 in die Gleichung 4.122 ein, so erhält man:

$$\mu_z = -M_1 \frac{e\hbar}{2m} = -M_L \beta_e \tag{4.130}$$

(μ_z magnetisches Moment des kreisenden Elektrons;
e Elektronenladung;
m Elektronenmasse;
$\beta_e = \dfrac{e\hbar}{2m}$ Bohrsches Magneton;
M_1 Quantenzahl $\equiv$ magnetische Quantenzahl).

M_l wird deshalb magnetisches Quantenzahl genannt. Sie kann aus der Bahndrehimpulsquantenzahl l nach Gleichung 4.129 bestimmt werden.

Spinmagnetismus

Der Spinmagnetismus beruht auf der Eigenrotation des Elektrons. Die Anwendung des magnetomechanischen Parallelismus (Gleichung 4.122) führt jedoch zum Widerspruch mit den Experimenten [4.4]. Es zeigt sich, daß das aus dem Eigendrehimpuls p_S berechnete Moment doppelt so groß sein muß (magnetomechanische Anomalie). Anstelle von Gleichung 4.122 gilt für den Spinmagnetismus:

$$\mu_z = -\frac{e}{m} p_{S(z)} \quad \text{und} \quad \boldsymbol{\mu} = -\frac{e}{m} \boldsymbol{p}_S \qquad (4.131), (4.132)$$

(μ_z magnetisches Moment e Elektronenladung;
in z-Richtung; m Elektronenmasse;
$p_{S(z)}$ Eigendrehimpuls $\boldsymbol{\mu}$ Vektor des magnetischen Moments;
(Spin) in z-Richtung; $\boldsymbol{p}_S$ Spinvektor).

Anstelle des Begriffs Eigendrehimpuls wird deshalb für p_S der Ausdruck „Spin" benutzt.

Die Quantelung des Spins in einer bestimmten Richtung wird mit einer Quantenzahl M_S beschrieben, die die Werte $+1/2$ und $-1/2$ annehmen kann:

$$p_{S(z)} = M_S \hbar \qquad (4.133)$$

($p_{S(z)}$ Elektronenspin in z-Richtung; M_S Spinquantenzahl).

Analog zur Quantelung des Bahndrehimpuls gilt:

$$|\boldsymbol{p}_S| = \hbar \sqrt{S(S+1)} = \hbar \cdot \frac{\sqrt{3}}{2} \qquad (4.134)$$

($|\boldsymbol{p}_S|$ Betrag des Spinvektors; S Spinquantenzahl $= 1/2$).

Wegen der magnetomechanischen Anomalie ist das zur Quantenzahl $M_S = 1/2$ gehörende magnetische Moment in erster Näherung ebenso groß wie das zum Bahndrehimpuls bei $M_l = 1$ gehörende magnetische Moment, nämlich gleich einem Bohrschen Magneton:

$$\mu_z = -M_S \hbar \frac{e}{m} = 2\beta_e M_S \qquad (4.135)$$

(μ_z magnetisches Moment des Elektrons vom Spin herrührend in z-Richtung;
M_S magnetische Quantenzahl;
β_e Bohrsches Magneton).

Atommagnetismus

In einem Atom besitzt jedes Elektron einen Bahndrehimpuls und einen Spin. Der Drehimpuls der Atomkerne und der damit verbundene (viel schwächere) Magnetismus bleiben zunächst außer Betracht.

Zur Beschreibung des Atommagnetismus (und auch zur Beschreibung der Spektren) benutzt man das Vektormodell. Danach wird der Bahndrehimpuls jedes Elektrons durch den Vektor p_l, der Spin durch den Vektor p_S dargestellt. Die Vektoraddition für alle Elektronen eines Atoms erfolgt nach zwei Verfahren:

Russel-Saunders-Kopplung. Bei leichten Atomen ist die Wechselwirkung der Bahndrehimpulse der Elektronen untereinander und der Spins untereinander stärker als die Wechselwirkung zwischen dem Bahndrehimpuls und dem Spin eines einzelnen Elektrons. Die Vektoren der Bahndrehimpulse und der Spins werden in diesem Fall separat addiert. Der resultierende Vektor des Bahndrehimpulses des Atoms ist:

$$L = \sum_{i=1}^{N} p_{l(i)} \qquad (4.136)$$

($p_{l(i)}$ Bahndrehimpuls des Elektrons i;
L Gesamtbahndrehimpuls des Atoms;
N Anzahl der Elektronen des Atoms).

Als resultierender Vektor des Elektronenspins eines Atoms ergibt sich:

$$S = \sum_{i=1}^{N} p_l p_{s(i)} \qquad (4.137)$$

(S Gesamtspin des Atoms; N Anzahl der Elektronen des Atoms;
$p_{s(i)}$ Spin des Elektrons i;).

Die beiden resultierenden Drehimpulse werden zum Gesamtdrehimpuls J nochmals vektoriell addiert (siehe Abb. 4.84).

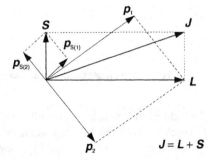

$$J = L + S$$

Abb. 4.84 Vektoraddition gemäß der Russel-Saunders-Kopplung.

J ist ebenfalls in Einheiten von $\hbar$ gequantelt:

$$|J| = \hbar \sqrt{J(J+1)}\ \hbar \tag{4.138}$$

($|J|$ Betrag des Gesamtdrehimpulses;
J innere Quantenzahl des Atoms).

Der geometrischen Addition der Vektoren L und S entspricht die algebraische Addition der Quantenzahlen L und S:

$$J = L+S, L+S-1, L+S-2, \ldots, |L-S| \tag{4.139}$$

jj-Kopplung. Insbesondere bei schweren Atomen ist die Wechselwirkung zwischen p_l und p_S eines einzelnen Elektrons stärker als die Wechselwirkung der Bahndrehimpulse verschiedener Elektronen und der Spins verschiedener Elektronen untereinander. In diesem Fall werden die Vektoren des Bahndrehimpulses und des Spins eines einzelnen Elektrons zum Gesamtdrehimpuls des jeweiligen Elektrons addiert:

$$j_i = p_i + p_{s(i)} \tag{4.140}$$

Den resultierenden Gesamtdrehimpuls des Atoms erhält man durch Vektoraddition der Gesamtdrehimpulse der einzelnen Elektronen:

$$J = \sum_{i=1}^{N} j_i \tag{4.141}$$

(J Gesamtdrehimpuls des Atoms;
j_i Gesamtdrehimpuls des Elektrons i;
N Anzahl der Elektronen im Atom).

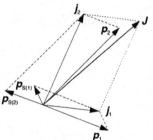

Abb. 4.85   Vektoraddition gemäß der jj-Kopplung.

In einem Atom ist der Gesamtdrehimpuls J geschlossener Schalen stets null, so daß zur Beschreibung des Magnetismus oft nur die Valenzelektronen berücksichtigt werden müssen. Das magnetische Moment des Atoms besteht aus Anteilen von Bahn- und Spinmagnetismus. In Analogie zu den Gleichungen 4.130 und 4.135 gilt:

$$\mu_z = -M_A\, g\, \beta_e \tag{4.142}$$

(μ_z magnetisches Moment eines paramagnetischen Atoms
entlang der Achse des Drehimpulses J;
M_A magnetische Quantenzahl
$= J, J-1, J-2, \ldots -J$;
g g-Faktor;
β_e Bohrsches Magneton).

Der g-Faktor berücksichtigt die unterschiedliche Kopplung von Bahndrehimpuls und Spin. Für die Russel-Saunders-Kopplung gilt z. B.:

$$g = \frac{3J(J+1) + S(S+1) - L(L+1)}{2J(J+1)} \tag{4.143}$$

Für den Fall von reinem Spinmagnetismus, d. h. $L = 0$ (s-Elektron), wird nach obiger Gleichung $g = 2$. Voraussetzung für den Paramagnetismus eines Atoms ist das Vorhandensein eines Gesamtdrehimpulses J der Elektronen.

Der Zusammenhang von Drehimpulsvektor J und Vektor des magnetischen Moments μ kann auch durch folgende Vektorgleichung beschrieben werden:

$$\mu = \gamma_e J \tag{4.144}$$

(μ magnetisches Moment des Atoms;
J Gesamtdrehimpuls des Atoms;
γ_e gyromagnetisches Verhältnis).

Bezieht man die obige Gleichung auf das magnetische Moment μ_z in einer vorgegebenen Richtung, so ergibt sich aus den Gleichungen 4.135 und 4.144:

$$\gamma_e = \frac{g\,\beta_e}{\hbar} \tag{4.145}$$

(γ_e gyromagnetisches Verhältnis des Elektrons;
β_e Bohrsches Magneton).

Kernmagnetismus

Die Bausteine (Nucleonen) eines Atomkerns verfügen ebenfalls über Drehimpulse. Der resultierende Gesamtdrehimpuls des Kernes wird Kernspin p_K genannt. Die bei Vorhandensein eines Kernspins auftretende Rotation der positiven Kernladung erzeugt ein

Magnetfeld, das durch ein magnetisches Moment beschrieben wird:

$$\mu_K = \gamma_K p_K \tag{4.146}$$

(μ_K magnetisches Moment des Kernes (Vektor);
γ_K gyromagnetisches Verhältnis des Kernes;
p_K Kernspin).

Der Kernspin ist ebenfalls gequantelt:

$$|p_K| = \hbar \sqrt{I(I+1)} \tag{4.147}$$

($|p_K|$ Betrag des Kernspins;
I Kernspinquantenzahl).

Für das magnetische Moment in einer bestimmten Richtung gilt:

$$\mu_z = M_I \cdot g_K \cdot \beta_K = M_I \cdot \hbar \cdot \gamma_K \tag{4.148}$$

(μ_z magnetisches Moment eines Kernes in z-Richtung;
M_I magnetische Quantenzahl des Kernspins;
g_K Kern-g-Fakto;
$\beta_K = \dfrac{e\hbar}{2m_K}$ Kernmagneton;
m_K Kernmasse;
γ_K gyromagnetisches Verhältnis des Kernes).

Für die magnetischen Quantenzahlen des Kernes gilt:

$$M_I = I, I-1, I-2, ..., -I \tag{4.149}$$

Die Kernspinquantenzahl I ist ganzzahlig (0, 1, 2, 3, ..., 7) bei gerader Massezahl des Kernes und halbzahlig (1/2, 3/2, 5/2, ..., 9/2) bei ungerader Kernmassezahl.
Ein Vergleich von Kernmagneton und Bohrschem Magneton zeigt einen wesentlich schwächeren Kernmagnetismus als Elektronenmagnetismus.

$$\beta_e = \frac{e\hbar}{2m_e} \; ; \qquad \beta_K = \frac{e\hbar}{2m_K} \; ; \qquad \frac{\beta_e}{\beta_K} = 1836{,}3 \text{ (für ein Proton)}$$

Molekülmagnetismus

Die Beschreibung des Molekülmagnetismus kann analog der des Atommagnetismus erfolgen:

$$\mu_z = M \cdot g \cdot \beta_e \tag{4.150}$$

(μ_z magnetisches Moment eines paramagnetischen Moleküls;
M_e $= \Omega, \Omega - 1, \Omega - 2, ..., -\Omega$ magnetische Quantenzahl;
g g-Faktor;
β_e Bohrsches Magneton).

Die resultierende Quantenzahl für die Drehimpulse aller Elektronen des Moleküls Ω entspricht im Gegensatz zu J (Gesamtdrehimpulsquantenzahl des Atoms) – auch wenn man vom geringen Beitrag des Kernspins absieht – nicht der Quantenzahl für den Gesamtdrehimpuls des Moleküls, weil für diese die Rotation des gesamten Moleküls (Bewegung der Kerne) den entscheidenden Beitrag liefert. Ein Gesamtbahndrehimpuls $\Lambda \neq 0$ tritt nur in Molekülen mit bahnentarteten Zuständen auf. Aufgrund des Jahn-Teller-Effekts sind jedoch in mehratomigen (mehr als zwei Atome) Molekülen bahnentartete Zustände nicht stabil. So wird in den meisten Molekülen die magnetische Quantenzahl aus der Gesamtspinquantenzahl des Moleküls bestimmt:

$$M = S, S - 1, S - 2, ..., -S \tag{4.151}$$

Alle Moleküle mit einer ungeraden Elektronenzahl (Radikale) besitzen stets ein magnetisches Moment, das in den meisten Fällen auf einen ungepaarten Elektronenspin zurückzuführen ist. In manchen Fällen (z. B. Übergangsmetallkomplexe, Lanthanoidkomplexe, Biradikale) treten auch in Molekülen mit gerader Elektronenzahl ungepaarte Elektronenspins auf (*high spin states*).

In organischen Radikalen entspricht der g-Faktor nahezu dem des freien Elektroenspins $g = 2,0023$. Abweichungen können auf die Spin-Bahn-Kopplung zurückgeführt werden. In Übergangsmetallkomplexen treten dagegen große Abweichungen der g-Faktoren von dem des freien Elektrons auf. Die magnetische Suszeptibilität einer Probe, bestehend aus Molekülen mit permanenten magnetischen Dipolen, ist abhängig von der Temperatur:

$$\bar{\chi}_M = \frac{\mu_0}{4\pi} \frac{N\mu^2}{3kT} \tag{4.152}$$

(N Loschmittsche Zahl (da auf ein Mol bezogen);
μ effektives magnetisches Moment (Betrag);
k Boltzmann-Konstante;
T absolute Temperatur;
$\bar{\chi}_M$ molare magnetische Suszeptibilität;
μ_0 Permeabilität des Vakuums).

Magnetische Wechselwirkungen

Spin-Bahn-Wechselwirkung. Das magnetische Moment eines Elektrons, das durch seinen Spin hervorgerufen wird, bleibt nicht unbeeinflußt von der Bahnbewegung: Die Bahnbewegung erzeugt am Ort des Elektrons eine Magnetfeldkomponente (inneres Feld), die vom Bahnradius und von der Bahngeschwindigkeit und damit von der Kernladung abhängig ist. Vom Elektron aus gesehen scheinen die Atomkerne um das Elektron zu kreisen. Durch diese Kreisbewegung wird die Magnetfeldkomponente am Elektron erzeugt.

Wenn im Atom oder Molekül kein resultierender Bahndrehimpuls existiert, dann heben sich diese Magnetfeldkomponenten am Elektron gegenseitig auf; das Zusatzfeld ist null und damit die Spin-Bahn-Wechselwirkung. Die Größe dieses Zusatzfeldes wird durch die Spin-Bahn-Kopplungskonstante ξ beschrieben (siehe Tabelle 4.26).

Tabelle 4.26 Einelektron-Spin-Bahn-Kopplungskonstante ξ von $3d^n$- und $4d^n$-Ionen.

d^n	3d-Ion	ξ (in cm^{-1})	4d-Ion	ξ (in cm^{-1})
d^1	Ti^{3+}	154	Mo^{5+}	1030
d^2	V^{3+}	209	Nb^{3+}	670
d^3	Cr^{3+}	276	Mo^{3+}	800
d^4	Cr^{2+}	236	Mo^{2+}	695
d^5	Mn^{2+}	–	Ru^{3+}	1180
d^6	Fe^{2+}	404	Ru^{2+}	1000
d^7	Co^{2+}	528	Rh^{2+}	1220
d^8	Ni^{2+}	644	Pd^{2+}	1600
d^9	Cu^{2+}	829	Ag^{2+}	1840

Die Spin-Bahn-Kopplung wächst mit zunehmender Kernladung und mit zunehmendem Bahnradius. Sie wirkt sich insbesondere auf die experimentell ermittelbaren g-Werte aus und ruft eine Anisotropie des g-Tensors hervor.

Dipol-Dipol-Wechselwirkung. Der Magnetismus eines Atomkernes, eines Atoms oder eines Moleküls kann jeweils durch einen magnetischen Dipol beschrieben werden. Zwischen diesen Dipolen tritt eine Wechselwirkung in dem Ausmaß auf, in dem das Magnetfeld des einen Dipols am Ort des anderen Dipols zu spüren ist. Von Dipol-Dipol-Wechselwirkung spricht man allerdings nur dann, wenn sich dieses Magnetfeld über den

Raum, d. h. ohne Vermittlung von Elektronen fortpflanzt. Für die Wechselwirkungsenergie gilt:

$$E_{DD} = \frac{\mu_0}{4\pi} \left[\frac{\mu_1 \mu_2}{r^3} - \frac{3(\mu_1 r)(\mu_2 r)}{r^5} \right] \qquad (4.153)$$

(μ_1, μ_2 beliebiger magnetischer Dipolvektor;
r Abstandsvektor;
r Betrag des Abstandsvektors).

Wenn sich die wechselwirkenden Dipole in einem äußeren Magnetfeld befinden, dann ist
die Wechselwirkungsenergie von der Lage des Abstandsvektors r relativ zur Magnetfeldrichtung abhängig.

$$W_{DD} = \frac{\mu_0}{4\pi} \frac{(1 - 3\cos^2\Theta)}{r^3} \mu_{1z}\,\mu_{2z} \qquad (4.154)$$

(μ_{1z} z-Komponente des magnetischen Dipols 1;
r Abstandsvektor (Betrag);
Θ Winkel zwischen r und B_0 (siehe Abb. 4.86).

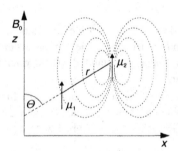

Abb. 4.86 Dipol-Dipol-Wechselwirkung
zweier magnetischer Dipole im Magnetfeld
B_0 (Feldlinien in z-Richtung).

Wenn alle Werte von Θ gleich wahrscheinlich sind, dann ist der räumliche Mittelwert
$\langle \cos^2\Theta \rangle = 1/3$, und die Wechselwirkung verschwindet. Dies tritt in zwei Fällen auf:

1. Wenn der Vektor r infolge thermischer Bewegung schnell seine Orientierung zur
   Richtung des äußeren Magnetfeldes ändert, z. B. in Flüssigkeiten oder Gasen.
2. Wenn sich ein ungepaartes Elektron mit μ_1 in einem s-Orbital, zentriert an einem
   magnetischen Atomkern mit μ_2 befindet, so ist ebenfalls keine Dipol-Dipol-Wechselwirkung zwischen μ_1 und μ_2 zu beobachten.

Die Dipol-Dipol-Wechselwirkung tritt zwischen beliebigen magnetischen Dipolen
auf, d. h. zwischen Kerndipolen untereinander, zwischen Kern- und Elektronendipolen
und zwischen Elektronendipolen untereinander. Quantitativ wird die Wechselwirkung
durch einen dipolaren Tensor T beschrieben.

Skalare Wechselwirkung. Neben der räumlichen Ausbreitung des Magnetfeldes kann das von einem magnetischen Dipol ausgehende Magnetfeld auch durch Bindungselektronen übertragen werden. Diese Übertragung heißt skalare Wechselwirkung und ist in erster Näherung unabhängig von der Orientierung der Moleküle im Magnetfeld. Die wichtigsten Mechanismen sind:

– Austauschwechselwirkung und
– Kontaktwechselwirkung.

Die Austauschwechselwirkung ist hauptsächlich für die Übertragung der Magnetfelder durch Elektronen, die Kontaktwechselwirkung hauptsächlich für die Übertragung der Magnetfelder zwischen Elektronen und Kern verantwortlich.

Die Austauschwechselwirkung zwischen zwei Elektronen kann man sich dadurch erklären, daß die Elektronen nicht an bestimmten Punkten lokalisierbar sind und daß es dadurch Überlappungszonen der Bahnfunktionen (Orbitale) gibt (siehe Abb. 4.87).

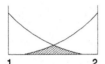

1   2   **Abb. 4.87**   Überlappung zweier Bahnfunktionen.

Nähern sich zwei ungepaarte Elektronen einander, so verlieren sie mit zunehmender Überlappungszone immer mehr ihre individuellen Eigenschaften. Elektronen in der Überlappungszone verlieren das Gedächtnis über ihren Ausgangszustand; die Elektronen in den Bahnfunktionen 1 und 2 werden ununterscheidbar.

Die Austauschwechselwirkung zweier ungepaarter Elektronen im Molekül führt zur Aufspaltung der Energie in einen Triplett- und einen Singulettzustand. Je nach Überlappungsrichtung der Bahnfunktionen gibt es zwei Grenzfälle (siehe Abb. 4.88).

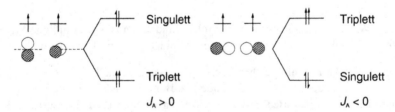

Abb. 4.88   Energieniveaus der Zustände aus zwei überlappenden p-Orbitalen in Abhängigkeit von der Richtung; a) $J_A > 0$, b) $J_A < 0$; (J_A effektives Überlappungsintegral).

Bei Überlappung orthogonaler Orbitale hat der Triplettzustand die tiefere Energie. Im elektronischen Grundzustand wird durch parallele Ausrichtung (bei positiven J_A) bzw.

durch antiparallele Ausrichtung der Elektronenspins (Spinmagnetismus) das Magnetfeld von einem Zentrum zum anderen übertragen.

Die Kontaktwechselwirkung beruht auf dem Kontakt zwischen Kern und Elektron. Nur s-Orbitale haben am Kernort einen von null verschiedenen Wert, p-, d- und f-Orbitale haben Knoten am Kernort. Von FERMI [4.11] wurde erstmalig für Systeme mit einem Elektron die Wechselwirkungsenergie W_K dafür angegeben:

$$W_K = -\frac{8\pi}{3} \left| \psi(0) \right|^2 \mu_{zE}\mu_{zN} \tag{4.155}$$

$(\psi(0)$ Bahnfunktion des Elektrons am Kernort;

μ_{zE} z-Komponente (in B_0-Richtung) des magnetischen Moments des Elektrons;

μ_{zN} z-Komponente des magnetischen Moments des Kerns).

Zur Kontaktwechselwirkung mit einem Kernspin sind nur Elektronen geeignet, die sich in Orbitalen mit s-Charakter befinden. Die Größe der Kontaktwechselwirkung wird durch die Hyperfeinkopplungskonstante A (siehe EPR-Spektroskopie) beschrieben (s. Abb. 4.89).

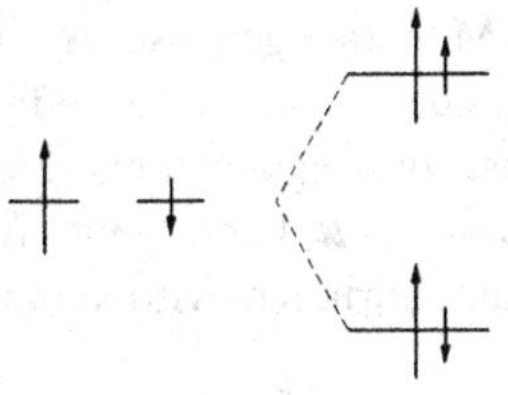

Abb. 4.89 Energieniveauänderung bei Kontaktwechselwirkung ($A > 0$) von Elektronenspin ↑ und Kernspin ↑.

Im Zusammenspiel mit der Austauschwechselwirkung führt die Kontaktwechselwirkung zur indirekten Kernspinkopplung (siehe NMR-Spektroskopie). Das Vorzeichen der indirekten Kopplungskonstante J läßt sich nach dem Van-Vleckschen Vektormodell vorhersagen.

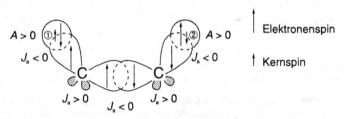

Abb. 4.90 Van-Vlecksches Vektormodell des Spins im Fragment H—C—C—H.

In Abbildung 4.90 sind die beiden Kernspins 1 und 2 im energietiefsten Zustand antiparallel orientiert, und die Kopplungskonstante $^3J_{HCCH}$ hat somit ein positives Vorzeichen.

4.9.2 Diamagnetismus

Atome, Moleküle oder Ionen, die selbst keinen permanenten magnetischen Dipol besitzen, sind diamagnetisch. In einem diamagnetischen Molekül kompensieren sich alle durch die Elektronenbewegung hervorgerufenen magnetischen Momente. Der Kernmagnetismus kann hier zunächst vernachlässigt werden. In diesen Molekülen wird unter dem Einfluß eines externen Magnetfeldes ein magnetisches Moment induziert. Die Vektorsumme aller induzierten magnetischen Momente ergibt die Magnetisierung der Probe.

$$M = \sum_{i=1}^{n} \mu_i \qquad (4.156)$$

(M Magnetisierung (Vektor); μ_i induziertes magnetisches Moment;
n Anzahl der Moleküle (Atome, Ionen) pro Volumeneinheit).

Die Magnetisierung ist das analoge Phänomen zur elektrischen Polarisation.

Als Modell für das Verständnis der magnetischen Polarisation soll ebenfalls ein auf einer Kreisbahn rotierendes Elektron betrachtet werden. Dabei ist allerdings zu beachten, daß ein einzelnes kreisendes Elektron ein magnetisches Moment erzeugt und daß sich in diamagnetischen Molekülen die einzelnen magnetischen Momente gegenseitig aufheben.

Wirkt ein äußeres Magnetfeld, dessen Stärke durch die magnetische Induktion B beschrieben wird, auf kreisende Ladungen, so kann es Zusatzbewegungen induzieren, aus denen dann ein zusätzliches induziertes magnetisches Moment μ_i hervorgeht. Wenn die Magnetfeldlinien senkrecht die Kreisbahn des Elektrons durchdringen, wird keine Zusatzbewegung induziert (siehe Abb. 4.91).

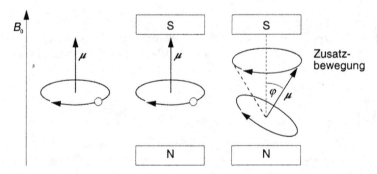

Abb. 4.91 Einfluß eines Magnetfeldes B_0 auf ein kreisendes geladenes Teilchen in Abhängigkeit von der Orientierung der Kreisbahn (B_0 steht für die magnetische Induktion nur in z-Richtung).

Nur wenn zwischen den Feldlinien des äußeren Magnetfeldes und dem magnetischen Moment μ des kreisenden Elektrons ein Winkel $\varphi > 0$ auftritt, entsteht eine Zusatzbewegung des Elektrons, die in Abbildung 4.91 durch einen Kegel dargestellt ist.

Diese Zusatzbewegung heißt Larmor-Präzession. Sie entsteht dadurch, daß sich das magnetische Moment μ wie eine Kompaßnadel ausrichten möchte, daß sich aber das System des kreisenden Elektrons wie ein Kreisel verhält und deshalb nicht ausrichten läßt (s. Abb. 4.92).

Abb. 4.92   Präzession eines angestoßenen Kreisels.

Wie ein angestoßener Kreisel nicht einfach umfällt, sondern dem Stoß senkrecht ausweicht, genauso verhält sich das magnetische Moment, d. h., es präzediert um die Feldrichtungsachse. Nur die durch Larmor-Präzession hervorgerufene Zusatzbewegung der Elektronen ist für den Diamagnetismus verantwortlich, da sich die Magnetfelder aus der ursprünglichen Elektronenbewegung in diamagnetischen Molekülen kompensieren.

Für die Larmor-Präzession gilt:

$$\omega_L = -\frac{e}{2m}\,B_0 \tag{4.157}$$

(ω_L Winkelgeschwindigkeit der Larmor-Präzession;
B_0 magnetische Induktion nur in z-Richtung;
e Elektronenladung;
m Elektronenmasse).

Voraussetzung für die Larmor-Präzession (kreisende Bewegung des Vektors μ) ist einmal das Vorhandensein einer Elektronenrotation (Drehimpuls in Richtung von μ) und zum anderen ein Winkel $\varphi \neq 0$ zwischen dem Vektor μ und B_0.

Für den zusätzlichen Drehimpuls Δp, der durch die Larmor-Präzession entsteht, gilt:

$$\Delta p = \Delta\Theta \cdot \omega_L \tag{4.158}$$

(Δp induzierter Drehimpuls;
$\Delta\Theta$ Änderung des Trägheitsmoments;
ω_L Winkelgeschwindigkeit der Larmor-Präzession).

Die Änderung des Trägheitsmoments $\Delta\Theta$ hängt vom Winkel φ (siehe Abb. 4.93) bzw. vom Radius r_1 des Rotationskegels ab:

$$\Delta\Theta = r_1^2 m \tag{4.159}$$

(m Elektronenmasse).

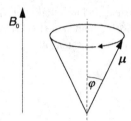

Abb. 4.93 Präzedierender magnetischer Vektor μ im Magnetfeld.

Nach dem magnetomechanischen Parallelismus (Gleichung 4.122) läßt sich das induzierte magnetische Moment μ_i berechnen, das durch die Zusatzbewegung des kreisenden Elektrons hervorgerufen wird (μ_i in Feldrichtung).

$$\mu_i = \frac{e^2}{4m} B_0 r_1^2 \tag{4.160}$$

(e Elektronenladung;
m Elektronenmasse;
B_0 magnetische Induktion;
r_1 Radius des Rotationskegels).

Für ein Elektron mit sphärischer Symmetrie (z. B. s-Elektron) ist der zeitliche Mittelwert von r_1 für alle auftretenden Kreisbahnen gegeben durch:

$$\overline{r_1}^2 = \frac{2}{3} \overline{r}^2 \tag{4.161}$$

($\overline{r_1}^2$ zeitlicher Mittelwert des Kegelradiusquadrats;
$\overline{r}^2$ zeitlicher Mittelwert des Bahnradiusquadrats).

Für ein Atom aus k Elektronen (sphärische Symmetrie) gilt:

$$\mu_i^A = \frac{e^2}{6m} B_0 \sum \overline{r_k}^2 \tag{4.162}$$

(μ_i^A induziertes magnetisches Moment in Feldrichtung;
e, m, B_0 siehe Gleichung 4.160;
$\overline{r_k}^2$ zeitlicher Mittelwert der Quadrate der Bahnradien).

In einem Magnetfeld wird von zwei Elektronen, deren Bahnmomente sich wegen der entgegengesetzten Umlaufrichtung normalerweise aufheben, das eine beschleunigt und das andere verzögert, so daß als Resultat ein magnetisches Moment im Atom (oder Molekül) induziert wird, das dem erzeugenden Magnetfeld entgegengerichtet ist.

Die Suszeptibilität eines diamagnetischen Stoffes hat stets ein negatives Vorzeichen. Entsprechend Gleichung 4.156 läßt sie sich auf ein einzelnes Atom oder Molekül, auf ein Mol oder auf eine Volumeneinheit beziehen.

$$\chi = \frac{\mu_0}{4\pi} \cdot \frac{M}{B_0} \qquad (4.163)$$

(χ Suszeptibilität; μ_0 Permeabilität des Vakuums;
B_0 magnetische Induktion; n Anzahl der Atome oder Moleküle in
                                     der Bezugseinheit).

Die Suszeptibilität im Magnetfeld entspricht der Polarisierbarkeit im elektrischen Feld. Für ein Atom und kugelsymmetrisches Molekül (Elektronen können in jeder Richtung kreisen) gilt:

$$\chi_A = \frac{\mu_0}{4\pi} \cdot \frac{\mu_i}{B_0} = \frac{\mu_0}{4\pi} \cdot \frac{e^2}{6m} \sum \overline{r_k}^2 \qquad (4.164)$$

(χ_A Suszeptibilität eines Atoms; μ_0 Permeabilität des Vakuums;
e Elektronenladung; m Elektronenmasse;
μ_i induziertes magnetisches Moment; $\overline{r_j}^2$ zeitlicher Mittelwert des Qua-
                                             drats der Elektronenradien).

Außer in totalsymmetrischen Molekülen ist die Suszeptibilität wie die elektrostatische Polarisierbarkeit ein Tensor mit den Hauptkomponenten $\chi_{x'x'}$, $\chi_{y'y'}$ und $\chi_{z'z'}$. Bei schneller Molekülbewegung (in Flüssigkeiten und Gasen) wird ein gemittelter Wert, die sogenannte isotrope diamagnetische Suszeptibilität), wirksam.

$$\overline{\chi} = \frac{1}{3} \left(\chi_{x'x'} + \chi_{y'y'} + \chi_{z'z'} \right) \qquad (4.165)$$

In Molekülen mit lokalisierten σ-Bindungen (z. B. in Kohlenwasserstoffen) kann $\overline{\chi}$ in guter Näherung als Summe von Bindungsbeiträgen berechnet werden, z. B.:

$$\overline{\chi}(C_nH_{2n+2}) = (n-1)\overline{\chi}_{CC} + (2n+2)\overline{\chi}_{CH} \qquad (4.166)$$

($\overline{\chi}_{CC}$, $\overline{\chi}_{CH}$ Suszeptibilitätsbeiträge der CC- und CH-Bindungen).

Die Anisotropie $\Delta\chi$ des Suszeptibilitätstensors

$$\Delta\chi = \chi_\perp - \chi_\parallel \qquad (4.167)$$

($\chi_\perp$ mittlere Tensorkomponente der Suszeptibilität senkrecht zur Molekülachse;
$\chi_\parallel$ Tensorkomponente der Suszeptibilität entlang der Molekülachse)

kann ebenfalls als Summe einzelner Beiträge (meist aus quantenchemischen Näherungsverfahren) berechnet werden:

$$\Delta\chi = \Delta\chi^{\sigma} + \Delta\chi^{p} + \Delta\chi^{\pi} \tag{4.168}$$

($\Delta\chi^{\sigma}$, $\Delta\chi^{\pi}$ Beiträge der σ- und π-Bindungen; $\Delta\chi^{p}$ atomarer p-Orbital-Beitrag).

Die diamagnetische Suszeptibilität z. B. von Ethin ist entlang der Symmetrieachse des
Moleküls größer als senkrecht dazu:

$$\chi_{z'z'} > \chi_{x'x'} = \chi_{y'y'}$$

Das bedeutet, daß entlang der Symmetrieachse ein größeres magnetisches Dipolmoment
induziert wird als senkrecht dazu (siehe Abb. 4.94).

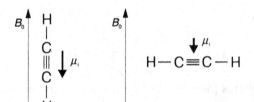

Abb. 4.94 Induzierter magnetischer Dipol μ in Ethin in Richtung der Feldlinien und senkrecht dazu.

In einer Dreifachbindung können die π-Elektronen um die Symmetrieachse kreisen und
einen magnetischen Dipol induzieren. Das induzierte Dipolmoment senkrecht zur C — C-
Bindung ist dagegen kleiner.

Kernabschirmung

Die Abschwächung eines Magnetfeldes am Ort eines Atomkernes, der sich innerhalb eines
Atoms oder Moleküls befindet, bezeichnet man als Kernabschirmung. Sie bestimmt die in
der NMR-Spektroskopie wichtige chemische Verschiebung. Die Abschwächung kommt
dadurch zustande, daß in der Elektronenhülle ein Magnetfeld induziert wird, das dem
äußeren Magnetfeld entgegengerichtet ist (siehe Abb. 4.95).

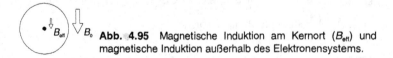

Abb. 4.95 Magnetische Induktion am Kernort (B_{eff}) und magnetische Induktion außerhalb des Elektronensystems.

Die in der Elektronenhülle von Atomen und Molekülen induzierten Magnetfelder wirken
sowohl nach außen – und bestimmen die diamagnetische Suszeptibilität – als auch nach

innen – und bestimmen somit die Kernabschirmung.

$$B_{eff} = B_0 - B_{ind} = B_0 - \sigma B_0 \qquad (4.169)$$

Das induzierte Magnetfeld B_{ind} am Kernort ist dem äußeren Magnetfeld B_0 proportional. Die Proportionalitätskonstante heißt Kernabschirmkonstante σ.

Die chemischen Verschiebungen der NMR-Signale einer Kernart in verschiedener chemischer (d. h. elektronischer) Umgebung entsprechen den Unterschieden der Abschirmkonstanten:

$$\delta_i \cong \sigma_{St} - \sigma_i \qquad (4.170)$$

(δ_i chemische Verschiebung;

σ_{St} Abschirmkonstante des Kernes in einem Standardmolekül;

σ_i Abschirmkonstante der gleichen Kernart in einer bestimmten chemischen Umgebung i).

Die Abschirmkonstante σ ist nur für Moleküle mit sphärischer Symmetrie eine skalare Größe, für alle anderen Moleküle dagegen (analog α und χ) ein Tensor zweiter Ordnung mit den Hauptwerten $\sigma_{x'x'}$, $\sigma_{y'y'}$, $\sigma_{z'z'}$ (siehe Abb. 4.96).

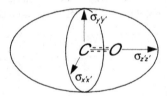

Abb. 4.96 Ellypsoid des Abschirmtensors des C-Kerns in Kohlenmonoxid.

In Flüssigkeiten und Gasen ergibt sich infolge der schnellen Molekülrotation ein Mittelwert der Abschirmkonstante für die meßbare chemische Verschiebung:

$$\overline{\sigma}_{iso} = \frac{1}{3} \left(\sigma_{x'x'} + \sigma_{y'y'} + \sigma_{z'z'} \right) \qquad (4.171)$$

Aus den NMR-Spektren von Feststoffen lassen sich die einzelnen Tensorkomponenten oder die Anisotropie des Tensors $\Delta\sigma$ bestimmen. Im Rahmen quantenmechanischer Näherungen berechnet man σ (Tensorkomponenten oder Mittelwert) als Summen dreier Terme:

$$\sigma = \sigma^d + \sigma^p + \sigma^w \qquad (4.172)$$

(σ^d diamagnetischer Term;

σ^p paramagnetischer Term;

σ^w weitreichender Term).

Der sogenannte diamagnetische Term σ^d hat ein positives Vorzeichen und entspricht der klassisch berechneten Abschirmung der um den Kern kreisenden Elektronen. Der sogenannte paramagnetische Term hat nicht mit dem von ungepaarten Elektronenspins hervorgerufenen Paramagnetismus zu tun. Die Bezeichnung beruht auf dem negativen Vorzeichen des Terms. σ^p beschreibt die Störung, die bei Mischung von Grund- und Anregungszuständen der Elektronen durch das Magnetfeld hervorgerufen wird. Der weitreichende Term σ^w beruht auf Zusatzfeldern, die von nichtlokalisierbaren Elektronen an anderen Atomen herrühren. σ^w kann von molekularen elektrischen Feldern kommen, wenn permanente elektrische Dipole (im gleichen Molekül oder im Lösungsmittelmolekül) in der Nähe sind. σ^w kann auch von induzierten magnetischen Feldern stammen, insbesondere wenn sich leicht polarisierbare π-Elektronensysteme in räumlicher Nähe befinden.

Induzierte molekulare Magnetfelder

So wie die Kreisbahn eines Elektrons Ausgangspunkt für ein induziertes magnetisches Moment ist, können auch in größeren Elektronensystemen, insbesondere in Doppelbindungs- und Dreifachbindungssystemen mit leichtbeweglichen π-Elektronen, molekulare magnetische Felder induziert werden. Zur einfachen Beschreibung dienen magnetische Punktdipole, die in das Zentrum des betrachteten Elektronensystems gesetzt werden. Der induzierte magnetische Dipol μ_i ist stets antiparallel zum erzeugenden Magnetfeld B_0 ausgerichtet. Aus dem Feldlinienverlauf kann das molekulare Magnetfeld B_i an jedem Ort bestimmt werden, z. B.:

$$B_i = -\frac{\mu_0}{4\pi} \cdot \frac{\mu_i}{r^3}\left(3\cos^2\Theta - 1\right) \qquad (4.173)$$

(B_i z-Komponente des induzierten molekularen Magnetfeldes (s. Abb. 4.97);
μ_i induziertes magnetisches Moment in negative z-Richtung;
r Abstand zum Punktdipol μ_i;
Θ Winkel zwischen Abstandsvektor r und Richtung der Magnetfeldlinien (z-Richtung)).

Siehe hierzu auch Abbildung 4.97.

Für die Abschirmung ist die z-Komponente des induzierten Magnetfeldes maßgebend. Für die Protonen des Ethins läßt sich das in Abbildung 4.98 dargestellte, vereinfachte Modell aufstellen. Aus den Gleichungen 4.169 und 4.173 berechnet man die Haupttensorkomponenten der Abschirmung am Ort der Protonen nach:

$$\sigma_{z'z'}^{w} = -\frac{\mu_0}{4\pi} \cdot \frac{2\mu_1}{r^3 B_0} \quad \text{und} \quad \sigma_{x'x'} = \sigma_{y'y'} = -\frac{\mu_0}{4\pi} \cdot \frac{\mu_2}{r^3 B_0} \qquad (4.174)$$

Negatives Vorzeichen bedeutet Hochfeldverschiebung, positives Vorzeichen Tieffeldverschiebung des entsprechenden NMR-Signals.

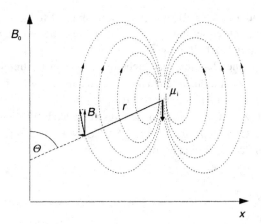

Abb. 4.97 Darstellung der z-Komponente des von einem induzierten magnetischen Dipol μ_i im Abstand r erzeugten Magnetfeldes (z-Achse in Richtung des äußeren Feldes B_0).

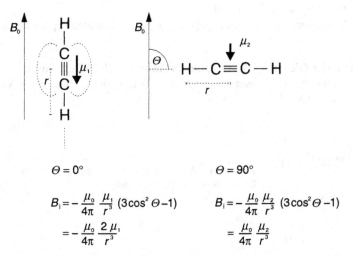

Abb. 4.98 Induziertes Magnetfeld am Kernort eines Ethinprotons bei paralleler und senkrechter Ausrichtung des Moleküls zur Feldrichtung B_0.

Im Fall schneller molekularer Bewegung (z. B. in der Flüssigkeit) bildet σ^{w} den Mittelwert:

$$\overline{\sigma}^{\mathrm{w}} = \frac{1}{3}\left(\sigma^{\mathrm{w}}_{x'x'} + \sigma^{\mathrm{w}}_{y'y'} + \sigma^{\mathrm{w}}_{z'z'}\right) = -\frac{\mu_0}{4\pi}\cdot\frac{2}{3r^3 B_0}\left(\mu_2 - \mu_1\right) \tag{4.175}$$

Der weitreichende Beitrag $\overline{\sigma}^{\mathrm{w}}$ auf die Abschirmkonstante hängt folglich vom Unterschied der in den Molekülrichtungen induzierten magnetischen Momente ab.

Wären die induzierten Magnetfelder in allen Richtungen innerhalb des Moleküls gleich, dann würden sich bei schnellem Orientierungswechsel die positiven und negativen Zusatzfelder ausgleichen, der weitreichende Beitrag $\bar{\sigma}^w$ wäre null. Im Beispiel des Ethins ($\mu_1 > \mu_2$) errechnet man dagegen eine Hochfeldverschiebung durch den weitreichenden Abschirmungsbeitrag. Die Differenz der induzierten magnetischen Dipole ergibt sich nach den Gleichungen 4.164 und 4.167 aus der Anisotropie der diamagnetischen Suszeptibilität. Für axialsymmetrische Gruppen (z. B. C $\equiv$ C) und näherungsweise auch für nichtaxial-symmetrische Gruppen (C $=$ C, C $=$ O) kann $\bar{\sigma}^w$ nach McConnell [4.101] aus der Anisotropie der diamagnetischen Suszeptibilität bestimmt werden:

$$\sigma^w = \Delta\chi \, \frac{4\pi}{\mu_0} \, \frac{(1 - 3\cos^2\Theta)}{r^3} \tag{4.176}$$

($\Delta\chi$ Anisotropie der diamagnetischen Suszeptibilität einer Gruppe;
r Verbindungsvektor zwischen betrachtetem Kernort und magnetischem Punktdipol der Gruppe (Betrag);
Θ Winkel zwischen Vektor r und Richtung des induzierten Dipols der Gruppe).

Der zweite Term der Gleichung 4.176 kann als Anisotropiekegel graphisch dargestellt werden. Der Kegelmantel ist für den Winkel $\Theta = 54{,}7°$ festgelegt, für den $(1 - 3\cos^2\Theta)$ gerade null ist (siehe Abb. 4.99).

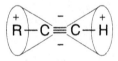

Abb. 4.99   Anisotropiekegel der diamagnetischen Suszeptibilität von Ethinderivaten.

4.9.3 Meßmethoden

Die Wechselwirkung der Moleküle mit dem Magnetfeld wird hauptsächlich durch folgende meßbare Größen charakterisiert:

μ_m permanentes magnetisches Dipolmoment bzw. wegen $\mu_m = M \cdot g \cdot \beta$ auch der g-Faktor bzw. g-Tensorkomponenten

χ diamagnetische Suszeptibilität (Tensorkomponenten)

σ Abschirmkonstante eines Kernes (Tensorkomponenten) bzw. wegen $\delta \cong \sigma_i - \sigma$ chemische Verschiebung

ξ Spin-Bahn-Kopplungskonstante

D Dipol-Dipol- Kopplungskonstante (Tensor)

A Hyperfeinkopplungskonstante

J indirekte Kernspinkopplungskonstante.

Zur Messung der genannten Größen werden folgende Methoden verwendet:

Methode	Bestimmung von
magnetische Waage	μ_m und χ
Zeemann-Effekt	μ_m und χ
Cotton-Mouton-Effekt	χ
EPR-Spektroskopie	μ, ξ, D, A, J
NMR-Spektroskopie	σ, J, D

Magnetische Waage

Zur Bestimmung der magnetischen Suszeptibilität χ einer Substanz ermittelt man die Kraft, die in einem inhomogenen Magnetfeld auf die Substanz ausgeübt wird (siehe Abb. 4.100).

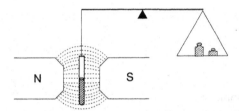

Abb. 4.100   Magnetische Waage (Prinzip nach GOUY).

Eine paramagnetische Probe wird in den Magnet hineingezogen, erfährt also eine scheinbare Gewichtszunahme, die mittels der Waage gemessen wird. Diamagnetische Proben ($\chi < 0$) erfahren einen scheinbaren Gewichtsverlust.

Die Kraft k, die auf die Probe ausgeübt wird, ist der Magnetisierung M und der Inhomogenität dB/dx des Magneten proportional.

$$k = \frac{4\pi}{\mu_0} B \frac{dB}{dx} \frac{M}{m} \chi_m \tag{4.177}$$

(k Kraft (Massendifferenz multipliziert mit der Erdbeschleunigung);
χ_m molare Suszeptibilität;
m Masse der Probe;
M Molmasse;
μ_0 Permeabilität des Vakuums;
B magnetische Induktion).

Um die magnetische Induktion, die Inhomogenität und das Volumen nicht bestimmen zu müssen (Kompensation), wird χ meist relativ zu einer Substanz bekannter Suszeptibilität bestimmt.

EPR-Spektroskopie

Moleküle, die ungepaarte Elektronen besitzen, haben im Magnetfeld je nach der Richtung ihres magnetischen Dipols eine unterschiedliche Energie (s. Abb. 4.101).

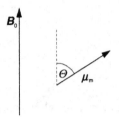

Abb 4.101 Vektordarstellung von magnetischer Induktion B_0 und magnetischem Moment μ.

$$E = -(\mu \cdot B)$$
$$= -|\mu| B_0 \cos \Theta$$
$$= -\mu_z B_0$$

(4.178)

(E Energie;
μ_m magnetisches Dipolmoment;
B_0 magnetische Induktion nur in z-Richtung;
Θ Winkel zwischen den Vektoren;
μ_z magnetisches Dipolmoment in Feldrichtung).

Aufgrund der Quantelung von μ_z hinsichtlich der Feldrichtung sind nur bestimmte Energiezustände erlaubt:

$$E_i = -M \cdot g \cdot \beta_e \cdot B_0$$

(4.179)

(E_i Energieniveau des Niveaus i; β_e Bohrsches Magneton;
M magnetische Quantenzahl; B_0 magnetische Induktion) .
g g-Faktor;

Durch eine elektromagnetische Strahlung im Frequenzbereich $\nu = 2$ bis 100 GHz (bei $B_0 = 0{,}1$ bis 3,5 T) werden Übergänge zwischen den einzelnen Energieniveaus induziert (Übergangsregel: $\Delta M = \pm 1$) (siehe Abb. 4.102).

$$h \cdot \nu = \Delta E = g \cdot \beta_e \cdot B_0$$

(4.180)

(ν Frequenz der elektromagnetischen Strahlung;
h Plancksches Wirkungsquantum;
g, β_e, B_0 siehe Gleichung 4.179).

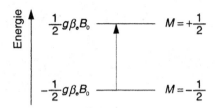

Abb. 4.102 Energieniveaus eines Moleküls mit dem Elektronenspin $S = 1/2$ im Magnetfeld B_0.

In der EPR-Spektroskopie wird gewöhnlich bei konstanter Frequenz die magnetische Induktion B_0 so lange variiert, bis bei Erfüllung der Bedingung 4.180 die Strahlungsabsorption nachweisbar ist. Die beiden Energieniveaus werden als Zeemann-Niveaus bezeichnet. Diese Niveaus spalten weiter auf, wenn im Molekül weitere permanente magnetische Dipole (ungepaarte Elektronen oder Kernspins) enthalten sind.

Wenn keine Wechselwirkung zwischen den magnetischen Dipolen auftritt, findet man im EPR-Spektrum jedoch keine Linienaufspaltung. In Abbildung 4.103 ist beispielsweise das Energieniveauschema eines Moleküls mit dem Elektronenspins $S = 1/2$ und dem Kernspin $I = 1/2$ ohne Kopplung angegeben (magnetische Quantenzahlen des Elektronenspins: $M_S = +1/2$ und $-1/2$; magnetische Quantenzahl des Kernspins: $M_I = +1/2$ und $-1/2$.

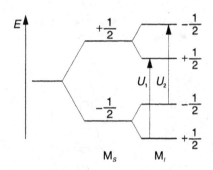

Abb. 4.103 Energieniveauschema eines Moleküls mit dem Elektronenspin $S = 1/2$ und dem Kernspin $I = 1/2$ ohne Kopplung zwischen beiden.

Nach der Übergangsregel $\Delta M_S = +1$ gibt es zwei energiegleiche Übergänge U_1 und U_2 und damit nur eine einzige Linie. Tritt Wechselwirkung (Kopplung) zwischen verschiedenen magnetischen Momenten des Moleküls auf, führt dies zu einer zusätzlichen Verschiebung der Zeemann-Niveaus und damit zu einer Aufspaltung des EPR-Signals (s. Abb. 4.104).

Nach vorstehender Übergangsregel sind die Übergänge $U_1 = \Delta E + a/2$ und $U_2 = \Delta E - a/2$ erlaubt. Das EPR-Signal spaltet in ein Dublett auf. Die Aufspaltung a wird Hyperfeinkopplungskonstante (HFS) genannt. Sie beruht auf der Kontaktwechselwirkung zwischen Elektronenspin und Kernspin.

Die Aufspaltung der EPR-Spektren durch Hyperfeinkopplung gibt Auskunft über die Lokalisierung oder Delokalisierung des ungepaarten Elektrons in Radikalen. Die Aufspaltung in ein $1 : 4 : 6 : 4 : 1$-Quintett (siehe Abb. 4.105) durch die Hyperfeinkopplung mit den vier Protonenspins, d. h., die gleiche Kopplungskonstante des Elektronenspins mit allen vier Protonenspins kann nur mit einer vollständigen Delokalisierung des ungepaarten Elektrons erklärt werden.

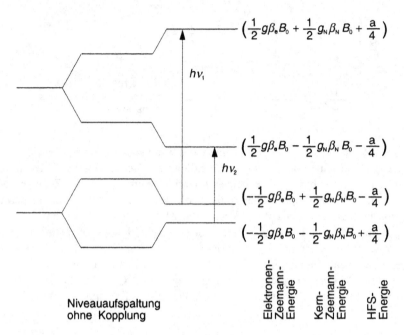

$$\left(\tfrac{1}{2}g\beta_e B_0 + \tfrac{1}{2}g_N\beta_N B_0 + \frac{a}{4}\right)$$

hv_1

$$\left(\tfrac{1}{2}g\beta_e B_0 - \tfrac{1}{2}g_N\beta_N B_0 - \frac{a}{4}\right)$$

hv_2

$$\left(-\tfrac{1}{2}g\beta_e B_0 + \tfrac{1}{2}g_N\beta_N B_0 - \frac{a}{4}\right)$$

$$\left(-\tfrac{1}{2}g\beta_e B_0 - \tfrac{1}{2}g_N\beta_N B_0 + \frac{a}{4}\right)$$

Niveauaufspaltung
ohne Kopplung

Elektronen-Zeemann-Energie   Kern-Zeemann-Energie   HFS-Energie

Abb. 4.104 Energieniveauschema eines Moleküls mit dem Elektronenspin $S = 1/2$ und dem Kernspin $I = 1/2$ mit Kopplung (Behandlung erster Ordnung).

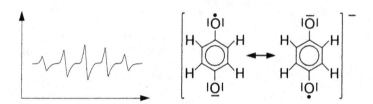

Abb. 4.105 EPR-Spektrum vom p-Benzochinon-Anionradikal.

Abbildung 4.106 zeigt den Fall einer weitgehenden Lokalisierung eines ungepaarten Elektrons. Das EPR-Signal ist durch verschiedene Hyperfeinkopplungskonstanten mehrfach aufgespalten. Aus der relativen Größe der Hyperfeinkopplungskonstante a_i läßt sich der Grad der Delokalisierung des ungepaarten Elektrons abschätzen:

$$a_i = Q C_{ia} \tag{4.181}$$

(a_i Hyperfeinkopplungskonstante mit Proton am C-Atom i;
Q empirische Konstante;
C_{ia} Koeffizient des a-ten MO (MO, welches das ungepaarte Elektron enthält) am i-ten C-Atom).

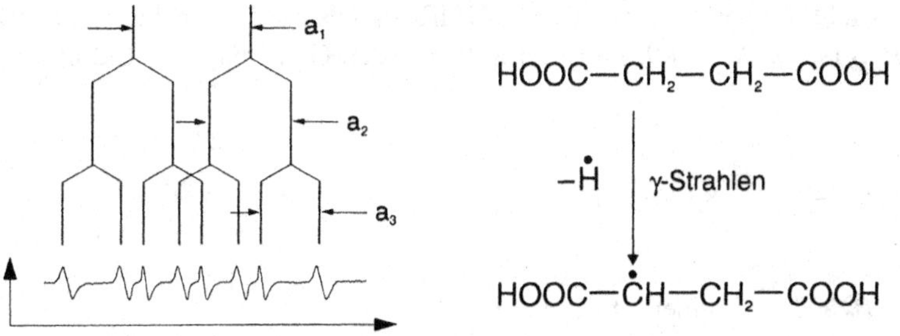

HOOC—CH_2—CH_2—COOH

$-\overset{\bullet}{H}$ | γ-Strahlen

HOOC—$\overset{\bullet}{C}H$—CH_2—COOH

Abb. 4.106 EPR-Spektrum eines Bernsteinsäureradikals (durch γ-Bestrahlung von Bernsteinsäure).

Über die EPR-Spektroskopie und ihre Anwendungen liegen zahlreiche Bücher und Monographien vor [4.102; 4.103].

Myon-Spin-Rotation (μSR)

Das positive Myon (μ^+) ist ein Elementarteilchen von 1/9 der Protonenmasse, es muß mittels eines Beschleunigers erzeugt werden. Da es den Spin 1/2 hat, kann es als Spinsonde in Moleküle eingebaut werden.

Mit einem Elektron allein bildet es das Myonium (Mu = μ^+e^-), das sich wie ein H-Atom verhält.

Mu-substituierte Radikale lassen sich durch Mu-Addition an Doppelbindungssysteme erzeugen. Dabei dient das Myon als Sonde zur Aufklärung der Struktur (Hyperfeinkopplungskonstante a mit dem Elektronenspin) sowie der Reaktionsdynamik (wegen der kurzen Lebensdauer ~2 ms der Myonen).

Die Fourier-Transformation der zeitlichen Zerfallsfunktion liefert ein Frequenzspektrum, aus dem die Myon-Elektron-Hyperfeinkopplungskonstante a ermittelt werden kann [4.104].

NMR-Spektroskopie

Das Prinzip entspricht dem der EPR-Spektroskopie. Eine elektromagnetische Strahlung im Frequenzbereich von ν = 1 bis 600 MHz ruft induzierte Übergänge zwischen denjenigen Energieniveaus hervor, die die Moleküle aufgrund des magnetischen Moments der „Atomkerne" in einem Magnetfeld (B_0 = 1,7 bis 14 T) einnehmen. Es gilt:

$$\nu = \frac{1}{2\pi} \cdot \gamma_k \cdot B_{\text{eff}} \tag{4.182}$$

(ν NMR-Frequenz (Resonanzfrequenz);

γ_k gyromagnetisches Verhältnis des betreffenden Kernes;

B_{eff} magnetische Induktion am Kernort).

Entscheidend für die Frequenzlage eines NMR-Signals ist folglich die Stärke des Magnetfeldes (B_{eff}) (siehe Abb. 4.95) am Kernort. Aus den Gleichungen 4.182 und 4.169 folgt deshalb:

$$\nu_i = \frac{1}{2\pi} \cdot \gamma \cdot B_0 (1 - \sigma_i)$$ (4.183)

(B_0 äußere magnetische Induktion;
ν_i Resonanzfrequenz des Kernes in einer bestimmten chemischen Umgebung;
σ_i Abschirmkonstante des Kernes).

Jeder magnetische Kern, z. B. ^1H, ^{14}N, ^{17}O, läßt sich nach Gleichung 4.183 durch ein bestimmtes gyromagnetisches Verhältnis (eine Kerneigenschaft) und durch eine bestimmte chemische Umgebung im Molekül σ_i (hauptsächlich eine Moleküleigenschaft) charakterisieren und ist infolgedessen bei einer bestimmten Frequenz im NMR-Spektrum nachweisbar. Gewöhnlich wird die Frequenzlage relativ zu einem Standard (siehe Gleichung 4.170 gemessen. Es ergibt sich die chemische Verschiebung:

$$\delta_i = \frac{\nu_i - \nu_{St}}{\nu_{St}}$$ (4.184)

(δ_i chemische Verschiebung des Signals i,
ν_i Frequenz des Signals i;
ν_{St} Frequenz des Standardsignals).

δ ist wie die Abschirmkonstante ein Tensor. Allerdings wird in flüssiger Phase und in der Gasphase der isotrope Mittelwert gemessen. Die δ-Werte der chemischen Verschiebung sind für viele magnetische Kerne (^1H, ^6Li, ^{11}B, ^{13}C, ^{15}N, ^{19}F, ^{29}Si, ^{31}P usw.) in verschiedener chemischer Umgebung (Strukturgruppen) [4.106] tabelliert.

Neben der chemischen Verschiebung sind die NMR-Signale auch noch durch die gegenseitige Kopplung der Kernspins aufgespalten. In flüssiger Phase führt nur diejenige Kopplung zu einer Aufspaltung (siehe Abschn. 4.9.1), die durch die Bindungen im Molekül vermittelt wird (indirekte Kopplung).

Mittels Abbildung 4.107 läßt sich die Aufspaltung als Störung erster Ordnung erklären. Der Atomkern von H^1 in 1,1,2-Trichlorethan ist ein Magnet, der in manchen Molekülen parallel zu B_0 (jedoch im Winkel von 54°) ausgerichtet ist (Spektrum b), in anderen Molekülen jedoch antiparallel (unter dem Winkel 126°) (Spektrum c). Das von H^1 erzeugte Magnetfeld pflanzt sich über die Bindungen fort und ergibt am Kernort von H^2 und in gleicher Weise von H^3 ein Zusatzfeld und damit eine Verschiebung. Bei einem Teil der Moleküle ist das eine Hochfeldverschiebung, bei einem anderen Teil eine Tieffeldverschiebung. In der Probe sind nach der Boltzmann-Verteilung die Zustände mit paralleler und antiparalleler Ausrichtung von H^1 nahezu gleich stark besetzt, so daß durch Überlagerung der Spektren b und c ein Duplett für das Signal von H^2 und das Signal von H^3 resultiert.

In analoger Weise wirken die Magnete von H^2 und H^3 unabhängig voneinander auf die Signallage von H^1. Das Aufspaltungsbild ergibt sich erst durch Überlagerung der Spektren einer Vielzahl von Molekülen.

Die Kopplungkonstante J (s. Abb. 4.107) ist typisch für bestimmte koppelnde Kerne und hängt von der Geometrie und den Bindungsverhältnissen im Molekül ab [4.106; 4.107].

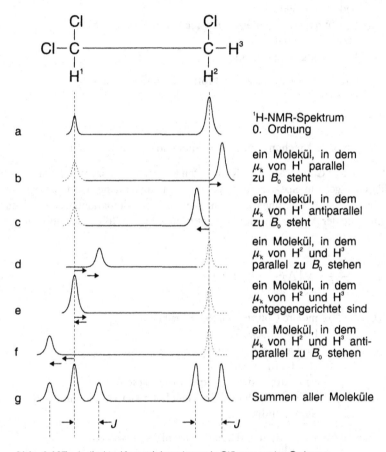

Abb. 4.107 Indirekte Kernspinkopplung als Störung erster Ordnung.

Cotton-Mouton-Effekt

Der Cotton-Mouton-Effekt ist das magnetische Analogon zum Kerr-Effekt. Er beruht darauf, daß monochromatisches linear polarisiertes Licht elliptisch polarisiert wird, wenn es ein Medium durchdringt, das sich in einem Magnetfeld B_0 befindet, dessen Feldlinien senkrecht zur Ausbreitungsrichtung des Lichtes stehen. Die meßbare Phasendifferenz D

kann mit Hilfe einer Konstante C (Cotton-Mouton-Konstante) beschrieben werden [4.108].

$$D = 2\pi \cdot C \cdot l \cdot B_0^2 = 2\pi \cdot l \cdot (n_P - n_S) \cdot \lambda^{-1} \tag{4.185}$$

(l Durchdringungstiefe;
n_P Brechungsindex bei dem Winkel $0°$ zwischen Lichtstrahl
      und Magnetfeldvektor;
n_S Brechungsindex bei dem entsprechenden Winkel $180°$;
B_0 magnetische Induktion
λ Wellenlänge des Lichtes).

Die molare Cotton-Mouton-Konstante ist folgendermaßen definiert:

$$C_m = (R_P - R_S)B_0^2 \tag{4.186}$$

($R_{P,S}$ molare Brechungsindices parallel und senkrecht zu B_0).

Mittels der molaren Cotton-Mouton-Konstanten können die Suszeptibilitätstensorkomponenten für eine gelöste Spezies (Extrapolation auf unendliche Verdünnung) bestimmt werden. Dazu müssen allerdings die prinzipiellen Polarisierbarkeitswerte bekannt sein. Zur Bestimmung der Anisotropie der Suszeptibilität läßt sich folgende Gleichung verwenden [4.109]:

$$C_m = \frac{2}{1{,}35} \pi N \left[\Delta\gamma + \left(\frac{2}{3kT}\right) \Delta\alpha \, \Delta\chi\right] \tag{4.187}$$

(C_m molare Cotton-Mouton-Konstante;
N Loschmittsche Zahl;
k Boltzmann-Konstante;
T absolute Temperatur;
$\Delta\gamma$ Anisotropie der Hyperpolarisierbarkeit;
$\Delta\alpha, \Delta\chi$ Anisotropie der elektrischen Polarisierbarkeit und der magnetischen
           Suszeptibilität).

$\Delta\gamma$ ist für lineare Moleküle klein und kann vernachlässigt werden.

4.10 Externe Wechselwirkung mit elektromagnetischer Strahlung

4.10.1 Erzwungene Schwingungen im UV/Vis-Gebiet

Eine elektromagnetische Strahlung ruft mittels des oszillierenden elektrischen Feldvektors *E* eine ständig wechselnde Polarisation des Moleküls hervor. Die negative Elektronenhülle und die positiven Kerne werden dabei in entgegengesetzte Richtungen gezogen.

Handelt es sich bei der elektromagnetischen Strahlung um Licht, UV-Strahlung oder gar Röntgenstrahlung, so können die Atomkerne der Schwingung nicht folgen, und nur die leichteren Elektronen schwingen im Takt von *E* hin und her. Durch die elektromagnetische Strahlung wird ein Dipolmoment induziert, das sich periodisch ändert und wie jeder schwingende Dipol als Strahlungsquelle wirkt. Dabei wird die aufgenommene Energie wieder völlig abgestrahlt. Im Korpuskularbild entspricht das einem elastischen Stoß zwischen Photon und Molekül. Zwischen eingestrahlter und abgestrahlter Welle tritt eine Phasenverschiebung auf, die formal einer Geschwindigkeitsverringerung entspricht. Diese Geschwindigkeitsverringerung läßt sich durch den Brechungsindex *n* charakterisieren.

Brechungsindex

Der absolute Brechungsindex eines Mediums ist das Verhältnis der Lichtgeschwindigkeit im Vakuum zur Phasengeschwindigkeit *v* des Lichtes im Medium.

$$n = c/v \approx \sqrt{\varepsilon} \tag{4.188}$$

(*n* Brechungsindex;   *c* Lichtgeschwindigkeit im Vakuum;
v Phasengeschwindigkeit;   *ε* Dielektrizitätskonstante).

Der Brechungsindex hängt von der Frequenz des Lichtes und vom Zustand des Mediums (Dichte, Temperatur) ab, in anisotropen Medien auch von der Polarisation des Lichtes.

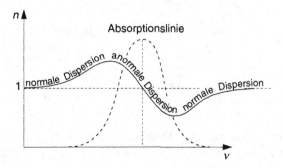

Abb. 4.108 Dispersion und Absorption des Lichtes.

Die Abhängigkeit des absoluten Brechungsindex n eines Stoffes von der Frequenz wird als Dispersion des Lichtes bezeichnet (siehe Abb. 4.108).

Streuung des Lichtes

Lichtstreuung tritt auf, wenn sich Licht in einem optisch inhomogenen (d. h., der Brechungsindex variiert unregelmäßig von Punkt zu Punkt) Medium ausbreitet. Hierdurch treten inkohärente Sekundärwellen auf. Optisch inhomogene Medien sind z. B. Emulsionen, kolloide Lösungen und Aerosole.

Die Lichtstreuung breitet sich in alle Richtungen aus. Der Begriff Rayleigh-Streuung wird für die Streuung in Medien benutzt, in denen die Inhomogenitäten (Partikel) den Durchmesser von $0,1\lambda$ bis $0,2\lambda$ (λ Wellenlänge des Lichtes) nicht überschreiten. Die Lichtstreuung tritt auch in echten Lösungen oder Gasen auf, wo keine Partikel enthalten sind. Dieser Effekt heißt molekulare Streuung und wird auf die Dichtefluktuationen durch Wärmebewegung zurückgeführt.

Optische Drehung

Stoffe, die die Polarisationsebene des durchtretenden linear polarisierten Lichtes drehen, heißen optisch aktiv. In Lösungen beobachtet man die optische Aktivität dann, wenn Moleküle gelöst sind, die eine Disymmetrie oder Asymmetrie besitzen. Die optische Aktivität ist an die geometrische Eigenschaft der Chiralität (siehe Abschn. 4.7.4) geknüpft. Reine Enatiomere sind optisch aktiv.

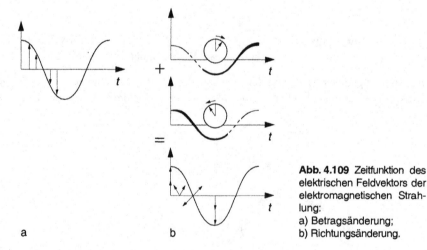

a   b

Abb. 4.109 Zeitfunktion des elektrischen Feldvektors der elektromagnetischen Strahlung:
a) Betragsänderung;
b) Richtungsänderung.

In einer linear polarisierten elektromagnetischen Strahlung (s. Abb. 4.109) entspricht die Polarisationsebene der Schwingungsebene des elektrischen Feldvektors. Die Zeitfunktion des elektrischen Feldvektors an einem bestimmten Ort, kann in zweierlei Weise beschrieben werden (siehe Abb. 4.109):

In einem Fall (a) ändert der Vektor seinen Betrag und behält die Richtung bei. Im zweiten Fall (b) setzt sich der Vektor aus zwei Teilvektoren zusammen, die ihren Betrag konstant halten, jedoch ihre Richtung entgegengesetzt ändern.

Der eine Teilvektor, der sich bezüglich der Fortpflanzungsrichtung im Uhrzeigersinn bewegt, entspricht einer rechts-circular polarisierten elektromagnetischen Strahlung, der andere einer links-circular polarisierten. Wenn die beiden Teilvektoren nicht die gleichen Beträge besitzen, so resultiert daraus eine elliptisch polarisierte elektromagnetische Strahlung.

In optisch aktiven Verbindungen haben rechts- und links-circular polarisierte Strahlen unterschiedliche Geschwindigkeiten, d. h. unterschiedliche Brechungsindizes:

$$\alpha = \frac{\pi d}{\lambda} \left(n_L - n_R \right) \tag{4.189}$$

$(\alpha$ Drehwinkel;

d Schichtdicke;

λ Wellenlänge im Vakuum;

n_L, n_R Brechungsindex des links- bzw. rechts-circular polarisierten Lichtes).

Die optische Drehung α kann mit einem Polarimeter (bestehend aus Polarisator und Analysator) bestimmt werden. Die Abhängigkeit der Differenz $(n_L - n_R)$ von der Wellenlänge bezeichnet man als normale optische Rotationsdispersion (ORD) (in der Nähe der Absorptionsfrequenz tritt allerdings anomale optische Rotationsdispersion auf).

Die spezifische Drehung $[\alpha]$ ist:

$$[\alpha] = \frac{\alpha}{c \cdot d} \tag{4.190}$$

$(c$ Konzentration $(g \cdot dm^{-3})$;

d Schichtdicke).

Für die molare Drehung $[\alpha]_{mol}$ gilt:

$$[\alpha]_{mol} = \frac{[\alpha]M}{100} \tag{4.191}$$

$(M$ Molmasse).

4.10.2 Beugung von Röntgenstrahlen, Elektronen und Neutronen

Röntgenbeugung

Trifft die Röntgenstrahlung auf die Elektronenhülle der Atome oder Moleküle, induziert sie eine Oszillation der Elektronenhülle, die dann ihrerseits eine Röntgenstrahlung abgibt. Das Phänomen der Streuung kann auftreten.

Die Amplitude der Streustrahlung ist der Elektronendichte proportional. Da die größte Elektronendichte in der Nähe der Atomkerne (innere Schalen) existiert, kann man die Atome als die Streuzentren der Moleküle ansehen. Der durch ein Molekülgitter durchtretende Röntgenstrahl zeigt ein Beugungsmuster, d. h. einen Wechsel von Maxima und Minima, das durch Überlagerung der von jedem Atom ausgehenden Kugelwellen zustande kommt.

Die Überlagerung (Interferenz) zweier eindimensionaler Wellen (Abb. 4.110) kann zu einer Verstärkung (Fall a) ode zu einer Abschwächung (im Fall b Auslöschung) führen. Voraussetzung dafür ist die Kohärenz der Strahlung, d. h. eine konstante Phasenbeziehung und gleiche Wellenlänge.

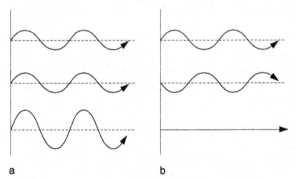

a   b

Abb. 4.110 Interferenz zweier eindimensionaler Wellen mit den Phasendifferenzen $\Delta\varphi = 0°$ (a) und $\Delta\varphi = 180°$ (b).

Damit an einem dreidimensionalen Atomgitter das Beugungsmuster einer dreidimensionalen planaren Welle entstehen kann, muß die Wellenlänge in der Größenordnung der Gitterabstände ($\sim$100 pm) liegen. Das trifft für die Röntgenstrahlung gerade zu.

Die Interpretation des Beugungsmuster erfolgt am günstigsten mit Hilfe der Braggschen Gleichung:

$$2d \sin\Theta = n\lambda \qquad\qquad (4.192)$$

$(d$ Netzebenenabstand; Θ Glanzwinkel;
 n ganze Zahl; λ Wellenlänge der Röntgenstrahlung).

Bei Erfüllung der Braggschen Gleichung tritt konstruktive Interferenz, d. h. ein Beugungsmaximum auf. Netzebenen sind parallele Ebenen, die durch die Gitterpunkte (Atome) laufen.

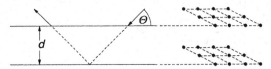

Abb. 4.111 Darstellung zweier Netzebenen im Gitter und Strahlengang bei der Beugung.

Die Beugungsmaxima werden formal nach dem Reflexionsgesetz (Gleichung 4.192) beschrieben und deshalb auch Reflexe genannt. Aus den zu den Reflexen gehörenden Glanzwinkeln lassen sich die Netzebenenabstände und damit die Geometrie des Atomgitters bestimmen.

In einem Molekülgitter bestehen die Streuzentren aus verschiedenen Atomen mit unterschiedlicher Streukraft. Bei der Überlagerung der Streustrahlung unterschiedlicher Amplitude entstehen somit Beugungsmaxima variabler Intensität. Die relativen Lagen der Atome im Molekül bestimmen die Phase, ihr unterschiedliches Streuvermögen die Intensität der Reflexe. Durch besondere mathematische Auswertungsverfahren gelingt es, aus den mittels eines automatischen Vierkreisdiffraktometers gemessenen Intensitäten der Reflexe, die Molekülkoordinaten in einem Einkristall zu bestimmen [4.110]. Diese Methode der Geometriebestimmung ist auf die kristalline Phase beschränkt. Die Konformation der Moleküle in Lösung muß nicht mit der in fester Phase übereinstimmen.

Elektronenbeugung

Diese Methode erlaubt die Untersuchung von freien Molekülen in der Gasphase. Die Elektronen werden dabei sowohl an den Elektronen als auch an den Atomkernen gestreut. Über einer Hintergrundstrahlung, die durch die Streuung an den individuellen Atome zustande kommt, ist ein Beugungsmuster zu erkennen, das durch alle möglichen Atompaare im Molekül verursacht wird. Aus diesem Beugungsmuster können alle in den Molekülen auftretenden Atomabstände berechnet werden [4.111].

Ein n-atomiges Molekül hat $\dfrac{n(n-1)}{2}$ Atomabstände. Bei größeren Molekülen ist die Zahl der sich überlagernden Beugungsmaxima sehr groß, und die Auswertung wird entsprechend schwierig. Die Methode gestattet es jedoch, an einfachen Molekülen die Atomabstände in den einzelnen Konformationen (siehe Zeitskala) sehr genau zu bestimmen.

Die Breite des Beugungspeaks hängt von der mittleren Schwingungsamplitude der Atome ab. Bei Barrieren zwischen einzelnen Konformeren unter 40 kJ/mol lassen sich durch Simulation der Peakbreiten und Intensitäten die Barrierenhöhen abschätzen (Fehler ca. 30 %) [4.112].

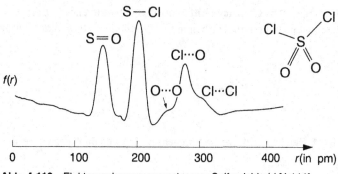

Abb. 4.112 Elektronenbeugungsmuster von Sulfurylchlorid [4.111].

Neutronenstreuexperimente

Neutronen sind ungeladene Teilchen, die aber ein magnetisches Moment besitzen. Sie werden infolgedessen an Atomkernen als auch an ungepaarten Elektronen gestreut. Allerdings sind die Experimente an eine Neutronenquelle (Kernreaktor) gebunden.

Neutronenbeugung. Aus der Neutronenstreustrahlung können mittels eines Vierkreis-diffraktometers die Beugungsbilder analysiert werden. Dabei werden wie bei der Röntgenbeugung die Atomkoordinaten der Moleküle ermittelt. Da jedoch bei der Röntgenbeugung die Kernkoordinaten aus den Zentren hoher Elektronendichte bestimmt werden, sind die Werte aus der Neutronenbeugung geeignet, Abweichungen, sogenannte Deformationsdichten der Elektronen, nachzuweisen. Auch Flüssigkeiten können mit Neutronenbeugung untersucht und mittels Paarkorrelationsfunktionen beschrieben werden [4.113].

Neutronenspektroskopie. Die Messung des Energieverlusts bei der nichtelastischen Streuung mittels verschiedener Verfahren (Rückstreumethode, Neutronenspinecho) erlaubt mit hoher Genauigkeit die Analyse von Drehschwingungen im Hinblick auf Rotationssprünge und Tunnelprozesse [4.114]. Die Methode ergänzt damit die Mikrowellen- und NMR-Spektroskopie.

4.10.3 Anregung diskreter Molekülzustände

Durch Absorption eines Photons wird das Molekül aus dem Grundzustand in einen diskreten angeregten Zustand (Rotations-, Schwingungs- oder Elektroneanregungszustand) überführt. Andererseits kann ein Molekül aus einem angeregten Zustand in den Grundzustand oder einen anderen Zustand tieferer Energie unter Emission eines Photons zurückfallen.

Das Photon (Strahlungsquant der elektromagnetischen Strahlung) wird durch die Frequenz ν charakterisiert:

$$\Delta E = E_N - E_O = h \cdot \nu \qquad (4.193)$$

(ΔE Energie des Photons;
E_N Energie des Anregungszustands;
E_O Energie des Grundzustands;
h Plancksches Wirkungsquantum;
ν Frequenz der elektromagnetischen Strahlung).

Damit ein Übergang zwischen den diskreten Molekülzuständen auftreten kann, muß entweder der oszillierende elektrische Vektor oder der oszillierende magnetische Vektor der elektromagnetischen Strahlung (siehe Abb. 4.113) mit dem Molekül wechselwirken können. Das ist nur dann der Fall, wenn sich das molekulare Dipolmoment bei dem Übergang in Größe oder Richtung ändert. Das Übergangsmoment (Änderung des Dipolmoments während des Übergangs) ist deshalb für das Auftreten und die Intensität eines Absorptions- ode Emissionsübergangs verantwortlich.

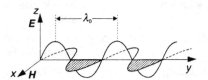

Abb. 4.113 Elektrischer Feldvektor E und magnetischer Feldvektor H einer linear polarisierten elektromagnetischen Strahlung in Abhängigkeit von der Entfernung y zur Strahlungsquelle.

Eine linear polarisierte elektromagnetische Welle kann durch zwei senkrecht zueinander oszillierende Vektoren E und H beschrieben werden (siehe Abb. 4.113).
   Im Vakuum gilt:

$$c = \lambda \cdot \nu \qquad (4.194)$$

(c Lichtgeschwindigkeit im Vakuum;
λ Wellenlänge der elektromagnetischen Strahlung;
ν Frequenz der elektromagnetischen Strahlung).

In Abbildung 4.114 wird beispielhaft ein Spektrenausschnitt beschrieben.
   Tabelle 4.27 zeigt eine Übersicht der Methoden, die sich aus dem elektromagnetischen Spektrum ergeben.

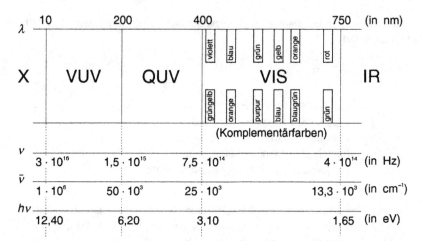

Abb. 4.114 Ausschnitt aus dem Spektrum der elektromagnetischen Strahlung.

Tabelle 4.27 Spektrum der elektromagnetischen Strahlung und Aspekte der Molekülstruktur.

Frequenz (in Hz)	Strahlung	Methoden	Aspekte der Molekül-struktur
$>10^{18}$	γ-Strahlen	Mößbauer-Spektroskopie	molekulare Wechsel-wirkung im Festkörper
$10^{18} \dots 10^{16}$	Röntgenstrahlen (X-ray)	Beugung, Photoelektronenspektro-skopie ESCA (Electron Spectroskopy for Chemical Analysis)	Molekülgeometrie aus der Kristallstruktur, molekulare Wechsel-wirkung
$3 \cdot 10^{16} \dots 1{,}5 \cdot 10^{15}$	Vakuum-Ultraviolett	Absorptions- und Fluoreszenzspektro-skopie	Molekülgeometrie und Wechselwirkungen
$1{,}5 \cdot 10^{15} \dots 7{,}5 \cdot 10^{14}$	Quarz-Ultraviolett	Photoelektronenspektro-skopie, Raman-Spektroskopie	
$7{,}5 \cdot 10^{14} \dots 4 \cdot 10^{14}$	Licht	Brechung, Drehung, Chirooptik	
$4 \cdot 10^{14} \dots 3 \cdot 10^{11}$	Infrarot	IR-Spektroskopie	Geometrie, Wechsel-wirkungen und Beweglichkeit der Moleküle
$10^{12} \dots 10^{9}$	Mikrowellen	Rotationsspektroskopie, EPR-Spektroskopie	
$10^{10} \dots 10^{6}$	Radiowellen (Ultrakurzwellen)	NMR-Spektroskopie, NQR-Spektroskopie	

Mikrowellenspektroskopie

Die Mikrowellenstrahlung der Wellenlänge $\lambda = 10^{-3}$ bis 10^{-1} m kann in Molekülen mittlerer Größe die Molekülrotation anregen, sofern die Moleküle ein permanentes elektrisches Dipolmoment besitzen.

Bei Absorption der Mikrowellenstrahlung in der Gasphase werden diskrete Übergänge gemessen. Aus den Abständen der Linien im Mikrowellenspektrum können die Hauptkomponenten des Trägheitsmomenttensors berechnet werden.

Lineare Moleküle kann man sich gut als starre Rotatoren vorstellen. Die Eigenfunktionen der gequantelten Zustände dieser Moleküle lassen sich mittels zweier Quantenzahlen J und M klassifizieren. Ohne äußeres Feld wird die Energie der unterschiedlichen Niveaus allein von J bestimmt:

$$E(J) = h \cdot B \cdot J \cdot (J + 1) \tag{4.195}$$

(J Rotationsquantenzahl;

B Rotationskonstante;

h Plancksches Wirkungsquantum;

E Energie).

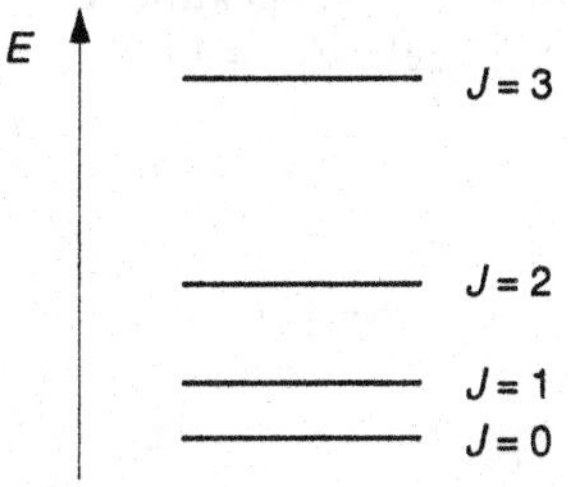

Abb. 4.115   Rotationsniveaus eines linearen Moleküls.

Die Rotationskonstante B hängt vom Trägheitsmoment Θ des Moleküls ab:

$$B = \frac{h}{8\pi^2 \Theta} = \frac{\hbar}{4\pi \Theta} \tag{4.196}$$

Das Trägheitsmoment Θ läßt sich aus Abstand und reduzierter Masse bestimmen. Für ein zweiatomiges Molekül gilt:

$$\Theta = m_{red} r^2 \tag{4.197}$$

(Θ Trägheitsmoment;

$m_{red} = \dfrac{m_a \cdot m_b}{m_a + m_b}$ reduzierte Masse;

r Abstand der Atome a und b;

$m_{a,b}$ Masse der Atome a und b).

Wegen der hohen Auflösung der Mikrowellenspektroskopie ($\Delta\nu/\nu = 10^{-4}$) treten zusätzliche Linien bei unterschiedlicher Isotopenzusammensetzung der Moleküle auf (siehe Tabelle 4.28).

Bei Zimmertemperatur sind die höheren Rotationsniveaus meist stärker besetzt (die thermische Energie kT übersteigt die Rotationsenergie in den unteren Niveaus).

Tabelle 4.28   Rotationskonstanten und Kernabstände einiger linearer Moleküle [4.115].

Molekül	B (10^6Hz)	r_{12} (10^{-10}m)	r_{23} (10^{-1}m)
$^{12}C - ^{16}O$	57897,5	1,128	
$^6Li - ^{127}I$	15381	2,392	
$^1H - ^{12}C - ^{14}N$	44315,8	1,066	1,157
$^{16}O - ^{12}C - ^{32}S$	6081,5	1,161	1,561
$^{16}O - ^{12}C - ^{34}S$	5932,8		
$^{16}O - ^{13}C - ^{32}S$	6061,9		
$^{16}O - ^{14}N - ^{16}O$	12561,6	1,126	1,191

Für rotationssymmetrische starre Moleküle kann das Mikrowellenspektrum durch folgendes Energieniveauschema beschrieben werden (Auswahlregeln: $\Delta J = \pm 1$, $\Delta K = 0$) (siehe Abb. 4.116).

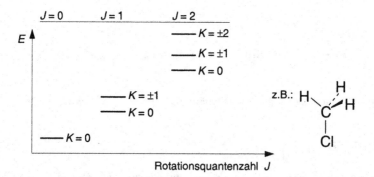

Abb. 4.116   Rotationsniveaus eines gestreckten rotationssymmetrischen Moleküls.

$$E(J,K) = h[BJ(J+1) + (A-B)K^2] \tag{4.198}$$

(E Energie;
A,B Rotationskonstanten;
$J = 0, 1, 2, \dots$ Rotationsquantenzahl;
$K = 0, \pm 1, \pm 2, \dots$ Rotationsquantenzahl).

$$A = \frac{\hbar}{4\pi\,\Theta_{\mathrm{A}}}; \qquad B = \frac{\hbar}{4\pi\,\Theta} \tag{4.199}$$

($\hbar = h/(2\pi)$;

Θ_{A} kleinste Hauptkomponente des Trägheitstensors;

Θ mittleres Trägheitsmoment des Moleküls;

$\Theta = 1/3\,(I_{\mathrm{A}} + 2I_{\mathrm{B}})$).

Bei bekannten Atommassen können daraus die Atomkoordinaten (und damit die Bindungsabstände) bestimmt werden:

$$\Theta_{\mathrm{A}} = \sum_{i=1}^{n} m_i a_i^2; \tag{4.200}$$

(m_i Masse des Atoms i;

a_i Abstand des Atoms i von der Achse A (Längsachse des Moleküls)).

Die Mikrowellenspektroskopie gestattet eine sehr genaue Bestimmung ($\pm 0{,}1$ pm) der Bindungslängen. Allerdings bleibt bei Molekülen aus vier und mehr Atomen die Anzahl der Bestimmungsgleichungen hinter der Zahl der zu bestimmenden inneren Koordinaten zurück. Mit Isotopensubstitution kommt man hier weiter.

Stark-Effekt. In einem elektrischen Feld wird die Entartung der Niveaus mit unterschiedlichen Quantenzahlen $M = 0, \pm 1, \pm 2, \pm 3 \ldots$ aufgehoben. Die Energie des Rotationsniveaus eines linearen Moleküls kann folgendermaßen angegeben werden:

$$E(J,M) = hBJ(J+1) - \frac{E_z^2 Q \mu_e^2}{2hBJ(J+1)} - \frac{E_z^2 \varepsilon_0 Q}{3}\left(\alpha_{x'x'} - \alpha_{z'z'}\right) - \frac{E_z^2 \varepsilon_0}{3}\,\overline{\alpha} \tag{4.201}$$

(E Energie;

h Plancksches Wirkungsquantum;

J Rotationsquantenzahl;

E_z elektrische Feldstärke in z-Richtung;

μ_e permanentes elektrisches Dipolmoment (Betrag);

B Rotationskonstante;

$\alpha_{x'x'},\ \alpha_{z'z'}$ Hauptkomponenten des Polarisationstensors;

$\overline{\alpha} = 1/3\left(\alpha_{x'x'} + \alpha_{y'y'} + \alpha_{z'z'}\right)$;

ε_0 Dielektrizitätskonstante des Vakuums).

$$Q = \frac{3M^2 - J(J+1)}{(2J-1)(2J+3)}$$

$M = J, J-1, J-2 \ldots -J$;

z Schwingungsrichtung des elektrischen Vektors der Mikrowelle; s. Abb. 4.117).

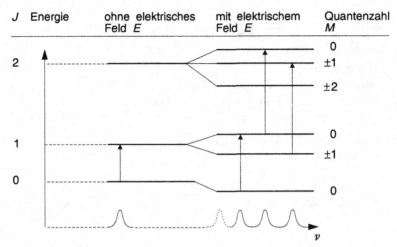

Abb. 4.117 Übergänge zwischen Rotationsniveaus eines linearen Moleküls im elektrischen Feld.

Für den energietiefsten Übergang gilt:

$$\nu(J=0, M=0 \rightarrow J=1, M=0) = 2B + \frac{4\mu_e^2 E_z^2}{15h^2 B} \tag{4.202}$$

Der zweite Term dieser Gleichung gibt die Verschiebung der Rotationslinie im elektrischen Feld an. Bei einer elektrischen Feldstärke von $E = 3000$ V·cm^{-1} ist diese Verschiebung sehr gut meßbar und kann zur Bestimmung des Dipolmoments μ_e dienen. Aus den Übergängen mit höherer Quantenzahl J lassen sich auch die Hauptkomponenten der Polarisierbarkeit $\alpha_{z'z'}$, $\alpha_{x'x'} = \alpha_{y'y'}$ bestimmen.

Zeemann-Effekt. In einem Magnetfeld wird die Entartung der Rotationsniveaus mit unterschiedlicher Quantenzahl M aufgehoben. In linearen Molekülen hat ein Rotationsniveau folgende Energie:

$$E(J,M) = hBJ(J+1) - g_{zz}\mu_m B_0 M + \frac{4\pi B_0^2 Q}{3\mu_0}\left(\chi_{x'x'} - \chi_{z'z'}\right) - \frac{1}{2}H_z^2\,\overline{\chi} \tag{4.203}$$

(E Energie;	h Plancksches Wirkungsquantum;
J, M Rotationsquantenzahlen;	$M = J, J-1, J-2, ..., -J$;
B Rotationskonstante;	g_{zz} Hauptkomponente des g-Tensors;
B_0 magnetische Induktion in	μ_m permanentes magnetisches
z-Richtung	Dipolmoment;

$\chi_{x'x'}$, $\chi_{z'z'}$ Hauptkomponenten des Tensors der diamagnetischen Suszeptibilität;

$$Q = \frac{3M^2 - J(J+1)}{(2J-1)(2J+3)} \; ;$$

$\overline{\chi} = 1/3\left(\chi_{x'x'} + \chi_{y'y'} + \chi_{z'z'}\right)$ μ_0 Permeabilität des Vakuums).

Die Analogie zum Verhalten der Rotationsniveaus im elektrischen Feld ist offenkundig. Allerdings geht die magnetische Induktion B_0 einmal linear (normaler Zeemann-Effekt) und einmal quadratisch (quadratischer Zeemann-Effekt) ein. In diamagnetischen Molekülen geht für μ_m das kleine Kernmoment und ein entsprechender g-Faktor ein. Die diamagnetischen Suszeptibilitätskomponenten lassen sich daher sehr gut bestimmen (s. Abb. 4.118).

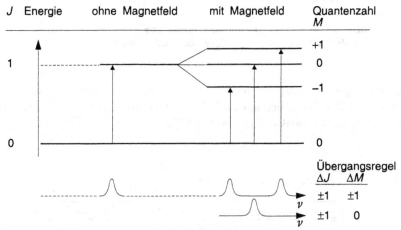

Abb. 4.118 Übergänge zwischen Rotationsniveaus eines linearen Moleküls im Magnetfeld.

Wenn magnetischer Vektor der Mikrowellenstrahlung und statisches Magnetfeld gleiche Richtung haben, gilt die Übergangsregel: $\Delta J = \pm 1$, $\Delta M = 0$. Stehen beide Vektoren senkrecht aufeinander, dann gilt: $\Delta J = \pm 1$, $\Delta M = 1$.

IR-Spektroskopie

Durch IR-Strahlung werden gequantelte Schwingungsniveaus der Moleküle angeregt. Die Schwingungsniveaus lassen sich durch die Quantenzahl $v = 0, 1, 2, 3,...$ kennzeichnen (siehe Abb. 4.119).

Die Schwingungsenergie läßt sich durch Gleichung 4.204 bestimmen:

$$E(v) = h \cdot v\left(v + \frac{1}{2}\right) \tag{4.204}$$

$(h$ Plancksches Wirkungsquantum; k Kraftkonstante;

v $= \frac{1}{2\pi}\sqrt{\frac{k}{m_{red}}}$ Schwingungsfrequenz; m_{red} reduzierte Masse).

v Schwingungsquantenzahl;

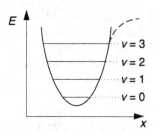

Abb. 4.119 Schwingungsniveaus eines zweiatomigen Moleküls (v Schwingungsquantenzahl) und zugehöriger Schwingungsamplituden (x).

Die Schwingungsniveaus sind noch durch die ebenfalls gequantelten Rotationsniveaus aufgespalten. Aus den Übergangsregeln $\Delta v = \pm 1$, $\Delta J = \pm 1$ läßt sich die Feinstruktur einer Schwingungsbande ableiten: (siehe Abb. 4.120).

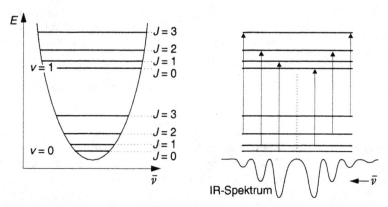

Abb. 4.120 Energieniveauschema der Schwingungsrotationsniveaus eines zweiatomigen Moleküls und Bandenfeinstruktur ($\bar{\nu} = \Delta \varepsilon / h \cdot c$).

Die Schwingungsrichtungen können anschaulich durch innere Koordinaten beschrieben werden. Dabei unterscheidet man Valenzschwingungen und Deformationsschwingungen. Bei der Valenzschwingung ändern sich überwiegend die Bindungsabstände (Kernabstände), bei der Deformationsschwingung die Valenz- oder Torsionswinkel. Mittels einer sogenannten Normalkoordinatenanalyse läßt sich der Anteil dieser einzelnen Schwingungsformen an einer Normalschwingung (Molekülschwingung) berechnen (siehe Abb. 4.121) [4.115].

Damit ein IR-Photon absorbiert werden kann, muß sich bei der betreffenden Schwingung das Dipolmoment ändern (siehe Tabelle 4.29). Die Intensität eines IR-Übergangs wird deshalb von der Größe $(d\mu_E / dx)$ bestimmt. Die Lage einer Schwingungsbande im IR-Spektrum ($\bar{\nu} = \Delta E / hc$) hängt dagegen entsprechend Gleichung 4.204 von der Kraftkonstante k und der reduzierten Masse m_{red} ab.

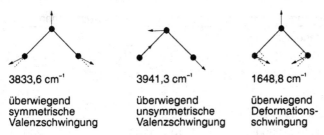

3833,6 cm^{-1}	3941,3 cm^{-1}	1648,8 cm^{-1}
überwiegend symmetrische Valenzschwingung	überwiegend unsymmetrische Valenzschwingung	überwiegend Deformations- schwingung

Abb. 4.121 Normalschwingungen des H_2O-Moleküls (Pfeile symbolisieren Schwingungs-richtungen [4.115]).

Tabelle 4.29 Änderung des Dipolmoments einiger Schwingungen.

Molekül	Koordinate (x)	$\frac{d\mu_e}{dx}$ (in m · A)
Cl—H	Cl ⟶ H	$2{,}87 \cdot 10^{-20}$
CF_4	C ⟶ F	$\sim\!15{,}7 \cdot 10^{-20}$
CO_2	C ⟶ O	$\sim\!18{,}7 \cdot 10^{-20}$

Die Kraftkonstanten der Valenzschwingungen sind im allgemeinen größer als die der Deformationsschwingungen und unterscheiden sich je nach Art der Bindung beträchtlich (siehe Tabelle 4.30).

Tabelle 4.30 Kraftkonstanten einiger Bindungstypen.

Bindung	Kraftkonstante k (in N · m^{-1})
Einfachbindung	400 ... 600
Doppelbindung	800 ... 1200
Dreifachbindung	1200 ... 1800

In einem mehratomigen Molekül koppeln die einzelnen Schwingungen miteinander. Die Kopplung ist um so größer, je ähnlicher die Frequenzen der einzelnen Schwingungen sind.

Manche funktionellen Gruppen eines Moleküls sind an charakteristischen Schwingungen zu erkennen. Die Schwingungen einer solchen Gruppe sind mit den Schwingungen anderer Molekülteile nur ganz wenig gekoppelt und erscheinen deshalb bei einer nahezu konstanten Wellenzahl. Charakteristische Schwingungen dienen zur Identifizierung einzelner Gruppen in einem Molekül (siehe Tabelle 4.31).

Tabelle 4.31   IR-Bandenlagen einiger charakteristischer Schwingungen.

Gruppe	Bandenlage (in cm^{-1})			
CH$_3$	2960 ± 15	2870 ± 15	1470 ± 25	1380 ± 5
CH$_2$	2925 ± 15	2850 ± 15	1470 ± 25	
CH	2890			
OH (frei)	3650 ... 3590	1410 ... 1260		1200 ... 1050
OH (H-Brücke)	3570 ... 2500	1410 ... 1260		1200 ... 1050
NH$_2$, NH	3500 ... 3300	1650 ... 1550		
— SH	2600 ... 2550		700..600	
$\equiv$ CH	3300	2120 ± 20		625 ± 25
⬡—H	3050 ± 15	1600 ± 15	1500 ± 10	900 ... 700
C $=$ CH$_2$	3085 ... 3025	1680 ... 1620		1000 ... 790
$=$ NH	3300 ± 30			
$-C\!\!\diagup^{H}_{\diagdown O}$	2710 ... 2740			
C $\equiv$ C	2225 ± 35			
C $=$ C $=$ C	1960	1060		
CH $=$ C $=$ O	2150 ± 20	1125		
$-$ C $\equiv$ N	2250 ± 20			
$-$ C $=$ N	1650 ± 30			
$-$ N $=$ N$^+$$=$ N$^-$	2140 ± 20			
$-$ NCO	2260 ± 20			
$^{H}_{R}\!\!\diagdown\diagup$C $=$ O	1740 ... 1680	1440 ... 1325		980 ... 975
$^{R}_{R}\!\!\diagdown\diagup$C $=$ O	1725 ... 1690			
$^{R}_{HO}\!\!\diagdown\diagup$C $=$ O	1725 ... 1690	1440 ... 1395	1320 ... 1211	950 ... 900
$^{R}_{Cl}\!\!\diagdown\diagup$C $=$ O	1795			
$^{R}_{RO}\!\!\diagdown\diagup$C $=$ O	1750 ... 1720	1300 ... 1150		

(Fortsetzung)

Tabelle 4.31 Fortsetzung

Gruppe	Bandenlage (in cm⁻¹)		
C — O (Ether)	1250 ... 1060		
C — Cl	800 ... 550		
C — Br	700 ... 500		
C — I	660 ... 480		
C — F	1055 ± 55		
C — NO₂	1570 ... 1500	1370 ... 1300	800 ... 500
N — NO₂	1530 ... 1550	1300 ... 1250	800 ... 500
O — NO₂	1650 ... 1600	1300 ... 1250	800 ... 500
C — SO₂ — C	1350 ... 1300	1160 ... 1140	
C — SO₂ — O	1420 ... 1330	1200 ... 1145	
O — SO₂ — O	1440 ... 1350	1230 ... 1150	
C — SO₂ — OH	1210 ... 1150		
O — O	900 ... 345		
S — S	550 ... 430		
Se — Se	330 ... 290		

Raman-Spektroskopie.

Setzt man eine Probe einer monochromatischen elektromagnetischen Strahlung aus, die nicht absorbiert wird, so geht der größte Teil der Strahlung quasi ohne Wechselwirkung mit den Molekülen durch die Probe hindurch. Ein kleiner Teil wird in alle Richtungen gestreut. Im Streulicht treten neben der Frequenz der Strahlungsquelle weitere kleinere Frequenzen (und auch höhere Frequenzen) auf, die das Raman-Spektrum ergeben (siehe Abb. 4.122). Die Raman-Linien sind das Ergebnis inelastischer Stöße der Photonen mit

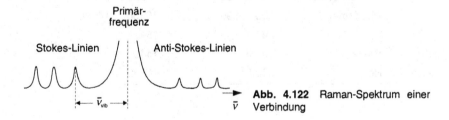

Abb. 4.122 Raman-Spektrum einer Verbindung

dem Molekül. Ein Molekül, das sich im Schwingungsgrundzustand ($v = 0$) befindet, geht dabei in einen höheren Schwingungszustand über. Das gestreute Photon (meist Licht) verliert damit die Energie, die für einen Schwingungsübergang notwendig ist. Die im Raman-Spektrum auftretende Bande wird als Stokes-Linie bezeichnet. Anti-Stokes-Linien beruhen darauf, daß Moleküle, die sich in einem höheren Schwingungszustand befinden, bei der Kollision mit einem Photon ihre Schwingungsenergie abgeben (siehe Abb. 4.123). Im allgemeinen beschränkt sich die Raman-Spektroskopie auf die wegen der stärkeren Besetzung des Schwingungsgrundzustands intensiveren Stokes-Linien. Die Anti-Stokes-Linien werden allerdings nicht durch Fluoreszenz gestört. Sie werden deshalb bei CARS (Coherent Anti-Stokes Raman Scattering) [4.117] gemessen. In der normalen

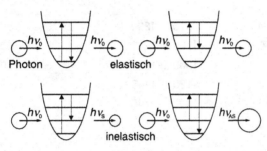

Abb. 4.123 Schwingungsanregung eines Moleküls bei elastischer und inelastischer Streuung von Photonen.

Raman-Spektroskopie wird die Primärfrequenz ν_0 so gewählt, daß sie zwischen den Schwingungs- und Elektronenübergängen der untersuchten Moleküle liegt. Als Strahlungsquellen werden dafür meist Laser verwendet, deren Frequenz im sichtbaren Gebiet liegt (Tabelle 4.32).

Tabelle 4.32 Strahlungsquellen in der Raman-Spektroskopie

Laser	λ (in nm)	ν (in cm^{-1})
Ar	488,0	20491
	514,5	19436
Rhodamin 6G	560 ... 660	17900 ... 15200
Rhodamin B	590 ... 690	16900 ... 14500
Kr	647,1	15453
Rubin	694,3	14402
He/Ne	632,8	15802

Allerdings können insbesondere mit abstimmbaren Farbstofflasern auch Raman-Linien beobachtet werden, wenn die Frequenz des Primärstrahls mit der Frequenz eines Elektronenübergangs übereinstimmt (Resonanz-Raman-Effekt [4.118]). Dabei werden nur diejenigen Raman-Linien verstärkt, deren Schwingungen bei dem Elektronenübergang beeinflußt werden. Die Wellenzahl einer Raman-Bande (Wellenzahlabstand zum Primärstrahl) entspricht der einer Molekülschwingung, die man gewöhnlich auch im IR-Spektrum beobachtet. Die Intensität hängt davon ab, wie sich die Polarisierbarkeit bei dem betreffenden Schwingungsübergang ändert (siehe Abb. 4.124). Dadurch ist die Raman-Spektroskopie eine nützliche Ergänzung zur IR-Spektroskopie, die insbesondere im Gebiet unter $200\,cm^{-1}$ und in wäßriger Lösung mit Vorteil angewandt wird. Auch symmetriebedingt IR-inaktive Schwingungen lassen sich mitunter nachweisen.

Der Depolarisationsgrad φ einer Raman-Bande wird durch Gleichung 4.205 definiert:

$$\varphi = \frac{I_\perp}{I_\parallel} \tag{4.205}$$

(φ Depolarisationsgrad;
$I_\parallel$ Intensität der Raman-Linie parallel zur
  Polarisationsrichtung des Primärstrahles;
$I_\perp$ Intensität senkrecht dazu).

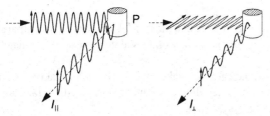

Abb. 4.124 Intensität der Raman-Bande in Abhängigkeit von der Polarisationsrichtung des Primärstrahles (P Polarisator).

Bei Schwingungen, in deren Verlauf wenigstens ein Symmetrieelement des Moleküls aufgehoben wird, gilt: $\varphi = 3/4$. Für eine vollsymmetrische Schwingung ist der Depolarisationsgrad dagegen kleiner. Den Depolarisationsgrad verwendet man deshalb als wichtige Zuordnungshilfe in der Raman-Spektroskopie [4.119; 4.120].

UV/Vis-Spektroskopie

Wird Licht oder eine elektromagnetische Strahlung im ultravioletten Bereich quantenhaft vom Molekül absorbiert, so geht das Molekül in einen Anregungszustand mit veränderter Elektronenverteilung über. Nach einer gewissen Lebensdauer des Anregungszustands (ca. $10^{-8}\,s$) geht das Molekül spontan in den Grundzustand zurück. Dabei wird eine elektromagnetische Strahlung abgegeben, die sogenannte Fluoreszenzstrahlung. Bedingung für die Absorption ist das Vorhandensein eines Übergangsmoments, d. h. der Änderung des Dipolmoments μ_E beim Übergang.

In der UV/Vis-Spektroskopie (Vis *visibel* für „sichtbar"; UV Ultraviolett) von Molekülen beobachtet man wegen der mitangeregten Rotationen und Schwingungen stets breite Absorptionsbanden. Aufgrund der unterschiedlichen Korrelationsenergie der Elektronen in den einzelnen Molekülzuständen sind die MO-Energien nicht zur Berechnung der UV/Vis-Frequenzen geeignet, nur die Absorptionsbereiche lassen sich grob abschätzen (siehe Abb. 4.125).

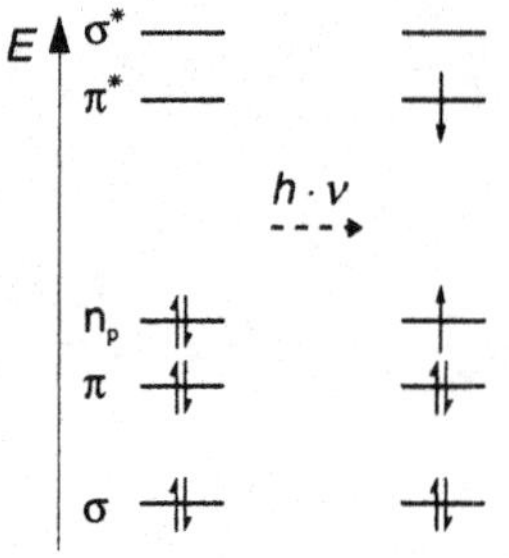

Abb. 4.125 Ungefähre Lage der Elektronenenergieniveaus eines Moleküls und Darstellung eines $n \rightarrow \pi^*$-Übergangs.

Im allgemeinen liegen die $n–\pi^*$-Übergänge und die $\pi–\pi^*$-Übergänge im sichtbaren Gebiet und im Quarz-UV-Gebiet (Quarzoptik, jedoch ohne Vakuum) des elektromagnetischen Spektrums.

Die $\sigma–\sigma^*$-Übergänge liegen dagegen im Vakuum-UV-Bereich (evakuierte Apparatur notwendig). Chromophor wird ein Molekülteil genannt, in dem sich die Strahlungsabsorption abspielt (z. B. Doppelbindungssysteme).

Der bei der UV/Vis-Absorption erzeugte Anregungszustand des Moleküls kann entweder ein Singulettzustand (der Elektronenspin hat in den beiden einfach besetzten Niveaus entgegengesetztes Vorzeichen) oder ein Triplettzustand (gleiches Vorzeichen des Elektronenspins in beiden einfach besetzten Niveaus) sein. Der Triplettzustand hat stets die niedrigere Energie.

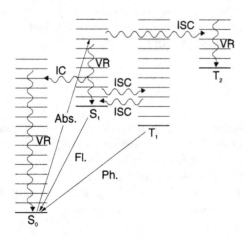

Abb. 4.126 Jablonski-Diagramm der Elektronenanregungs- und Schwingungsniveaus eines Moleküls, strahlende Übergänge:
Abs Absoption; Fl Fluoreszenz;
Ph Phosphoreszenz (spinverboten);
strahlungslose Übergänge:
VR *Vibrational Rotation*; IC *Internal Conversion* (gleiche Multiplizität);
ISC *InterSystem Crossing* (Multiplizitätsänderung).

In Abbildung 4.126 sind die Energieniveaus der Zustände S_0, S_1, T_1, T_2, die zugehörigen Schwingungsniveaus und die Übergänge in einem Diagramm (Jablonski-Diagramm) dargestellt (S_0 Grundzustand, S_1 erster Singulettanregungszustand, T_1 erster Triplettanregungszustand).

Die Intensität einer UV/Vis-Bande ist dem Quadrat des Übergangsmoments (TM *transition moment*) proportional, das die Wechselwirkung des Elektronensystems mit dem elektrischen Vektor der elektromagnetischen Strahlung beschreibt. Im Rahmen der Born-Oppenheimer-Näherung kann TM als Produkt mehrerer Integrale berechnet werden:

$$\text{TM} = \int \Theta_i\, \Theta_f\, d\tau_m \int S_i\, S_f\, d\tau_s \int \varphi_i\, \hat{\mu}\, \varphi_f\, d\tau \qquad (4.206)$$

($\Theta_{i,f}$ Schwingungswellenfunktionen im Ausgangszustand (i initial) und im Endzustand (f final) der Elektronenanregung;

$S_{i,f}$ Spinwellenfunktion in beiden Zuständen;

$\varphi_{i,f}$ Raumwellenfunktion der Elektronen (Produkt von MOs);

τ_m Kernkoordinaten;

τ_s Spinkoordinaten;

τ Elektronenkoordinaten;

$\hat{\mu}$ Dipoloperator).

Das erste der drei Integrale ist der mathematische Ausdruck des Franck-Condon-Prinzips: Nur solche Übergänge sind erlaubt, wo bei gleicher Raumkoordinate der Kerne die Schwingungswellenfunktion in elektronischen Ausgangs- und Endzustand jeweils nicht-verschwindende Werte hat.

Das zweite der drei Integrale, das Spinüberlappungsintegral, beinhaltet das Verbot von Übergängen mit Spinumkehr, denn: $\int \alpha\beta\, d\tau_s = 0$. Das Verbot wird bei Spin-Bahn-Kopplung gelockert. Das dritte der drei Integrale wird Elektronenübergangsmoment (ETM) genannt. Es kann für jede Raumkoordinate einzeln bestimmt werden ($\text{ETM} = \text{ETM}_x + \text{ETM}_y + \text{ETM}_z$). Ob es von null verschieden ist, kann mit Hilfe der Charaktere der irreduziblen Darstellung bestimmt werden. Dazu muß das Direktprodukt der Charaktere des Ausgangszustands φ_i, des Dipolvektors $\hat{\mu}$ und des Endzustands φ_f eine totalsymmetrische Komponente (A_1 oder A_{1g}) der irreduziblen Darstellung ergeben.

Am Beispiel des Benzens wird in Abschnitt 4.6.4 die Symmetrie der Zustände bestimmt: Grundzustand = A_{1g}, Anregungszustände = E_{1u}, E_{2g}, B_{1u} und B_{2u}. Durch Bildung der Direktprodukte findet man, daß nur der Übergang vom Grundzustand zum Zustand E_{1u} erlaubt ist:

$$A_{1g} \times \mu_x \times E_{1u} = A_{1g} \times E_{1u} \times E_{1u} = A_{1g} \qquad \text{erlaubt}$$
$$A_{1g} \times \mu_y \times E_{1u} = A_{1g} \times E_{1u} \times E_{1u} = A_{1g} \qquad \text{erlaubt}$$
$$A_{1g} \times \mu_z \times E_{1u} = A_{1g} \times A_{2u} \times E_{1u} = E_{1g} \qquad \text{verboten}$$

Alle anderen Übergänge sind symmetrieverboten. Trotzdem treten im Benzenspektrum (siehe Abb. 4.127) mehrere Banden auf. Der Grund dafür liegt in der Kopplung zwischen

Schwingungszuständen und elektronischen Zuständen (die Born-Oppenheimer-Näherung ist nicht mehr gültig [4.82]).

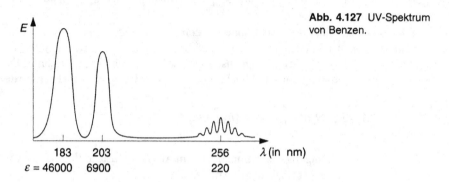

Abb. 4.127 UV-Spektrum von Benzen.

Die Absorptionsintensität wird im allgemeinen mit dem Lambert-Beerschen Gesetz beschrieben:

$$A = \log \frac{I_0}{I} = \varepsilon \cdot c \cdot l \tag{4.207}$$

(A Absorbanz;	I_0 Intensität des Vergleichsstrahles;
c Konzentration;	I Intensität nach Absorption;
d Schichtdicke;	ε molarer Absorptionskoeffizient).

Der Absorptionskoeffizient gilt bei einer einzelnen Wellenlänge. Die Absorptionsintensität der Bande beschreibt man besser durch das Integral der Absorptionskoeffizienten über die ganze Bande:

$$\int \varepsilon \, d\lambda \sim \mu^2 \tag{4.208}$$

Chirooptische Methoden. Unter chirooptischen Methoden versteht man die Messung von optischer Rotationsdispersion (ORD), Elliptizität (ψ) und Circulardichroismus (CD). Man charakterisiert damit optisch aktive Verbindungen und kann in vielen Fällen mittels empirischer Regeln auch die absolute Konfiguration bestimmen. Die Abhängigkeit der optischen Drehung von der Wellenlänge nennt man optische Rotationsdispersion (ORD). Im Spektralgebiet eine Absorptionsbande tritt der Cotton-Effekt [4.121] auf (s. Abb. 4.128).

Wird der links- und rechts-circular polarisierte Lichtstrahl unterschiedlich geschwächt (absorbiert), so ist das ursprünglich linear polarisierte Licht jetzt elliptisch polarisiert. Mit einem Ellipsometer läßt sich die Elliptizität ψ direkt messen. Innerhalb einer Absorptionsbande werden rechts- und links-circular polarisierter Lichtstrahl verschieden stark absorbiert. Die Differenz der Absorptionskoeffizienten $\Delta\varepsilon = \varepsilon_L - \varepsilon_R$ wird Circulardichroismus (CD) genannt [4.122].

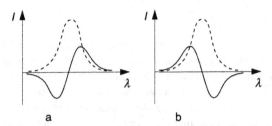

a   b

Abb. 4.128 ORD-Kurven mit positivem (a) und negativem (b) Cotton-Effekt.

Das Integral über eine CD-Bande ($\int \Delta\varepsilon \, d\lambda$) ist proportional der Rotationsstärke R:

$$R = \mu_e \mu_m \cos \gamma \qquad\qquad (4.209)$$

$(\mu_e$ elektrisches Übergangsmoment (Betrag);
μ_m magnetisches Übergangsmoment (Betrag);
γ Winkel zwischen den betreffenden Vektoren).

Damit R verschieden von null ist, d. h., damit optische Aktivität auftritt, dürfen die Vektoren μ_e und μ_m nicht senkrecht aufeinander stehen. Daraus ergibt sich, daß optische Aktivität dann auftritt, wenn die Elektronen bei der Anregung einen helikalen Weg zurücklegen. Dazu muß entweder das Chromophor selbst oder die Umgebung des Chromophors chiral sein. Aus qualitativen MO-Betrachtungen läßt sich das Vorzeichen von R und damit die absolute Konfiguration bestimmen [4.123].

Röntgen-Absorptionsspektroskopie

Mittels Röntgenstrahlen ($\lambda = 2$ bis 4 pm, $\Delta E = 30$ bis 50 eV) gelingt es, die Atomrumpfelektronen eines Moleküls in höhere unbesetzte Niveaus zu überführen, während die Absorption von UV/Vis-Strahlung die Elektronen nur in der Valenzschale bewegt (siehe Abb. 4.129).

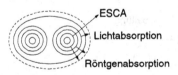

Abb. 4.129 Elektronenanregung bei Lichtabsorption, Röntgenabsoption und ESCA [4.124] an einem zweiatomigen Molekül (—— besetzte Orbitale, - - - - unbesetzte Orbitale).

Zur Spektreninterpretation reicht in erster Näherung das Einelektronmodell aus. Es lassen sich Aussagen über die räumliche Lage und Energie von Orbitalen, über die Ladungsverteilung, über die Elektronenkonfiguration und Molekülgeometrie gewinnen [4.124].

Mößbauer-Spektroskopie

Die Mößbauer-Spektroskopie beruht auf der rückstoßfreien Resonanzabsorption von γ-Strahlung. Gegenüber den Photonen der optischen Spektroskopie sind die γ-Quanten, die bei einer Kernreaktion entstehen, wesentlich energiereicher ($\Delta E \sim 100$ keV). Bei der Emission eines γ-Quants (z. B. aus ^{57}Fe) erfährt der emittierende Atomkern aus Gründen der Impulserhaltung einen Rückstoß und damit eine Geschwindigkeit in der entgegengesetzten Richtung. Durch schnelle Hinbewegung der Quelle zum Absorber (Doppler-Effekt) wird der dadurch bedingte Energieverlust ausgeglichen.

Im Fall der Resonanzabsorption wird das γ-Quant von der gleichen Kernart absorbiert, die auch zur Emission verwendet wird. Allerdings tritt durch die unterschiedliche chemische Umgebung (chemische Verschiebung) eine Frequenzverschiebung auf, die man durch die unterschiedliche Geschwindigkeit der Quelle ausgleichen und damit messen kann.

Zwei wichtige Bedingungen muß eine Probe erfüllen, von der man ein Mößbauer-Spektrum aufnehmen möchte [4.125; 4.126]:

1. Die Probe muß sogenannte Mößbauer-Atome enthalten (Atome, für die es γ-emittierende Kerne gibt, z. B. Fe, Ru, Ir, Sn).
2. Die Probe muß im festen Zustand bei tiefer Temperatur (77 K) untersucht werden, damit der Rückstoß bei der Absorption vom Gitter aufgenommen wird und dadurch schmale Linien auftreten.

Rückschlüsse auf die Molekülstruktur können vor allem aus zwei Parametern gezogen werden, die man dem Mößbauer-Spektrum entnimmt:

– chemische Verschiebung,
– Quadrupolaufspaltung.

Die chemische Verschiebung resultiert aus der Variation der Kernniveaus durch den Einfluß der Valenzelektronen. Man erhält daraus Aussagen über Elektronendichten, Oxidationszahlen, Koordinationszahlen usw.

Die Quadrupolaufspaltung tritt bei Kernen mit elektrischem Quadrupolmoment auf (d. h. bei Kernen mit der Kernspinquantenzahl $I > 1/2$). Ein elektrischer Feldgradient am Kernort, z. B. durch ein unsymmetrisches Ligandenfeld in $Na_2[Fe(CN)_5NO]$ (im Gegensatz zu $Na_3[Fe(CN)_6]$, führt zu einer Aufspaltung der Kernniveaus (siehe Abb. 4.130).

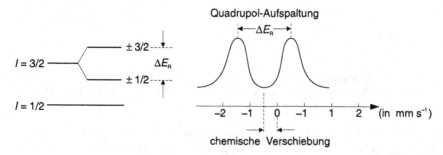

Abb. 4.130 Energieniveauschema und ^{57}Fe-Mößbauer-Spektrum von $Na_2[Fe(CN)_5NO]$ [4.127].

4.10.4 Ionisierung durch elektromagnetische Strahlung

Photoelektronenspektroskopie mit UV-Strahlung

Mittels einer monochromatischen Photonenquelle (z. B. Heliumentladungslampe; $h \cdot \nu = 21{,}21$ eV) werden die Moleküle ionisiert, und die kinetische Energie E_{kin} der abgelösten Elektronen wird gemessen.

$$IE = 21{,}21 - E_{kin} \tag{4.209}$$

(IE   vertikale Ionisierungsenergie (schnelle
          Ionisierung ohne Änderung der Kernkoordinaten);
E_{kin} kinetische Energie der Photoelektronen).

Die Ionisierungsenergien IE entsprechen nach dem Theorem von KOOPMANS den berechneten Orbitalenergien:

$$IE_i = -\varepsilon_{iMO} \tag{4.210}$$

(ε_{iMO} Orbitalenergie).

Die Banden eines Photoelektronenspektrums sind außerdem durch Schwingungszustände aufgespalten. Die Schwingungsfeinstruktur erlaubt Rückschlüsse auf das bei der Ionisierung entstehende Molekülradikalkation.

Außerdem treten an PE-Banden von Molekülen mit entarteten Orbitalen Aufspaltungen durch Spin-Bahn-Kopplung oder Jahn-Teller-Verzerrung auf.

Beispielsweise ist im He(I)-PE-Spektrum von Bromwasserstoff [4.128] (siehe Abb. 4.131) die Entartung der freien Elektronenpaare am Brom durch Spin-Bahn-Kopplung

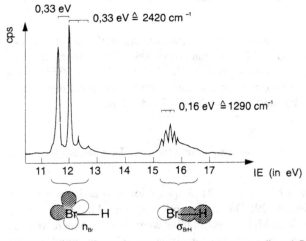

Abb. 4.131 He(I)PE-Spektrum von Bromwasserstoff und Bandenzuordnung zu den MOs von n_{Br} und σ_{HBr}.

aufgehoben. Die ersten beiden Banden sind den freien Elektronenpaaren zuzuordnen. Die Schwingungsfeinstruktur ($\Delta\bar{\nu} = 2420\ \mathrm{cm}^{-1}$) entspricht etwa der Valenzschwingung im neutralen HBr ($\bar{\nu} = 2560\ \mathrm{cm}^{-1}$), d. h., bei Ionisierung aus diesen Niveaus bleibt die Br — H-Bindung nahezu unbeeinflußt. Die dritte PE-Bande (Ionisieung aus dem σ_{HBr}-MO) zeigt eine halb so große Schwingungsfeinstruktur und damit kleinere Kraftkonstante und größeren Bindungsabstand in diesem Molekülzustand an.

Die Photoelektronenspektroskopie eignet sich sehr gut zur Charakterisierung der Struktur und Reaktivität der Moleküle. Zur Interpretation erweist sich insbesondere das MO-Modell als nützlich.

Röntgen-Photoelektronenspektroskopie (ESCA)

Bei der Ionisierung von Molekülen mittels Röntgenstrahlung [4.129] werden die Elektronen aus inneren Schalen herausgeschlagen und deren kinetische Energie gemessen.

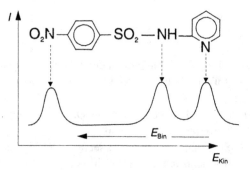

Abb. 4.132   Röntgen-Photoelektronenspektrum der 1s Elektronen des Stickstoffs in N-(2-Pyridyl)-p-nitrobenzensulfonamid (Anregung mittels Mg-K$_\alpha$-Strahlung).

Obwohl die 1s-Elektronen keine Bindungselektronen sind, wirkt sich die unterschiedliche chemische Umgebung (z. B. des Stickstoffatoms in Abb. 4.131) auf die Bindungsenergie E_{Bin} des 1s-Elektrons aus. Man bezeichnet die Differenzen der Bindungsenergie als chemische Verschiebung (gegen einen Standard gemessen) und hat damit eine wichtige Informationsquelle für die Bindungsverhältnisse im Molekül.

Multiphotonen-Ionisations-Massenspektrometrie (MUPI-Massenspektrometrie)

Mittels Laserlicht werden Moleküle in der Gasphase ionisiert und anschließend massenspektrometisch analysiert [4.129]. Durch Absorption mehrerer Photonen muß die zur Ionisation notwendige Energie im Molekül akkumuliert werden. Insbesondere wenn die Energie der eingestrahlten Photonen gerade der Energiedifferenz zwischen Grund- und Anregungszustand entspricht, tritt Resonanzverstärkung, d. h. erhöhte Absorptionseffizienz auf.

Im einfachsten Fall führt die Absorption von zwei UV-Photonen zur Ionisierung (siehe Abb. 4.133). Bei zunehmender Laserleistung führt die Absorption weiterer Photonen durch das Molekülion zur Fragmentierungsreaktion (Zerfall in Bruchstücke).

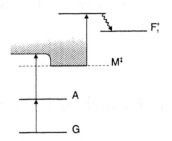

Abb. 4.133 Zwei-Photonen-Ionisierung und Bildung von Fragmentionen (F_i^+ Fragmentation; M^+ Molekülradikalkation; A Anregungszustand G Grundzustand).

Die Ionisierung gelingt auch, allerdings mit wesentlich schlechterer Ausbeute, wenn die Photonen nicht zur resonanten Anregung führen. Die durch MUPI erzeugten Ionen können grundsätzlich mit jedem Massenspektrometer analysiert werden.

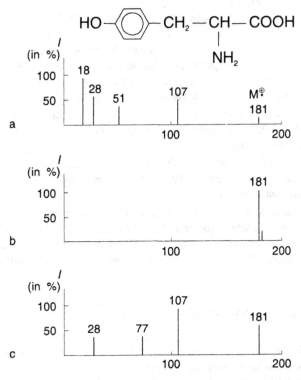

Abb. 4.134 Massenspektren von L-Tyrosin; a) EI-Massenspektrum, b) Massenspektrum mit weicher MUPI, c) Massenspektrum mit partiell harter MUPI.

Der Vorteil der MUPI-Methode gegenüber der Elektronenstoßionisierung EI (siehe Abschn. 4.11.3) besteht darin, daß das Molekülionensignal gegenüber den Fragmentsignalen durch Steuerung der Laserleistung stets sichtbar gemacht werden kann (siehe Abb. 4.133). Damit ist es möglich, das Molekülion (Molekülmasse, Summenformel) zu identifizieren und gleichzeitig aus dem spezifischen Fragmentierungsmuster auch Rückschlüsse auf die Molekülstruktur zu ziehen (siehe Abb. 4.134) [4.130].

4.11 Externe Wechselwirkung mit Teilchenstrahlung

Im Abschnitt 4.10 wurde die Wechselwirkung der Moleküle mit elektromagnetischer Strahlung zum Teil im Korpuskularbild (elastische und inelastische Stöße zwischen Photonen mit Molekülen) beschrieben. Dieses Bild gewinnt an Bedeutung, wenn als Stoßpartner Teilchen mit einer Ruhemasse (im Gegensatz zum Photon) zur Verfügung stehen. Es zeigt sich aber, daß auch hier das komplementäre Wellenbild noch immer Bedeutung hat (z. B. bei der Neutronenbeugung).

Bei inelastischen Stoßprozessen wird neben der Richtung auch der Betrag der Relativgeschwindigkeit geändert. Das Resultat von Stößen ist in jedem Fall eine Streuung. Bei Streuexperimenten wird ein Teilchenstrom (Elektronen, Neutronen, Protonen, Atome, Moleküle, Ionen) erzeugt, auf ein Target (Meßzelle oder kreuzender Molekularstrahl) gerichtet und dort gestreut. Mit einem geeigneten Detektor, der um das Streuzentrum herum gefahren werden kann, läßt sich die Winkelverteilung der gestreuten Teilchen messen. Mittels Streuexperimenten wird der differentielle Streuquerschnitt, d. h. die Zahl der pro Zeiteinheit in den Winkel ϑ gestreuten Teilchen, bezogen auf die einfallende Teilchenstromdichte [4.133], bestimmt.

Aus der Analyse der Streuquerschnitte in Abhängigkeit vom Ablenkungswinkel ϑ ist eine sehr genaue Bestimmung der Potentialkurven der Van-Der-Waals-Wechselwirkung z. B. zwischen Edelgasatomen möglich.

Außer durch Streuexperimente kann die Wechselwirkung mit einem Teilchenstrom auch an der Veränderung des Teilchenstromes in Durchtrittsrichtung (s. Elektronentransmissionsspektroskopie) untersucht werden, oder der Teilchenstrom dient der Ionisierung der Moleküle, und die ionisierten Teilchen werden dann massenspektrometrisch aufgetrennt.

4.11.1 Elektron-energy-loss-Spektroskopie

In eine gasförmige Probe (bei niedrigem Druck von 0,1 bis 1 Pa) wird ein Strahl freier Elektronen bestimmter kinetischer Energie E_{in} geleitet.

Durch Kollision der Elektronen mit den Atomen oder Molekülen der Probe werden diese in angeregte Zustände überführt.

Die gestreuten Elektronen werden bei einem bestimmten Streuwinkel ϑ hinsichtlich ihrer kinetischen Energie E_r analysiert.

$$\Delta E = E_{in} - E_r \tag{4.211}$$

Der Energieverlust ΔE entspricht der Anregungsenergie der Moleküle oder Atome. Durch Einstellung von E_r (Schwellenwert) und ϑ lassen sich spinverbotene oder symmetrieverbotene Übergänge nachweisen.

Die Elektron-energy-loss-Spektroskopie hat gegenüber der UV/Vis-Spektroskopie noch den Vorteil, daß der Frequenzbereich vom reinen Schwingungsgebiet bis zum Vakuum-UV leichter zugänglich ist. Allerdings ist die Auflösung geringer [4.134].

Zusammen mit der UV/Vis-Spektroskopie ist die Elektron-energy-loss-Spektroskopie geeignet, das Energieniveauschema von Molekülzuständen experimentell zu bestimmen (siehe Abb. 4.135).

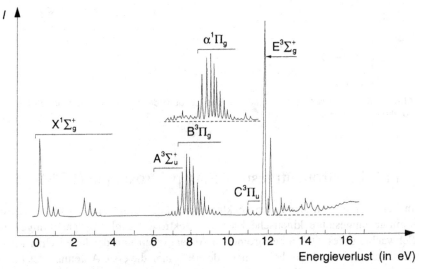

Abb. 4.135 Elektron-energie-loss-Spektren von N_2, oben bei $E_r = 0,2$ eV, unten bei $E_r = 16$ eV (Triplettzustände intensitätsschwach) [4.135].

Im Bereich von 0 bis 3 eV des Elektron-energy-loss-Spektrums von N_2 [4.135] werden reine Schwingungsübergänge des Grundzustands $X^1\Sigma_g^+$ gefunden (siehe Abb. 4.136). Die restlichen Banden zeigen ebenfalls eine Schwingungsfeinstruktur und sind mit dem in Abbildung 4.135 gezeigten Energieniveauschema in Einklang.

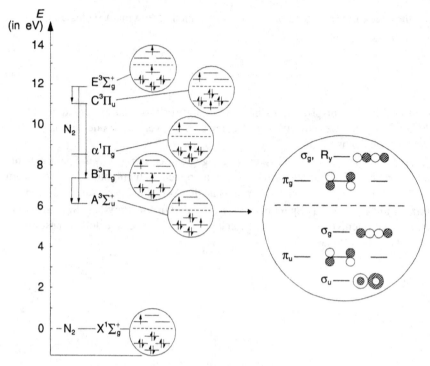

Abb. 4.136 Energieniveauschema der Energiezustände von N_2 und zugehörige Elektronenkonfigurationen (in Kreisen).

4.11.2 Elektronentransmissionsspektroskopie (ETS)

In der Elektronentransmissionsspektroskopie durchdringt ein monochromatischer (bestimmte eingestellte kinetische Energie) Elektronenstrahl eine gasförmige Probe. Die Schwächung des Elektronenstromes in Abhängigkeit von der kinetischen Energie wird gemessen. Mit der Modulationsmethode erhält man die erste Ableitung des übertragenen Elektronenstromes (siehe Abb. 4.137).

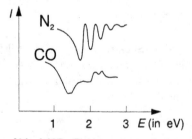

Abb. 4.137 Elektronentransmissionsspektren von N_2 und CO.

Bei diesem Experiment wird ein Teil der Elektronen absorbiert und führt zu Anionenzustän-
den kurzer Lebensdauer. Wenn die durchschnittliche Lebensdauer eines Anionenzustands
länger als ein Schwingungszustand ist, so tritt eine Schwingungsfeinstruktur auf; ist die
Lebensdauer verkürzt (z. B. bei CO), so verschwindet die Schwingungsfeinstruktur [4.136].

Entsprechend dem Koopmannschen Theorem (siehe Gleichung 4.210) ist die mit ETS
gemessene Energie, die notwendig ist, um an das Molekül ein zusätzliches Elektron
anzulagern, gleich der Energie des LUMO (*lowest unoccupied MO*).

4.11.3 Massenspektrometrie

In der Massenspektrometrie wird in den meisten Fällen die Wechselwirkung der Moleküle
mit einem Teilchenstrom dazu genutzt, um die Moleküle in Ionen zu überführen. Die dabei
entstehenden Molekülradikalionen und Fragmentionen werden anschließend in einem
Trennsystem nach dem Masse-Ladungs-Verhältnis getrennt. Wenn alle Teilchen die
gleiche Ladung besitzen, erfolgt die Trennung demzufolge nur nach der Masse der
Teilchen (daher der Name Massenspektrometrie).

Drei wichtige Prozesse sind in der Massenspektrometrie von Bedeutung:

a) Ionisierung der Moleküle,
b) Fragmentierung der Molekülradikalionen,
c) Ionentrennung.

Abbildung 4.138 zeigt den Aufbau eines Massenspektrometers.

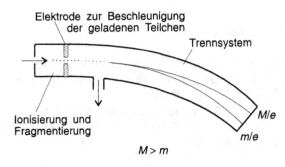

Abb. 4.138 Prinzipieller Aufbau eines Massen-spektrometers (M/e; m/e Masse-Ladungs-Verhältnis; M/e > m/e).

Ionisierung der Moleküle

Die Ionisierung mit Photonen wurde in Abschnitt 4.10.4 vorgestellt. In der Massenspek-
trosmetrie ist jedoch noch eine Reihe weiterer Ionisierungsverfahren in Gebrauch:

– Elektronenstoßionisierung   EI
– chemische Ionisierung   CI
– Feldionisierung   FI

Für die Ionisierung aus einer kondensierten Matrix (Feststoff oder Flüssigkeit) gibt es einige Ionisierungsverfahren, die es erlauben, auch aus relativ labilen Molekülen neben den Fragmentionen die Molekülionen zu erzeugen:

- Feldionendesorption   FD
- Sekundärelektronenmassenspektrometrie SIMS
- *Fast Atom Bombardement*   FAB
- Californium-Plasma-Desorption ^{252}Cf-PD

Der häufigste Prozeß bei der Elektronenstoßionisierung EI kann durch Gleichung 4.212 beschrieben werden:

$$M \; + \; e = M^{\cdot +} \; + \; 2\,e \tag{4.212}$$

(M   Molekül; $M^{\cdot +}$ Molekülradikalion;   e   Elektron).

Bei der Elektronenstoßionisierung treten neben den Molekülradikalionen auch Fragmente auf, da die Elektronenenergie (z. B. 70 eV) die Ionisierungsenergie (~10 eV) gewöhnlich weit übertrifft.

Die chemische Ionisierung CI erfolgt durch Ladungsübertragung oder Anlagerung von geladenen Teilchen (Protonen, Li^+-Ionen, Alkylkationen, organische Anionen usw.) an die Moleküle durch ein ionisiertes Trägergas (1000facher Überschuß), z. B.:

$$M \; + \; (CH_5)^+ = (MH)^+ \; + \; CH_4 \tag{4.213}$$

Bei der chemischen Ionisierung ist die Fragmentierung wesentlich schwächer als bei der Elektronenstoßionisierung.

Fragmentierung der Molekülradikalionen

Molekülradikalionen sind meist reaktive Teilchen, die leicht weiter in Fragmente (Radikale, Neutralmoleküle, Ionen und Ionenradikale) zerfallen. Von den Fragmenten sind nur die geladenen Teilchen im Massenspektrum zu finden.

Die Fragmentierung kann durch eine Reihe von Mechanismen beschrieben werden, die für bestimmte Molekültypen charakteristisch sind. Drei beispielhafte Fragmentierungsmechanismen sind in Abbildung 4.139 zusammengefaßt.

Ionentrennung

Die Ionentrennung erfolgt in der Massenspektrometrie nach folgenden Methoden:

- Anwendung magnetischer und elektrischer Felder,
- Ion-Cyclotron-Resonanz,
- Ionenfalle,
- Flugzeitmessung.

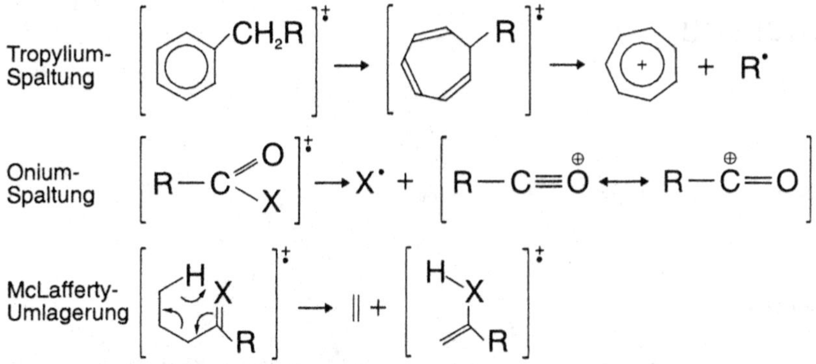

Tropylium-Spaltung

$$\left[\begin{array}{c}\text{CH}_2\text{R}\end{array}\right]^{\ddagger} \longrightarrow \left[\begin{array}{c}\text{R}\end{array}\right]^{\ddagger} \longrightarrow \left(\begin{array}{c}+\end{array}\right) + \text{R}^{\bullet}$$

Onium-Spaltung

$$\left[\text{R}-\text{C}\underset{\text{X}}{\overset{\text{O}}{\diagup}}\right]^{\ddagger} \longrightarrow \text{X}^{\bullet} + \left[\text{R}-\text{C}\overset{\oplus}{\equiv}\text{O} \longleftrightarrow \text{R}-\overset{\oplus}{\text{C}}=\text{O}\right]$$

McLafferty-Umlagerung

$$\left[\begin{array}{c}\text{H}\quad\text{X}\\\text{R}\end{array}\right]^{\ddagger} \longrightarrow \| + \left[\begin{array}{c}\text{H}\diagdown\text{X}\\\text{R}\end{array}\right]^{\ddagger}$$

R = H, Alk, Ar, N(Alk)$_2$, OAlk, SAlk,   X = CH$_2$, O, S, NR

Abb. 4.139   Einige Fragmentierungsmechanismen in der Massenspektrometrie.

Die Massenspektrometrie als Methode der Strukturbestimmung von Molekülen beruht auf folgenden, in den Massenspektren enthaltenen Informationen:

– Summenformel: aus der Summe der genauen Isotopenmasse bei sicherer Identifizierung des Molekülpeaks,
– charakteristische Molekülteile: aus der Analyse der Fragmentierung.

Darüber hinaus ist die Massenspektrometrie zum Studium chemischer Elementarreaktionen und zur Identifizierung und quantitativen Bestimmung kleinster Substanzmengen (auch in Gemischen) geeignet [4.130; 4.137].

Literatur

Kapitel 2

2.1 Schomaker, V.; Stevenson, D. P. In: *J. Amer. Chem. Soc.* 63 (1941) S. 37.
2.2 Pauling, L. *Die Natur der chemischen Bindung*, dtsch. Übersetzung. Verlag Chemie, Weinheim 1962.
2.3 Ermer, O. In: *Structure and Bonding* 27 (1976) S. 161.
2.4 Sidgwick, N. V.; Powell, H. M. In: *Proc. Roy. Soc.* A 176 (1940) S. 153.
2.5 Bader, R. F. W.; Gillespie, R. J.; Mac Dougall, P. J. In: *J. Amer. Chem. Soc.* 110 (1988) S. 7329.
2.6 Grinter, R. In: *Chemie in unserer Zeit* 11 (1977) S. 176.
2.7 Gillespie, R. J.; Nyholm, R. S. In: *Quart. Rev. Chem. Soc.* 11 (1957) S. 239.
2.8 Ahlrichs, R. In: *Chemie in unserer Zeit* 14 (1980) S. 176.
2.9 Gillespie, R. J. In: *J. Chem. Educ.* 51 (1974) S. 367.
2.10 Kutzelnigg, W. In: *Angew. Chemie* 96 (1984) S. 262.
2.11 Bingel, W. A.; Lüttke, W. In: *Angew. Chemie* 93 (1981) S. 944.
2.12 Bent, H. A. In: *Chem. Rev.* 61 (1961) S. 276.
2.13 Dewar, M. J. S.; Kollmar, H.; Li, W. K. In: *J. Chem. Educ.* 52 (1975) S. 305.
2.14 Mulliken, R. S. In: *Rev. Mod. Phys.* 14 (1942) S. 204.
2.15 Walsh, A. D. In: *J. Chem. Soc.* 1953 S. 2260.
2.16 Gimarc, M. B. In: *Acc. Chem. Res.* 7 (1974) S. 384.
2.17 Baird, N. C. In: *Tetrahedron* 35 (1978) S. 289.
2.18 Gillespie, R. J. In: *Chem. Soc. Rev.* 8 (1979) S. 315.
2.19 O Neil, M. E.; Wade, K. In: *Inorgan. Chem.* 21 (1982) S. 464.
2.20 Burns, R. C.; Gillespie, R. J.; Barnes, J. A.; McGlinchey, H. J. In: *Inorg. Chem.* 21 (1982) S. 799.
2.21 King, R. B. In: *Inorg. Chim. Acta* 57 (1982) S. 79.
2.22 Ugi, I.; Marquarding, D.; Klusacek, M.; Gokel, G.; Gillespie, P. In: *Angew. Chemie* 82 (1970) S. 741.
2.23 Jotham, R. W. In: *Chem. Soc. Rev.* 2 (1973) S. 457.
2.24 Seybold, P. G.; May, M.; Bagat, U. A. In: *J. Chem. Educ.* 64 (1987) S. 575.
2.25 Ronvray, D. H. In: *Chem. Britt.* 10 (1974) S. 11.
2.26 Für die Fotografie dieser Modelle sei Herrn Direktor Tjeenk-Brandis, J. G. vom Museum Boerhaave in Leiden/Niederlande herzlich gedankt.
2.27 Vögtle, F. In: *Nachr. Chem. Techn.* 22 (1974) S. 219.
2.28 WIMP TM 2001; Aldrich Chemical Company Milwaukee, WIS 53021, USA
ALCHEMY II und SYBYL; Tripos - Associates, St. Louis, MO 63144, USA
Chem-X und AMBER; Chemical Design Ltd. Oxford OX OJB, England
RIMG; Mutter, M.; Vuilleumier, S. - In: *Angew. Chem.* 101 (1989) S. 551
BIOSYM, BIOSYM Technologies, Inc. San Diego Ca 92121, USA
IRIS-4D Superworkstation Silicon Graphics, Mountain View, CA, USA.

2.29   Mathiak, K.; Stingl, P.: *Gruppentheorie für Chemiker, Physiko-Chemiker, Mineralogen.* F. Vieweg u. Sohn, Braunschweig 1968.
2.30   Egge, G. In: *Naturwiss.* 58 (1971) S. 247.
2.31   Cahn, R. S.; Ingold, C.; Prelog, V. In: *Angew. Chemie* 78 (1966) S. 413.
2.32   IUPAC-Mitteilung In: *J. Organ. Chem.* 35 (1970) S. 2849.
2.33   Prelog, V.; Helmchen, G. In: *Angew. Chemie* 94 (1982) S. 614.
2.34   Fersenius, C. W.; Loening, K.; Adams, R. M. In: *J. Chem. Educ.* 51 (1974) S. 735.
2.35   Pretsch, E.; Clerc, T.; Seibl, J.; Simon, W.: *Tabellen zur Strukturaufklärung organischer Verbindungen mit spektroskopischen Methoden.* Springer-Verlag, Berlin/Heidelberg/New York 1976.
2.36   Hesse M.; Meier, H.; Zeeh, B.: *Spektroskopische Methoden in der organischen Chemie.* Georg Thieme Verlag, Stuttgart 1979.

Kapitel 3

3.1   Finkelnburg, W.: *Einführung in die Atomphysik.* Springer-Verlag, Berlin/Göttingen/Heidelberg 1981.
3.2   Seppelt, K. In: *Chemie in unserer Zeit* 9 (1975) S. 10.
3.3   Bastiansen, O.; Kveseth, K.; Möllendal, H. In: *Top. Curr. Chem.* 81 (1979) S. 99.
3.4   Orville-Thomas, W. J. (Hrsg.): *Internal Rotations in Molekules.* J. Wiley & Sons, London/New York/Toronto 1974.
3.5   Frühbeis, H.; Klein, R.; Wallmeier, H. In: *Angew. Chemie* 99 (1987) S. 413 - 428.
3.6   Chachaty, C.; Perly, B.; Zemb, T. In: *Stud. Phys. Theor. Chem.* 23 (1982) S. 273.
3.7   Binsch, G.; Eliel, E. L.; Kessler, H. In: *Angew. Chemie* 83 (1971) S. 618.
3.8   Ege, G. In: *Naturwissenschaften* 58 (1971) S. 247.
3.9   Mislow, K.; Raban, M. In: *Topics in Sterochemistry* 1 (1962) S. 1.
3.10   Klemperer, W. G. In: *J. Amer. Chem. Soc.* 94 (1972) S. 6940 und 8360.
3.11   Brocas, J.; Gielen, M.; Willem, R. In: *The Permutational Approach to Dynamic Stereochemistry*, McGraw Hill Inc., Cambridge 1983.
3.12   Musher, J. In: *J. Chem. Educ.* 51 (1974) S. 94.
3.13   Metiu, M.; Ross, I.; Whitesides, G. M. In: *Angew. Chemie* 91 (1979) S. 363.
3.14   Goodfriend, P. L. In: *J. Chem. Educ.* 64 (1987) S. 753.
3.15   Köppel, H.; Cederbaum, L. S.; Domcke, W.; Sharik, S. S. In: *Angew. Chemie* 95 (1983) S. 221.
3.16   Lacey, A. R. In: *J. Chem. Educ.* 64 (1987) S. 756.
3.17   Millar, I. S. In: *Adv. Phys. Org. Chem.* 6 (1968) S. 313.
3.18   Gardiner, W. C. In: *Rates and Mechanismus of Chemical Reactions*, Benjamin, New York 1969.
3.19   Pacey, P. O. In: *J. Chem. Educ.* 58 (1981) S. 612.
3.20   Bush, I. H.; de la Vega, J. R. In: *J. Amer. Chem. Soc.* 99 (1977) S. 2397.
3.21   de la Vega, J. R. In: *Acc. Chem. Res.* 15 (1982) S. 185.
3.22   McKinney, M. A.; Haworth, D. I. In: *J. Chem. Educ.* 57 (1980) S. 110.
3.23   Paquette, L. A. In: *Angew. Chemie* 83 (1971) S. 11.
3.24   Barrow, G. M.; Herzog, G. W. In: *Physikalische Prinzipien und ihre Anwendung in der Chemie*, Braunschweig/Wiesbaden, Friedrich Vieweg & Sohn, 1979.
3.25   Dale, I. In: *Steroechemistry and Conformational Analysis*, Vlg. Chemie, New York/Weinheim 1978.
3.26   William, G. In: *Chem. Soc. Rev.* 7 (1978) S. 89.
3.27   Maliniak, A.; Laaksonen, A.; Korppi-Tommola, J. In: *J. Amer. Chem. Soc.* 112 (1990) S. 86.

3.28   Jorgensen, W. L.; Madura, J. O. In: *J. Amer. Chem. Soc.* 105 (1983) S. 1407.
3.29   Ferguson, D. M.; Raber, D. J. In: *J. Amer. Chem. Soc.* 111 (1989) S. 4371.
3.30   Chang, G.; Guida, W. C.; Still, W. C. In: *J. Amer. Chem. Soc.* 111 (1989) S. 4379.
3.31   Lister, D. G.; Mac Donald, J. N.; Owen, N. L. In: *Internal Rotation and Inversion*, Academie Press, London/New York/San Francisco 1978.
3.32   Dais, P. In: *Magn. Reson. Chem.* 25 (1987) S. 141.
3.33   Umemoto, K.; Ouchi, K. In: *Proc. Indian Sci (Chem. Sci)* 94 (1985) S. 1.
3.34   Albright, T. A.; Hoffmann, R.; Thibeault, J. C.; Thorn, D. L. In: *J. Amer. Chem. Soc.* 101 (1979) S. 3801.
3.35   Sumpter, B. G.; Martens, C. C.; Ezra, G. S. In: *J. Phys. Chem.* 92 (1988) S. 7193.
3.36   Hagen, K.; Hedberg, K. In: *J. Amer. Chem. Soc.* 111 (1989) S. 6905.
3.37   Hagen, K. In: *J. Amer. Chem. Soc.* 111 (1989) S. 9169.
3.38   Lambert, J. B.; Nienhuis, R. J.; Keepers, J. W. In: *Angew. Chem.* 93 (1981) S. 553.
3.39   Bushweller, C. H.; Brunelle, J. A. In: *J. Amer. Chem. Soc.* 95 (1973) S. 5944.
3.40   Hoffmann, R.; Albright, T. A.; Thorn, D. L. In: *Pure and Appl. Chem.* 50 (1979) S. 1.
3.41   Albright, T. A. In: *Acc. Chem. Res.* 15 (1982) S. 140.
3.42   Huber, R. In: *Angew. Chemie* 100 (1988) S. 80.
3.43   Frauenfelder, H. In: *Naturwiss. Rundschau* 38 (1985) S. 311
3.44   Papousek, D.; Spirko, V. In: *Top. Curr. Chem.* 68 (1976) S. 59.
3.45   Jackmann, L. M.; Cotton, F. A. (Hrsg.) In: *Dynamic Nuclear Magnetic Resonance Spectroscopy*, Academic Press, New York 1975.
3.46   Nivorozhkin, A. L.; Sukholenko, E. V.; Nivorozhkin, L. E. Borisenko, N. I.; Minkin, V. I.; Grishin, Y. u. K.; Diachenko, O. A.; Takhirow, T. G.; Tagiev, D. B. In: *Polyhedron* 8 (1989) S. 569.
3.47   Gillespie, P.; Hoffmann, P.; Klusacek, H.; Marquarding, D.; Pfohl, S.; Ramirez, F.; Tsolis, E. A.; Ugi, I. In: *Angew. Chemie* 83 (1971) S. 691.
3.48   Hoffmann, R.; Beier, B. F.; Muetterties, E. L.; Rossi, A. R. In: *Inorg. Chem.* 16 (1977) S. 511.
3.49   Sheline, R. K.; Mahnke, H. In: *Angew. Chemie* 87 (1975) S. 337.
3.50   Hendrickson, J. B. In: *J. Amer. Chem. Soc.* 89 (1967), S. 7036, 7043 und 7047.
3.51   Squillacote, M.; Sheridan, R. S.; Chapmann, O. L.; Anet, F. A. L. In: *J. Amer. Chem. Soc.* 97 (1975) S. 3244.
3.52   Anderson, J. E. In: *Top. Curr. Chem.* 45 (1974) S. 139.
3.53   Dashevsky, V. G.; Lugovskoy, A. A. In: *J. Mol. Struct.* 12 (1972) S. 39.
3.54   Anet, F. A. L.; Haq, M. Z. In: *J. Amer. Chem. Soc.* 87 (1965) S. 3147.
3.55   Dalling, D. K.; Grant, D. M.; Johnson, L. F. In: *J. Amer. Chem. Soc.* 93 (1971) S. 3678
3.56   Baas, J. M. A.; van de Graaf, B.; Tavernier, D.; Vanhee, P. In: *J. Amer. Chem. Soc.* 103 (1981) S. 5014.
3.57   Anet, F. A. L.; Wagner, I. J. In: *J. Amer. Chem. Soc.* 93 (1971) S. 5266
3.58   Ermer, O. In: *Struct. and Bond.* 27 (1976) S. 161.
3.59   Noe, E. A.; Roberts, J. D. In: *J. Amer. Chem. Soc.* 94 (1972) S. 2020.
3.60   Anet, F. A. L.; Cheng, A. K.; Wagner, J. J. In: *J. Amer. Chem. Soc.* 94 (1972) S. 9250.
3.61   Kessler, H. In: *Angew. Chemie* 94 (1982) S. 509.
3.62   Maerker, A. In: *Chemiker-Ztg.* 97 (1973) S. 361.
3.63   Feigel, M.; Kessler, H.; Walter, A. In: *Chem. Ber.* 111 (1978) S. 2947.
3.64   Tsutsui, M.; Hudmann, C. E. In: *Trans. N. Y. Acad. Sci.* Ser. II. 34 (1972) S. 595.
3.65   Paquette, L. A.; Kokihana, T.; Hansen, J. F.; Philips, J. C. In: *J. Amer. Chem. Soc.* 93 (1971) S. 152.
3.66   Hauptmann, S. In: *Z. Chemie* 13 (1973) S. 361.
3.67   Boche, G.; Weber, H.; Bieberbach, A. In: *Chem. Ber.* 111 (1978) S. 2833.
3.68   Anet, F. A. L. In: *J. Amer. Chem. Soc.* 86 (1964) S. 3576.

3.69   Schröder, G.; Oth, J. F. M.; Merenyi, R. In: *Angew. Chemie* 77 (1965) S. 774.

3.70   Gardlik, J. M.; Paquette, L. A.; Gleiter, R. In: *J. Amer. Chem. Soc.* 101 (1979) S. 1617.

3.71   Meinwald, J.; Tsuruta, H. In: *J. Amer. Chem. Soc.* 92 (1970) S. 2579.

3.72   White, E. H.; Friend, E. W.; Stern, R. L.; Maskill, H. In: *J. Amer. Chem. Soc.* 91 (1969) S. 523.

3.73   Olah, G. A.; Starel, J. S.; Liang, G.; Paquette, L. A.; Melega, W. P.; Carmody, M. J. In: *J. Amer. Chem. Soc.* 99 (1977) S. 3349.

3.74   Oth, J. F. M.; Gilles, J. M. In: *Tetrahedron Letters* 1968 S. 6259.

3.75   Schröder, G.; Oth, J. F. M. In: *Tetrahedron Letters* 1966 S. 4083.

3.76   Gilles, J. M.; Oth, J. F. M.; Sondheimer, F.; Woo, E. P. In: *J. Chem. Soc.* B 1971 S. 2177.

3.77   Metcalf, B. W.; Sondheimer, F. In: *J. Amer. Chem. Soc.* 93 (1971) S. 6675.

3.78   Wehrli, R.; Schmid, H.; Bellus, D.; Hansen, H.-J. In: *Helv. Chim. Acta* 60 (1977) S. 1325.

3.79   Doering, W.v.E.; Roth, W. R. In: *Angew. Chemie* 75 (1963) S. 27.

3.80   Schröder, G. In: *Chem. Ber.* 97 (1964) S. 3140.

3.81   Günther, H.; Ulmen, J. In: *Tetrahedron* 30 (1974) S. 3781.

3.82   Baudler, M.; Pontzen, Th.; Hahn, J.; Temberger, H.; Faber, W. In: *Z. Naturforsch.* 35b (1980) S. 517.

3.83   Böhm, M. C.; Gleiter, R. In: *Z. Naturforsch.* 36b (1981) S. 498.

3.84   Fong, F. K. In: *J. Amer. Chem. Soc.* 96 (1974) S. 7638.

3.85   Günther, H. In: *Tetrahedron Letters* 1965 S. 4085.

3.86   Mügge, C.; Jurkschat, K.; Tzschach, A.; Zschunke, A. In: *J. Organometal. Chem.* 164 (1979) S. 135.

3.87   Mügge, C.; Weichmann, H.; Zschunke, A. In: *J. Organometal. Chem.* 192 (1980) S. 41.

3.88   Olah, G. A.; Schlosberg, R. H.; Porter, R. D.; Mo, Y. K.; Kelly, D. P.; Mateescu, G. D. In: *J. Amer. Chem. Soc.* 94 (1972) S. 2034.

3.89   Minkin, V. I.; Olekhnovich, L. P.; Zhdanov, Ju., A. In: *Molecular design tautomeric systems.* Univ. Rostow, 1977.

3.90   Grishin, Y. K.; Sergeyev, N. M.; Ustynyuk, Y. A. In: *J. Organometal Chem.* 22 (1970) S. 361.

3.91   Hunt, G. R. A. In: *J. Chem. Educ.* 53 (1976), S. 53.

3.92   Evans, J. In: *Adv. Org. Chem.* 16 (1977) S. 319.

3.93   Minkin, V. I.; Olekhnovich, L. P.; Zhdanov, Ju.A. In: *Acc. Chem. Res.* 14 (1981) S. 210.

3.94   Olah, G. A.; White, A. M. In: *J. Amer. Chem. Soc.* 91 (1969) S. 3956 und 6883.

3.95   Weiler, L. In: *Can. J. Chem.* 50 (1972) S. 1975.

3.96   Reetz, M. T.; Neumeier, G. In: *Liebigs Ann. Chemie* 1981 S. 1234.

3.97   Reich, H. J.; Murcia, D. A. In: *J. Amer. Chem. Soc.* 95 (1973) S. 3418.

3.98   Limbach, H. - H.; Hennig, J.; Stulz, J. In: *J. Chem. Phys.* 78 (1983) S. 5432.

3.99   Brookhart, M.; Lustgarten, R. K.; Winstein, S. In: *J. Amer. Chem. Soc.* 89 (1967) S. 6352.

3.100 Maslowsky, Jr. E. In: *J. Chem. Educ.* 55 (1978) S. 276.

3.101 Hansen, L. M.; Marynick, D. S. In: *J. Amer. Chem. Soc.* 110 (1988) S. 2358.

3.102 Cotton, F. A.; Hunter, D. L.; Lahuerta, P. In: *J. Amer. Chem. Soc.* 97 (1975) S. 1046.

3.103 Hoffmann, P. In: *Z. Naturforsch.* 33b (1978) S. 251.

3.104 Hoffmann, R. In: *J. Amer. Chem. Soc.* 100 (1978) S. 100.

3.105 Gibson, J. A.; Mann, B. E. In: *J. Chem. Soc.* Dalton 1979 S. 1025.

3.106 Foxman, B.; Marten, D.; Rosan, A.; Raghu, S.; Rosenblum, M. In: *J. Amer. Chem. Soc.* 99 (1977) S. 2160.

3.107 Cotton, F. A.; Marks, T. J. In: *J. Amer. Chem. Soc.* 91 (1969) S. 1339.

3.108 Bugay, D. E.; Bushweller, C. H.; Danehey, Jr. C. T.; Hoogasian, S.; Blersch, J. A.; Leenstra, W. R. In: *J. phys. Chem.* 93 (1989) S. 3908.

3.109 Jensen, F. R.; Bushweller, C. M.; Beck, B. H. In: *J. Amer. Chem. Soc.* 91 (1969) S. 344.

3.110 Anet, F. A. L.; Bradley, C. H.; Buchanan, G. W. In: *J. Amer. Chem. Soc.* 93 (1971) S. 258.
3.111 Booth, H. In: *Progr. in NMR-Spectrosc.* 5 (1969) S. 149.
3.112 Rader, C. P. In: *J. Amer. Chem. Soc.* 88 (1966) S. 1713.
3.113 Buchanan, G. W.; Ross, D. A.; Stothers, J. B. In: *J. Amer. Chem. Soc.* 88 (1966) S. 4301.
3.114 Eliel, E. L.; Martin, R. J. L. In: *J. Amer. Chem. Soc.* 90 (1968) S. 682.
3.115 Suhr, H. In: *Anwendung der kernmagnetischen Resonanz in der organischen Chemie*, Springer-Verlag, Berlin 1965.
3.116 Gutowsky, H. S.; McCall, D. W.; Slichter, C. P. In: *J. Chem. Phy.* 21 (1953) S. 279.
3.117 McConnel, H. M. In: *J. Chem. Phys.* 28 (1958) S. 430.
3.118 Binsch, G. In: *Top. Stereochem.* 3 (1968) S. 97.
3.119 Binsch, G.; Kessler, H. In: *Angew. Chemie* 92 (1980) S. 445.
3.120 Weigert, F. J.; Winstead, M. B.; Carrels, J. F.; Roberts, J. D. In: *J. Amer. Chem. Soc.* 92 (1970) S. 7359.
3.121 Alexander, S. In: *J. Chem. Phys.* 37 (1962) S. 975.
3.122 Forsen, S.; Hoffmann, R. A. In: *J. Chem. Phys.* 39 (1963) S. 2892.
3.123 Ernst, R. R.; Bodenhausen, G.; Wokaun, A. In: *Principles of nuclear magnetic resonance in one and two dimensions.* - Claredon Press, Oxford 1987.
3.124 Bodenhausen, G.; Ernst, R. R. In: *J. Magnet, Reson.* 45 (1981), S. 367.
3.125 Wagner, G.; Bodenhausen, G.; Müller, N.; Rance, M.; Sörensen, O. W.; Ernst, R. R.; Wüthrich, K. In: *J. Amer. Chem. Soc.* 107 (1985) S. 6440.
3.126 Abel, E. W.; Coston, T. P. J.; Drell, K. G.; Sik, V.; Stephenson, D. In: *J. Magnet. Reson.* 70 (1986) S. 34.
3.127 Woessner, D. E.; Snowden, Jr. B. S.; Meyer, G. M. In: *J. Chem. Phys.* 50 (1969) S. 719.
3.128 Lerf, A.; Butz, T. In: *Angew. Chemie* 99 (1987) S. 113.
3.129 Zens, A. P.; Ellis, P. O. In: *J. Amer. Chem. Soc.* 97 (1975) S. 5685.
3.130 Russel, G. A.; Mackor, A. In: *J. Amer. Chem. Soc.* 96 (1974) S. 145.
3.131 Chien, J. C. W.; Dickinson, L. C. In: *Biolog. Magnet. Reson.* 3 (1982) S. 12.
3.132 Aroney, S. In: *Angew. Chemie* 89 (1977) S. 725.

Kapitel 4

4.1   Browley, D. A. In: *Umschau* 74 (1974) S. 233.
4.2   Schmidt, F. K. In: *Chemie für Labor und Betrieb* 33 (1982) S. 396.
4.3   Lister, D. G.; Mac Donald, J. N.; Owen, N. L. In: *Internal Rotation and Inversion.* Adademic. Press, London/New York/San Francisco 1978.
4.4   Finkelnburg, W.: *Einführung in die Atomphysik.* Springer-Verlag, Berlin/Göttingen/Heidelberg 1962.
4.5   Brickmann, J.; Klöffler, M.; Raab, H. U. In: *Chemie in unserer Zeit* 12 (1978) S. 23.
4.6   Williams, A. F.: *A Theoretical Approach to Inorganic Chemistry.* Springer-Verlag, Berlin/Heidelberg/New York 1979.
4.7   Reed, A. E.; Curtiss, L. A.; Weinhold, F. In: *Chem. Rev.* 88 (1988) S. 899.
4.8   Yoder, C. H. In: *J. Chem. Educ* 54 (1977) S. 402.
4.9   Barrow, G. M.; Herzog, G. W.: *Physikalische Prinzipien und ihre Anwendung in der Chemie*, Fr. Vieweg & Sohn, Braunschweig/Wiesbaden 1979 S. 109.
4.10   Zahradnik, R.; Hobza, P. In: *Pur & Appl. Chem.* 60 (1988) S. 2
4.11   Yang, X.; Castleman, Jr. A. W. In: *J. Amer. Chem. Soc.* 111 (1989) S. 6845.
4.12   Schuster, P. - In: *Angew. Chem.* 93 (1981), S. 532.
4.13   Drago, R. S.; Wayland, B. In: *J. Amer. Chem. Soc.* 87 (1965) S. 3571.
4.14   Hudson, R. F.; Klopmann, G. In: *Tetrahedron Lett.* 12, (1967) S. 1103.

4.15   Rao, B. G.; Singh, U. C. In: *J. Amer. Chem. Soc.* 111 (1989) S. 3125.

4.16   Hoffmann, H.; Ebert, G. In: *Angew. Chem. 100* (1988) S. 933.

4.17   Seydel, K.; Schaper, K.-J.: *Chemische Struktur und biologische Affinität von Wirkstoffen*, Verlag Chemie, Weinheim/New York 1979.

4.18   Reichhardt, Chr. In: *Angew. Chemie* 77 (1965) S. 30.

4.19   Abboud, J. L.; Kamlet, M. J.; Taft, R. W. In: *J. Amer. Chem. Soc.* 99 (1977) S. 8325.

4.20   Gutmann, V.; Steininger, A.; Wychera, E. In: *Monatsh. Chem.* 97 (1966) S. 460.

4.21   Mayer, U.; Gutmann, V.; Gerger, W. In: *Monatsh. Chem.* 106 (1975) S. 1235.

4.22   Chastrette, M.; Rajzmann, M.; Chanon, M.; Purcell, K. F. In: *J. Amer. Chem. Soc.* 107 (1985) S. 1.

4.23   Reichhardt, Chr. In: *Angew. Chemie* 91 (1979) S. 119.

4.24   Born, M.; Oppenheimer, R. In: *Amm. Phys.* (Leipzig) 84 (1927) S. 457.

4.25   Osawa, E.; Musso, M. In: *Angew. Chemie* 95 (1983) S. 1.

4.26   Frühbeis, M.; Klein, R.; Wallmeier, H. In: *Angew. Chemie* 99 (1987) S. 413.

4.27   Brady, J. W. In: *J. Amer. Chem. Soc.* 111 (1989) S. 5155.

4.28   Jorgensen, W. L.; Madura, J. D. In: *J. Amer. Chem. Soc.* 105 (1983) S. 1407.

4.29   Chang, G.; Guida, W.C.; Still, W. C. In: *J. Amer. Chem. Soc.* 111 (1989) S. 4379.

4.30   Ferguson, D. M.; Raber, D. J. In: *J. Amer. Chem. Soc.* 111 (1989) S. 4371.

4.31   QCPE = *Quantum Chemistry Program-Exchange chemistry Building* 204 Indiana University, Bloomington IN 47401, USA.

4.32   Inagaki, S.; Iwose, K.; Mori, Y. In: *Chemistry Letters* 1986 S. 417.

4.33   Kingsbury, C. A. In: *J. Chem. Educ.* 56 (1979) S. 431.

4.34   Eisenstein, O.; Anh, N. T.; Devoquet, A.; Cantacuzene, J.; Salem, L. In: *Tetrahedron 30* (1974) S. 1717.

4.35   Brunk, T. K.; Weinhold, F. In: *J. Amer. Chem. Soc.* 101 (1979) S. 1700.

4.36   Truax, D. A.; Wieser, H. In: *Chem. Soc. Rev.* 5 (1976) S. 411.

4.37   Wolfe, S. In: *J. Chem. Soc.* (B) 1971 S. 136.

4.38   Booth, H.; Khedhair, K. A. In: *Chem. Commun.* 1985 S. 467.

4.39   Eliel, E. L.; Martin, R. J. L. In: *J. Amer. Chem. Soc.* 90 (1968) S. 680.

4.40   Zschunke, A.; Strüber, F.-J.; Borsdorf, R. In: *Prakt. Chem.* 311 (1969) S. 296.

4.41   Christl. M.; Roberts, J. D. In: *J. Org. Chem.* 37 (1972) S. 3443.

4.42   Eliel, E. L. In: *Angew. Chemie*, Intern. Ed. Engl. 11 (1972) S. 739.

4.43   Mügge, C.; Jurkschat, K.; Tzschach, A.; Zschunke, A. In: *J. Organometal. Chem.* 164 (1979) S. 135.

4.44   McDowell, R. S.; Streitwieser, Jr., A. In: *J. Amer. Chem. Soc.* 107 (1985) S. 5849

4.45   Tripett, S. In: *Phosphorus & Sulfur* 1 (1976) S. 89.

4.46   Klessinger, M. In: *Angew. Chem.* 82 (1970) S. 534.

4.47   Absar, H.; van Wazer, J. R. In: *Angew. Chem.* 90 (1978) S. 86.

4.48   Naray, Szabo, G.; Surjan, P. R.; Angyan, I. G. In: *Applied Qantum Chemistry*, Akademiai Kiado, Budapest 1987.

4.49   Bader, R. F.; Henneker, W. H.; Cade, P. E. In: *J. Chem. Phys.* 46 (1967) S. 3341.

4.50   Koga, T.; Nakatsuji, H.; Yonezawa, T. In: *J. Amer. Chem. Soc.* 100 (1978) S. 7522.

4.51   Coppens, P. In: *Angew. Chem.* 89 (1977) S. 33.

4.52   Boese, R. In: *Chemie in unserer Zeit* 23 (1989) S. 77.

4.53   Mulliken, R. S. In: *J. Chem. Phys.* 23 (1955) S. 1833.

4.54   Ahlrichs, R.; Erhardt, C. In: *Chemie in unserer Zeit* 19 (1985) S. 120.

4.55   Lopez-Garriga, J. J.; Hanton, S.; Babcock, G. T.; Harrison, J. F. In: *J. Amer. Chem. Soc.* 108 (1986) S. 7251.

4.56   Pauling, L. In: *The Nature of Chemical Bond*, New York 1939.

4.57   Myers, R. Th. In: *J. Chem. Educ.* 56 (1979) S. 711.

4.58   Mulliken, R. S. In: *J. Chem. Phys.* 2 (1934) S. 782.
4.59   Hinze, J.; Jaffe, H. H. In: *J. Amer. Chem. Soc.* 84 (1962) S. 540.
4.60   Gasteiger, H. In: *Nachr. Chem. Techn. Lab.* 28 (1980) S. 17.
4.61   Barbe, J. In: *J. Chem. Educ.* 60 (1983) S. 640.
4.62   Campbell, M. K. In: *J. Chem. Educ.* 57 (1980) S. 756.
4.63   Eldik, van R. In: *Angew. Chemie* 98 (1986) S. 671.
4.64   Jensen, W. B. In: *Chem. Rev.* 78 (1978) S. 1.
4.65   Laidler, K. J.; Polanyi, I. C. In: *Progr. React. Kinetics* 3 (1965) S. 1.
4.66   McLennan, D. J. In: *J. Chem. Educ.* 53 (1976) S. 348.
4.67   Kresge, A. J. In: *Chem. Soc. Rev.* 2 (1975) S. 475
4.68   Hass, E. C.; Plath, P. J. In: *Z. Chem.* 22 (1982) S. 14
4.69   Fukui, K. In: *Angew. Chemie* 94 (1982) S. 852
4.70   Bellamy, A. J.: *Lehrprogramm Orbitalsymmetrie*, Verlag Chemie, Weinheim 1974
4.71   Hendrickson, J. B. In: *J. Chem. Educ.* 55 (1978) S. 216.
4.72   Ellis, I. E. In: *J. Chem. Educ.* 53 (1976) S. 2.
4.73   Hoffmann, R. In: *Angew. Chemie* 94 (1982) S. 725.
4.74   Sanderson, R. T. In: *J. Chem. Educ.* 41 (1964) S. 13.
4.75   Katritzky, A. R.; Borcynski, P.; Musumara, G.; Pisano, D.; Szafran, M. In: *J. Amer. Chem. Soc.* 111 (1989) S. 7.
4.76   Bremer, M.; Schleyer, von R. P.; Schätz, K.; Kausch, M.; Schindler, M. In: *Angew. Chemie* 99 (1987) S. 795.
4.77   Hinze, J.; Whitehead, M. A.; Jaffe, H. H. In: *J. Angew. Chem. Soc.* 85 (1963) S. 148.
4.78   Marriott, S.; Reynold, W. F.; Taft, R. W.; Topsom, R. D. In: *J. Org. Chem.* 49 (1984) S. 954.
4.79   Grob, C. A. In: *Angew. Chemie* 88 (1976) S. 621.
4.80   Hammett, L. P.: *Physical Organic Chemistry*. - McGraw Hill, New York 1970.
4.81   Swain, C. G.; Lupton, E. C. In: *J. Amer. Chem. Soc.* 90 (1968) S. 4328.
4.82   Appleton, T. G.; Clark, H. C.; Manzer, L. E. In: *Coord. Chem. Rev.* 10 (1973) S. 335.
4.83   Jensen, W. B. In: *Chem. Rev.* 78 (1978) S. 1.
4.84   Brönsted, J. In: *Recl. Trav. Chim. Pays-Bas* 42, (1923) S. 718.
4.85   Treptow, S. R. In: *J. Chem. Educ.* 63 (1986) S. 938.
4.86   Lewis, G. N. In: *Valence and the Structure of Atoms and Molecules*. The Chemical Catalog Co. New York 1923.
4.87   Aue, D. H.; Webb, H. M.; Bowers, M. T. In: *J. Amer. Chem. Soc.* 98 (1976) S. 311.
4.88   Bayless, P. C. In: *J. Chem. Educ.* 60 (1983) S. 546.
4.89   Lias, S. G.; Liebman, J. F.; Levin, R. D. In: *J. Phys. Chem. Ref. Data* 13 (1984) S. 695.
4.90   Headley, A. D. In: *J. Amer. Chem. Soc.* (1987) S. 2347.
4.91   Pearson, R. G In: *J. Chem. Educ.* 45 (1968) S. 581.
4.92   Davies, J. A.; Hartley, F. R. In: *Chem. Rev.* 81 (1981) S. 79.
4.93   Koopmans, T. In: *Physica* 1 (1934) S. 104.
4.94   Pearson, R. G. In: *Inorg. Chem.* 27 (1988) S. 734.
4.95   Buckingham, A. D.; Orr, B. J. In: *Rev. Chem. Soc.* 21 (1967) S. 195.
4.96   Waite, J.; Papdopoulos, M. G. In: *J. Phys. Chem.* 93 (1989) S. 43.
4.97   Cohen, A. In: *Chem. Phys. Letters* 68 (1979) S. 166.
4.98   Spackman, M. A. In: *Chem. Phys. Letters* 161 (1989) S. 285.
4.99   Labhart, H. In: *Tetrahedron* 19 (1963) S. 223.
4.100 Carrigan, Jr. W. P.; Trower, W. P. In: *Nature* 305 (1983) S. 673.
4.101 Fermi, E. In: *Z. Physik* 60 (1930) S. 320.
4.102 Wertz, J. E.; Bolton, J. R. In: *Electron Spin Resonance*, McGraw Hill Inc., New York 1972.
4.103 Scheffler, K.; Stegmann, H. B. In: *Elektronenspinresonanz*. Springer-Verlag, Berlin/Heidelberg/New York 1969.

4.104 Roduner, E. In: *Chimia* 43 (1989) S. 86.

4.105 Harris, R. K.; Mann, B. E.: *NMR and the Periodic Table*. Academic Press, London 1978.

4.106 Günther, H.: *NMR- Spektroskopie*. Georg Thieme Verlag, Stuttgart 1983.

4.107 Kalinowski, H.-O.; Berger, S.; Braun, S.: *^{13}C-NMR-Spektroskopie*. Georg Thieme Verlag Stuttgart, New York 1984.

4.108 Le Favre, R. J. W.; Williams, P. H.; Eckert, J. M. In: *Austr. J. Chem.* 18 (1965) S. 1133.

4.109 Schmalz, T. G.; Norris, C. L.; Flygare, W. H. In: *J. Amer. Chem. Soc.* 95 (1973) S. 7961.

4.110 Keller, E. In: *Chemie in unserer Zeit* 16 (1982) S. 116.

4.111 Hargittai, F. In: *Z. Chem.* 20 (1980) S. 248.

4.112 Hagen, K. In: *J. Amer. Chem. Soc.* 111 (1989) S. 9169.

4.113 Bertagnolli, H.; Springer, T. In: *Nachr. Chem. Techn. Lab.* 28 (1980) S. 5.

4.114 Springer, T. In: *Naturwiss.* 72 (1985) S. 180.

4.115 Flygare, W. H.: *Molecular Structure and Dynamics*. Prentice-Hall. Inc., Englewoodcliffs/New Jersey 1978.

4.116 Lacey, A. R. In: *J. Chem. Educ.* 64 (1987) S. 756.

4.117 Schneider, F. In: *Nachr. Chem. Techn. Lab.* 30 (1982) S. 257.

4.118 Strommen, D. P. In: *J. Chem. Educ.* 54 (1977) S. 474.

4.119 Schnepel, F. M. In: *Chemie in unserer Zeit* 14 (1989) S. 158.

4.120 Schrader, B. In: *Angew. Chem.* 85 (1973) S. 925.

4.121 Wong, K.-P. In: *J. Chem. Educ.* 52 (1975) S. A9.

4.122 Snatzke, C. In: *Chemie in unserer Zeit* 15 (1981) S. 78.

4.123 Snatzke, G. In: *Angew. Chemie* 91 (1979) S. 380.

4.124 Schwarz, W. H. E. In: *Angew. Chemie* 86 (1974) S. 505.

4.125 Mößbauer, R. L. In: *Naturwiss.* 50 (1963) S. 282.

4.126 Wertheim, G. K.: *Mößbauer-Effect*. W. A. Benjamin Inc.; New York 1964.

4.127 Bittner, H. In: *Österreich. Chem. Ztg.* 64 (1963) S. 137.

4.128 Bock, H.; Ramsey, B. G. In: *Angew. Chemie* 85 (1973) S. 773.

4.129 Grotemeyer, I.; Schlag, E. W. In: *Angew. Chemie* 100 (1988) S. 46.

4.130 McLafferty, F. W.: *Interpretation of Mass-Spectra*. University Science Books, Mill Valley 1980.

4.131 Ellison, F. O.; White, M. G. In: *J. Chem. Educ.* 53 (1976) S. 430.

4.132 Bock, H.; Mollere, P. D. In: *J. Chem. Educ.* 51 (1974) S. 506.

4.133 Pauly, H. In: *Naturwissenschaften* 65 (1978) S. 297.

4.134 Kuppermann, A.; Flicker, W. M.; Mosher, O. A. In: *Chem. Rev.* 79 (1979) S. 77.

4.135 Allan, M. In: *J. Chem. Educ.* 64 (1987) S. 418.

4.136 Jordan, K. D.; Burrow, P. D. In: *Acc. Chem. Res.* 11 (1978) S. 341.

4.137 Remane, H.; Herzschuh, R.: *Massenspektroskopie in der organischen Chemie*, WTB. Akademieverlag, Berlin 1977.

Sachverzeichnis

A